Con
Rich

Constance Reid

Richard Courant 1888–1972

Der Mathematiker als Zeitgenosse

Übersetzt von Jeannette Zehnder-Reitinger

Springer-Verlag
Berlin Heidelberg New York 1979

Constance Reid
70, Piedmont Street, San Francisco, CA 94117/USA

Jeannette Zehnder-Reitinger
Auf dem Aspei 53, D-4630 Bochum

Mit 40 Abbildungen

ISBN 3-540-09177-7 Springer-Verlag Berlin Heidelberg New York
ISBN 0-387-09177-7 Springer-Verlag New York Heidelberg Berlin

Titel der Originalausgabe: Courant in Göttingen and New York. The Story of an Improbable Mathematician. 0-387-90194-9 Springer-Verlag New York 1976

CIP-Kurztitelaufnahme der Deutschen Bibliothek
Reid, Constance:
Richard Courant : 1888 – 1972 ; d. Mathematiker als Zeitgenosse / Constance Reid. Übers. von Jeannette Zehnder-Reitinger – Berlin, Heidelberg, New York: Springer, 1979.
Einheitssacht.: Courant in Göttingen and New York ‹dt.›
ISBN 3-540-09177-7 (Berlin, Heidelberg, New York);
ISBN 0-387-09177-7 (New York, Heidelberg, Berlin).

Printed in Germany.
Satz, Druck und Bindearbeiten: Konrad Triltsch, Würzburg
2144/3130-543210

Korf erfindet eine Uhr,
die mit zwei Paar Zeigern kreist,
und damit nach vorn nicht nur,
sondern auch nach rückwärts weist.

Aus: *Christian Morgenstern, Galgenlieder.*

Alpha bis Omega

Im Sommer 1970 erhielt ich einen Brief von K. O. Friedrichs, Professor am Courant Institute of Mathematical Sciences in New York. Ich hatte ihm ein Exemplar meiner Hilbert-Biographie geschickt, für das er sich bedankte; in einem Postskript fügte er hinzu:

»Meine Frau und ich sowie viele unserer Freunde haben Courant oft gedrängt, seine Erinnerungen niederzuschreiben; er ist aber auf diese Anregungen nie eingegangen. Möchten nicht Sie sich in dieser Sache mit ihm in Verbindung setzen? Ich weiß, daß er Ihre Arbeit über Hilbert sehr positiv aufgenommen hat, und ich kann Sie der Unterstützung aller seiner Freunde versichern.«

Daß Richard Courant, einer der bekanntesten Schüler Hilberts, von den Nazis aus seiner Stellung als Direktor des international berühmten Mathematischen Institutes in Göttingen vertrieben, in die Vereinigten Staaten emigrierte und hier ein zweites Mal ein hervorragendes mathematisches Institut aufgebaut hatte, wußte ich schon. Ich traf mich dann bei meinem nächsten Besuch in New York mit Professor Friedrichs und seiner Frau in seinem Büro im Courant Institute, nicht weit vom Washington Square, im bekannten Greenwich Village.

Friedrichs, der in Göttingen Courants Schüler und Assistent gewesen war, lehrte nun seit vielen Jahren als sein Kollege an der New York University. Offensichtlich faszinierte ihn der widersprüchliche Charakter des Mathematikers Courant. »Stellen Sie sich vor, ein Mathematiker, der Logik haßt, Abstraktionen verabscheut, der ›Wahrheit‹ mißtraut, wenn es nur die nackte Wahrheit ist!« Friedrichs betonte jedoch, daß ihm keine zweite Biographie vorschwebte; denn »Courant ist kein Hilbert, und er wäre der erste, das zuzugeben«. Courant stand damals kurz vor seinem 83. Geburtstag. Den größten Teil seines Lebens hatte er in engem persönlichem Kontakt zu fast allen bedeutenden Mathematikern und vielen Physikern des 20. Jahrhunderts gestanden. Er war Teil jener gewaltigen Völkerwanderung der dreißiger Jahre, mit der sich das Zentrum der wissenschaftlichen Welt von Europa nach Amerika verschoben hatte. Es wäre daher bedauerlich, wenn Courant sterben sollte, ohne seine Erinnerungen an die Ereignisse und Persönlichkeiten seiner Zeit mit einem größeren Kreis als nur der kleinen Gruppe seiner Schüler und Kollegen geteilt zu haben.

Friedrichs unterschätzte die Schwierigkeiten, Courant zu einem solchen Projekt zu bewegen, keineswegs. Courant schien oft unfähig, so erklärte er mir, ja zu einer Sache zu sagen.

Frau Friedrichs war optimistischer.

»Seit wir 1937 nach Amerika gekommen sind, haben wir Courant häufig zum Abendessen eingeladen, wenn er allein zu Hause war. In dieser ganzen Zeit hat er, glaube ich, kein einziges Mal zugesagt. Aber er ist immer gekommen.«

Friedrichs hatte das von ihm angeregte Projekt noch nicht mit Courant besprochen; er hatte jedoch mit Frau Nina Courant verabredet, daß ich am folgenden Sonntag zum Mittagessen mit der Familie und einigen Freunden Courants nach New Rochelle kommen sollte, was dann auch geschah.

Auf dem Türschild des großen, altmodischen Schindelhauses in New Rochelle stand einfach »Courant«. Im Haus waren die Zimmer vollgestopft mit schweren, deutschen Möbeln – Schränke, Schreibtische und Truhen, auf denen sich Bücher, Zeitschriften, Manuskripte und Musiknoten häuften. Das Wohnzimmer wurde von einem Flügel beherrscht, daneben lagen mehrere Streichinstrumente.

Über dem Kamin im Eßzimmer hing ein Porträt Hilberts, das 1943, also nach seinem Tode, nach Photographien gemalt worden war und kein großartiges Beispiel der Porträtkunst ist. Trotzdem vermittelt es einen deutlicheren Eindruck von der klaren und durchdringenden Intelligenz des Mannes als jede Photographie, die ich von ihm gesehen habe. Um dem Tisch saßen, mit Courant, vier Mitglieder der National Academy of Sciences, die, alle in Deutschland geboren, alle ursprünglich aus Göttingen gekommen waren.

Courant selber war alt geworden, seit ich ihn im Jahre 1965 während der Arbeit an der Hilbert-Biographie zum ersten Mal gesehen hatte. Seine kleingewachsene Gestalt war um die Gürtellinie noch rundlicher, die Bewegungen waren vorsichtiger geworden, da seine zunehmende Schwerhörigkeit Gleichgewichtsstörungen verursachte. Er konnte deshalb dem allgemeinen Tischgespräch nur mit Mühe folgen, und, da zwölf Personen um den Tisch versammelt waren, saß er meist still dabei, hörte aber mit vorgestrecktem Kopf aufmerksam zu. Wenn jemand ihn ansprach, leuchteten seine Augen interessiert und voller Vergnügen über das Erzählte auf. »Ja, ja«, sagte er leise, nickte mit dem Kopf und ermutigte den Sprecher weiterzureden.

Er hörte sich den Vorschlag Friedrichs an, ohne sich dazu zu äußern, aber er wies ihn auch nicht zurück. Erleichtert entwickelte Friedrichs noch bei Tisch einen Plan, dem zufolge ich nach Courants Geburtstag am 8. Januar nach New Rochelle zurückkehren und eine Woche als Gast im Hause verbringen sollte. Dann könnte sich Courant in Ruhe mit mir unterhalten, mir das erzählen, woran er sich erinnerte und was ihm wichtig erschien; und wir würden einfach abwarten, wie sich das Projekt weiterentwickelte.

Courant stimmte Friedrichs' Plan nie eigentlich zu, aber als ich mich von ihm verabschiedete, murmelte er kaum hörbar etwas in dem Sinne, daß er mir zu meinem Vorhaben Erfolg wünsche.

Mitte Januar 1971 war ich wieder in New Rochelle, und Courant und ich begannen unsere Gespräche. Er war fasziniert von meinem kleinen Kassettenrecorder und bemerkte, wie wundervoll es gewesen wäre, wenn es so etwas schon während des ersten Weltkrieges in Göttingen gegeben hätte, als Felix Klein dort seine berühmten Vorlesungen über die Geschichte der Mathematik vor einer kleinen Gruppe von Hörern hielt, die sich um seinen Studierzimmertisch versammelte.

Bei der Durchsicht der transkribierten Seiten dieses ersten Gesprächs fällt mir auf, daß Courant von unserem Projekt nur als von »der Situation, in der ich mich befinde«, sprach. »Man hat mich verschiedentlich gedrängt, meine Erinnerungen niederzuschreiben, Material über mein Leben zu sammeln und in eine Maschine wie die Ihre zu sprechen und das dann abschreiben zu lassen«, sagte er. »Aber ich war immer viel zu bequem und unentschlossen. Bis Friedrichs kam und erzählte, daß er mit Ihnen gesprochen habe, und daß so möglicherweise alles viel einfacher sein werde. Ich wollte schon immer etwas über das akademische Leben und die Wissenschaften in Göttingen schreiben, die ich in ihrer Blütezeit erlebt habe. Doch jetzt ist das nicht mehr ganz das Richtige. Sie haben das in Ihrem Hilbert-Buch sehr gut gemacht. Trotzdem gibt es natürlich noch Dinge, über die ich gerne sprechen möchte, einiges, was ich bewußt verfolgt habe. Ich habe nicht den Ehrgeiz nach einer eigenen Biographie. Dennoch scheint es vernünftig, über einige Dinge zu reden. Wir brauchen ja nicht alles von Alpha bis Omega durchzugehen.« [1]

Im Verlaufe des Jahres 1971 hatte ich manches Gespräch mit Courant über die Dinge, die er unternommen, die Menschen, die er gekannt hatte, über seine Meinungen und Ansichten zur Mathematik. Er schien an unseren Gesprächen Gefallen zu finden und gab mir bereitwillig Zugang zu Schriftstücken und Briefen in seinem Haus in New Rochelle und am Institut. Doch es zeigte sich schon bald, daß ich für das Projekt, das Friedrichs vorgeschwebt hatte, zu spät gekommen war. Courant hatte weder die Kraft noch den Wunsch, einen zusammenhängenden Überblick über sein Leben zu geben – möglicher-

[1] Auslassungen und Bearbeitungen, wie sie bei einem auf Tonband gesprochenen Text unumgänglich sind, werden nicht einzeln vermerkt.

weise hätte er es auch früher nicht gekonnt; denn – wie Nina Courant einmal zu mir sagte – »Richard war stets auf die Zukunft ausgerichtet«.

Felix Klein, dessen Nachfolger er in Göttingen gewesen war, hatte die letzten Jahre seines Lebens damit verbracht, seine gesammelten Werke zusammenzustellen, »ein Meisterwerk«, sagte Courant darüber. Jeder wichtigen Arbeit und jeder Gruppe kürzerer Arbeiten ging eine biographische Notiz voran, die die Arbeiten in den Rahmen von Kleins Leben und Zeit einordnete. Aber obwohl Courant Kleins Werk sehr bewunderte, konnte er sich nicht dazu bringen, etwas Vergleichbares zu tun. Seine eigenen Leistungen verschafften ihm nur wenig Befriedigung. Er sorgte sich um die Zukunft der Mathematik und des Institutes, das er geschaffen hatte, und war enttäuscht und unglücklich, weil er nicht mehr gebraucht wurde. Es fehlte ihm nicht nur die physische und die geistige Energie, auch in der Mathematik konnte er nicht mehr Schritt halten.

So befand er sich während der ganzen Zeit unserer Gespräche in einem Zustand tiefer Depression.

Am 19. November 1971 erlitt er einen Schlaganfall, der zuerst nur leicht schien. Er wurde in das Krankenhaus von New Rochelle gebracht, wo er am 27. Januar 1972, wenige Wochen nach seinem 84. Geburtstag, starb, ohne das Krankenhaus noch einmal verlassen zu haben.

Courants *Erinnerungen* – das Buch, das Friedrichs mir vorgeschlagen hatte – würden also nie geschrieben werden; aber mir schien, daß ich Material für ein Buch anderer Art über Courant hatte.

In unseren Gesprächen war mir immer wieder aufgefallen, wie sehr Courant von seinen Erfahrungen als junger Mann in Göttingen geformt war. Die Zeit als Hilberts Schüler und Assistent hatte seine Einstellung zur Mathematik und zur Naturwissenschaft geprägt. Während seiner Laufbahn als Organisator und Administrator hatte ihm stets das Beispiel Felix Kleins vor Augen gestanden. Seine ganze berufliche Arbeit, sogar die Bücher, die er geschrieben hatte, standen unter dem Einfluß dieser beiden Männer. Allerdings hatte er der naturwissenschaftlichen Tradition, die sie für ihn verkörperten, auch seinen eigenen Stempel aufgedrückt, zuerst in Deutschland, dann in den Vereinigten Staaten.

Man warnte mich, daß zwar Courants *Erinnerungen* von der wissenschaftlichen Welt begrüßt worden wären, ein Buch dagegen, das ihn selber zum Gegenstand hat, würde von vielen als ein letztes Beispiel seiner oft kritisierten Neigung, sich selber und seine Gruppe in den Vordergrund zu drängen, gedeutet werden. Man sagte mir, daß niemand, der mit Courant in Berührung gekommen war, ihm gegenüber neutral bleiben konnte. Viele, unter ihnen Friedrichs und seine Frau, fühlten sich ihm tief verbunden; aber es gab auch manche, die ihn ablehnten oder sogar haßten. Sein Leben lang hatte er Kontroversen entfacht. Fast bei jeder seiner wissenschaftlichen Arbeiten war er einem anderen Mathematiker gegenüber in eine fragwürdige Position geraten. Einige seiner besten Arbeiten waren in Zusammenarbeit mit Schülern entstanden, was Anspielungen auf das »droit du seigneur« auslöste, denn seine Bücher – deren Bedeutung unbestritten ist – wurden oft zu einem großen Teil seinen Schülern zugeschrieben. Seine Art, Dinge zu arrangieren, war vielen unangenehm. Hinter seinem Rücken wurde er manchmal »Dirty Dick« oder »Tricky Dicky« genannt.

Sogar einige seiner loyalsten Bewunderer am Courant Institute äußerten Bedenken gegen mein Projekt. »Ein Buch über Courant, gewiß, aber es sollte in fünfzig Jahren geschrieben werden, wenn keiner von uns mehr am Leben ist.« Man befürchtete, daß sich zum heutigen Zeitpunkt Schmeichelei und Lobhudelei auf persönlicher wie auf institutioneller Ebene kaum vermeiden ließen. Zu all dem kam noch – so wurde mir bedeutet – die Unmöglichkeit des Gegenstandes – der Mensch und Mathematiker Courant. Bei fast allem, was man über ihn sagte, konnte man mit gleichem Recht auch das Gegenteil behaupten. Lipman Bers, heute Professor an der Columbia University, früher am Courant Institute, erzählte mir, daß er einmal »durch Widerspruch« das Theorem bewiesen habe: *Courant existiert nicht.*

Trotz dieser vielen Einwände war ich weiterhin der Ansicht, daß ein Bericht über Courants Wirken für das, was er als »die Göttinger Tradition« verstand, die natürliche und notwendige Fortsetzung und Vervollständigung meines Hilbert-Buches wäre. Das war zwar nicht das Buch, das Friedrichs ursprünglich vorgeschlagen hatte, trotzdem stellte er seine Hilfe bereitwillig zur Verfügung und die Arbeit mit ihm gehört zu den großen Freuden meines Lebens.

Die Arbeit an dem Buch hat sich über längere Zeit hingezogen. Nachdem nun heute, nach fünf Jahren, der Bericht über Courants Beziehung zu Göttingen vor mir liegt, scheint mir, daß ich, wenn nicht seine Biographie, so doch die eigentliche Geschichte seines Lebens geschrieben habe, und daran hätte Courant bestimmt Gefallen gefunden.

1888 — 1907

Courant sprach wenig über sein Leben vor seiner Göttinger Zeit.

Er erzählte mir, daß er in Lublinitz geboren war, einer kleinen Stadt in Oberschlesien, die heute zu Polen gehört, damals aber deutsch war, und daß sein Vater ein kleiner Geschäftsmann aus einer weitverzweigten, jüdischen Familie war, »ohne besonders intensives intellektuelles Leben«. Er erwähnte auch, daß er sich seit seinem vierzehnten Lebensjahr allein durchgebracht habe. Über die Zeit davor sprach er nie in Einzelheiten, und die Kinder seiner Kollegen erinnern sich, daß sie von ihren Eltern gewarnt wurden, »Onkel Courant spricht nicht gerne über seine Kindheit«.

Einiges aus der Familiengeschichte der Courants war mir bereits bekannt, weil ich die Autobiographie der Edith Stein gelesen hatte, der katholischen Philosophin und Märtyrerin, die Courants Cousine väterlicherseits gewesen war. Nach ihrer Darstellung war ihr Großvater, Salomon Courant, anfänglich ein Kerzenmacher und Seifensieder. Als er in Lublinitz seine Waren feilbot, verliebte er sich in die zwölfjährige Adelheid Burchard, die Tochter eines Baumwollfabrikanten, eines sehr frommen Mannes, der einmal Vorbeter gewesen war. Von da an kehrte Salomon jedes Jahr nach Lublinitz zurück, bis Adelheid achtzehn Jahre alt war, dann heiratete er sie und ließ sich in der Stadt nieder. Lublinitz war eine Kreishauptstadt, das Handels- und Einkaufszentrum für die größtenteils polnische Landbevölkerung der umliegenden Gegend. Zusammen bauten sie ein einträgliches »Nahrungs- und Futtermittel«-Geschäft auf, hatten fünfzehn Söhne und Töchter, die das Säuglingsalter überlebten, und bauten nach der Geburt von Courants Vater, des sechsten Kindes und zweiten Sohnes, ein großes Haus, in dem Salomon »eine unbegrenzte Gastfreundschaft« übte, so erzählte es jedenfalls Edith Stein. Adelheid starb vor Courants Geburt, doch Salomon lebte, bis der Knabe acht Jahre alt war, »ein kleiner, lebhafter Mann . . . immer voller lustiger Einfälle und unerschöpflich im Erzählen von Witzen«. Edith Stein berichtete, daß er nicht nur in der kleinen Stadt Lublinitz, sondern in ganz Oberschlesien in hohem Ansehen stand.

Über Courants nächste Angehörige und seine ersten Lebensjahre wäre selbst seiner Frau und seinen Kindern wenig bekannt, wenn es nicht einen weiteren, unveröffentlichten Memoirenband gäbe, die Erinnerungen seines Vaters, Siegmund Courant, in denen er seine geschäftlichen Mißerfolge vor seinen Söhnen rechtfertigte. Diesen Aufzeichnungen zufolge arbeitete Siegmund seit seinem vierzehnten Lebensjahr im Familienbetrieb mit. Er war der Ansicht, lange und hart gearbeitet zu haben, trotzdem verfügte er, selbst als er vierunddreißig Jahre alt war und kurz vor seiner Heirat mit Martha Freund stand, noch immer über keinerlei geschäftliche Vollmacht, alles wurde von seinem älteren Bruder Jakob entschieden.

Martha war die Tochter eines erfolgreichen Geschäftsmannes im benachbarten Oels. Im Alter von neunzehn Jahren trat sie als Büroangestellte bei der Firma »S. Courant« ein (ein schlankes, rothaariges Mädchen, wie Siegmund seinen Söhnen erzählte); doch schon nach einem Monat schickte Jakob sie aus einem ungenannten Grund »mit 20 M. Gehalt außer dem Reisegeld und 1 Tafel Schokolade« wieder nach Hause zu ihrem Vater und ihren Brüdern. Später wurde Siegmund bedeutet, daß Martha eine gute Partie für ihn wäre. Er reiste deshalb nach Oels und begutachtete die Fabrik der Familie Freund, ihr Vater kam nach Lublinitz und inspizierte das Geschäft der Courants. Jakob handelte die Bedingungen aus. Martha erhielt eine Mitgift von 15 000 Mark in bar und ihr Vater übernahm die Hypothek auf dem großen Courant-Haus.

Nach ihrer Hochzeit in Oels am 17. Februar 1887 ließen sich Siegmund und Martha in Lublinitz im Hause des alten Salomon nieder, in dem bereits mehrere von Siegmunds Brüdern und Schwestern ihre Wohnungen hatten. Aus ungeklärten Gründen lehnten Siegmunds Schwestern Martha ab. Er beklagte sich, daß Martha sogar ihre Leibgerichte im Geheimen zubereiten mußte.

Am 8. Januar 1888 gebar Martha ihren ersten Sohn, Richard. Er war der erste Enkel und die Familie war beglückt, daß mit dem Knaben der Fortbestand des Courant-Namens gesichert war [2]. Eine Woche lang wurde groß gefeiert, aber Martha wurde von den Courant-Schwestern weiterhin geringschätzig behandelt. Ein Jahr später brachte sie einen zweiten Sohn zur Welt, der den Namen Fritz erhielt. Indessen kam es innerhalb der Familie wegen der Ansprüche ihres Vater zu Reibereien. Schließlich entschloß sich Siegmund, Lublinitz zu verlassen, dabei spielte bestimmt auch die quälende Abhängigkeit, in der Jakob ihn hielt, eine Rolle. Er verkaufte seine Anteile an der Firma »S. Cou-

[2] Die Herkunft des Namens ist unbekannt. Edith Stein vermutete, daß die Familie ursprünglich in der Nähe der französischen Grenze lebte. Friedrichs hält es für wahrscheinlicher, daß der Name vom Ausdruck *Thaler courant* abstammt, der soviel wie der Tageswert des Thalers bedeutet und in Wechselstuben häufig verwendet wurde.

rant« und kaufte ein Geschäft in Glatz, einer Stadt im Vorgebirge westlich von Lublinitz. Im gleichen Jahr, Richard war nun drei, wurde ihnen ein dritter Sohn, Ernst, geboren.

In Glatz lebten Siegmund und Martha in einer großen Wohnung, Familienangehörige, Courants wie Freunds, kamen gerne zu Besuch. Das neue Geschäft war zwar etwas kapitalschwach, entwickelte sich aber gut. Doch die Zinsen für die Darlehen, die ihm die Familie gewährt hatte, waren eine schwere Belastung; dazu kamen noch Steuerveranlagungen, die, seinen Klagen zufolge, ohne ihn beizuziehen, vorgenommen worden waren. Als sein Vater starb, erbte Siegmund nur den goldenen Siegelring mit dem eingeprägten *S* darauf. Er entschloß sich, sein Geschäft in Glatz wieder zu verkaufen und statt dessen ein bescheideneres Unternehmen in einer anderen Stadt zu übernehmen. Der Vertrag war schon abgeschlossen, da drängte Jakob darauf, daß Siegmund den Kauf rückgängig machen und nach Breslau kommen müsse, wo inzwischen mehrere der Brüder und Schwestern ihre Geschäfte hatten. So brach Siegmund seinen Vertrag – Jakob versprach, für die möglichen gerichtlichen Folgen aufzukommen – und zog nach Breslau.

Richard war neun Jahre alt, als seine Familie in die schlesische Hauptstadt kam, die heute ebenfalls zu Polen gehört. Das erste Viertel des Gymnasiums hatte er schon in Glatz absolviert. In Breslau wurde er am humanistischen König-Wilhelm-Gymnasium eingeschrieben. Seinem ersten Zeugnis zufolge brachte er es in Breslau nur auf den 21. Platz in einer Klasse von 27 Schülern, in Arithmetik war seine Leistung kaum genügend, »oder nicht ganz befriedigend«.

In Breslau gerieten Siegmund Courant und seine Familie bald in schwere wirtschaftliche Bedrängnis. Sie galten als verschwenderisch und das, was Siegmund als Angestellter einer Versicherungsfirma verdiente, reichte zum Leben nicht aus. Er nahm Verbindung mit einem Papiergroßhandel auf. Inzwischen verklagte ihn auch noch der Besitzer des Geschäfts, von dessen Kauf er zurückgetreten war, wegen Vertragsbruches.

Richard dagegen gelang es bald, den durch die offenbar schlechte Glatzer Vorbereitung verursachten Rückstand wettzumachen. Mit elf Jahren war er abwechselnd Klassenbester oder doch zumindest zweiter, in der Arithmetik war seine Leistung nun »sehr gut«. Über die wachsenden finanziellen Schwierigkeiten seiner Eltern besorgt, meldete er sich kurz nach seinem vierzehnten Geburtstag auf ein Zeitungsinserat, in dem ein »in allen Fächern qualifizierter Privatlehrer« gesucht wurde. Er erhielt die Stelle – allerdings nicht für lange.

Der Knabe, den er unterrichten sollte, war nämlich faul und schwer von Begriff. Richard wurde bald ungeduldig, dann ärgerlich und ausfallend, bis die Mutter des Knaben dem ein Ende machte und ihn mit einer Ohrfeige vor die Tür setzte. Es war ein kalter, regnerischer Tag. Courant erzählte mir, daß er nie vergessen habe, wie er sich im Straßenschmutz wiederfand, ein winziges Goldstück in der Hand – sein erstes selbstverdientes Geld.

Trotz dieses pädagogischen Fehlstartes fand er bald andere Schüler und wurde rasch geduldiger und geschickter. Sein Vorbild war einer seiner Gymnasiallehrer, Erich Maschke, der ein Anhänger der »sokratischen Methode« war und seine Schüler zu eigenen Entdeckungen anspornte. Courant betonte, daß er kein Verwandter von Heinrich Maschke war, der viele Jahre als Professor für Mathematik an der Universität von Chicago wirkte und ebenfalls aus Breslau stammte. Der Gymnasiallehrer Maschke war kein Wissenschaftler und in Mathematik nicht besonders gut bewandert. Courant erinnerte sich, daß Maschke nur die Elemente der Differentialrechnung kannte und verschwommen über die Integralrechnung sprach. Aber er liebte die Wissenschaft und hatte die Gabe, in seinen Schülern wissenschaftliche Begeisterung zu wecken. Im Verlauf der Jahre zählten dazu, neben Courant und seinem Klassenkameraden Wolfgang Sternberg, Wissenschaftler wie Max Born, Ernst Hellinger, Heinz Hopf, Otto Stern und einige andere mehr.

Während so Richards pädagogische Laufbahn ihren Anfang nahm, wurde in der Familie immer deutlicher, daß sich Onkel Jakob in ernsthaften, finanziellen Schwierigkeiten befand. Die Hintergründe der Situation sind unklar. Siegmund behauptete, daß Jakob sich auf »düstere Machenschaften« eingelassen und ohne Siegmunds und Marthas Wissen Schuldscheine auf ihren Namen ausgestellt habe. In ihren Memoiren schrieb Edith Stein in dem Kapitel »Von Sorgen und Zerwürfnissen in der Familie«, daß Jakobs geschäftliche Unternehmungen korrekt waren und daß seine Schwierigkeiten die Folge von Spekulationen Siegmunds und eines weiteren Bruders waren, auf die er sich eingelassen hatte. Dagegen erzählte mir Helene Pick, eine Cousine der Courants, die heute in den Vereinigten Staaten lebt, daß ihre Eltern ihr erklärt hätten, daß alles nur ein tragisches Mißverständnis war. Wie dem auch sei, im September 1901 erschoß sich Jakob. Das bedeutete den völligen Zusammenbruch der geschäftlichen Unternehmungen der Familie in Breslau. Die Verantwortung dafür wurde ganz auf Siegmund und Martha abgewälzt. Niemand war bereit, den Schuldschein gegenzuzeichnen, der ihr Geschäft hätte retten können. »Wir wurden vom Familienrat Courant aus der Familie ausgestoßen«, berichtete Siegmund seinen Söhnen. Einen Monat später erklärte er seinen Bankrott.

Während Siegmund so mit seinen finanziellen Schwierigkeiten kämpfte, verdiente Richard für einen Jungen seines Alters schon eine Menge Geld. Eine seiner ersten Schülerinnen war Wolfgang Sternbergs Schwester Grete, die ein neu gegründetes Privatgymnasium für Mädchen besuchte. Der Mathematikunterricht war dort ungewöhnlich schlecht, und es dauerte nicht lange, so folgten einige von Gretes Mitschülerinnen ihrem Beispiel und nahmen Privatstunden bei dem kleinen Richard Courant, der, zwei Jahre jünger als die meisten von ihnen, in der Schule eine Klasse unter ihnen war. 1972 hatte ich in Berkeley Gelegenheit zu einem Gespräch mit Magda Frankfurter Frei, die einmal zu Richards Schülerinnen gehört hatte. Sie erinnerte sich, daß er »ein sehr guter Lehrer war, der einem nicht sofort ein Rezept gab, sondern seine Schüler dazu anleitete, selber einen Weg zu finden«.

»Ja, was war er eigentlich für ein junger Mann?«

Sinnend wiederholte seine Cousine Helene Pick meine Frage. »Sehr nett, wirklich sehr nett. Ein wenig eigenartig vielleicht, wenn man ihn etwas fragte, wich er immer irgendwie aus, witzelte und so. Ich erinnere mich, wie mein Bruder und ich mit ihm zusammensaßen und seinen Geschichten zuhörten. Er sprach immer mit sehr leiser Stimme, so daß man gut hinhören mußte, um die Pointe mitzubekommen. Seine Geschichten waren unser größtes Vergnügen und ich glaube, er erfand sie, weil er sah, wieviel Spaß sie uns machten.«

Eine seiner Schülerinnen war besonders gut in Mathematik. Sie hieß Nelly Neumann und war die Tochter von Justizrat Neumann, einem führenden Mitglied der jüdischen Gemeinde Breslaus. Er bestärkte Nelly in ihrem wissenschaftlichen Interesse und Ehrgeiz. Er »war ein überaus gütiger und edler Mensch«, so Edith Stein, und wirkte, obwohl Jude, wie »ein germanischer Aristokrat«. Seine Frau war gestorben, als Nelly zwei Jahre alt war, dadurch hatte sich ein besonders enges Verhältnis zwischen Vater und Tochter entwickelt. »Das Glück ihres Zusammenlebens wurde nur gestört durch seine Schwiegermutter, die er nach dem Tode seiner Frau im Hause behielt, obgleich sie ihn und das Kind mit ihren Launen beständig quälte.«

Nelly erhielt deshalb auch nie Besuch von ihren Mitschülerinnen, die die launische Großmutter fürchteten, und Richard, der jeweils abends kam, um ihr Mathematikstunden zu geben, war wahrscheinlich der einzige junge Mensch, der im Hause ein und aus ging; so entstand mit der Zeit eine besondere Freundschaft zwischen Nelly und ihm.

Nach dem Bankrott werden Siegmunds Berichte über seine geschäftlichen Unternehmungen immer undurchsichtiger.

Er beruhigt zwar seine Söhne immer wieder, daß seine »... gesamten Angelegenheiten ... vollständig geordnet« seien, doch die beiden folgenden Jahre waren elend. Er wurde wegen der Verbreitung obszöner Postkarten angezeigt und zu einem Bußgeld von fünfzig Mark verurteilt. Er legte Berufung gegen das Urteil ein, das jedoch später bestätigt wurde. Martha gebar Zwillingssöhne, die wenige Stunden nach der Geburt starben. Innerhalb von sechs Monaten mußte die Familie viermal den Wohnsitz wechseln.

Schließlich entschloß sich Siegmund, mit seiner Familie Breslau zu verlassen und nach Berlin zu gehen. Richard war damals sechzehn Jahre alt, und da er ohnehin für seinen eigenen Lebensunterhalt aufkam, beschloß er, in Breslau zu bleiben. Er mietete sich ein Zimmer und – mit Ausnahme einiger weniger Monate, in denen sein Bruder Fritz bei ihm wohnte – lebte er dort allein, besuchte am Tag die Schule und ging am späten Nachmittag und Abend von Haus zu Haus und erteilte seine Nachhilfestunden.

In seinen Memoiren betonte Siegmund stolz, daß Richard in all den Auseinandersetzungen mit den Courant-Brüdern und -Schwestern unerschütterlich auf der Seite seiner Eltern gestanden habe. Nachdem seine Eltern und Geschwister Breslau verlassen hatten, war die einzige Verwandte, die er noch besuchte, seine Tante Auguste Stein, eine Witwe mit elf Kindern, die erfolgreich die Holzhandlung ihres verstorbenen Mannes leitete. Sie hatte zwar mit den anderen gegen Siegmund Partei ergriffen, gleichzeitig aber eine Vermittlerrolle zwischen ihm und den übrigen Familienmitgliedern übernommen.

Edith Stein, ihre jüngste Tochter, schrieb dazu, »Einen Schatten auf dem Namen ihres Vaters zu wissen, den Zwist unter ihren Brüdern mit anzusehen, war ihr schrecklich. Und wenn sie viele Jahre hindurch mit ihrem Bruder nicht mehr zusammenkam, so zeigte sie seinen Kindern um so herzlichere Teilnahme und Hilfsbereitschaft, und hatte die große Freude, daß sie alle brave und tüchtige Menschen wurden, die durch eigenen Ernst ersetzten, was die Eltern in ihrer Erziehung versäumt hatten«.

Tante Augustes Lieblingsneffe war Ernst, der jüngste der Courant-Söhne, aber sie bewunderte auch den frühreifen Richard, der, nachdem seine Eltern Breslau verlassen hatten, eine Weile jede Woche einmal zu ihr zum Mittagessen kam. Darüber waren vor allem die Stein-Kinder erfreut, »weil er die erstaunlichsten witzigen Einfälle hatte«, mit denen er sie unterhielt. Aber er besprach sich auch gerne in seinem »trocken, humoristischen Ton« mit seiner Tante, wie er seinen Eltern helfen könnte. Bei diesen Gesprächen wußten die Kinder nie, »ob wir über die komische, oft drastisch übertreibende Ausdrucksweise lachen oder über den Inhalt weinen sollten«.

Ein Jahr, nachdem seine Eltern Breslau verlassen hatten, in den Jahren 1904/1905, begann Richard, seine Schülerinnen auf das Abitur vorzubereiten. Dadurch sahen einige seiner Lehrer das Ansehen dieser Prüfung gefährdet; denn wie konnte ein Schüler, der sie selber noch nicht bestanden hatte, andere darauf vorbereiten? Sie versuchten daher, seinen Privatunterricht zu unterbinden und drohten, ihn von der Schule zu weisen, falls er damit nicht aufhörte. Da ihn das Gymnasium ohnehin immer mehr langweilte, entschloß er sich im Frühjahr 1905, zwei Wochen nach Beginn seines letzten Schuljahres, die Schule an den Nagel zu hängen. Statt dessen hörte er Vorlesungen in Mathematik und Physik an der Universität in Breslau.

Er hatte schon damals sein starkes Interesse für die Musik entdeckt. Allerdings konnte er sich auch auf meine Fragen nie erinnern, was eigentlich den Anstoß dazu gegeben hatte. »Ich hörte Musik und war beeindruckt«, pflegte er zu sagen. Dagegen erinnerte er sich lebhaft daran, daß Julius Stenzel, ein älterer Schüler am Gymnasium, der Geige spielte, einmal für den verhinderten Musiklehrer einsprang. An der Universität lernte er Stenzel, der in einem höheren Semester Philosophie studierte, näher kennen. Stenzel und sein jüngerer Bruder forderten ihn auf, mit ihnen zusammen Kammermusikkonzerte zu besuchen. In dieser Zeit entschloß er sich auch, ein Klavier zu mieten, auf dem er sich das Spielen selber beibrachte.

(In unseren Gesprächen widersprach Courant dieser Formulierung jedesmal und sagte, »*gelernt* habe ich es nie«.)

Durch Stenzel erhielt Richard auch Zugang zu einem anregenden Kreis junger Künstler, Musiker, Schriftsteller und Studenten, der sich um Käthe Mugdan [3], eine wohlhabende Witwe, versammelt hatte. Stenzel gab ihrer Tochter Bertha Privatstunden in den klassischen Sprachen, und es dauerte nicht lange, so unterrichtete Richard sie in Mathematik und Physik, und wurde auch ein guter Freund ihrer Mutter. Viele Jahre später nahm sich die damals schon über achtzig Jahre alte Käthe Mugdan das Leben, um der Verschickung in ein Konzentrationslager zu entgehen.

Ende 1905 bat Richard um die Erlaubnis, zusammen mit seiner alten Klasse am König-Wilhelm-Gymnasium zum Abitur zugelassen zu werden. Statt dessen wurde er einer Klasse des St. Elisabeth-Gymnasiums zugeteilt. Wie schwierig es gewesen sein muß, das Abitur so als Außenseiter abzulegen, läßt sich daran ablesen, daß er als einziger seiner Gruppe bestand.

[3] Sie war Max Borns Cousine zweiten Grades, und in ihrem Haus begegneten sich Courant und Born zum ersten Mal.

Im folgenden Jahr, 1906/1907, besuchte Richard weiter die Mathematik- und Physik-Vorlesungen an der Universität, doch jetzt als immatrikulierter Student.

Er erzählte mir, daß er ursprünglich hatte Physik studieren wollen. Damals war die alte Physik in Bewegung geraten, fünf Jahre zuvor hatte Planck das Quant entdeckt, – das allerdings in den Breslauer Vorlesungen nie erwähnt wurde. Ernst Pringsheim war »ein sehr netter aber äußerst langweiliger Mann«, und Otto Lummer besaß zwar die Gabe, seinen Stoff effektvoll darzubieten, und seine Studenten unterhielten sich glänzend dabei, »aber um was es wirklich ging, konnte er ihnen nicht zeigen«. Courant empfand, daß Forschung und Lehre bei seinen Professoren »ziemlich getrennt« nebeneinander herliefen. Von der schlechten Qualität des Physikunterrichtes enttäuscht, wandte er sich daher der Mathematik zu.

Bei den Mathematikern erkannte er in Adolf Kneser »einen sehr originellen Mann, eine der treibenden Kräfte seiner Zeit«, doch seine Vorlesungen vermochten ihn nicht zu begeistern. Rudolf Sturm, der ihm die altmodische projektive Geometrie noch so richtig eintrichterte, verstand sich nur auf Drill. Außerdem hörte er noch Vorlesungen bei Georg Landsberg und Clemens Schaefer, die beide noch keine Professur hatten.

Er besuchte die Vorlesungen dieser Männer und dachte, über wieviel Wissen sie verfügten, und wie wenig sie es verstanden, es ihren Studenten zu vermitteln. Seiner Ansicht nach gab der als Lehrer erfolgreichste Professor die im herkömmlichen Sinne verheerendsten Vorlesungen. Das war der heute auf seinem Gebiet in Vergessenheit geratene Algebraiker Jakob Rosanes. Er pflegte mit einem Stück Kreide in der einen und einem feuchten Schwamm in der anderen Hand aufs Katheder zu steigen, während er sprach, kritzelte er Gleichungen an die Tafel, die seine Studenten nie ganz sehen konnten, da er sie, während er schrieb, mit seinem Körper verdeckte und im Weitergehen mit dem Schwamm sofort wieder auswischte. Verzweifelt versuchten Richard und einige andere Studenten, darunter auch Erich Hecke, nach der Vorlesung etwas Zusammenhängendes aus dem, was sie nur halb gehört und kaum gesehen hatten, zusammenzusetzen. Dabei stellten sie fest, daß sie sich auf diese Weise beträchtliche Algebra-Kenntnisse aneigneten.

Zwei ältere Mathematik-Studenten, Otto Toeplitz und Ernst Hellinger, die Courant das Jahr zuvor an der Universität kennengelernt hatte, waren inzwischen von Breslau an die Universität Göttingen übergewechselt. Von dort schickten sie begeisterte Berichte über das mathematische Leben an der Göttinger Universität und über einen Mathematiker namens Hilbert.

Im Vergleich dazu erschien Breslau unerträglich langweilig, und Courant begann, sich nach Bergen und Höhen – in der Landschaft wie in der Mathematik – zu sehnen. Seine Jugendfreundin Nelly Neumann, die ebenfalls an der Universität studierte, empfand ebenso, und im Frühjahr 1907 reisten die beiden jungen Leute nach Zürich, wo sie ein Semester studierten.

In Zürich besuchte Courant die Vorlesungen von Adolf Hurwitz, der einer der hervorragenden Analytiker seiner Zeit und der vertraute Freund und eigentliche Lehrer des Mathematikers Hilbert war, den Toeplitz und Hellinger so hoch gepriesen hatten. Sein ganzes Leben lang beschrieb Courant diese Vorlesungen als Muster der Vollkommenheit, doch zu begeistern vermochten auch sie ihn nicht. So kehrte er so unzufrieden wie zuvor nach Breslau zurück. Im Herbst kratzte er sein ganzes Geld zusammen, kaufte sich einen neuen Anzug und machte sich auf nach Göttingen.

Abb. 1. Göttingen

1907 / 1908

Courant konnte sich nie genau daran erinnern, in welchem Jahr er zum ersten Mal nach Göttingen gekommen war. Er gab sein Leben lang verschiedene Daten – von 1905 bis 1909 – dafür an und irrte sich sogar auf den offiziellen Formularen für die Sicherheitsüberprüfung. Dabei hätte er dem respektgebietenden Diplom, das er mit nach Amerika brachte, entnehmen können, daß er seine Studien in Göttingen 1907 begonnen hatte, doch das Datum war ihm unwichtig. Er vergaß dagegen nie, wie schnell er dem Zauber Göttingens verfallen war, und wie jung und unerfahren er sich fühlte.

Damals, so erzählte er mir, mußte man den Weg zur Stadt, die ein Stück vom Bahnhof entfernt lag, zu Fuß gehen, wenn man nicht von einer Pferdedroschke erwartet wurde. Göttingen war kaum mehr als ein Dorf zwischen sanften Hügeln, auf denen sich die Ruinen alter Wachttürme erhoben. Als erstes sah der Neuankömmling die roten Ziegeldächer, kam dann zu einer alten Stadtmauer und gelangte durch enge verwinkelte Gassen zum mittelalterlichen Rathaus. Auf dem Platz davor erinnerte der kurz zuvor errichtete Gänselieselbrunnen daran, daß die Gebrüder Grimm viele ihrer Märchen in Göttingen geschrieben hatten.

Courant war schon Mitte Oktober in Göttingen eingetroffen, obwohl das Semester erst am 1. November begann. Damit folgte er dem Rat von Toeplitz und Hellinger, die mit den wissenschaftlichen Gepflogenheiten in Göttingen vertraut waren. Toeplitz – nun Privatdozent – war das Jahr zuvor Assistent bei Felix Klein gewesen, bei dem die organisatorischen Fäden des mathematischen Lebens der Universität zusammenliefen. Toeplitz, dessen Interesse in Breslau noch der algebraischen Geometrie gegolten hatte, befaßte sich jetzt, unter dem Einfluß Hilberts, mit Integralgleichungen und mit der Theorie der Funktionen unendlich vieler Veränderlicher. Hellinger, im vorigen Jahr Hilberts Assistent, hatte soeben seinen Doktor gemacht mit einer Dissertation, die dieses Gebiet einen großen Schritt weitergebracht hatte. Was Hilbert interessierte – das erkannte Courant schnell – interessierte fast jeden in Göttingen.

Toeplitz und Hellinger beschlossen, daß ihr junger Freund aus Breslau die verbleibende Zeit bitter nötig brauchte, um sich auf das höhere wissenschaftliche Niveau in Göttingen vorzubereiten. Sie machten ihn daher mit der Institution des Lesezimmers, dem Zentrum des mathematischen Lebens, vertraut und veranlaßten ihn, sich mit der Theorie des Elektromagnetismus zu befassen. Dabei stellten sie ihm in Aussicht, daß er, falls er sich mächtig anstrengte, vielleicht zu Hilberts und Minkowskis gemeinsamem Seminar über Mathematische Physik zugelassen werden könnte.

David Hilbert war zu der Zeit der bedeutendste Mathematiker in Deutschland. Er hatte bereits seine klassischen Arbeiten über Invarianten, über algebraische Zahlentheorie und Variationsrechnung, sowie über die Grundlagen der Geometrie veröffentlicht und hatte sich in den letzten Jahren vor allem mit Analysis beschäftigt. Hermann Minkowski, seit der gemeinsamen Universitätszeit in Königsberg eng mit Hilbert befreundet, hatte sich mit seiner Theorie von der Geometrie der Zahlen einen Namen gemacht. Nachdem er neben Hilbert Professor in Göttingen geworden war, schlug er vor, sich zu ihrer eigenen Weiterbildung mit klassischer Physik zu befassen. Daraus entwickelte sich dann das gemeinsame Seminar über mathematische Physik.

Abb. 2. Courant als Student

Abb. 3. Alfred Haar, Franz Hilbert, Minkowski, Ernst Hellinger (eine Fotografie)

Kurz vor Semesterbeginn bat Courant Hilbert um Zulassung zu diesem Seminar, was ihm auch gewährt wurde. Die Themen, die für die jeweils einstündigen Vorträge verteilt wurden, begannen verhältnismäßig elementar mit stationärer Elektrodynamik und rückten dann schnell auf ein Niveau vor, dem sich Courant ungeachtet seiner zwei Wochen im Lesezimmer nicht mehr gewachsen fühlte. Er meldete sich daher für den zweiten Vortrag, der auf den dritten Montag des Semesters angesetzt war.

Nachdem das Semester einmal begonnen hatte, fühlte sich Courant sehr einsam. Toeplitz und Hellinger hatten keine Zeit mehr für ihn. Die anderen Mathematik-Studenten erschienen ihm einseitig in ihren Interessen und er sah keine zukünftigen Freunde unter ihnen. Er hatte zwei Vorlesungen bei Hilbert und eine bei Minkowski belegt und war vom Vortragsstil der beiden berühmten Mathematiker sehr enttäuscht. Daneben besuchte er auch Kurse in Physik und Philosophie, doch nichts vermochte ihn richtig zu packen – außer der Arbeit an seinem Seminar-Vortrag. Er machte lange Spaziergänge in den Hügeln der Umgebung und fühlte sich, trotz der vielen hübschen Ausblicke, von der Göttinger Landschaft beengt, die so anders war, als die Ebene um Breslau. Dazu schien es ungewöhnlich viel zu regnen. Wenn das Wetter keine

Spaziergänge erlaubte, versuchte er, sich in seiner billigen Mansarde mit Lektüre zu entspannen. Eines der Bücher, die er damals las, war *Don Quijote*. Das Zimmer war schon empfindlich kalt, Heizung glaubte er sich jedoch nicht leisten zu können, und manchmal fragte er sich im Stillen, ob der Wechsel nach Göttingen wohl das Richtige war.

Alle diese Gedanken fanden ihren Niederschlag in langen Briefen an Nelly Neumann, die immer noch an der Universität Breslau studierte. Er redete sie mit »Liebe Freundin« an und unterschrieb »Ihr Richard Courant«. Seine Briefe – die ihren habe ich nie gesehen – lassen erkennen, daß ihn ihre Selbstdisziplin beeindruckte, während ihre »Pedanterie« ihn beunruhigte. Sie bewunderte seine Intelligenz, warnte ihn jedoch vor »Ehrgeiz«.

Er hatte auf eine Möglichkeit gehofft, auch in Göttingen etwas Geld zu verdienen und schon nach kurzer Zeit wandte sich Hilbert persönlich an ihn und bat ihn, seinem einzigen Sohn Privatunterricht zu erteilen. Franz Hilbert war ein etwas schwieriger Knabe und hatte Mühe, dem Unterricht am Gymnasium zu folgen. Courant sollte lediglich als Aushilfe die Zeit bis zur Rückkehr des regulären Privatlehrers überbrücken, doch der engere Kontakt zu Hilbert und die Einblicke in die gesellschaftlichen Mechanismen der Göttinger Mathematik, die sich so ergaben, weckten in Courant schon in den ersten zwei Wochen des Semesters den Ehrgeiz, einmal Hilberts Assistent zu werden.

Der Assistent eines Mathematik-Professors war damals eine Göttinger Institution; sonst war es an den deutschen Universitäten üblich, daß nur die Professoren in den experimentellen Wissenschaften über Assistenten verfügten, die sich um die Labor-Ausrüstung kümmerten und Experimente aufstellten. Hilberts Assistent erhielt fünfzig Mark im Monat und – wie es in Göttingen scherzend hieß – »Familienverkehr«. Daß dieser Familienverkehr der eigentliche Anreiz war und nicht die fünfzig Mark zeigt sich schon daran, daß Alfred Haar, der zu Beginn von Courants Göttinger Zeit Hilberts Assistent war, aus einer sehr wohlhabenden, ungarischen Familie stammte.

Der Weg zu einer solchen Assistentenstelle führte über das Seminar.

»Sie dürfen mich nicht falsch verstehen, als ob der Ehrgeiz dabei mitspielt, daß ich nun so durchaus in das Seminar hineinwill«, schrieb er beschwichtigend an Nelly. »Was Sie mir von der Persönlichkeit schreiben, daß sie Ihnen das Höchste bedeutet, das möchte ich auch für mich sagen, und ich muß das auch auf den wissenschaftlichen Verkehr beziehen, bei dem mir die persönliche Berührung wohl auch wertvoller erscheint, als alle objektive Anregung. Und nun gerade hier in Göttingen, wo im allgemeinen der Betrieb ziemlich fabrikmäßig ist, da gibt es eben keinen anderen Weg, mit den Dozenten in persönliche Berührung zu kommen, als den, aus der großen unpersönlichen Masse der Studenten etwas herauszutreten, indem man sich bemüht, nach Kräften etwas Tüchtiges zu leisten. Es bliebe ja zum innerlich befriedigenden Studium noch der Weg, möglichst gar nicht sich um die Professoren zu kümmern, sondern ganz für sich weiter zu arbeiten; aber das ist erstens ein großes Wagnis, da man doch nicht von vornherein wissen kann, ob man nicht am Ende irgendwie scheitert, und dann muß man eben auch an ein Examen denken. Bei mir kommt außerdem noch die Assistentenstelle dazu. Nun aber wirklich genug von diesen Dingen!«

Hilbert hatte ihn bemerkt, war freundlich zu ihm gewesen, vielleicht würde es ihm gelingen, diesen offenbar günstigen ersten Eindruck durch seinen Seminarvortrag zu bestätigen. »Doch es kam anders«, wie er in einem langen Brief an Nelly berichten mußte.

»Um das zu erzählen, muß ich etwas ausholen und erstmal über das Seminar und Hilbert einiges sagen. Hilbert will, wie er sagt, durch das Seminar die modernen Fragen selbst erst kennenlernen. Die einzelnen Vortragenden haben sich ihr Thema anhand der Literatur so durchzuarbeiten, daß alles sich in ein von Hilbert und Minkowski aufgestelltes Axiomensystem einordnet. Dabei ist man ganz auf sich angewiesen, da Hilbert selbst wenig orientiert ist und einem kaum einen guten Rat geben kann, der einem etwas nützt. Für mich war es also ziemlich schwer, als sich mein Vortrag aus einem Referat über eine sehr schöne Arbeit von Hertz in einen solchen Vortrag verwandelte; ich hatte die Aufgabe, eine strenge Ableitung der statischen und damit verwandten elektromagnetischen Erscheinungen zu liefern, die sich so in Büchern nicht findet. Mein Vorredner, überhaupt der einzige, der vor mir dran war, ein Dr. Helly aus Wien – sehr viele Seminarmitglieder sind Doktoren, ich bin wohl der Jüngste – hatte zur Zufriedenheit von Hilbert über Elektrostatik geredet. Ich hatte nun ziemlich viel gearbeitet an meinem Vortrag und mir alles so zurechtgelegt, daß ich ziemlich sicher war, ganz gut abzuschneiden. Ich mußte immerzu daran denken, wie wichtig dieser Vortrag war, da ich mich durch ihn gewissermaßen einführte in Göttingen. Als es nun vorigen Montag so weit war, daß ich an der Tafel stand, da geschah das Unerwartete. Ich schrieb die Grundgleichungen an, von denen ich auszugehen hatte, da plötzlich rief Dr. Helly laut, das seien falsche Gleichungen, es entstand große Unruhe, die einzelnen unterhielten sich lebhaft miteinander, Hilbert sagte zwar nichts, machte aber ein sehr erstauntes Gesicht, ebenso Minkowski, der mir etwas verächtlich dreinzusehen schien. Obwohl ich nun völlig im Recht war und das auch ganz genau wußte, war ich dennoch von diesem Augenblick an so verwirrt und verschüchtert, daß mir der Vortrag gewissermaßen aus den Händen entglitt. Ich weiß kaum mehr, was ich eigentlich noch im einzelnen geredet habe. Jedenfalls gab ich dem Einwand von Dr. Helly nach, wischte die beanstandeten Glieder in meinen Gleichungen einfach weg – ich begreife mich selbst gar nicht – und begann weiter zu reden. Aber da fiel mir schon Minkowski ins Wort; ich hätte bei der Ableitung der Grenzbedingungen einen Fall nicht mit berücksichtigt, von dessen Existenz ich bis dahin noch gar keine Ahnung hatte, den »Oberflächenstrom«. Da sich nun die übrigen Teilnehmer auch nicht so recht klar darüber waren, so wurde fortlaufend darüber diskutiert, der Vortrag kam gar nicht von der Stelle, Hilbert wurde immer ungeduldiger – es ist ein Wunder, daß er nicht ganz grob geworden ist – ich wurde immer unruhiger und verwirrter, Hilbert stellte meine ganze Disposition auf den Kopf, die Leute, die kaum mehr zuhörten, lächelten ironisch; die anderen, besonders Helly haben an dem Nachmittag mehr geredet als ich, und ich war glücklich, als die Zeit um war.«

Als Courant in sein Dachzimmer zurückkehrte, fand er einen Brief von Nelly vor. Darin warnte sie ihn, daß es nicht gut sei, sich so ganz auf ein Ziel, wie die Assistentenstelle, auszurichten, und so von Unbekannten und deren Urteil abhängig zu werden. Er stimmte ihr eifrig zu und schrieb, daß »es darauf ankommt, was man *ist,* nicht was man scheint . . . Ich habe mich dann ganz mit dem Gedanken vertraut gemacht, die Assistentenstelle, die vielleicht Ostern frei wird, nicht zu bekommen, und überhaupt weiterhin, vielleicht, wenn es sich so fügt bald ernstlich an die Oberlehrerlaufbahn zu denken; denn was bedeutet das gegen das verfahlte Leben eines nicht so guten reinen Gelehrten!«

Doch der unglückselige Seminarvortrag hatte auch sein Gutes. Plötzlich begannen wichtige Leute, Notiz von ihm zu nehmen, freundlich zu ihm zu sein, allen voran Alfred Haar, Hilberts Assistent. Haar wies Dr. Helly wegen seines Benehmens zurecht und verhinderte so »daß noch einmal morgen so etwas vorkommt«. Auch Toeplitz kam Courant zu Hilfe und Hellinger gab ihm ein paar gute Ratschläge, wie er seinen Vortrag verbessern könnte. Gegen Ende der Woche lud Hilbert ihn zusammen mit Dr. Helly und einigen anderen Seminarteilnehmern in sein Haus an der Wilhelm-Weber-Straße ein, »was mir wieder einigen Mut gab, obwohl es gar nichts zu bedeuten hat«.

Am folgenden Montag hielt Courant seinen Vortrag zum zweiten Mal. Diesmal unterbrach ihn Dr. Helly nicht und die übrigen Seminarteilnehmer warteten mit ihren Fragen und Bemerkungen bis zum Schluß. Hilbert schien

Abb. 4. Otto Toeplitz

zufrieden, »besonders mit einigen Punkten, die ich selbst zurechtgelegt hatte«. In der Tat ging alles so glatt, daß Courant am folgenden Tag an Nelly schreiben konnte, er glaube, »daß der Mißerfolg vom vorigen Montag wieder ziemlich gutgemacht ist«.

Nachdem der Seminarvortrag überstanden war, erschienen ihm plötzlich alle seine Vorlesungen interessant und anregend. Er lernte Ernst Meissner kennen, der bei Minkowski promovierte, und »der mir sehr gut gefällt. Er ist wohl – außer Otto Toeplitz in gewisser Hinsicht – der einzige von den Mathematikern hier, der nicht *nur* Mathematiker ist, sondern auch für rein menschliches viel Verständnis hat«. Plötzlich beengte ihn auch die Landschaft nicht mehr, er spürte ihre Anziehungskraft, »die sanften, ruhigen Linien der Hügel haben etwas sehr Beruhigendes . . . Denken Sie doch, es gibt hier fast keine einzige Fabrik!« Er las *Don Quijote* zu Ende, »und immer wunderbar erscheint . . . wie es kommt, daß man gar nicht ermüdet bei den verschiedenen Abenteuern des Helden, die alle doch etwas gemeinsames haben«. Er trieb ein Klavier auf und begann wieder zu spielen, und »regelmäßig, und wie ich hoffe, auch ziemlich gründlich« zu üben. Als Toeplitz ihm zuredete, nun endlich sein Zimmer zu heizen, es war inzwischen Dezember und kalt, stimmte er folgsam zu. Begeistert schrieb er an Nelly, »Wenn nur dort in Breslau auch so jemand wäre, wie Otto Toeplitz, an dessen Art zu arbeiten und nachzudenken man so viel lernen kann!«

Kurze Zeit später forderte Hilbert Courant auf, an den wöchentlichen Zusammenkünften der *Mathematischen Gesellschaft* teilzunehmen, wenn ihn ein Vortrag interessierte. »Das ist etwas ungewöhnlich, da ich doch sehr jung bin und im allgemeinen auf Wunsch von Klein nur promovierte Studenten eingeladen werden; aber Hilbert rebelliert jetzt gerade überall gegen Kleins angemaßte Diktatur und so erklärt sich das sehr einfach.«

Auch Minkowski, von Natur zurückhaltender als Hilbert, begegnete ihm nun mit Freundlichkeit. Ein paar Tage nach dem erfolgreichen Seminarvortrag traf er am Eingang des Hörsaals mit Courant zusammen, und entschuldigte sich, daß er ihn im Seminar so unsanft behandelt hatte. Kurz darauf lud er Courant zu einem Abend mit einigen anderen Studenten in sein Haus ein.

Solche Einladungen waren bei der Familie sehr gefürchtet, wie mir Minkowskis älteste Tochter, Lily Rüdenberg, erzählte. Minkowski war ein sehr scheuer Mann und den Studenten pflegte die Gegenwart eines Professors ohnehin die Sprache zu verschlagen, so daß diese Abende sich immer mühsam dahinschleppten. Doch dieses Mal war es anders. »Da kam dieser neue, unauffällige, kleine Kerl aus Breslau und begann sofort, meinem Vater Fragen zu stellen. Und es dauerte gar nicht lange, da war ein allgemeines Gespräch im Gange.« Der Familie erschien es wie ein Wunder, an das sich Minkowskis Tochter, damals noch ein kleines Mädchen, ihr Leben lang erinnerte.

Mein Bericht über Courants erste Göttinger Zeit stützt sich hauptsächlich auf die Briefe, die er damals an Nelly Neumann geschrieben hat. Aus ihnen wird deutlich, daß zu der Zeit die Professoren, allen voran Hilbert, die Hauptrolle in seinem Leben spielten. Als er jedoch im Alter von 82 Jahren mit mir über diese Zeit sprach, war es nicht sein Erfolg im Seminar, an den er sich zuerst erinnerte, wichtiger war ihm, daß er fast sofort den Zugang zu einem etablierten »inneren Kreis« (er nannte es »the in group«) gefunden hatte und akzeptiert worden war. Außer ihm verwendete niemand, mit dem ich über Göttingen sprach, je diese Formulierung oder schien von der Existenz eines solchen Kreises besonders beeindruckt. Doch für Courant gab es diesen »inneren Kreis«, und in Alfred Haar sah er die führende Persönlichkeit der Gruppe.

Haar war ein kleiner, zart gebauter, junger Mann, der sich mit charmanter Leichtigkeit überall auf der Welt wohl zu fühlen schien. Sein Talent war von der blitzschnellen, präzisen Art, wie Göttingen es später in John von Neumann erleben sollte. Mit seinem Wissen war er sogar Toeplitz überlegen. Der neunzehnjährige Courant war hingerissen von Haars Savoir-faire, von seiner brillanten und witzigen Konversation, und auch der materielle Erfolg seines Vaters, der in Ungarn ausgedehnte Weingüter besaß, verfehlte seine Wirkung nicht. Jedenfalls erwähnte Courant diese Weingüter jedesmal, wenn das Gespräch auf Haar kam. Er erzählte mir, daß damals alle Studenten überzeugt davon waren, daß aus ihrer Mitte Haar die mathematische Entwicklung am entscheidensten prägen werde.

Nach seinem Erfolg im Seminar bestand nun Courants Ehrgeiz darin, den Umgang mit Haar und seinem Kreis zu pflegen. Das war trotz der vergleichsweisen Wohlhabenheit dieser Gruppe durchaus möglich, da auch die begüterten unter den Studenten ein eher bescheidenes Leben führten. Meistens traf man sich zum Mittagessen in einem Gasthaus. Eine solche Mahlzeit kostete damals ungefähr 80 Pfennig, eine Ausgabe, die sich Courant zwar nicht jeden Tag leisten konnte, aber es gelang ihm, seine Finanzen so einzuteilen, daß er zweimal pro Woche mit Haar und dessen Freunden zum Mittagessen gehen konnte.

Ich fragte ihn einmal, woran es eigentlich lag, daß er damals so schnell akzeptiert worden war. Er erwiderte, daß dieser »innere Kreis« in Wirklichkeit sehr demokratisch war. »Ich war von Anfang an freundlich zu allen. Junge Leute waren allgemein willkommen, bis sie sich irgendwie unbeliebt machten. Und das habe ich offenbar nicht getan.«

Er verstand es demnach, keinen Anstoß zu erregen, entdeckte aber bald, daß dies nicht allen glückte. Als er eines Tages mit Toeplitz im Hörsaal auf das Eintreffen Hilberts wartete, machte ihn dieser auf einige der anwesenden Studenten aufmerksam und hatte über jeden etwas zu erzählen. Schließlich deutete er auf einen großgewachsenen, blonden, jungen Mann mit Brille, der etwas abseits saß.

»Sehen Sie den Mann dort drüben«, sagte er, »das ist Herr Weyl.«

Courant spürte schon am Tonfall, daß der große Blonde aus irgendwelchen Gründen nicht »akzeptiert« war, und mit seinem nächsten Satz ließ Toeplitz ihn endgültig fallen:

»Das ist einer, der sich auch Gedanken über Mathematik macht.«

Heute ist allgemein bekannt, daß Weyl der bedeutendste Mathematiker ist, den Courants Generation in Göttingen hervorbrachte. Er war der eigentliche Erbe Hilberts, dem er in der Weite seiner Interessen – die von den Grundlagen seines Gebietes bis zu physikalischen Anwendungen reichten – gleichkam, ihn vielleicht sogar übertraf. Zur Zeit als Toeplitz sich so über ihn äußerte, war Weyl damit beschäftigt, seine Dissertation abzuschließen. Er war ein schüchterner und etwas unbeholfener junger Mann vom Land, er stammte aus Elmshorn, einer Kleinstadt in der Nähe von Hamburg, wo sein Vater als leitender Angestellter bei einer Bank arbeitete. Wie Courant und andere, die ihn damals kannten, berichteten, fiel er als Student zeitweise durch eine gewisse jungenhafte »Albernheit« auf. So benützte er mit seinen Freunden eine Geheimsprache, bei der jeder Silbe der Buchstabe p vorangesetzt wurde, und einmal legte er sich bei einer Einladung den ganzen Abend unter einen Stuhl und antwortete auf alle Fragen nur mit Gebell.

Als Courant mir von Toeplitz und Weyl erzählte, empfand er offensichtlich noch immer ein deutlich spürbares Behagen, daß er damals von Haar und seinem Kreis akzeptiert worden war, Weyl dagegen nicht. Andererseits erkannte und genoß er die Doppeldeutigkeit, in die dadurch die ganze Vorstellungswelt des gesellschaftlich »Akzeptierten«, des »in« und »out«, gerückt wurde.

Alfred Haar wurde ein bedeutender Mathematiker, der sich vor allem durch seine äußerst originellen Beiträge zur Maßtheorie einen Namen machte, aber wie Courant zu mir sagte, mit Weyl konnte man ihn nicht vergleichen.

»Da gab es überhaupt keinen Vergleich.«

In seinem ersten Göttinger Semester hörte Courant Vorlesungen über Mathematik, Physik und Philosophie.

Sein Interesse für die Philosophie war erstaunlich ausgeprägt, setzte sich aber – wie er einmal feststellte – »auf die Dauer nicht durch«.

Neben Hilbert war der Phänomenologe Edmund Husserl der Professor, bei dem er die meisten Vorlesungen belegte. Husserls philosophische Absicht war die Untersuchung der menschlichen Bewußtseinsinhalte. Er befaßte sich nicht mit Vorstellungs- und Gedankenprozessen, wie die Psychologen, sondern mit der »Bedeutung« der Bewußtseinsinhalte und -handlungen. Er suchte nach der Wahrheit, die jeder anderen Erkenntnis zugrunde liegt – »dem archimedischen Punkt«. Er hatte seine phänomenologische Methode zuerst auf die Logik und auf die Mathematik angewendet und stand daher den Mathematikern in Göttingen immer viel näher als den übrigen Philosophen. Neben Husserls Vorlesungen besuchte Courant auch regelmäßig die philosophischen Soirees des faszinierenden jungen Leonard Nelson, dessen Habilitation durch den Widerstand Husserls und der anderen Philosophen hinausgezögert wurde, während die Mathematiker, allen voran Hilbert, sich sehr für ihn einsetzten.

Die Göttinger Physik wurde damals von Woldemar Voigt und Eduard Riecke vertreten, die beide der Fakultät schon länger angehörten als Klein. Sie vermittelten ihren Stoff in derselben klassischen Weise, die Courant

Abb. 5. Hermann Weyl (Jugendfoto)

schon aus Breslau kannte. Beide hatten nicht das Format von Hilbert, Minkowski oder Klein. Der Anstoß, der Göttingen zu einem der großen Physik-Zentren der Welt machte, ging denn auch von den Mathematikern und kaum von den Physikern aus. Courant ignorierte Riecke nach dem ersten Semester, und auch bei Voigt belegte er verhältnismäßig wenig Vorlesungen, obwohl er ihn persönlich und als Musiker sehr bewunderte.

Wie er in dieser Zeit an Nelly schrieb, war es damals schon die Mathematik und nicht die Physik, die ihm »am Herzen« lag. Bei Klein hörte er in seinen fünf Göttinger Semestern nur zwei Vorlesungen. Er belegte zwar jedes Semester eine Vorlesung bei Minkowski, doch sein eigentliches »Hauptfach« war Hilbert.

Für ihn gab es weder in seiner Studentenzeit noch später im Leben je wieder einen Lehrer, der Hilbert gleichkam.

1908 – 1909

Dem jungen Courant schien sogar die Göttinger Luft voller mathematischer Anregung. Die Studenten sprachen auch außerhalb der Hörsäle mit »Inspiration und echter Hingabe« über Mathematik. Diese Begeisterung ging von Hilbert aus, einem schmächtigen, lebhaften Mann, von dessen Unabhängigkeit, Originalität und leidenschaftlicher Wahrheitssuche nicht nur seine großen mathematischen Werke, sondern auch seine Persönlichkeit und sein tägliches Leben in allen seinen Aspekten geprägt waren.

Sieben Jahre zuvor, am Internationalen Mathematikerkongreß von 1900, hatte Hilbert dreiundzwanzig Probleme aus allen Gebieten der Mathematik herausgegriffen, auf die sich – so sein Vorschlag – die mathematischen Anstrengungen des 20. Jahrhunderts konzentrieren sollten. Diese Probleme waren teils abstrakt und allgemein, teils konkret und individuell, und während Hilbert selber kein Interesse für die sogenannten Anwendungen der Mathematik aufbringen konnte, war er sehr an der Anwendung der Mathematik auf andere Wissenschaften interessiert. Eines der aufgeworfenen Probleme war die Mathematisierung der Physik und ihrer Grenzgebiete. Courant hat nie vergessen, wie sich dieser große Mathematiker im Alter von 45 Jahren hinsetzte und »Physik lernte«.

Obwohl er von Hilberts Vorlesungsstil anfänglich nicht beeindruckt war, »er zögerte oft, variierte das Gesagte, verbesserte sich, blieb manchmal sogar ganz stecken und mußte seinen Assistenten um Hilfe bitten«, erkannte Courant bald, daß in Hilberts Vorlesungen etwas geschah, was ihm selbst bei dem bewunderten und anregenden Maschke nie begegnet war, – das Schauspiel eines überragenden Intellektes, der sich unmittelbar und kreativ mit seiner Materie auseinandersetzte.

»Hilberts Art wirkte viel anregender als jede formale Perfektion«, erklärte mir Courant, »denn während er las, kämpfte er immer mit seinem Stoff, und dieses Ringen klärte seine Ideen. Man konnte ihm immer folgen, konnte das Spiel seiner geistigen Kräfte richtig spüren.«

Wie die anderen Studenten Hilberts fühlte sich Courant in dieses Ringen um die Lösung eines Problemes, um eine neue oder eine erweiterte Theorie, miteinbezogen.

Courant war auch beeindruckt davon, daß sich Hilbert nicht absonderte um zu arbeiten; in seinem Haus und Garten kam und ging ein steter Strom von Besuchern. Mathematische Diskussionen wechselten ab mit Gesprächen über alle möglichen anderen Themen, vor allem Politik. Oft wurden sie weitergeführt auf Spaziergängen auf dem Wall, der damals die Stadt noch umgab, auf Wanderungen in den nahen Hügeln, manchmal auch auf längeren Radtouren. Für Hilbert existierten keine Alters- oder Standesunterschiede. »Wer etwas zu sagen hatte, ganz gleich wer er war, konnte mit ihm wie mit seinesgleichen reden.« Die Hilberts führten ein »weit offenes« Haus. Käthe Hilbert war »eine wundervolle Frau«, auf ihre Weise so unabhängig und originell wie Hilbert, voller Anteilnahme für seine jungen Kollegen und Studenten.

Courant hat es immer für sein größtes Glück gehalten, daß sich Hilbert im Herbst 1908, als Haars Assistentenstelle neu zu besetzen war, für den zwanzigjährigen Richard Courant entschied.

In Göttingen begann damals eine besonders aufregende Zeit. Hilbert hatte den berühmten Waringschen Satz in Angriff genommen, an dem die Mathematiker mehr als hundert Jahre lang immer wieder gescheitert waren. Minkowski hatte erst kürzlich sein revolutionäres Konzept der Raum-Zeit eingeführt und arbeitete fieberhaft an der Vervollständigung seiner neuen Ideen.

Courant war nun Hilberts Assistent und traf jede Woche mehrmals mit dem großen Mathematiker zusammen, meist in Hilberts Garten, der sein bevorzugter Arbeitsplatz war. Oft fand sich dort auch Minkowski ein. Obwohl Hilberts Vorlesungsstil so holperig wirkte, verwandte er viel Zeit und Überlegung auf seine Vorlesungen. Eine der Aufgaben Courants bestand darin, die Sekundärliteratur für ihn durchzuarbeiten und über einschlägige Punkte zu berichten. Auch mußte er während der Vorlesungen anwesend sein und sorgfältig mitschreiben, um nachher ein sauberes Skript herstellen zu können, das jeweils im Lesezimmer ausgelegt wurde, wo die Studenten es in Ruhe einsehen konnten. Überdies las er einige der Arbeiten, die Hilbert als einem der Herausgeber der *Mathematischen Annalen* unterbreitet wurden und half mit, sie in einen druckreifen Zustand zu bringen. Der Assistent erhielt noch immer fünfzig Mark im Monat und »Familienverkehr«.

Zu Weihnachten 1908 wußte Hilbert, daß er Warings Theorem beweisen konnte. Er wollte seine Arbeit im ersten gemeinsamen Seminar im Januar vorstellen und damit selbst Minkowski überraschen, der einige Zeit nicht in Göttingen gewesen war. Doch es kam anders, und Minkowski sollte nie von Hilberts Beweis erfahren. Wenige Tage nach seiner Rückkehr nach Göttingen wurde er mit einer schweren Blinddarmentzündung ins Krankenhaus gebracht und operiert. Er starb am 12. Januar 1909, erst fünfundvierzig Jahre alt.

Im gleichen Jahr wurden die Göttinger Mathematiker von einem zweiten, viel zu frühen Tod getroffen. Walter Ritz, dessen Name mit der Spektralformel und dem Kombinationsprinzip der Spektrallinien verknüpft ist, war Privatdozent für Theoretische Physik. Seine Ärzte hatten ihn gewarnt, daß er an einer möglicherweise tödlich verlaufenden Tuberkulose leide, und dringend einen Sanatoriumsaufenthalt und ärztliche Pflege empfohlen. Doch Ritz kümmerte sich nicht um diese Ratschläge und arbeitete fieberhaft an seinen wissenschaftlichen Projekten, bis er im Juli 1909 im Alter von einunddreißig Jahren starb. Courant war besonders beeindruckt von der Arbeit, in der Ritz Hilberts Arbeit über das Dirichlet-Prinzip benützte, um eine numerische Methode zur Lösung von Randwertproblemen von Differentialgleichungen zu entwickeln. Was Courant so sehr faszinierte, war der Gedanke, daß hier eine rein theoretische Arbeit zu einer Arbeit mit praktischen Anwendungen geführt hatte!

Nach dem Tode Minkowskis wandte sich Hilbert vermehrt der jungen Generation zu und suchte bei ihr den menschlichen Kontakt und die schöpferische Anregung, die er verloren hatte. Er nahm sich mehr Zeit für Courant, unterhielt sich häufiger mit ihm und plauderte dabei sogar über allerlei Fakultätsgeschäfte, wie die Beratungen über die Nachfolge Minkowskis. Dabei lernte Courant Felix Klein von einer anderen Seite kennen, nicht nur als den Bonzen – den wichtigen Mann, der sich seiner Wichtigkeit auch bewußt war.

Wie Courant von Hilbert hörte, mußte die Nachfolge Minkowskis zwischen Edmund Landau und Oskar Perron entschieden werden. Beide waren ausgezeichnete Mathematiker, doch Landau stand im Ruf, ein schwieriger, reicher Berliner Jude zu sein, während Perron allgemein beliebt war. Als es zur Wahl kam, sprach Klein, zur Überraschung seiner Kollegen, für Landau.

»So wie wir als Gruppe hier sind«, sagte Klein, »ist es besser einen Mann zu haben, der *unbequem* ist«.

Selbstverständlich entschied Kleins Verdikt die Sache, und im Frühjahr 1909 folgte Landau einem Ruf nach Göttingen.

Schon bevor Landau nach Göttingen kam, hatte Courant eine Reihe von Vorlesungen über Anwendungen der Mathematik gehört, ein Gebiet, das durch den Einfluß Kleins an der Universität gut vertreten war. Daneben hatte er auch die Vorlesungen von Ernst Zermelo über mathematische Logik besucht. (Da Friedrichs mir Courant als einen Mathematiker, der die Logik haßt, geschildert hatte, fragte ich ihn, ob er sie denn schon als Student »gehaßt« habe. »Ich habe Logik nicht *gehaßt«*, widersprach er. »Sie hat mich abgestoßen. Ich *glaube* an Intuition.«)

Abb. 6. Felix Klein

Entscheidend für Courants zukünftige Vorstellung von der Mathematik war die Tatsache, daß kein einziger seiner Göttinger Professoren nur auf ein Gebiet spezialisiert war. Die Mathematiker Hilbert, Minkowski und Klein waren stark an der Physik interessiert. Minkowski und Klein hatten sogar einmal daran gedacht, selber Physiker zu werden. Carl Runge, der Professor für Angewandte Mathematik war, hatte ursprünglich als reiner Mathematiker begonnen. Karl Schwarzschild, der Astronom, leistete Beiträge zur theoretischen wie zur beobachtenden Astronomie, zur Quantenmechanik und zur Relativitätstheorie. Ludwig Prandtl, das »mechanische« Genie, entwickelte die mathematische Formulierung der Grenzschicht- und der Tragflügel-Theorie. Der Logiker Zermelo hatte zuerst auf dem Gebiet der Variationsrechnung gearbeitet und leistete wichtige Beiträge zur kinetischen Gastheorie.

Diese allgemeine Wechselwirkung zwischen Theorie und Praxis war für Courant das charakteristische Merkmal der wissenschaftlichen Tradition Göttingens. In dieses Traditionskonzept paßte Edmund Landau schlecht. Sein

Abb. 7. Edmund Landau und Tochter Dolli

Spezialgebiet war die analytische Zahlentheorie; alles, was mit mathematischen Anwendungen zu tun hatte, bezeichnete er dagegen herablassend als »Schmieröl«. Die Vorlesungen des neuen Professors waren wie viele seiner Bücher, Beweis folgte auf Theorem, ohne ein Wort der Begründung für das, was er tat oder vorhatte. Courant war der Ansicht, daß sowohl die Vorlesungen wie die Bücher manchmal »so abstrakt waren, daß überhaupt keine Beziehung mehr zu einer Substanz bestand«.

Für das Göttinger gesellschaftliche Leben waren Landau und seine Frau Marianne, die Tochter des Nobelpreisträgers Paul Ehrlich, dagegen ein Gewinn. Sie veranstalteten Abendgesellschaften, zu denen auch Studenten eingeladen wurden, und wie Frau Hilbert nahm auch Frau Landau lebhaften Anteil an den jungen Leuten und ihren Problemen.

Im Frühjahr, als Landau Minkowskis Nachfolge antrat, kam auch Henri Poincaré nach Göttingen, um eine Woche lang Vorträge zu halten. Hilbert stellte ihm seinen eigenen Assistenten zur Verfügung, und so kam es, daß Courant die Gelegenheit hatte, die beiden Männer zusammen zu sehen, die allgemein als die größten Mathematiker ihrer Zeit galten. Er erzählte, daß sie einander mit großer Hochachtung begegneten, doch der zündende Funke, wie zwischen Hilbert und Minkowski, fehlte.

»Ich bin ein großer Bewunderer Poincarés«, sagte Courant. »Er war meiner Meinung nach der größte Mathematiker seit Riemann, aber mit Hilbert ist er nicht zu vergleichen. Ihm fehlte die wundervolle Intensität, die Hilbert ausstrahlte. Wenn er die gehabt hätte –« und mehr als sechzig Jahre später leuchteten Courants alte Augen bei dem Gedanken auf. »Doch das ist undenkbar – Hilbert war absolut einzigartig!«

Während Courants viersemestriger Assistentenzeit beschäftigte sich Hilbert fast ausschließlich mit Themen aus der Analysis, dem mathematischen Gebiet, das sich in engster Verbindung mit den Problemen der Physik und der Mechanik entwickelt hatte. In Breslau war Analysis kein Gegenstand für fortgeschrittene Studien gewesen. Obwohl die Studenten dort einige der höheren Entwicklungen der Differential- und Integralrechnung studierten, schrieben sie ihre Dissertationen eher in Algebra oder Geometrie. In einem Brief an Richard gestand Nelly, daß sie die Analysis »fürchte«.

». . . und denke doch nicht, daß die Analysis so viel schwieriger ist als anderes!« schrieb er zurück. »Vielleicht ganz im Gegenteil. Ich komme jetzt etwas hinein und sehe, daß es gar nicht so gefährlich ist.«

In der Tat war Courant in der Analysis in seinem Element. Alle seine zukünftigen mathematischen Arbeiten sollten einmal auf Gebieten liegen, in die er als Student von Hilbert eingeführt worden war. Man kann sich daher fragen, was aus Courant geworden wäre, wenn Hilbert damals auf einem anderen Gebiet gearbeitet hätte; Hilbert pflegte nämlich so völlig in einem Gegenstand aufzugehen, daß er manchmal fast seine eigenen wichtigen Resultate auf Gebieten, die ihn früher einmal interessiert hatten, zu vergessen schien.

»In diesem Fall wäre Courant vielleicht ein Schüler Felix Kleins geworden«, vermutete Friedrichs.

Der Gegensatz zwischen Courant und Felix Klein scheint extrem. Courant war klein – kaum einen Meter fünfundsechzig – und wirkte so unscheinbar, daß keiner meiner Gesprächspartner, die ihn als jungen Mann gekannt hatten, sich so richtig an sein Aussehen erinnern konnte. Klein dagegen mußte überall auffallen, er war groß und stattlich, mit dunklem Haar und dunklem Bart, einem ausdrucksvollen Gesicht und einem Lächeln, das man nicht so schnell vergaß. Er war allgemein als die führende Persönlichkeit des wissenschaftlichen Lebens in Deutschland anerkannt. Selbst die Mathematiker, die in der Regel nicht zu blumigen Redensarten neigen, vergleichen ihn unweigerlich mit „Jupiter". Doch in mathematischer Hinsicht hatten Courant und Klein vieles gemein. Bemerkenswert war dabei vor allem die Bewunderung und das Verständnis, das sie beide für das Werk Bernhard Riemanns hatten.

In späteren Jahren vertrat Courant die Ansicht, daß der vielleicht nachhaltigste Dienst, den Klein der Mathematik erwiesen hat, darin bestand, daß er anderen Mathematikern den Zugang zu Riemanns Werken eröffnete. Er kam als junger Doktor, nur zwei Jahre nach Riemanns Tod, aus Bonn nach Göttingen. Riemanns Ideen hatten ihn schon früh fasziniert. Sie beruhten auf der einzigartigen geometrischen Intuition Riemanns, und Klein war damals fast der einzige, der ihnen folgen konnte. Andere Mathematiker bewunderten zwar die Resultate, konnten sich aber nicht mit den Methoden abfinden, durch die man zu ihnen gelangte. Riemanns früher Tod trug auch dazu bei, daß sein Werk unverstanden blieb. Courant war allerdings der Meinung, daß Riemann, selbst wenn er länger gelebt hätte, nicht über die persönliche Überzeugungskraft verfügt hätte, um seine Ideen durchsetzen zu können. So blieb es Klein überlassen, mit seiner dominierenden Persönlichkeit und seinem intuitiven Verständnis für die geometrischen Zusammenhänge im Werke Riemanns »der . . . erfolgreichste Apostel des Riemannschen Geistes« zu werden, wie Courant später einmal schrieb.

»Woran lag es eigentlich, daß Courant sich nicht sofort für Klein entschieden hat?« überlegte Friedrichs. »Denn Hilberts Wesen lag ihm doch im Grunde genommen weniger als dasjenige Kleins. Hilbert war damals natürlich *der* Mathematiker in Göttingen, um den sich alles scharte, aber ich glaube, daß die starke Anziehungskraft, die Hilbert auf Courant ausübte, damit zusammenhing, daß Courant sich immer wieder zu Menschen hingezogen fühlte, die in persönlicher wie in mathematischer Beziehung völlig anders waren als er selber. Für solche Menschen empfand er immer eine grenzenlose Bewunderung. Was Klein betrifft, so sagte er sich wohl, – ›das kann ich selber auch‹; Hilbert dagegen – das war nun wirklich etwas völlig anderes!«

Courant hatte sich seit seiner ersten Göttinger Zeit darauf eingestellt, einmal bei Hilbert zu promovieren.

»Wir dürfen nun aber keineswegs die Bedeutung dieser ganzen Sache überschätzen und müssen auch an die Nachteile dabei denken«, schrieb er in den ersten Wochen abwägend an Nelly. »Zunächst ist gar nicht gesagt, daß ich durch meine – vorläufig ja überhaupt noch in der Zukunft schwebende – Arbeit mit Hilbert in nähere Berührung kommen werde; er pflegt sich nicht sehr viel um die Leute zu kümmern, die bei ihm arbeiten, und andere als sein Assistent haben selten den Vorzug einer direkten persönlichen Anregung von ihm. Man sagt, daß er die Arbeiten ohne Rücksicht auf Persönlichkeit und Vorstudien des betreffenden Studenten stellt, so daß von zehn Dissertationen sieben gänzlich fehlgehen, und von den drei übrigen sich zwei nach der Promotion als fehlerhaft herausstellen. Aber da ich hier an Toeplitz und auch Hellinger stets einen festen mathematischen Halt habe, so ist, glaube ich, die Gefahr nicht so groß, daß ich mich allzu sehr in eine unfruchtbare Sache verwickle.«

In Wirklichkeit entsprach dann das Dissertationsthema, das Hilbert Courant vorschlug, in einem so ungewöhnlichen Maße seiner Persönlichkeit und seiner mathematischen Denkweise, daß es sich wie ein roter Faden durch sein Lebenswerk zieht – das *Dirichletsche Prinzip.*

Ich fragte Friedrichs einmal, wieso, seiner Ansicht nach, Dirichlets Prinzip für Courant eine so starke Faszination hatte.

»Es ist ästhetisch reizvoll«, entgegnete er prompt. »Das Problem hat eine Lösung, welche durch das Minimum eines sehr einfachen und übersichtlichen Integrals dargestellt wird. Das faszinierte ihn. Das erschien ihm überzeugend und schön.«

Schon als Courant noch Student war, hatte Dirichlets Prinzip mehr als ein halbes Jahrhundert hochgespannter, intellektueller Dramatik hinter sich, eine Geschichte, die Courant sein Leben lang immer wieder mit Vergnügen in populärwissenschaftlichen Vorträgen und Artikeln nachzeichnete. Er widmete ihr sogar einen Abschnitt in seinem Buch *Was ist Mathematik?,* was den amerikanischen Mathematiker E. T. Bell zu der Bemerkung veranlaßte, daß damit Dirichlets Prinzip wohl zum ersten Mal in der Geschichte der Mathematik in einem elementaren Mathematikbuch aufgetaucht sei.

Die Geschichte von Dirichlets Prinzip – so wie Courant sie immer erzählte – begann mit Gauß, der in seinem Beweis des fundamentalen Theorems der Algebra klarstellte, daß der erste Schritt zur Lösung einer mathematischen Gleichung darin besteht, festzustellen, ob eine Lösung dieser Gleichung überhaupt existiert. Im Falle einer algebraischen Gleichung ist dieser Schritt verhältnismäßig einfach, im Fall einer Differentialgleichung dagegen kann das ein sehr verwickeltes Problem sein. Und zur Lösung eines solchen Problems wurde der Gedankengang, der später als Dirichlet-Prinzip bekannt wurde, zum ersten Mal verwendet.

Das Problem bezog sich auf eine als Laplace-Gleichung bekannte Differentialgleichung, die für die algebraische Geometrie und die mathematische

Physik von grundlegender Bedeutung ist. Die Lösungen dieser Gleichung charakterisieren die sogenannten harmonischen Flächen, und das Problem besteht darin, eine harmonische Fläche zu bestimmen, die eine vorgegebene geschlossene Kurve als Rand hat. Es ist nicht nur schwierig, diese gewünschte Fläche zu bestimmen, – es ist nicht einmal sicher, daß eine solche Fläche überhaupt existiert.

Bereits zu Gauß' Zeiten wurde ein Integral aufgestellt, das für jede genügend glatte Fläche gebildet werden kann und das die Eigenschaft hat, daß sein Wert für eine harmonische Fläche, die eine vorgegebene geschlossene Kurve als Rand hat, kleiner ist, als für jede andere solche Fläche. Umgekehrt ist jede Fläche, die den gegebenen Rand besitzt und das Integral minimiert, harmonisch. Es schien klar, daß das Integral seines positiven Charakters wegen ein Minimum besitzen müßte, und daher galt die Existenz der gewünschten Fläche – und damit eine Lösung der Gleichung – als gesichert.

In den Vorlesungen Dirichlets, der Gauß' Lehrstuhl in Göttingen übernommen hatte, lernte der junge Riemann diesen Gedankengang kennen. Beeindruckt, wie Courant sagte, »von seiner eleganten Einfachheit und der – wie ihm schien – inhärenten Wahrheit« benützte Riemann den gleichen Gedankengang für den Beweis einer Reihe fundamentaler Theoreme der geometrischen Funktionentheorie und der Theorie der Abelschen Funktionen und nannte ihn *Dirichlets Prinzip.*

Einige Zeit nachdem Riemanns Arbeiten erschienen waren erhob Weierstraß Einwände gegen Riemanns Annahme, daß das »Dirichlet-Integral« notwendigerweise ein Minimum annimmt. Sein Einwand war der folgende: Da der positive Charakter des Integrals die Existenz einer unteren Schranke seines Wertes impliziert, hielt Riemann es für selbstverständlich, daß diese Schranke ein eigentliches Minimum sei – mit anderen Worten ein Minimum, das tatsächlich von einer der zulässigen Flächen oder Funktionen angenommen würde. Weierstraß wies jedoch darauf hin, daß stetige Funktionen mit einer endlichen Anzahl von Variablen zwar immer einen kleinsten Wert in einem abgeschlossenen Gebiet besitzen, daß aber Minimumprobleme von komplizierterer Natur existieren könnten, für die das relevante Integral kein Minimum annimmt – obwohl eine untere Schranke existiert.

Riemann erkannte die Gültigkeit von Weierstraß' Kritik, war aber trotzdem intuitiv davon überzeugt, daß sowohl Dirichlets Prinzip wie seine eigenen Theoreme, deren Beweis auf dem Postulat dieses Prinzips beruhte, richtig waren. Er starb 1866 im Alter von vierzig Jahren, ohne Weierstraß' Kritik beantwortet zu haben. Kurze Zeit später gelang es Weierstraß, ein sehr delikates und spezielles Beispiel eines Minimumproblems vorzustellen, für das

das Integral kein Minimum annimmt, obwohl es eine größte untere Schranke besitzt.

Inzwischen waren aber viele Mathematiker der Meinung, daß sie auf die Resultate, die durch Riemanns Methoden gewonnen worden waren, einfach nicht mehr verzichten konnten. Sie versuchten daher, Dirichlets Prinzip so gut wie möglich abzustützen, und wenn das mißlang griffen sie auf verschiedene ad hoc-Methoden zurück, um die wichtigen Existenzsätze zu beweisen, von denen Riemann geglaubt hatte, daß sie, mittels des Prinzips, so einfach herzuleiten seien.

So standen die Dinge, als Hilbert – mehr als ein Jahrhundert nach der ursprünglichen Arbeit Riemanns – Dirichlets Prinzip »rehabilitierte«. Er bewies *konstruktiv,* daß das zur Diskussion stehende Minimumproblem tatsächlich eine Lösung hat, *indem er zuerst die geeignete Fläche fand und dann verifizierte, daß das Integral für diesen Fall ein Minimum annimmt.*

Diese Direktheit, mit der Hilbert ein Problem anging, war für Courant immer eine der tiefsten und kraftvollsten mathematischen Leistungen Hilberts.

»Es gehörte die ganze Unbefangenheit und Freiheit von dem Druck der Tradition dazu, welche nur den wirklich großen Forschern eigen ist, um das scheinbar vollständig unzugängliche Problem der Rettung des Dirichletschen Prinzips anzugreifen. Hilbert besaß den Mut, er versuchte es, und es glückte. Ganz neuartige, viel bewunderte Überlegungen von höchstem Scharfsinn mußten angewandt werden, und mühsam mußte der Leser der Hilbertschen Arbeit um das Verständnis ringen, aber das große entscheidende Ziel war erreicht: es war für die Analysis ein neues Hilfsmittel geschaffen, welches die Möglichkeit gab, aus dem Dirichletschen Prinzip eine wirkliche Beweismethode zu gestalten.«

Als sich Courant 1909 nach einem Dissertationsthema umschaute, traf es sich, daß die jungen Leute um Hilbert sehr an der Uniformisierung von Riemannschen Flächen und an der konformen Abbildung solcher Flächen auf eine Art von Standardgebiet interessiert waren. Ein wichtiger Durchbruch war dabei kurz zuvor Paul Koebe gelungen, einem etwas älteren Mann, der damals Privatdozent in Göttingen war. Indem er den Uniformisierungssatz bewies, hatte Koebe Bedingungen aufgestellt, unter denen gewisse Riemannsche Flächen konform auf gewisse andere Gebiete eindeutig abgebildet werden können. Hilbert, der sich seit kurzer Zeit ebenfalls für diese Fragen interessierte, schlug Courant vor, daß er in seiner Dissertation versuchen solle, das Dirichlet-Prinzip auf diese Probleme anzuwenden.

1909 – 1912

Courants Dissertation trug den Titel »Über die Anwendung des Dirichletschen Prinzipes auf die Probleme der konformen Abbildung«. Darin war es ihm gelungen, Hilberts Ansatz zu modifizieren und zu vereinfachen und das Prinzip auf gewisse fundamentale Probleme der geometrischen Funktionentheorie anzuwenden – unter anderem auf die konforme Abbildung Riemannscher Flächen höheren Geschlechts. Er fand einen neuen Beweis für das Uniformisierungstheorem, das Koebe 1908 bewiesen hatte. Außerdem konnte er ein weiteres wichtiges Theorem beweisen, den sogenannten Schlitzsatz, den Hilbert 1909 sehr allgemein formuliert hatte. Überdies entwickelte er eine Abschätzung, durch die er später zur Formulierung eines Lemmas gelangte, das eines seiner wirkungsvollsten und am häufigsten gebrauchten Hilfsmittel werden sollte.

Leider wurde ihm die Freude an seinem Erstlingswerk vergällt, noch bevor er es ganz zu Ende geschrieben hatte.

Als die Dissertation 1910 im Druck erschien, wurden Koebe und seine Arbeit in den Anmerkungen verschiedentlich erwähnt. Einer dieser Hinweise klingt etwas ungewöhnlich.

»Während der Niederschrift dieser Arbeit«, schrieb Courant auf Seite 5, »erschien unter dem Titel ›Über die Uniformisierung beliebiger analytischer Kurven‹, 4. Mitteilung in den Göttinger Nachrichten, eine Abhandlung von Herrn Koebe, deren wesentlicher Inhalt der Beweis des oben charakterisierten, von Hilbert zuerst ausgesprochenen allgemeinen Schlitzsatzes ist. Dieser Beweis beruht ebenfalls auf dem Hilbertschen Grundgedanken, die Minimaleigenschaft des Strömungspotentials zu benutzen, und stimmt ferner mit dem meinigen in dem Konvergenzbeweis für die Strömungspotentiale überein. (Vergl. para. 4 dieser Arbeit.) Ich möchte daher hervorheben, daß ich meinen Beweis selbständig und von Herrn Koebe unabhängig gefunden und im Juni 1909 von demselben u. a. Herrn Geheimrat Hilbert Mitteilung gemacht habe.«

Ich fragte Courant nach dem Hintergrund dieser Anmerkung.

»Es war eines jener unangenehmen Erlebnisse«, entgegnete er, »Koebe war damals bereits etabliert und wußte sehr viel. Er konnte es nicht ausstehen, daß sonst noch jemand auf seinem Gebiet etwas erreichte. Eines Tages – ich kann mich noch sehr gut daran erinnern, fragte er mich nach meiner Dissertation. Wir waren uns auf der Straße in Göttingen begegnet. Auf einem längeren Spaziergang erzählte ich ihm, was ich gemacht hatte. Als ich fertig war, fragte er: ›Ist das alles?‹, was mich ein wenig aus der Fassung brachte. Wenige Tage später kam er zu mir und berichtete, daß er dasselbe auf eine etwas andere Art gemacht habe, die enger mit seinen früheren Arbeiten verknüpft war.«

Eine Woche später sollte Courant vor der *Mathematischen Gesellschaft* über seine Dissertation sprechen. Als die Sitzung eröffnet war, meldete sich Koebe zum Wort und erklärte, daß er auch gerne über das gleiche Thema sprechen möchte.

»Gut«, sagte Klein, der den Vorsitz führte, »wir haben hier zwei Herren, die beide vortragen möchten, wer will anfangen?«

Koebe stand sofort auf und sagte »Ich«.

Da Koebe der ältere war, konnte Courant schlecht widersprechen. Koebes Verhalten verärgerte jedoch die Mitglieder der *Mathematischen Gesellschaft.* Courant war sechs Jahre jünger und stand am Anfang seiner Laufbahn. Er hatte eine gute Dissertation geschrieben, und das Privileg, seine Resultate als erster vorzutragen, hätte eigentlich ihm zugestanden.

Empört über Koebes Benehmen beschlossen einige von Courants Freunden, es Koebe heimzuzahlen, unter ihnen auch Kurt Hahn, der sich später durch seine Schulen zunächst in Deutschland, dann auch in Schottland, einen internationalen Ruf erwarb. Sie bastelten einen ausgeklügelten Mechanismus, der in unregelmäßigen Abständen einen Alarm auslöste und versteckten ihn in einem Nachttopf unter Koebes Katheder. Das Gelächter war groß, als Koebe in seiner Vorlesung die störende Vorrichtung schließlich entdeckte und aus ihrem Behälter zog. Hahn verschaffte dem Vorfall noch zusätzliche Publizität, indem er in der Lokalzeitung darüber berichtete.

Koebe wurde nicht nur von Courant als eingebildeter und unangenehmer Mensch beschrieben, der allgemein im Rufe stand, die Ideen jüngerer Leute aufzuschnappen, die er dann – da er außerordentlich schnell war – als erster endgültig formuliert veröffentlichen konnte. Dessen ungeachtet war er ein hervorragender Mathematiker und gegen Ende des Sommers 1909 erhielt er einen Ruf an eine andere Universität und verließ Göttingen.

Nachdem Hilbert die Dissertation angenommen hatte, stand nur noch die mündliche Prüfung zwischen Courant und der begehrten Doktorwürde. Diese war für den 16. Februar 1910 angesetzt: Die drei Prüfenden waren Hilbert in Mathematik, Voigt in Physik und Husserl in Philosophie.

Hilbert erschien pünktlich und vor den anderen. Er wollte die Prüfung möglichst schnell hinter sich bringen und nach Hause gehen. Doch Voigt und Husserl ließen auf sich warten.

»Na ja«, sagte Hilbert schließlich zu Courant, »ich könnte natürlich jetzt anfangen und Ihnen Fragen stellen, aber ich kenne Sie so gut, wir unterhalten uns zwei bis drei Mal pro Woche über Mathematik. Wieso sollte ich Ihnen also jetzt Fragen stellen? Selbstverständlich könnte ich das. Ja, aber es hätte keinen Sinn.«

So saßen sie und unterhielten sich über alles mögliche, nur nicht über Mathematik. Hilbert schaute immer wieder auf die Uhr, hoffte, daß Voigt oder Husserl bald kommen würden, »damit die Ihnen Fragen stellen können«, und redete dann weiter über Angelegenheiten, die beide interessierten und über gemeinsame Bekannte.

Vierzig Minuten später erschien endlich Husserl.

»Ach, Herr Husserl«, sagte Hilbert mit allen Zeichen der Erleichterung, »da Sie nun hier sind, kann ich aufhören, Herrn Courant Fragen zu stellen.«

Darauf entschuldigte er sich und ging nach Hause zum Abendessen.

Husserl stellte Courant eine Frage. Bevor er zur zweiten kommen konnte, bat ihn Courant, ihm einen heiklen Punkt in der Phänomenologie zu erklären und Husserl erklärte, bis die Prüfungszeit abgelaufen war. Voigt war überhaupt nicht erschienen.

Nachdem so die mündliche Prüfung überstanden war und Courant seinen Doktortitel erhalten hatte, beschloß Kurt Hahn, der Stadt Courants neue Würde bekanntzugeben. Zusammen mit zwei anderen Studenten mietete er eine kleine Droschke und verschaffte sich zwei Lautsprecher. Dann fuhren sie mit dem verlegenen Courant, der sich auf dem Rücksitz so klein wie möglich machte, durch die Stadt und trompeteten es allen Göttingern durch die stille Nacht – »Dr. Richard Courant *summa cum laude!*«

Der nächste Schritt seiner beruflichen Laufbahn war nun die Habilitation, mit der die Zulassung als Privatdozent verbunden war. Die Entscheidung darüber lag jedoch nicht in den Händen des neugebackenen Doktors, sondern bei der Fakultät. Klein oder Hilbert pflegten den Auserwählten beiseite zu nehmen – vielleicht beim alljährlichen Ausflug der Mathematiker – und ihm vorzuschlagen, doch in Göttingen zu bleiben.

Die Anzahl der Privatdozenten wurde sorgfältig reguliert. Zur Zeit als Courant promovierte, gab es sieben Privatdozenten für Mathematik. Es erschien Courant daher geraten, an seiner Assistentenstelle bei Hilbert festzuhalten, bis einige von ihnen an andere Universitäten berufen worden waren.

Damals mehrten sich die Anzeichen dafür, daß Hilbert sich einem neuen Arbeitsgebiet zuwandte. Im Wintersemester 1909/10 hatte er ausschließlich über Differentialgleichungen gelesen, die wichtigsten mathematischen Hilfsmittel der Physik; und auch im Sommersemester 1910 konzentrierte er sich in seinen Vorlesungen darauf.

Als Hilberts Assistent half Courant wie immer bei der Vorbereitung der Vorlesungen und schrieb sie dann im Hörsaal mit. Eigene mathematische Arbeiten produzierte er in dieser Zeit kaum.

»Ich war damals oft sehr deprimiert«, sagte er als Erklärung für ein eher melancholisches Bild aus dieser Zeit und fügte – inzwischen selbst mehrfacher Großvater – hinzu: »Man vergißt oft, daß das nichts Neues ist.«

Im Spätsommer 1910 verbrachte er einige Zeit in Berlin bei seinem Freund Kurt Hahn. Seine Eltern waren damals nicht in der Hauptstadt. Siegmunds Memoiren ist zu entnehmen, daß die Eltern von einem jüngeren Bruder, Eugen, »verbannt« worden waren und nun in einer anderen Stadt bei entfernten Verwandten lebten, denen Eugen strikten Befehl gegeben hatte, ihnen nicht mehr als »eine Mark pro Tag« für ihren Lebensunterhalt zu geben.

Im gleichen Jahr erhielt Courant die Einberufung für den einjährigen, obligatorischen Wehrdienst. Danach wollte er in Göttingen Privatdozent werden und Nelly Neumann heiraten; denn inzwischen hielten beide die Freundschaft, die zwischen ihnen gewachsen war, für Liebe.

Am 2. Oktober 1910, dem Vorabend seiner Einberufung, begann er ein Tagebuch; darin wollte er »für Nelly und unsere Kinder« über sein Leben berichten, gleichzeitig sollte es der Selbstprüfung und der Weiterentwicklung seiner Persönlichkeit dienen.

»Die entscheidenden Ereignisse meines Lebens liegen wohl hinter mir«, schrieb er als Student in sein Notizbuch, »die Bahn, die mein Leben weiter nehmen wird, ist aller Wahrscheinlichkeit nach durch alles, was vorausging, in recht engen Grenzen schon festgelegt.«

Wenn er auf sein Leben in den letzten sechs oder sieben Jahren zurückblickte, so fand er allen Grund, zufrieden zu sein »mit dem, was das Geschick mir an Liebe, an Freundschaft der Menschen, an Glücksfällen zugewiesen hat. Und wenn ich doch jetzt kein zufriedener und glücklicher Mensch bin, wenn ich glaube, nicht das aus mir gemacht zu haben, was ich hätte machen können, so liegt das nicht daran, daß das Geschick mir auch bittere Erfahrungen nicht erspart hat, mich in schlimmere Verhältnisse gebracht hat, wie die meisten Menschen sie überhaupt kennen mögen, sondern es liegt einzig und allein an mir.

Ich bin während dieser wichtigen Jahre mit Scheuklappen durch die Welt getroddelt; bin ein Gelehrter geworden, der nicht allzuviel von seiner lebensfernen Wissenschaft versteht, der zwar den Dünkel vieler gelehrter Geister gegen alles was ihnen unbekannt, nicht besitzt, der aber von tausend Dingen herzlich wenig weiß, von denen er viel wissen sollte, und der überhaupt keine lebensvolle, kräftige Existenz führt.«

Er verschwendete zuviel Zeit auf Gespräche. »Und ich werde auch immer alles rein Menschliche turmhoch über jedes Intellektuelle stellen.« Doch er erhoffte sich von einem Tagebuch, daß es ihm zu jener Selbstdisziplin verhelfen werde, die ihm seiner Meinung nach abging und auch seinem »erschreckend schlechten Gedächtnis für alle Tatsachen und Erlebnisse, so tief sie mich auch berühren«, eine Hilfe sein werde.

Es war tröstlich, daß Nelly seine Schwächen kannte und daß das ihrer Liebe zu ihm keinen Abbruch tat, doch »niemand wünscht so wie sie, daß es damit besser wird«.

Der Zeitpunkt seiner Einberufung schien ihm für einen solchen Neubeginn besonders günstig und erfolgversprechender als alle seine früheren guten Vorsätze. »Diesmal ist wirklich von außen ein fühlbarer Einschnitt in mein Leben geschehen, von morgen an wird die Straffheit von außen hineingetragen. Nun muß ich mich aufraffen, sie auch innen hineinzubringen.«

Vielleicht zu seiner eigenen Überraschung entdeckte Courant bald, daß er sich besser zum Soldatenleben eignete, als man das gemeinhin von einem jungen Wissenschaftler erwartet. Er verstand sich ohne Schwierigkeiten mit den anderen Soldaten, obwohl die meisten nicht Universitätsangehörige, sondern Bauern aus der Umgebung von Göttingen waren. Während seiner einjährigen Dienstzeit wurde er zum Unteroffizier befördert. Doch für seine akademische Laufbahn war das militärische Leben kaum von Nutzen, und er beneidete die Kommilitonen, die diese Last nicht mitzutragen hatten. Er fuhr bei jeder Gelegenheit nach Göttingen und hoffte auf eine Aufforderung, zurückzukommen und sich dort zu habilitieren. Doch weder Klein noch Hilbert äußerten sich. Im Mai 1911 schließlich, als er immer noch Dienst in der Reserve tat, erhielt er eine Einladung von Kurt Hensel, einem Professor in Marburg, sich bei ihm zu habilitieren und ihm gleichzeitig bei der Herausgabe der Gesammelten Werke von Kronecker behilflich zu sein.

Courant zögerte eine Antwort hinaus, bis er bei seinem nächsten Urlaub in Göttingen die Marburger Einladung erwähnen konnte. Nachdem er drei Wochen später Hensels Angebot noch immer nicht beantwortet hatte, erhielt er einen Brief von Hellinger, zu der Zeit Privatdozent in Marburg, der ihm seiner Hinhaltetaktik wegen Vorwürfe machte. Doch inzwischen hatte Hilbert

Courant aufgefordert, sich in Göttingen zu habilitieren Darauf schrieb Courant umgehend an Hellinger und legte eine Kopie des Briefes bei, den er an Hensel zu schicken beabsichtigte.

Darin schrieb Courant: »Der Gedanke, mich in Marburg zu habilitieren, war mir von jeher verlockend gewesen, und Ihre Anregung dazu kam meinem Wunsche in ganz unerwarteter Weise entgegen. Ich hatte mich sehr auf die Tätigkeit in Marburg gefreut und insbesondere auch von dem Zusammenarbeiten mit Ihnen, Herr Geheimrat, bei der Herausgabe der Kr'schen Werke viel Anregung erhofft . . . Nun aber hat sich plötzlich für mich die Aussicht eröffnet in Göttingen zu bleiben, wo ich mich ohne Schwierigkeiten im Laufe des Winters habilitieren kann.«

Hier vermerkte Hellinger entschieden am Rande: »Auch das ändern: So klingt es, als ob Sie nach Marburg bloß aus Mangel eines Besseren gekommen wären.«

Im folgenden Abschnitt zählte Courant die Vorteile des Göttinger Angebotes auf:

»Geheimrat Hilbert sicherte mir zu, daß ich wenigstens einmal im Jahr eine der großen vierstündigen Hauptvorlesungen zu halten haben würde. Wegen der großen Studentenzahl in Göttingen, die nach aller Voraussicht in den nächsten Jahren nicht zurückgehen wird, ist dadurch die finanzielle Seite der Sache in äußerst günstiger Weise geregelt. Selbst wenn ich auf wesentlich geringere Einnahmen als die der älteren Göttinger Privatdozenten rechne, bleibt mein Jahreseinkommen doch noch merklich höher als das, was mir in Marburg in Aussicht stünde. Neben den Rücksichten auf meine vielen persönlichen und wissenschaftlichen Beziehungen in Göttingen – vor allem die zu meinem hochverehrten Lehrer Hilbert – war dieser finanzielle Punkt für meinen Entschluß ausschlaggebend. Es würde mir herzlich leid tun, wenn ich Ihnen durch meinen Entschluß eine unliebsame Störung in Ihren Dispositionen verursachen würde.«

Hellinger schrieb ärgerlich daneben: »Etwas weniger gönnerhaft zu fassen.«

»Jedenfalls bitte ich Sie«, fuhr Courant weiter, »mein Verhalten nicht übel aufzunehmen. Ich habe nach eingehender Beratung mit meinen Freunden und Hilbert die feste Überzeugung gewonnen, daß ich das Anerbieten einer Habilitation in Göttingen nicht ausschlagen durfte.«

Hellinger strich »meinen Freunden« und schrieb dazu: »Bleiben besser aus dem Spiel!«

Auf Courants Brief antwortete Hensel sehr verständnisvoll: »Ich kann gut verstehen, daß Sie gerne in der Nähe von Herrn Hilbert bleiben.«

Nachdem er seinen Militärdienst hinter sich und Aussicht auf eine Habilitation in Göttingen hatte, verlobte sich Courant im Herbst 1911 mit Nelly Neumann.

Nelly hatte ein Jahr vor Courant in Breslau über ein Thema aus der Geometrie promoviert. Anschließend hatte sie auch die Gymnasiallehrerprüfung abgelegt und die dafür erforderliche zusätzliche Arbeit geschrieben. Obwohl sie »heiter und gesprächig« war, hatte sie sich, so berichtet Edith Stein, zu einer »sehr gründlichen« jungen Frau entwickelt. Sie war »besonders an ethischen Fragen interessiert« und »unternahm nichts, ohne alle Gründe für und wider eingehend erwogen zu haben«.

Courant hoffte so zu werden, wie er selber sein wollte, wenn er sich bemühte, Nellys strengen Anforderungen zu genügen. Andererseits fühlte er sich als ihr Beschützer, obwohl sie zwei Jahre älter war als er. Er sorgte sich um ihre Lebensgewohnheiten und um ihre Gesundheit. Sie neigte dazu, sich selber zu sehr anzutreiben. Einer seiner Briefe schließt mit der Ermahnung: »Vergiß nicht zu schwimmen, turnen, müllern, spazierenzugehen.«

In seinem Tagebuch, das er am Vorabend seiner Einberufung begonnen hatte, schrieb er über ihre Beziehung: »Nelly kennt jedes Kleinste und das Verborgenste in mir, und es ist wunderbar und beruhigend, daß ich ihr nichts zu verbergen brauche, denn wenn sie auch vieles mißbilligt, so mindert das doch ihre Liebe nicht; die ist überhaupt ganz unabhängig von so etwas.«

Die Verlobung war noch nicht offiziell, und er erzählte niemandem in Göttingen darüber, außer Frau Hilbert und Frau Landau.

»Frau Hilbert sagte, Du müßtest, wenn es erst offiziell wäre, zu mir auf Besuch kommen. Hoffentlich geht es Weihnachten!«

Die Zeit zwischen seiner Verabschiedung aus dem Militärdienst und seiner Habilitierung brachte wirtschaftliche Probleme. Als er beim Militär war, konnte er seinen Eltern jeden Monat 120 Mark schicken, was ihnen die Rückkehr nach Berlin ermöglicht hatte. Dazu war er nun nicht mehr in der Lage. Er erreichte jedoch, daß ihnen der Familienbetrieb in Lublinitz eine kleine Rente aussetzte. Dabei war es Teil der Vereinbarungen, daß das Geld durch seine Hände gehen mußte, und er verpflichtet war, über »jeden Pfennig« Rechenschaft zu geben.

Damals war Erich Hecke Hilberts Assistent. Courant hatte ihn für diese Position empfohlen, bevor er seinen Wehrdienst angetreten hatte. Hilbert brauchte jedoch zusätzliche Hilfe bei seinem Buch über die Grundlagen einer allgemeinen Theorie der Integralgleichungen. Courant las und korrigierte die Korrekturfahnen. Daneben gab er auch wieder Privatstunden.

Am Vorabend des neuen Semesters schrieb er an Nelly: »Mein liebes, liebes Mädel, ... Ehe ich Dir nun von mir erzähle, muß ich Dir nochmal sagen, daß Du mir alle meine Schlechtigkeiten, die ich gegen Dich begangen habe, verzeihen und vergessen kannst; denn ich habe Dich viel lieber als es manchmal zum Vorschein kommen mag ... Ich werde mir auch Mühe geben, alle die Fehler, die Du an mir tadelst, zu bekämpfen, und mit Deiner Hilfe gelingt das sicher.«

Dies ist der einzige Brief an Nelly aus dieser Zeit, den Courant aufbewahrt hat. Die anderen Briefe, die ich gesehen habe, stammen alle aus seinen ersten Göttinger Monaten, und er behielt sie möglicherweise, weil sie Beschreibungen von Personen und Ereignissen enthielten, die er für historisch interessant hielt. Wie er mir in unserem ersten Gespräch erzählt hatte, hatte er immer die Absicht gehabt, etwas über das wissenschaftliche Leben in Göttingen zu schreiben. Der oben erwähnte Brief an Nelly vom 27. Oktober 1911 beschreibt eine hektische Reise nach Berlin und berichtet allerlei über Vorkommnisse in den philosophischen Kreisen Göttingens.

In dieser Zeit aß Courant einmal pro Woche mit Leonard Nelson zu Abend, der endlich Privatdozent geworden war. Nelson zog viele junge Leute an und wurde von einem Bewunderer einmal als der Philosoph bezeichnet, der von allen Modernen Sokrates am ähnlichsten war.

Er wollte durch rigorose Argumentation ein philosophisches System entwickeln, in dem alles seinen festen Platz hatte und jede wesentliche Frage beantwortet war. Er sprach von einer »Philosophie des Ethischen« und versuchte, seine Anhänger zu einer Klärung und kritischen Überprüfung ihrer eigenen Standpunkte anzuleiten. Als nächsten Schritt forderte er, daß sie das, was sie als gerecht und gut erkannt hatten, auch lebten.

»Die Ethik«, so erklärte er ihnen, »ist da, um angewendet zu werden.«

In philosophischer Hinsicht hielt Courant Nelson eher für einen »mittelalterlichen Dogmatiker« als für einen modernen Sokrates.

Auf die Frage, ob er je zu seinen Anhängern gehört habe, entgegnete er:

»Nein, ich konnte seine Philosophie nicht ausstehen. Ich war ein Freund. Man konnte nicht gleichzeitig ein Freund *und* ein Anhänger sein.«

In seinem Brief an Nelly berichtete Courant auch über die Schwierigkeiten, die seine bevorstehende Habilitierung erschwerten. Nun, da er wieder in Göttingen war, erschien dieser Schritt nicht ganz so problemlos wie Hilbert ihm zu verstehen gegeben hatte.

»Die Frage meiner Habilitation wurde auch gestreift; Hilbert hat mit den anderen gesprochen, ich fürchte, daß es wegen der Habilitationsschrift noch

Schwierigkeiten geben kann, daß man vielleicht von mir mehr Arbeiten verlangt, wenn auch, wie Hilbert sagte, allgemein gewünscht wird, daß ich Ostern zu lesen beginne. Aber Hilbert sprach etwa so: ›Wir hoffen, daß Sie bis dahin eine sehr schöne Habilitationsschrift gemacht haben, etc.‹ Nun, warten wir ab!«

Während Courant an seiner Habilitationsschrift arbeitete, wurde im Wintersemester 1911/12 am 23. Januar 1912 Hilberts fünfzigster Geburtstag mit einer fröhlichen Feier begangen. Assistenten und fortgeschrittene Studenten produzierten für diesen Anlaß einige Verse. In einem wurde beschrieben, wie Klein die Stellung von Hilberts Assistenten »schuf« und die vielen Pflichten, die für 50 Mark im Monat und *Familienverkehr* zu erfüllen waren. Den Abschluß bildete Hecke, damals gerade Hilberts Assistent, »ein prakt'scher Mann«, der »für sich selber noch 'nen Assistenten« anschaffte. Dieser Unglückliche tat die ganze Arbeit – aber ohne die 50 Mark im Monat. »Sein Lohn dafür ist – ach, wie nett –/Familienverkehr/Und Hilbert noch dazu als Chef –/Mein Herz was willst du mehr?«

Höhepunkt der Feier war eine Tour de Force über die verschiedenen »Flammen« Hilberts – meist die junge Frau irgendeines Kollegen – die alle mit einem Vers bedacht wurden. Angefangen bei Ada, Bertha und Clara ging es triumphierend durch das ganze Alphabet, einzig Q, U, X, Y und Z verursachten einige Mühe. Auch Frau Hilbert kam nicht zu kurz: »Gott sei Dank, nicht sehr genau/Nimmt es Käthe, seine Frau.«

(Als ich an der Biographie Hilberts arbeitete, stellte ich Courant einige Fragen über die Natur der Beziehungen Hilberts zu seinen vielen »Flammen«. Ein Mathematiker hatte mir versichert, daß es sich dabei um wirkliche Affären gehandelt habe. Courant war angewidert. »Der Mensch ist kein Gentleman, so etwas *versteht* er nicht!«)

In seiner Habilitationsschrift kehrte Courant zum Dirichlet-Prinzip zurück. Unter dem Titel »Über die Methode des Dirichletschen Prinzipes« bewies er die Gültigkeit des Prinzips und bediente sich dazu einer Methode, die Hilberts zweiter Methode nahestand, jedoch verschiedene Komplikationen vermied, die sich aus der sehr allgemeinen Natur von Hilberts Werk ergeben hatten.

Der nächste Schritt zur Habilitation war die Antrittsvorlesung. Als ich mit ihm darüber sprach, konnte er sich nicht mehr an zwei der drei Themen, die er dafür vorschlagen mußte, erinnern. Das dritte, für das sich die Fakultät entschied, lautete »Über Existenzbeweise in der Mathematik«. Das war das Thema, das auch ihm persönlich am besten lag.

Das Interesse an Existenzbeweisen zieht sich denn auch wie Dirichlets Prinzip durch sein ganzes Werk.

»Sogar das Buch, an dem ich jetzt arbeite«, erzählte er mir über den unvollendet gebliebenen, dritten Band von Courant-Hilbert, »befaßt sich in einem gewissen Sinne mit Existenzbeweisen.«

Courants Antrittsvorlesung war auf den 23. Februar 1912 angesetzt, und er sprach, wie damals üblich, ohne Manuskript. Der Dekan gratulierte noch am gleichen Tag und teilte ihm mit, daß er nun das Recht habe, in Göttingen Vorlesungen abzuhalten.

Als nach Ostern das neue Semester begann, gab Courant seine erste Vorlesung; überdies setzte er mit Nelly Neumann den Hochzeitstag fest.

1912
1914

Als Dr. Courant nach den Sommerferien mit seiner jungen Frau nach Göttingen zurückkehrte, erregte das einiges Aufsehen, vor allem auch, weil sie zwei Jahre älter als er und wohlhabend war.

»Wir hatten immer angenommen, daß das Einzige, was die beiden verband, ihr gemeinsames Interesse für die Mathematik war«, erzählte Magda Frei, eine der ehemaligen Schülerinnen Courants, die damals ebenfalls jung verheiratet in Göttingen lebte. »In unserer Klasse war Nelly zwar die beste in der Mathematik, nicht aber in den übrigen Fächern. Sie war kein häuslicher Typ und daß sie heiratete, kam unerwartet. Es war ein bißchen – na ja, damals dachte ich, daß er sich vielleicht ›verpflichtet‹ gefühlt hatte. Die Frage war auch, ob er aus dem, was seine Privatstunden einbrachten, überhaupt leben konnte. Ich dachte immer, daß ihr Vater ihn wahrscheinlich unterstützte.«

Das neuvermählte Paar mietete eine Wohnung in der Schillerstraße, wo Courant nun seinerseits versuchte, ein »offenes Haus« zu führen, wie er das bei verschiedenen Göttinger Professoren kennengelernt hatte. Er hatte immer Frau Husserl bewundert, ihr Geschick als Gastgeberin, ihre hausfrauliche Tüchtigkeit, ihre ausgezeichnete Küche, die anregenden Tischgespräche in ihrem Haus. Husserl war damals noch nicht ordentlicher Professor, und die finanziellen Mittel, die seiner Familie zur Verfügung standen, waren knapper als bei den meisten Kollegen. Deshalb wurde sparsam, aber mit Charme gewirtschaftet. Eine der ersten, die Courant zum Tee einlud, um seine junge Frau kennenzulernen, war Husserls Tochter Elli, die an der Universität Kunstgeschichte studierte.

»Ich kann mich noch gut daran erinnern«, erzählte sie mir bei einer Tasse Tee in ihrem Haus bei Cambridge. »Sie lebten ein wenig außerhalb der Stadt, zu der Zeit gab es in Göttingen, glaube ich, keinen einzigen Autobus, und ich ging zu Fuß. Und der Tee war auch wirklich sehr nett, doch ohne die lebhafte, anregende Atmosphäre, an die ich gewöhnt war. Er gab sich offensichtlich große Mühe. Ich erinnere mich nur an diesen einen Besuch, und der war kein Riesenerfolg. Für sie muß es sehr schwierig gewesen sein.«

So kam es, daß sich Nelly, trotz Richards Bemühungen, einsam fühlte. Sie schlug daher ihrer Tante Auguste Stein vor, ihre jüngste Tochter Edith, die sich damals bereits für Philosophie interessierte, nach Göttingen zu schicken, damit sie bei Husserl studieren könne. »Richard hat viele Freunde, aber wenig Freundinnen mit in die Ehe gebracht ... Das wäre dann etwas Ausgleich«. Als sie einige Monate nach der Hochzeit in Breslau war, kam sie erneut auf diesen Vorschlag zu sprechen. Bei dieser Gelegenheit beschrieb sie auch ihre ersten Abenteuer mit den Tücken des Haushalts. »Die Dinge sind um so komplizierter, je weiter sie sich von der Mathematik entfernen«, bemerkte sie, »und der Haushalt ist am weitesten von der Mathematik entfernt.«

Auf Nellys Drängen erlaubte Tante Auguste schließlich, daß Edith und ihre ältere Schwester Rose nach Göttingen gingen, wo sie von den jungen Courants erwartet und willkommen geheißen wurden. »Ohne es wahr haben zu wollen, hing er sehr an der Familie und fragte mich immer nach allen ihren Mitgliedern«, bemerkte Edith.

Anders als die weltgewandtere Elli Husserl empfand Edith die Wohnung an der Schillerstraße als einen Ort der freien Gastlichkeit. »Richard liebte es, unangemeldete Gäste mitzubringen. Er hatte auch einen großen Freundeskreis, Dozenten und ältere Studenten. Auch von seinen Schülern und Schülerinnen brachte er gern jemanden mit, wenn er etwas mit ihnen zu besprechen hatte.«

So erschien es Edith, daß »das Vermögen seiner Frau« ihrem Cousin Richard zum ersten Mal »die Möglichkeit eines sorgenfreien Daseins und eines jugendlich unbekümmerten Lebensgenusses« verschaffte.

In den Jahren von 1912 bis 1914, in denen Courant als junger Dozent in Göttingen lehrte, machte die berühmte Fakultät seiner Studentenzeit nach und nach einen Wandel durch. Felix Klein verbrachte den größten Teil des Jahres 1912 in einem Sanatorium im nahen Harz. Er kümmerte sich auch von dort aus weiterhin um die Universitätsgeschäfte, doch als das Jahr um war, ersuchte er das Ministerium um seine Emeritierung, obwohl er erst dreiundsechzig Jahre alt war.

1913 trat Constantin Carathéodory Kleins Nachfolge an. Carathéodory war einer der zahlreichen jungen Männer mit einer glänzenden wissenschaftlichen Zukunft, die zwischen 1900 und 1910 in Göttingen ihre Ausbildung erhalten hatten. Unter anderen waren das – in chronologischer Reihenfolge – Max Dehn, Felix Bernstein, Georg Hamel, Rudolf Fueter, Oliver Kellogg, Erhard Schmidt, Max Born, Ernst Hellinger, Alfred Haar, Hermann Weyl, Richard Courant und Erich Hecke. Wenn man Klein kurz nach seinem sechzigsten Geburtstag – zur Zeit von Poincarés Besuch – gefragt hätte, wer unter diesen jungen Wissenschaftlern dazu bestimmt sein könnte, einmal seinen Traum von einem großen mathematischen Institut in Göttingen zu verwirklichen, wäre er wohl kaum auf Courant verfallen. Wahrscheinlich hätte er sich für Carathéodory entschieden, Sproß einer reichen und einflußreichen griechischen Familie, kultiviert und weltgewandt, etwas älter als seine Mitstudenten, da er sich erst nach seinem Ingenieurstudium dazu entschlossen hatte, Mathematiker zu werden. Als solcher bewies er dann schon in seiner Doktorarbeit eine erstaunliche Kraft und Originalität; er war eine eindrucksvolle Erscheinung, großgewachsen und aristokratisch, obwohl er einen Augenfehler hatte und schielte. Was ihn Klein ebenfalls besonders empfahl war sein Interesse an pädagogischen Fragen. Er war ein Schüler der École Polytechnique in Brüssel, einer Schule im Geiste der Pariser École Polytechnique, die Klein sehr bewunderte. Kurz, Carathéodory besaß alles, was man von einem Nachfolger für Kleins Lehrstuhl erwarten konnte und seine Rückkehr nach Göttingen wurde allgemein begrüßt.

Doch nicht nur die Fakultät, auch die wissenschaftliche Atmosphäre an der Universität begann sich während Courants Dozentenzeit zu verändern. 1912 fiel Hilberts berühmtes Bonmot, daß die Physik für die Physiker viel zu schwierig sei, worauf er sich selber von der Mathematik ab- und der Physik zuwandte. Er bat seinen Freund, Arnold Sommerfeld in München, ihm einen fortgeschrittenen Studenten als Physikassistenten nach Göttingen zu schikken. Paul Ewald war der erste einer ganzen Reihe junger Physiker, die Sommerfeld im Verlauf der zwanziger Jahre nach Göttingen entsandte.

Ewald und seine Frau Ella gehören zu den wenigen Bekannten Courants aus jener Zeit, mit denen ich sprechen konnte. Sie beschrieben ihn als »ernsthaft«, doch, wie Ewald sagte, »besaß er die herrliche Gabe, über sich selber lachen zu können – jene typisch jüdische Haltung, sich selbst als armen, kleinen Jungen zu sehen, der es mit den Großen dieser Welt aufnehmen muß.« Und obwohl er gar kein Ostjude im eigentlichen Sinne war, hatte er doch etwas »Ostjüdisches« an sich, das die »westlichen, integrierten« Juden in Göttingen amüsierte.

Nachdem Ewald so als »Hilberts Physiklehrer« (wie er prompt genannt wurde) nach Göttingen gekommen war, begann sich Hilbert nach einem hervorragenden Physiker für die Fakultät umzusehen. Er fand ihn in einem jungen Holländer namens Peter Debye, Sommerfelds erstem Assistenten in München; die Berufung Debyes nach Göttingen wurde von Hilbert persönlich ausgehandelt.

Dank Hilberts neuerwachtem Interesse an der Physik wurden nun bedeutende Physiker eingeladen, um über ihre jüngsten Entdeckungen oder die neuesten Arbeiten ihrer Studenten zu berichten. Einer der ersten war Sommerfeld, der 1912 über die Ergebnisse von Laues und einiger anderer auf dem Gebiet der Röntgen-Beugung in Kristallen sprach, Resultate, die mathematische Hilfsmittel aus Ewalds noch nicht abgeschlossener Dissertation benützten.

Möglicherweise sprach Sommerfeld bei dieser Gelegenheit mit Courant über die Qualität der Bücher, die sich mit mathematischer Physik befaßten. Er sagte, daß die ältere Generation zwar einige gute Bücher geschrieben habe, daß es jetzt jedoch Zeit sei für etwas Neues. Die Mängel der verschiedenen Lehrbücher über Mathematik und mathematische Physik waren Courant schon seit seiner Studentenzeit bewußt gewesen, und er hatte sich bereits ernsthaft überlegt, ob er nicht, wenn er einmal »alt genug« sei, etwas dagegen unternehmen sollte. So fielen Sommerfelds Worte bei ihm auf fruchtbaren Boden.

Zu dieser Zeit waren neben Courant auch Born, Toeplitz, Weyl, Hecke und Kármán als Dozenten in Göttingen tätig: Max Born in theoretischer Physik, Toeplitz, Weyl und Hecke in Mathematik und Theodor Kármán in Mechanik (das *von* – wie Courant immer gerne erklärte – kam erst später).

Born stammte aus Breslau und hatte – wie Courant – »das Mekka der Mathematik« auf Anraten von Toeplitz und Hellinger aufgesucht, wobei er allerdings noch vor ihnen gekommen war. Er war von 1905–1906 Hilberts Assistent und promovierte 1907. Nach Minkowskis Tod bat ihn Hilbert, dessen physikalisches Werk herauszugeben.

Kármán war von seinem Landsmann Alfred Haar, der inzwischen Professor in Ungarn war, in den Göttinger Kreis eingeführt worden. Dank seiner Vitalität und seines Charmes hatte er bald Haars Nachfolge als die führende Persönlichkeit des Kreises angetreten, der für Courant noch immer der »innere« war. Zumindest für ihn war es auch eines der denkwürdigsten, nicht-wissenschaftlichen Ereignisse jener Zeit, als sich Kármán und der »Außenseiter« Weyl, die beide in die schöne und begabte Hella Joseph verliebt waren, eine Wasserschlacht lieferten. Hella mußte sich auf der Stelle entscheiden, wessen Gesicht sie trocknen wollte, und sie entschied sich – sehr zum Leidwesen des »inneren Kreises« – für Weyl.

Ein weiterer ausländischer Student, der im Göttinger Universitätsleben eine wichtige Rolle spielte, war Harald Bohr. Er war damals der bekanntere der beiden Bohr-Brüder, da er in der dänischen Fußballmannschaft, die an den Olympischen Spielen von 1908 den zweiten Platz belegt hatte, mitgespielt hatte. Daneben galt er auch als vielversprechender Mathematiker, den Landau nach Göttingen geholt hatte. Er war wegen seiner Intelligenz, seiner Weltgewandtheit, seiner breiten Interessen und seiner »Ausstrahlung« (wie Courant es nannte) allgemein beliebt; doch Harald Bohr betonte immer wieder, daß er nichts Besonderes sei im Vergleich zu seinem älteren Bruder, »einem Mann aus purem Gold, der bald einer der großen Wissenschaftler unserer Zeit sein wird«. Diese übermäßige Bewunderung für seinen Bruder sahen die meisten Göttinger als einen etwas albernen, aber liebenswert bescheidenen Charakterzug des sonst in jeder Beziehung bewundernswerten Bohr. Courant, der alles, was von Bohr kam, fast ehrfurchtsvoll akzeptierte, teilte auch Haralds Glauben an Niels Bohr.

Nach und nach begannen die Arbeiten dieser jungen Wissenschaftler in der Fachwelt Aufmerksamkeit zu erregen. Weyl veröffentlichte seine Vorlesungen über Riemannsche Flächen. Heckes Dissertation über Zahlentheorie war eine bedeutende Leistung, der weitere wichtige Arbeiten folgten. Born und Kármán, beide Bewohner des legendären ElBoKaReBo (der Name ist von den ersten Namenssilben der fünf Bewohner abgeleitet) erarbeiteten gemeinsam und unabhängig von Einstein die Gesetze der spezifischen Wärme. Woran sich jedoch Courant auch sechzig Jahre später noch gut erinnerte, war der Eindruck, den zwei Werke aus der »Außenwelt« damals in Göttingen machten.

Das eine war Niels Bohrs revolutionäre Interpretation des Atoms, die 1913 erschien – »der Geburtsstunde der modernen Atomtheorie«, wie James Franck einmal sagte. Bei einem Besuch in Cambridge im gleichen Jahr hatte Courant »Haralds Bruder« kennengelernt und hatte zugehört, wie er seine Ideen im Hof des Trinity College darlegte.

Später schrieb er darüber, »Dank der vorangegangenen Suggestion durch Harald, der mir so oft von dem Bruder Wunderdinge erzählt hatte, war ich damals sofort bereit zu glauben, daß Sie recht haben müßten; als ich dann hier in Göttingen von diesen Dingen berichtete, wurde ich ausgelacht, daß ich solche Phantasien ernst nehmen könnte; ich bin also sozusagen ein Märthyrer des Bohrschen Modells geworden.«

Das zweite Werk, das von draußen kam, stammte von einem jungen Amerikaner namens George Birkhoff. Courant berichtete, daß Poincaré, als er in Göttingen seine Vorlesungen hielt, ein bestimmtes Theorem erwähnt hatte, das er erfolglos zu beweisen versucht hatte. Später veröffentlichte er seine Arbeit über das Theorem, obwohl ihm der Beweis noch immer nicht gelungen war, in der Hoffnung, mit seinen Resultaten wenigstens andern zu nützen.

Nach Poincarés Tod im Sommer 1912 wurde das Theorem als »Poincarés letztes Theorem« bekannt und war als solches eine Herausforderung für die Mathematiker der ganzen Welt. Die jungen Wissenschaftler in Göttingen sagten sich, »Das scheint nicht allzu schwierig, an einem verregneten Nachmittag – wenn wir nichts anderes zu tun haben – werden wir darüber nachdenken und es beweisen.« Doch die verregneten Nachmittage kamen und gingen – und selbst in Göttingen war Henri Poincarés letztes Theorem eine harte Nuß und auch nicht leichter zu knacken, als zuvor in Paris. Bis dann im Herbst 1913 eine Arbeit, die einen Beweis des Theorems enthielt, in *Fortschritte der Mathematik* besprochen wurde. Sie war – wie Courant immer zu sagen pflegte – in irgendeiner obskuren amerikanischen Zeitschrift erschienen; offenbar hielt man damals in Göttingen alle amerikanischen Zeitschriften für obskur. Und über Nacht sprach man überall aufgeregt über den Autor, den Amerikaner Birkhoff.

In Göttingen hatten viele Amerikaner studiert und obwohl beliebt und manchmal auch wegen ihrer mathematischen Leistungen bewundert, galten sie bei den Mathematikern doch nicht als »erste Garnitur«. So war es 1913 das erste Mal in Courants Erinnerung, daß die Göttinger mit Bewunderung über den Atlantik blickten.

Während dieser ganzen Zeit war es immer noch Klein, der die allgemeine Richtung des mathematischen und physikalischen Geschehens in Göttingen bestimmte. Als emeritierter Professor war er zwar von seinen »Pflichten«, nicht aber von seinen »Rechten und Privilegien« entbunden. Er war – wie schon seit einem Vierteljahrhundert – auch weiterhin die stärkste richtungsweisende Kraft in der Fakultät, die einflußreichste Stimme beim Ministerium in Berlin und vertrat die Universität auch im Verkehr mit der Industrie.

Damals stand man wenige Jahre vor dem zwanzigsten Gründungstag der *Vereinigung zur Förderung der Angewandten Physik und Mathematik,* einer Organisation von Geschäftsleuten und Industriellen, die Klein zur Unterstützung der Wissenschaften an der Universität aufgebaut hatte. Im Hinblick auf eine Geschichte der *Vereinigung,* die zu diesem Gedenktag erscheinen sollte, ging Klein im Jahre 1913 sein wissenschaftliches Leben noch einmal Jahr für Jahr durch. Seine Aufzeichnungen beruhen meist auf Briefen, die er damals geschrieben hatte, und befinden sich heute unter seinen Papieren in Göttingen. Man erhält einen Einblick in seine Entwicklung, die wachsende Überbelastung, die Krankheiten, die schließlich zu seinem Zusammenbruch führten, mit dem seine Karriere als schöpferischer Mathematiker im Alter von dreiunddreißig Jahren praktisch beendet war. Seine Aufzeichnungen zeigen deutlich, daß ihm die Folgen seiner Krankheit sofort bewußt waren. Von nun an, schrieb er, wird »soziale Wirksamkeit als Ersatz für das verlorene Genie« einspringen müssen. Seine Aufzeichnungen zeigen auch, daß die wissenschaftliche Entwicklung, die Göttingen erlebte, in Kleins Vorstellungen schon früh Gestalt angenommen hatte.

Die Idee eines Mathematischen Institutes mit engen örtlichen und intellektuellen Verbindungen zu den Anwendungen – der Höhepunkt aller Bestrebungen Kleins – stand 1914 unmittelbar vor ihrer Verwirklichung. Der Universität war ein Stück Land direkt neben dem Physikalischen Institut geschenkt worden, die Pläne lagen vor, der Bau konnte beginnen.

Später beschrieb Courant die Vorkriegsjahre in Göttingen immer als eine idyllische Zeit. Die Mathematiker – Fakultät und Studenten – waren »ein wenig wie eine Familie«. Die Universität war »ein idealer Ort für junge Wissenschaftler, die nach ewigen Werten suchten, ohne sich selber allzu ernst zu nehmen«. Die Mühen wurden »gemildert durch die gesunde Freude an einem bescheidenen, aber sinnvollen gesellschaftlichen Leben, das auf echten menschlichen Kontakten beruhte, und in das auch die schöne Umgebung der Stadt mit einbezogen war«. Doch, ungeachtet dieser im ganzen so günstigen Situation, konnte Courant doch nicht übersehen, daß mit der Berufung Carathéodorys auf Kleins Lehrstuhl seine eigenen Hoffnungen auf eine Professur in Göttingen so gut wie aussichtslos geworden waren. Der Lehrstuhl Runges, des ältesten der drei übrigen Mathematiker, würde erst 1925 frei, während mit der Emeritierung Hilberts erst 1930, mit derjenigen Landaus sogar erst 1945 zu rechnen war. Es war Courant daher klar, daß er und seine Generation sich bei anderen Universitäten nach einer Professur umschauen mußten.

Courants mathematische Produktion zwischen 1912 und 1914 war verhältnismäßig gering. Er hatte sich weiterhin vor allem mit dem Dirichlet-Prinzip beschäftigt und zwei weitere Arbeiten geschrieben, die damit in Zusammenhang standen. Davon war besonders die eine bedeutend, weil er darin das wichtige Lemma, das implizit in seiner Dissertation angelegt war, explizit formulierte. 1912 verfaßte er mit Born zusammen eine Arbeit über ein Resultat Eötvös', und 1913 schrieb er mit Harald Bohr eine Arbeit über die Anwendung der Theorie der diophantischen Approximation auf die Riemannsche Zetafunktion.

Doch weder in ihrer Qualität noch in ihrer Quantität konnten sich Courants mathematische Arbeiten mit den eindrucksvollen Leistungen einiger seiner Zeitgenossen messen, darunter vor allem Weyl, der damals bereits Professor in Zürich war. Courant wurde für die Stellung eines außerordentlichen Professors in Frankfurt in Betracht gezogen, und sein Name stand auf der

Dreierliste, die die Fakultät an das Ministerium schickte. Der Ruf ging zwar nicht an ihn, sondern an Hellinger, doch es war ein erster Schritt auf der akademischen Stufenleiter, überhaupt auf einer solchen Liste zu stehen. Und so hatte er im Sommer 1914, trotz der wachsenden Anzahl militärischer Manöver, an denen er als Mitglied der Reserve teilnehmen mußte, allen Grund, optimistisch in seine akademische Zukunft zu blicken.

All das änderte sich schlagartig am 30. Juli 1914. Edith Stein saß an diesem Tag um vier Uhr nachmittags in ihrem Zimmer und las in Schopenhauers *Die Welt als Wille und Vorstellung* als Vorbereitung auf eine Vorlesung Adolf Reinachs, eines beliebten und begabten Mitglieds des Husserl-Kreises. (In seinem Zimmer studierte Reinach zur selben Zeit den Atlas.) Da klopfte es bei Edith an die Tür. Es war eine Freundin mit der Nachricht, daß die Kriegserklärung unmittelbar bevorstehe und daß alle Vorlesungen bis auf weiteres abgesagt seien. Fast unmittelbar darauf klopfte es ein zweites Mal; Nelly Courant stand vor der Tür und berichtete, daß Richard seinen Marschbefehl erhalten habe. Sie wollte noch in derselben Nacht nach Breslau abreisen und das Kriegsende bei ihrem Vater abwarten. Jedermann, auch Richard, rechnete mit einem schnellen Ende des Krieges.

Inzwischen war es fünf Uhr geworden, die Zeit für Reinachs Vorlesung, und Edith klappte *Die Welt als Wille und Vorstellung* zu und hat »das Buch nie wieder vorgenommen«. Sie begann ihre Sachen zu packen und traf um halb acht Uhr bei den Courants ein. Der Zug sollte um acht Uhr fahren und der Wagen stand schon vor der Tür. Nelly und Richard nahmen in seinem Studierzimmer Abschied voneinander »und das ging nicht so schnell«, wie Edith bemerkte. Ihr war damals noch nicht bewußt, daß für ihren Cousin und seine etwas starre und überaus systematische Frau das Zusammenleben immer problematischer geworden war. Dennoch erstaunte es sie, daß Nelly nach Breslau abreiste noch bevor Richard an die Front mußte. »Ich hätte das an ihrer Stelle bestimmt nicht getan. Es geschah wohl aus Besorgnis um ihren Vater. Und dann war sie überhaupt anders als andere Menschen.«

Nachdem er seine Frau und seine Cousine bis Kassel begleitet und in den Zug nach Breslau gesetzt hatte, kehrte Courant nach Göttingen zurück und wartete auf die Mobilmachung. Am nächsten Tag war die Kriegserklärung des Kaisers an jeder Straßenecke angeschlagen. Eltern machten ihre Kinder darauf aufmerksam, Gymnasiasten standen in langen Schlangen, um sich als Freiwillige zu melden und kannten nur eine Sorge, daß der Krieg schon vor ihrem ersten Fronteinsatz vorbei sein könnte. Der sechsundzwanzigjährige Courant war so kriegsbegeistert wie jeder Gymnasiast – patriotisch von der

Abb. 8. Carl T. Runge

gerechten deutschen Sache überzeugt und zuversichtlich, daß das Vaterland »selbst gegen eine Welt von Feinden« siegreich sein werde.

Das Kriegsfieber raste in der Universitätsstadt so heftig wie überall in Deutschland. Winthrop Bell, ein kanadischer Philosophiestudent, den Courant »den nettesten Menschen in Göttingen« nannte, wurde als feindlicher Ausländer im Karzer im dritten Stock des Hörsaalgebäudes eingesperrt. Elisabeth, oder »Putti« – wie sie allgemein genannt wurde – Kleins jüngste Tochter und sein besonderer Liebling, setzte trotz Kleins ausdrücklicher Mißbilligung die Heirat mit Robert Staiger, einem Doktor der Musikwissenschaften und dem Dirigenten des akademischen Orchesters durch, der seinen Marschbefehl schon erhalten hatte. Die beiden Söhne Runges, beide noch im Gymnasium, meldeten sich sofort als Freiwillige und warteten ungeduldig auf den Tag, an dem sie die feldgraue Uniform anziehen durften. Auch die beiden Söhne Husserls stellten sich freiwillig.

Es gab natürlich auch in Göttingen einige, die nicht von dem allgemeinen Fieber erfaßt wurden. Hilbert sah keinen Grund, von seinem Programm, den Physikern Methode beizubringen, abzuweichen und widmete sich weiterhin mit Debye den Vorbereitungen für das später so berühmte Seminar über die Struktur der Materie. Runge als Rektor der Universität setzte sich energisch gegen die Behandlung Winthrop Bells zur Wehr und bestand darauf, ihn in seinem eigenen Haus unterzubringen, wo er, wie er erklärte, persönlich für den jungen Mann verantwortlich sein wollte.

Damals, in den ersten Kriegstagen, war es auch, daß eine erstaunte Nachbarin Runge dabei überraschte, wie er völlig außer sich in ihrem vor neugierigen Blicken geschützten Garten auf und ab ging. Er erklärte ihr, daß er sich mit der Tatsache abfinden könne, daß seine Söhne – noch halbe Kinder – in die Armee eingezogen wurden; doch das Leben junger, anerkannt fähiger Männer, wie zum Beispiel Richard Courant, aufs Spiel zu setzen, empfand er als verbrecherische Dummheit.

Für Courant selber war der Tag seiner Mobilisierung, und die Woche, die darauf folgte wie »ein wunderbarer Traum«.

». . . ich werde nie vergessen«, schrieb er in ein Tagebuch, das er kurz darauf begann, »wie vieles Große und Schöne bei den Menschen plötzlich ans Tageslicht kam, wie man überall so überaus freundlich gegen mich war, wie wir uns stellten, wie ich mich freute, Bekannte, vor allem Staiger, unter meinen Kameraden zu treffen, wie wir eingekleidet wurden, wie wir unter für mich so dramatischen Umständen abends am Sonnabend den 8. ausrückten, wie wir endlos Eisenbahn fuhren, durch die Vollmondnacht ins Quartier marschierten . . .«

Das Tagebuch, ein liniertes Notizheft mit Kartondeckel, fand sich unter den Papieren, die Courant mit nach Amerika gebracht hatte. Die erste Eintragung stammt vom 13. August 1914.

Nach einem langen, harten Marsch ruhte sich die Truppe einen Tag lang in der Nähe der belgischen Grenze aus und verbrachte die Zeit mit Essen, Schwimmen, Sonnenbaden und Gesprächen. Courant, der Unteroffizier im Range eines Feldwebels war, und sein Freund, Walter Lohse, ein großgewachsener, dunkelhaariger junger Mann, der im akademischen Orchester die Geige spielte, beschlossen, einige Schüsse aus ihren Pistolen abzugeben, um sich daran zu erinnern, daß Krieg war.

Diesen Krieg sollten weder Adolf Reinach noch Putti Kleins Mann, weder die jüngsten Söhne der Runges und der Husserls, noch Walter Lohse überleben, aber Courants Tagebuch beginnt,

»Es kommt mir vor, als wäre ich in der schönsten Sommerfrische.«

1914 / 1915

Nach dem 14. August befand sich Courants Regiment in Belgien und stieß mit der zweiten Armee in das Tal der Maas vor. Überall trafen sie auf furchtbare Zerstörungen und eine verängstigte Bevölkerung, die ihnen entgegenkommend, manchmal fast beflissen, begegnete. Hie und da gab es aber auch belgische »Schändlichkeiten«, und Courant, der von solchen Fällen berichtete, bemerkte dazu, »allerdings ist auch von unserer Seite sehr hart, manchmal zu hart eingegriffen worden«.

Während er mit seinem Regiment weiter in Belgien vorrückte, in Dörfern einquartiert war, aus denen oft alle Einwohner evakuiert worden waren, damit sie die deutschen Stellungen nicht verraten konnten, entsetzte ihn immer wieder die blinde Zerstörungswut seiner Kameraden. »Und doch sind es sonst gute Leute, die jetzt das Harmonium spielen [sie hatten in einer Schule Quartier bezogen] und dazu Choräle singen.«

Tag und Nacht war das Donnern der Geschütze zu hören und er schrieb immer wieder, »könnte man dabei sein«! Statt dessen wurde er kurz darauf mit seiner Kompanie zu einem anderen Regiment abkommandiert, das die Aufgabe erhielt, einen verlassenen Bahnhof im Hinterland zu bewachen.

». . . uns den Bauch füllen und vorn die anderen bluten lassen«, schrieb er voller Abscheu. »Vielleicht ist unser 91. Regiment schon im Gefecht gewesen.«

In den nun folgenden Wochen stand seine Kompanie immer wieder in Stellungen, in denen der Befehl zum Angriff jeden Moment zu erwarten war. Doch mit Ausnahme eines eher ungewöhnlichen Gefechts, »bei dem kein Schuß fiel und es keine Verluste gab«, kam er zu keinem Fronteinsatz. Es folgte weiterer Eisenbahnwachdienst. In einem Zollhaus einquartiert, entdeckte er ein Klavier und begann wieder zu spielen. Er photographierte und entwickelte die unzähligen Aufnahmen in aller Ruhe. Manchmal überraschte er sich bei der Frage, ob wirklich alles so gut ginge, wie man gehofft hatte. Am 20. September 1914 schrieb er: »Die Siegesnachrichten, die alle paar Tage auftauchen, bleiben immer ohne Bestätigung. Aber ich habe *alles Vertrauen* zu unserer Sache. Es muß am Ende glücken. Nur fürchte ich, daß es länger dauern wird, als ich vorausgesetzt hatte.«

Meldungen über Beförderungen begannen durchzusickern, Lohse war vorgeschlagen worden, Courant nicht. »Der Hauptgrund ist, daß man mein Auftreten zu unruhig findet ... Ich muß mich über die Zurücksetzung trösten, mit dem Bewußtsein, nach allen Kräften meine Pflicht getan zu haben.«

In Maubeuge, wo seine Kompanie kurz nach der Kapitulation der Stadt einmarschierte, sah er voller Empörung, wie viele Offiziere ganze Wagenladungen von Kriegsbeute nach Deutschland schaffen ließen. Einige verkauften Vieh und Kohle an die Bewohner der Stadt und verteilten das Geld, das »dem deutschen Staate« gehört, unter ihre Truppen. Sein eigener Kompaniekommandant, »Herr von H.«, hatte seine Frau kommen lassen. »... was menschlich sehr verständlich ist, was aber doch ganz und gar nicht sein dürfte. Als ich Frau von H. sprach, empfand ich milder über ihre unerlaubte Anwesenheit.«

Endlich, am 12. Oktober 1914, erhielt Courants Kompanie den Befehl, sich wieder bei ihrem ursprünglichen Regiment einzufinden. In der ersten Nacht ihres Marsches war die Kompanie in der Nähe von Reims einquartiert. Alles erschien Courant von besonderer Schönheit, die Landschaft, die herbstliche Stimmung, das malerische, kleine Dorf. Am Abend spazierte er noch ein wenig mit Lohse, der plötzlich nachdenklich sagte: »Man bekommt ordentlich Lust am Leben zu bleiben.« Courant, der diese Bemerkung später in seinem Tagebuch festhielt, fügte hinzu: »On verra.«

Das Regiment hatte inzwischen schwere Verluste erlitten. Die Männer waren abwechselnd in den Schützengräben und in den Kellern des Dorfes vor Fort Nogent, das unter dauerndem Artilleriebeschuß lag. Der Kontrast zwischen dem, was das Regiment durchgemacht und dem, was seine Kompanie in dieser Zeit geleistet hatte – Bahnhöfe und Gefangene bewachen und Waffen einsammeln – beschämte Courant.

Nach ihrer Rückkehr zum Regiment herrschte jedoch eine Ruhepause, und alles erinnerte ihn ein wenig an Kinder, die Indianer spielen. Es hatte fast etwas Behagliches, wie er im Unterstand am Tisch vor dem Feuer saß und sein Tagebuch führte. »Trotzdem wäre ich sehr zufrieden«, schrieb er, »wenn nicht Herr von H. mir das Leben und den Dienst fast systematisch erschweren würde.« Er fühlte sich von seinem Kommandanten dauernd »schikaniert«. »Leider bin ich durch solche Antipathien, die ich habe, sehr beeinflußbar und sehr leicht in meinem seelischen Wohlbefinden gestört. Die Menschen, mit denen ich zusammen lebe und arbeite, müssen in gewisser Harmonie mit mir sein, sonst fühle ich mich unbehaglich.«

Abb. 9. Courant im Krieg 1915

Ein paar Tage später tauchte zu seiner Überraschung plötzlich sein jüngerer Bruder Ernst an der Front auf. Er hatte bei Kriegsausbruch in Rumänien gearbeitet, war aber sofort nach Deutschland zurückgeeilt, um sich als Freiwilliger zu melden, und war zufällig dem gleichen Regiment zugeteilt worden.

Nachdem Courant nun in den Schützengräben stand und jeden Augenblick mit einem Gefechtseinsatz rechnen mußte, hoffte er auf eine Gelegenheit, sich auszuzeichnen. Statt dessen wurde er am 1. November 1914, kaum zwei Wochen, nachdem er zu seinem Regiment zurückgekehrt war, mit hohem Fieber in das nächste Dorf gebracht. Zwei Tage später wurde auch Lohse mit ähnlichen Symptomen aus den Schützengräben gebracht. Beide kamen ins Lazarett, wo man Typhus feststellte. In den folgenden drei Wochen lag Courant meist im Fieberdelirium und Lohse, der viel weniger stark erkrankt war, wachte bei ihm. »Wer weiß, ob ich ohne ihn noch lebte?«

Während seiner Genesungszeit brannte Courant darauf, »an die Front zurückzukehren . . . weil ich das Hinten-Leben unerträglich finde, und teils auch aus einem kleinen Ehrgeiz heraus – ich möchte endlich meine Beförderung und das eiserne Kreuz haben.«

Mit einem Vollbart geschmückt, traf er schließlich am 5. Februar 1915 wieder bei seinem Regiment ein. Er war »ernster« geworden, doch er kehrte »gerne und voller Ungeduld zurück . . . Wer weiß, was noch auf uns wartet?«

Wenige Tage später war das Regiment unterwegs in die Argonnen.

Während Courants Bataillon in einem ständigen »Höllenkonzert« seine Stellungen bezog, hatte das Bataillon seines Bruders Ernst in einem einzigen Tag über 220 Gefallene. Courant versuchte, seinen Bruder zu finden und traf ihn zu seiner Erleichterung wohlbehalten und unverletzt an.

»Sein Kompaniechef sagte mir, daß er sich bei dem Sturm ganz heldenhaft geschlagen hat. Ich war recht stolz auf den lieben bescheidenen Jungen, der von seinem Verdienst gar nichts wissen wollte.«

Jeder schien krank oder zumindest erkältet zu sein. »Trotz allem, auch trotz meiner heftigen Erkältung und meiner zerrissenen Stiefel bin ich noch ganz wohlauf, auch mit den Nerven, die weniger gelitten haben, als die mancher anderer.«

Eine Woche später, nachdem er zwei Tage und zwei Nächte ohne Schlaf und ohne Deckung unter schwerem Beschuß an einer neuen Stellung gebaut hatte, war er fiebrig und brachte keinen Ton mehr heraus. Da Lohse eingetroffen war, um ihn abzulösen, ließ er sich nach hinten schicken.

»Was war das für ein sonderbares Gefühl, als ich auf der Feldbahre den Wald verließ, wieder Häuser und andere Menschen sah.«

Diesmal lag er zehn Tage lang im Lazarett und hatte Zeit, sein Tagebuch nachzuführen: »In den Argonnen gibt es wohl keinen einzigen Soldaten, der nicht ›die Nase voll hat‹ vom Kriege . . . aber das heißt nichts weniger, als daß man hier verzagt . . . so gibt es doch keinen deutschen Soldaten, der den Gedanken an eine Niederlage in seiner Seele Raum läßt.«

Wenige Tage, nachdem er zu seiner Kompanie zurückgekehrt war, kam der Befehl, auf Vauquois vorzurücken.

Vauqois war einmal ein schönes, kleines Dorf in den östlichen Vorhügeln der Argonnen gewesen. Es wurde seit einiger Zeit von den Deutschen gehalten, doch die Franzosen versuchten, es in einer Reihe heftiger Angriffe zurückzuerobern. Zur Zeit hielten beide Seiten den Hügelkamm und die Verluste lagen bei mehr als fünfzig Prozent.

Courant wußte noch gut, wie er, auf dem Weg ins Lazarett, nach Vauqois hinaufgeblickt hatte, ». . . ein einziges Meer von Qualm, Feuerblitzen, Rauchsäulen . . . das wütendste Artilleriefeuer konzentriert auf eine kleine Bergkuppe . . .« und dabei gedacht hatte, »Gott sei Dank bin ich nicht dabei.« Nun wartete sein Regiment vor Vauqois auf den Befehl zum Angriff.

»Ich lebe stumpfsinnig und verdöst, ohne vor- oder rückwärts zu schauen, ohne irgendetwas zu tun, als höchstens mal ein paar Aufnahmen zu machen . . . Was einem vor wenigen Monaten noch interessant, wichtig und merkwürdig erschien, ist mir jetzt fast lächerlich gleichgültig. Das Wort ›Kultur‹ fast wie ein Hohn.«

Als Courant und seine Kameraden in Vauqois ankamen, wurden sie in Gefechtsformation auf dem Abhang aufgestellt und erhielten einige Minuten Zeit, um sich umzusehen. Die Demarkationslinie zwischen Deutschen und Franzosen verlief auf dem höchsten Punkt des Hügelkamms, wo die Kirche stand.

Drei Wochen später – nach fast pausenlosem Gefechtseinsatz – beschrieb Courant, was er in jenen ersten Augenblicken gesehen hatte:

»Das Innere der Kirche war mit Schutt gefüllt; dazwischen Leichen und Leichenteile. Ein Toter, nackt, durch den Feuerspeier verbrannt. Rechts der Kirche bog die Stellung, der berühmten Linde gegenüber, etwas zurück zum hinteren Graben, der 12 m hinter dem vorderen läuft, und die Kirchhofsmauer als Brüstung benutzt. Die Verbindungssappe ging über zwei Särge hinüber. In den Grabenwänden lagen Tote. Einer von unseren guckte noch mit den Absätzen heraus, andere mit dem Kopfe, einer lag auf dem Boden, die Finger guckten heraus: man hat ihn dann ausgebuddelt und aufs neue begraben. Am grausigsten war der Totenarm, feldgrau mit weißer Hand, der aus der rechten Wand der rechten Verbindungssappe herausragte. Wo man grub stieß man auf Leichen. Überall vor den Schießscharten lagen unbeerdigte Tote, von uns mehr als von den Franzosen. Ein zerfetzter toter Franzose lag in den Zweigen eines Baums. Bei Minenfeuer flogen Leichenfetzen in unsere Stellung . . .«

Courant führte das Tagebuch, das er bei Kriegsausbruch begonnen hatte, nicht mehr weiter. Aber im August 1917 vervollständigte er den Bericht über seinen Fronteinsatz in zusammengefaßter Form. Die folgenden Einzelheiten sind diesem Bericht entnommen.

Nach einer fast dreiwöchigen Erholungspause im Elsaß wurde das Regiment wieder aufgerufen und die Kompanie einer vorgeschobenen Stellung westlich von La Bassée zugewiesen, die auf drei Seiten von den Engländern umgeben war. Sie hatten keine Verbindung zum Hinterland, da die Telephonleitungen fast sofort durch Artilleriefeuer außer Funktion gesetzt worden waren. In sechs Tage dauernden Kämpfen verloren sie mehr als die Hälfte ihrer Leute.

Courant schrieb über jene Tage: »Keiner von uns glaubte, je wieder lebendig aus dieser Hölle herauszukommen.« Courant erinnerte sich an eine Nacht, die er mit Lohse verbracht hatte. Das Gewehr mit aufgepflanztem Bajonett in der Hand waren sie unermüdlich hin und her gekrochen, über Tote und Verwundete stolpernd und hatten versucht, ihren Leuten Mut und Trost zuzusprechen. Dabei waren sie zufällig zusammengestoßen. Sie lächelten sich ungeachtet des Entsetzlichen um sie herum »wie Propheten« zu »und ohne ein Wort über die Lage zu wechseln, saßen wir dann eine Zeit lang an der Grabenwand und unterhielten uns von Göttingen . . . bis eine platzende Granate mir einen Stein ins Genick warf, daß mein Helm und mein Gewehr herunterfiel.«

In dieser Zeit seines aktiven Fronteinsatzes wurde eine von Courants Ideen zur Erleichterung der technischen Schwierigkeiten des Stellungskrieges nach und nach in die Praxis umgesetzt. Einige Monate zuvor war ihm in Lâon, wo er die Kathedrale gegen den Horizont betrachtet hatte, der Einfall gekommen, daß die Männer in den Schützengräben mit Spiegeln das Terrain um ihre Gräben überblicken könnten, ohne sich dem gegnerischen Feuer aussetzen zu müssen.

Auf diesen Vorschlag wurden in La Bassée »Graben-Spiegel« in großer Anzahl aus beschlagnahmtem Spiegelglas hergestellt.

Durch den Stellungskrieg war ihm auch bewußt geworden, wie wertvoll ein Kommunikationsmittel wäre, das – unempfindlich gegen Artilleriefeuer – in sicherer Deckung bedient werden könnte. Die Telefonleitungen, das wußte er aus Erfahrung, waren immer die ersten Opfer. Ein System von Lichtsignalen, das manchmal verwendet wurde, erforderte eine geradlinige Verbindung und überdies mußte dafür ein Mann auf Deckung verzichten. Er begann, sich über die Synchronisation von Resonanzen mit elektromagnetischen Signalen Gedanken zu machen, die die Erde als Leiter verwenden würden. Er diskutierte seine Idee mit Lohse und den übrigen Offizieren. (Nach den harten Kämpfen im Mai und Juni 1915 war er schließlich zum Offizier befördert worden.) Später sprach er auch mit seinem Bataillonskommandanten, der ebenfalls Interesse zeigte. Es überraschte ihn, wie ungewöhnlich sogar sein geringes technisches Wissen in der Armee zu sein schien. Er schlug daher vor, daß man ihn nach Göttingen schicken sollte, wo er die dortigen Wissenschaftler über die Realisierbarkeit der Erdtelegraphie befragen wollte. Er erhielt kurze Zeit später einen Urlaub.

Nach einer Nachtfahrt traf Courant am Morgen in Hannover ein, wo er einen Zug nach Göttingen nehmen wollte. Er wußte, daß Nelly in ihre Göttinger Wohnung zurückgekehrt war und um sich »ein wenig« auf das, was ihn erwartete vorzubereiten, unternahm er einen Spaziergang und verpaßte dabei fast seinen Zug.

In Göttingen war er erleichtert, Nelly nicht zu Hause vorzufinden. Er stellte sein Gepäck in der Wohnung ab und ging zu den Runges, die ihren Jüngsten in den ersten Kriegsmonaten verloren hatten, und den heimkehrenden Courant wie einen Sohn empfingen. Wie Courant erwartet hatte, konnte Runge ihm mit vielen Hinweisen und Anregungen helfen.

Inzwischen machte sich Runges Tochter Nina auf die Suche nach Nelly und kehrte schließlich mit ihr zurück, » . . . es erfolgte eine frostige Begrüßung und die Szene endete damit, daß Nelly und ich zusammen in einer Droschke zu unserer Wohnung fuhren, wo außer Nelly drei von ihr eingeladene Jungfrauen hausten.«

Er spürte, daß ein Bruch mit Nelly bevorstand, aber er ließ sich dadurch seinen Urlaub nicht verderben. Nachdem er mit Runge über seine Vorstellungen von der Erdtelegraphie gesprochen hatte, fuhr er nach Berlin, um sich bei Telefunken nach den Möglichkeiten einer Verwendung kleiner Funkstationen an der Front zu erkundigen. Graf Arco, der Konzernchef, war der Meinung, daß die erforderlichen Distanzen nur mit Hilfe von ein bis zwei Meter hohen Antennen zu schaffen wären. Er zeigte Courant einige Versuchsmodelle für die Erdtelegraphie, die jedoch nur über eine Distanz von 500 Metern reichten, und selbst das nur unter großem Energieaufwand.

Courant kehrte enttäuscht und mit nur noch einem Urlaubstag vor sich nach Göttingen zurück. Zu seiner Freude hatte aber Runge inzwischen Peter Debye und dessen Assistenten Paul Scherrer für das Projekt gewonnen. Am nächsten Tag arbeiteten die vier gemeinsam und bis zum Abend war es ihnen gelungen, eine Meldung über eine Distanz von ungefähr 1500 Metern vom Physikinstitut bis an die Leine zu senden. Das war zwar noch kein brauchbares Resultat, sie waren jedoch überzeugt davon, daß sie mit Sicherheit auf eine befriedigende Lösung des Problems hoffen durften. Courant kehrte mit einer diesbezüglichen, offiziellen Erklärung, die Runge geschrieben und mit dem offiziellen Siegel der Universität versehen hatte, an die Front zurück. Er beantragte sofort einen weiteren Urlaub, um seine Experimente weiterführen zu können.

Als er darauf im August 1915 wieder in Göttingen eintraf, erfuhr er von Debye, der ihm als erster auf der Straße begegnete, daß während seiner Abwesenheit erfolgreiche Experimente mit dem Pendelwechselrichter der deutschen Telephonwerke durchgeführt worden waren. In den nächsten Wochen arbeitete er voller Eifer mit Runge, Debye und Scherrer in den Feldern um Göttingen.

Nelly war nach Berlin gefahren, und er verbrachte seine freie Zeit meist bei den Runges, wo er mit Nina Runge, die in den letzten Jahren in Hamburg Geige studiert hatte, Klavier spielte.

»Was mich so überraschte war die ›Chuzpe‹, mit der er alles anging, was ihm gefiel«, erzählte mir Frau Courant, die ehemalige Nina Runge. »Wissen Sie was ›Chuzpe‹ ist? Unverfrorenheit! Er litt nie an Hemmungen, weil ihm etwas zu schwierig war, er versuchte alles. Irgendwie gelang es ihm trotz seines unvollkommenen Spiels ein Stück verständlich zu machen, den Geist des Ganzen zu erfassen. Andererseits war es ihm zu schwierig, richtig zu üben, eine Methode zu finden, um etwas zu verbessern, das konnte er nicht. Aber ich habe etwas von ihm gelernt. Ich habe mich zu der Einsicht durchgerungen, daß auch fehlerhaft gespielte Musikstücke durch diese Unvollkommenheiten nicht verdorben werden müssen, so lange man sie versteht. Ich habe gelernt, mich nicht vor ihnen zu fürchten. Warum an den Zuhörer denken? Wir spielten nur für uns selber!«

An seinem letzten Urlaubstag erhielt Courant von Scherrer ein Kästchen, das dieser gebaut hatte, um den Erdtelegraphenapparat – die Arbeit dreier Wochen – darin aufzubewahren. Der Apparat konnte Meldungen über eine Distanz von zwei Kilometern senden und erschien ihm wie »ein Zauberkasten«, der ihm gute Aussichten für seine militärische Laufbahn eröffnen würde.

Nachdem er zu seiner Einheit zurückgekehrt war, verfaßte er einen Brief, in dem er das Oberkommando über den Apparat informierte und bildete aus eigener Initiative einige Männer daran aus. Er hoffte, daß Runge und Debye zu weiteren Experimenten an die Front geholt würden. Doch die Tage vergingen und sein Brief blieb unbeantwortet, bis eines Morgens General von

Abb. 10. Nina Runge, spätere Courant

Etzel, der Brigadekommandant, vorbeiging, als Courant gerade einigen Freunden seine Maschine vorführte. Der General war von Courants Idee so begeistert, daß er ihn sofort mit der Übermittlungsabteilung in Verbindung brachte. An diesem Tag schrieb Courant einen überglücklichen Brief an Runge, worin er ihm folgendes anvertraute:

»Bezüglich der Organisation der ganzen Angelegenheit habe ich einen kühnen Plan gefaßt ..... ich will hinter der Front eine kleine Fabrik für solche Zauberkästen einrichten. Es ist gar nicht so wahnsinnig, wie es im ersten Moment scheinen könnte. Erstens, wir können hier leicht Arbeitskräfte, Mechaniker, Tischler, Elektrotechniker bekommen, ferner Material, Werkzeug, etc., drittens vermeidet man so alle bürokratischen Schwierigkeiten, viertens ist man von dem guten Willen der Fabriken unabhängig, fünftens ist es billiger, sechstens behalten die Fabriken Zeit für anderes, die Frage ist nur, ob *ich* diese Fabrik einrichten kann ... Die militärischen Instanzen sind mehr noch als über den Apparat darüber erstaunt, daß ein Geheimrat und ein Professor von einem jungen Leutnant dazu bewogen werden können, sich für etwas zu interessieren, was dieser Leutnant für wichtig hält!«

Während Courant ungeduldig auf seine Versetzung zu den Übermittlungstruppen wartete, wurde das Artilleriefeuer immer heftiger und es war ihnen allen bewußt, daß sich das Regiment während der bevorstehenden Offensive »an einem besonders unangenehmen Punkt« befinden würde.

Seine Versetzung traf schließlich am gleichen Tag ein, an dem sein Regiment den Befehl zum Vorrücken erhielt. Nun war es keine Frage mehr, wo seine Verantwortung lag, und alle Träume über die Entwicklung der Erdtelegraphie schienen hinweggefegt. Doch er beschloß, seinen Zauberkasten für alle Fälle mit an die Front zu nehmen, wo er vielleicht nützlich sein könnte.

Das Regiment marschierte nach Douai, wo es für den Angriff bereitstand. Courant hörte, daß sein Bruder Ernst mit Verdacht auf eine Blinddarmentzündung ins Lazarett eingeliefert worden war. Er eilte zu ihm, fand ihn aber weniger krank, als er gefürchtet hatte und eilte zu seinem Regiment zurück. Dieses hatte jedoch inzwischen den Marschbefehl erhalten und war bataillonsweise nach zwei verschiedenen Bahnhöfen abmarschiert.

Courant nahm seinen Zauberkasten und ging so schnell er konnte zum nächsten Bahnhof, den der Zug bei Dunkelheit in einem Gewittersturm verließ. Als die Truppen ausstiegen, konnte er sein Bataillon nirgends finden. So schulterte er sein Gepäck und machte sich bei leichtem Regen auf den Weg. Nach einiger Zeit hörte der Regen auf und der Mond trat hinter den Wolken hervor. Eine Ambulanz nahm ihn mit und brachte ihn nach Sallaumines, wo auch sein Bataillon kurze Zeit später eintraf.

Er stand die ganze Nacht Wache und hatte den Eindruck, daß in seinem Abschnitt die Kämpfe vorbei waren. Dann plötzlich kam der Befehl zum Vorrücken. Bald befand er sich in einer Region, in der völliges Chaos herrschte. Sie erhielten Munition und den Befehl, alles entbehrliche Gepäck zurückzulassen, vermutlich also auch den Zauberkasten.

Während des Vorrückens begegnete ihnen niemand außer einigen Soldaten in einem Unterstand, von denen sie erfuhren, daß sie unmittelbar vor den englischen Stellungen standen. Plötzliches Maschinengewehrfeuer verriet, daß sie mit der englischen Frontlinie in Berührung gekommen waren. Es kam zu einem kurzen Feuerwechsel, doch es gelang ihnen, ohne große Verluste in Deckung zu gehen.

Bei Tageslicht machte Courant eine Inspektionsrunde. Überall lagen Tote, an einigen Stellen so dicht, daß man auf sie treten mußte, um weiterzukommen. Vor der Stellung stöhnten verwundete Engländer, die sich nicht mehr aus den Stacheldrahtverhauen befreien konnten. Gegen Abend gelang es ihm, einige von ihnen herauszuholen und nach hinten schaffen zu lassen. Darunter befanden sich auch zwei Schotten, mit denen er sich später anfreundete.

Nach sechsunddreißig Stunden ohne Schlaf rollte er sich schließlich in einem Loch zusammen und schlief tiefer – erinnerte er sich später – als er je in seinem Leben geschlafen hatte. Früh am nächsten Morgen wurde er von Lohse »aus den angenehmsten Träumen« aufgeweckt; das Bataillon hatte den Befehl erhalten, Fosse 8 anzugreifen.

Sie rückten in scharfem Tempo über eine weite Ebene vor; es gab Verluste und überall schrien Verwundete.

Während des ganzen Vorrückens hatte Courant das klare Gefühl gehabt, »daß mir bei dem Angriff etwas passieren müßte und ich wartete bei jedem Sprung, den wir machten, auf eine Kugel.« Zu seinem Erstaunen schreckte ihn diese Vorahnung jedoch gar nicht, sondern gab ihm im Gegenteil größere Ruhe. So war er mit Lohse und einigen seiner Leute bis dicht an den verhältnismäßig sicheren Zeppelingraben herangekommen. Courant lag etwas vor der eigentlichen Linie seiner Leute und wollte gerade den Befehl zum nächsten Vorrücken geben, als aus dem Morgennebel und Rauch plötzlich eine englische Schützenlinie auftauchte. Er sprang auf, um wieder in die eigene Linie zu kommen und erhielt fast sofort einen Schlag gegen die rechte Seite, daß er wieder hinfiel. Er wußte, daß er einen Bauchschuß bekommen hatte und war überzeugt, in kurzer Zeit tot zu sein.

Zwei Jahre später schrieb er folgendes über jene Stunden:

»Trotzdem trieb mich nach einigen Minuten der Lebensinstinkt zu versuchen, ob ich nicht kriechend womöglich unsere Ausgangsstellung erreichen könnte. Es ging allein überhaupt nicht. Zwei Leute des Nachbarregiments halfen mir. Einer von ihnen wurde bald am Bein verletzt. Ich kriegte unmittelbar darauf einen zweiten Gewehrschuß, der einen großen Fleischfetzen aus dem linken Unterarm herausriß und so starken Blutverlust verursachte, daß ich bald ziemlich schwach in meinem Bewußtsein wurde, obwohl der andere Begleiter mir den Arm in einem Granatloch abband. Im selben Granatloch wurde der andere Begleiter mit einem Beinschuß verbunden, während ich in einen Mantel eingewickelt auf den Rücken gelegt und an einem Brotbeutelband weiter über den Boden geschleift wurde. In meinem Dämmerzustand versuchte ich mit Händen und Füßen rudernd nachzuhelfen. Aber wir kamen bei dem Höllenlärm und dem Strichfeuer der Maschinengewehre und Schrapnellfeuer nur zentimeterweise vorwärts. Währenddessen drohte fortwährend der englische Angriff. Ich erinnere mich, daß meine Gedanken in den Stunden dieses Zurückschleifens sich fortwährend darum drehten, ob wir auch wirklich in der richtigen Richtung krochen oder nicht etwa zu den Engländern herüber, zwischen denen und uns ja keine trennende deutsche Linie lag, und daß ich überglücklich war, als ich einen mir bekannten Strohhaufen vor unserem Drahtverhau erblickte und bald darauf von einigen kräftigen Händen auf eine Tragbahre gelegt wurde und durch den Graben schaukelte.«

Ich war eben dabei, diese Kriegserinnerungen Courants ins Englische zu übersetzen, als – einer jener unheimlichen Zufälle, wie sie manchmal vorkommen – der Anruf kam, daß Richard Courant am 27. Januar 1972 im Alter von vierundachtzig Jahren in New Rochelle gestorben war.

1915
1917

Mit seiner Verwundung vom 27. September 1915 war Courants Infanterielaufbahn beendet; dabei hatte es sich glücklicherweise nicht, wie zuerst befürchtet, um einen Magendurchschuß gehandelt. Er lag den ganzen Oktober im Militärspital von Essen, wo Nelly ihn besuchte und die Scheidung verlangte.

Anfangs November erhielt er Erholungsurlaub, und da Nelly die Göttinger Wohnung bereits aufgegeben hatte, luden Runges ihn ein, bei ihnen zu wohnen. Er hatte das starke Gefühl, »daß von diesem Aufenthalt in Göttingen viel abhängen müßte, er sollte eine Probe sein, ob es sich lohnte, daß mir das Leben geschenkt war (zum 2. Mal in diesem Krieg).«

Eineinhalb Monate später, als sein Urlaub dem Ende entgegenging, mußte er sich eingestehen, daß er versagt hatte. Er hatte »wie ein Trinker den Alkohol« das gesellschaftliche Leben gesucht und seine Zeit vertan, ». . . ich wüßte kaum einen Abend dieser Zeit, wo ich nicht sagen mußte, ›diem perdido‹.« Er hatte sich für eine junge Frau, eine Studentin der Mathematik und Physik, interessiert und sich »immer tiefer in Schuld gestürzt«. Am 16. Dezember 1915, dem Tag nachdem sie Göttingen verlassen hatte, begann er ein neues Tagebuch, wieder mit der Absicht, sich besser kennenzulernen und sich zu bessern. Obwohl der Refrain »Zeitverschwendung« und »immer unter Menschen« der gleiche bleibt, wie in früheren Tagebüchern, verrät sich hier eine viel größere Dringlichkeit. Er empfand sein Leben als »bankrott«. »Dieser Leichtsinn und diese Schwäche müssen ein Ende haben, oder es ist mit mir zu Ende.«

Während seiner Rekonvaleszenz hatte er wieder begonnen, an seine akademische Zukunft zu denken. Es war angedeutet worden, daß er vielleicht auf eine Professur in Bonn berufen werden könnte, doch als er eines Abends mit Landau im Schnee spazieren ging, erfuhr er, daß er in Wirklichkeit keine Aussichten auf die Stelle hatte. Er empfand selber, daß er »weder durch Fleiß noch durch Hingabe an die Wissenschaft« eine Professur verdient hatte; was ihn aber empörte, war, daß man ihm Gleichaltrige von vergleichbarer Begabung, die nicht beim Militär waren, vorzog. Als er zu den Runges zurückkam, fand er ein Telegramm vor – er hatte sich am Ersten des Jahres in Berlin wieder zum Dienst zu melden. Nina Runge war noch auf, und er saß lange

»und sprach mit ihr so viel über mich selbst, daß mir jetzt fast unbehaglich deswegen ist. Es ist jetzt schwer für mich, gegen andere wirklich ganz aufrichtig über mich selbst zu sein, am schwersten gegen Menschen, auf deren Achtung ich so viel Wert lege wie auf Ninas ... Überdies ist es vielleicht jetzt sinnlos oder sogar schädlich auf eine enge Freundschaft mit Nina zu hoffen. Zur Zeit bin ich im Grunde unfähig zu menschlichen Beziehungen ... Menschen wie Nina können mir jetzt durch das Beispiel ihrer Lebensweise und Daseinsart eine große Aufmunterung sein, aber mehr kann ich von ihnen nicht erwarten.«

Anfang 1916 richtete er sich in der Wohnung seiner Eltern in Berlin ein. Siegmund Courant verdiente damals ganz ordentlich durch den Verkauf von Konzentraten an die Armee. Ernst war auf Urlaub zuhause und Courant fand, daß ihm sein jüngster Bruder bei näherem Kennenlernen immer lieber wurde. Daneben beklagte er sich aber weiterhin, daß er *nie allein* sei. Er spürte, daß er Einsamkeit brauchte, um zu sich selber zu finden, und hoffte, daß die Beschäftigung mit seinem Tagebuch ihm dazu verhelfen könnte. Nach einigen wenigen Eintragungen klaffte da jedoch eine Lücke von fast drei Monaten.

Äußerlich ging das Leben weiter. Es gelang ihm, zu hochgestellten Persönlichkeiten in Verbindung zu treten, von denen er manche vom Wert seiner Erdtelegraphie-Pläne überzeugen konnte.

Die Scheidung von Nelly wurde am 16. Februar 1916 ausgesprochen. In der Urteilsbegründung hieß es, daß die Ehe schon vor Kriegsausbruch zerrüttet gewesen sei; Courant wurde als der schuldige Teil genannt. Nelly nahm wieder ihren Mädchennamen an und lebte als Mathematiklehrerin in Essen. Sie blieb unverheiratet und kam im zweiten Weltkrieg in den Gaskammern von Auschwitz um.

Als Courant schließlich wieder zu seinem Tagebuch griff, war er in Heiligblasien, um mit seinem Telegraphenapparat an der Front zu experimentieren. Seine Begeisterung für das Projekt hatte etwas nachgelassen. In vielen Fällen war die Erdtelegraphie von der Hochfrequenztechnik überholt worden, und er hatte, bisher ohne Erfolg, versucht sich auch dazu Zugang zu verschaffen. Er war überzeugt davon, daß es objektiv gesehen gut wäre, wenn er die ganze Angelegenheit in die Hand nehmen könnte, um »dadurch den etwas dunklen und unsachgemeinen Schiebungen« von Firmen und ehrgeizigen Beamten hinter der Front den Wind aus den Segeln zu nehmen.

»Aber ich muß mir gestehen, daß in meinem Herzen auch noch das andere, persönliche Motiv wirkt«, schrieb er im März 1916. »Ich möchte gern den

Krieg heil überstehen und *deshalb* mich im weiteren Verlauf anders betätigen als im Graben und beim Sturmangriff als Infanteriezugführer. Das ist vielleicht zu krass gesagt und wäre anders, wenn ich bei meiner Rückkehr zu dem Regiment hinsichtlich meines Wirkungskreises und meiner Kameraden relativ angenehme Verhältnisse erwarten könnte. Aber es ist doch so – ich darf mich nicht belügen.«

Er mußte sich eingestehen, daß er »mit beiden Händen« nach jeder Gelegenheit greifen würde, die »mir nicht unwürdig oder pflichtwidrig erscheint«, um sich nicht über ein »annehmbares« Maß hinaus in Gefahr zu begeben. Er fand, daß er das mit gutem Gewissen tun könnte, wenn es mit dem Erdtelegraphie-Projekt endlich vorwärts ginge.

»Ich besitze gar keinen kriegerischen Tatendrang. Aber ich habe ein sehr ausgeprägtes soziales Empfinden und verabscheue deshalb jede Art von Drükkebergerei, das ist es was mich zu einem leidlichen Offizier gemacht hat: das Bewußtsein mitverantwortlich zu sein für Handlungen und Schicksale anderer, andere nicht im Stich lassen, ihnen nicht mehr als mir selbst zumuten zu dürfen.«

Am nächsten Tag erhielt er seinen Marschbefehl: er war nach Stenay in den Ardennen abkommandiert. Sein Tagebuch spiegelte einen plötzlichen Sinneswandel wider, er schrieb, »wer weiß, ob ich nicht doch bald Gelegenheit habe, vor Verdun auch wirklich praktisch die Erdtelegraphie zu erproben ... Mich hat diese Wendung wie elektrisiert. Alle die dummen Reflexionen werden über den Haufen geworfen. Jetzt zupacken! Das ist der richtige Weg.«

Wieder an der Front, beschäftigte er sich mit einer Versuchsreihe über von der Erde weitergeleitete Geräusche, gegen die sich ja gegebenenfalls die Telegraphensignale behaupten müßten. Dabei hörte er zu seiner Verblüffung plötzlich Signale, die den seinen entsprachen, aber aus einer anderen Quelle stammten. Da die Kämpfe etwas abgeflaut waren, wurde eine Patrouille organisiert, die unter dem Schutz von »ein wenig Artilleriefeuer« durch das Niemandsland in die unbesetzten Frontstellungen der Franzosen hinüberwechselte. Courant sprang in den Unterstand hinunter, blickte sich um und fand genau was er vermutet hatte, ein Instrument wie das von ihm entwickelte, das dem seinen aber in mancher Beziehung überlegen war. Daneben lag ein Buch mit Gebrauchsanleitungen.

Nach dieser Entdeckung stieg das Interesse seiner Vorgesetzten an Courants Apparat beträchtlich. In seinem Tagebuch zeigte er sich immer besorgter über die Auswirkungen, die Spannungen in den zwischenmenschlichen Beziehungen auf das Projekt haben könnten, und über seine Stellung innerhalb des Ganzen.

Er war dem Funkerkommando zugeteilt, und als Infanterist (als solcher fühlte er sich nach wie vor) hatte er eine ganz andere Einstellung zu taktischen Fragen als »die Herren von der Funkerei«. Er wußte, wie es in den Schützengräben zuging. Er hatte die Genehmigung des Oberkommandos, einige experimentelle Installationen entlang der Front anzubringen, doch das brachte eine neue Sorge mit sich – er mußte darauf achten, daß er von der »Funkerei« nicht verdrängt wurde, »was auch für die Sache nicht gut wäre.« Er fand es »idiotisch«, daß das Projekt überhaupt mit der Funkerei verbunden war. Der Hauptmann war »ein Mensch von verblüffender Beschränktheit«. Er fühlte, daß »eine große Explosion« bevorstand, aber ». . . die Sache lasse ich nicht zu Schaden kommen«.

Zwei Wochen später kam es zu dem gefürchteten Zusammenstoß; der Hauptmann versuchte, ihn auszuspielen und durch einen Offizier seiner Wahl zu ersetzen.

»Nachdem ich anfangs sehr erregt war und wenigstens bis an die Grenzen des militärisch Zulässigen im Ausdruck meines Zornes ging, schluckte ich zunächst im Interesse der wirklich wichtigen Sachen die persönliche Kränkung herunter und ging als Begleiter mit hinaus nach Haraumont, wo einige der schwersten Kämpfe um Verdun stattfanden, wo ich den Einbau der Apparate leitete und einige Tage in dicker Luft zubrachte.«

Mitte Mai begannen aus Verdun günstige Berichte über den Erdtelegraphen einzutreffen. Man plante, eine große Anzahl solcher Apparate herzustellen und beabsichtigte, Kurse zu veranstalten, in denen Offiziere in die notwendigen Techniken eingeführt werden sollten. Der Inspekteur aller Feldtelegraphentruppen hatte sich angesagt.

An diesem Punkt fühlte sich Courant seiner Sache schon so sicher, daß er nicht mehr befürchtete, beiseite geschoben zu werden.

»Jedoch, so wie alles liegt, wird die Anerkennung wesentlich an andere Adressen gelenkt werden. Überall ist man bereit, das Verdienst an der Sache für sich in Anspruch zu nehmen . . . Daß dies um so leichter geht, ist zum Teil eine Folge meiner Politik, mit der ich überhaupt die Sache lanciert habe, nämlich der, Leuten mit Rang oder Macht zu suggerieren, die Sache mobil gemacht zu haben, während ich von mir aus ohnmächtig gewesen wäre.«

Die Inspektion ein paar Tage später war ein Erfolg. Die gesamte Front schien an dem Apparat interessiert. Der Inspekteur für Telegraphie schickte ein Rundschreiben an alle Stabsoffiziere, in dem Courant lobend erwähnt wurde. Es bestand sogar die Aussicht auf das Eiserne Kreuz, Erster Klasse.

»Ich muß gestehen, daß meine persönliche Eitelkeit und mein Ehrgeiz jetzt in dem Momente erwachen, wo die Sache gesichert erscheint.«

Doch ungeachtet dieser äußeren Erfolge war er innerlich nicht zur Ruhe gekommen, war alles beim alten geblieben.

»Oft bemerke ich an mir eine fast krankhafte Entschlußlosigkeit, besonders in kleinen Dingen des täglichen Lebens. Ich kann z. B. so lange hin und her schwanken, ob ich ins Theater gehen soll oder nicht, bis es zu spät ist, und dann ist der Abend doch, wie immer, verloren. Mir liegt an den aller-allermeisten Dingen so wenig . . . daß ja und nein für mich gewöhnlich sehr nahe beieinander liegen.« Die Selbstbezichtigungen in seinem Tagebuch gehen weiter.

»Nelly hatte ganz recht, als sie sagte, was an allem die Schuld trüge, sei, daß ich kein wahres Verhältnis zu meiner Arbeit gehabt hätte. Das lag daran, daß ich zuviel dem Erfolge in jeder Gestalt, zu wenig den Sachen nachging.«

Er empfand, daß er noch vor drei Jahren ein ganz anderer Mensch gewesen war, jung und unverdorben, »ich erinnere mich kaum noch, aber ich schaudere, wenn ich an den Unterschied denke.«

Im Juli 1916 erhielt er die Nachricht, daß sein Bruder Ernst in den Schützengräben vor Verdun gefallen war. Er besuchte Ernsts Grab bei Ablain so oft ihm das seine vielen dienstlichen Reisen erlaubten, die ihn zur Überwachung der Erdtelegraphie-Installationen an verschiedene Frontabschnitte führten. »Doch«, schrieb er neun Monate später, als er schließlich wieder zu seinem Tagebuch griff, »geholfen hat es mir nicht.«

Im Gegensatz zu seiner inneren Verzweiflung, war sein Leben rein äußerlich in den ersten Monaten des Jahres 1917 von einer für einen jungen Leutnant unerhörten Freiheit.

»Seit etwa drei Wochen [bin ich] auf das intensivste mit meinen militärischen Angelegenheiten beschäftigt . . . und [habe] während dieser ganzen Zeit kaum einige freie Minuten gehabt . . . ganz wie ein richtiger Generalstabsoffizier . . .«, schrieb er an Hilbert. »Näheres kann ich Ihnen natürlich nicht schreiben. Nur so viel, daß ich etwa bis zum 10. Januar an der Somme war, dort allerhand erlebt habe und dann zur Berichterstattung und Unterbreitung von Vorschlägen ins Große Hauptquartier in Oberschlesien gerufen wurde, wo ich sehr entschiedenen Erfolg hatte. Von dort reiste ich als direkter Beauftragter der Obersten Heeresleitung über Berlin wieder nach dem Westen und warte jetzt hier auf ein Telegramm von einem täglich in allen Zeitungen genannten Oberbonzen.«

Er genoß es in vollen Zügen, plötzlich eine wichtige Persönlichkeit zu sein und beschrieb noch ein halbes Jahrhundert später stolz, wie er bei Siemens in den Speisesaal der Konzernleitung eingeladen worden war, der den Direktoren und ihren Gästen vorbehalten war. Er entdeckte, daß Kronprinz Ruprecht von Bayern, dessen Division er zugeteilt war, »sehr nett« war, – Graf Arco, der Generaldirektor von Telefunken war »ein sehr intensiver, sehr phantasievoller und aktiver Mensch«, und Otto Arendt, der Direktor der Reichspost war »ein wirklich ungewöhnlicher Typ, ein ausgezeichneter Ingenieur und ein sehr intelligenter Mann«. Er fand auch, daß er als unabhängiger Wissenschaftler mit diesen hochgestellten Persönlichkeiten »als gleichwertiger Partner« verkehren konnte.

Auf dem Rückweg an die Front hatte er in Berlin Station gemacht und dabei erfahren, daß Hilbert Göttingen vielleicht verlassen und einem Ruf in die Hauptstadt folgen würde.

»Sie können sich denken, wie nahe mich diese Nachricht berührte«, schrieb er an seinen ehemaligen Lehrer. »Mein erster Gedanke war, wenn Sie annehmen, so bedeutet das den Beginn des Endes der Göttinger Ära, aber vielleicht auch den Beginn einer neuen Ära in dem allgemeinen Leben der mathematischen und physikalischen ›Welt‹. . . . Aber dann schien mir doch, als ob es für Sie persönlich und damit auch für die Wissenschaft besser wäre, Sie blieben in Göttingen, das mit so vielen Fäden an Ihnen hängt. . . . Obwohl ich nun so lange nicht mehr als ständiges Mitglied zu diesem Kreis gehöre, würde ich diese Lücke nicht minder empfinden; und ich muß gestehen, daß eigentlich alle meine Anhänglichkeit und mein Heimatsgefühl, das ich für Göttingen habe, mit ihrem Dortsein steht und fällt. Vielen anderen wird es ähnlich gehen.«

Eine Woche später begann Deutschland, seine Drohung von einem totalen U-Boot-Krieg in die Tat umzusetzen.

Anfang Februar 1917 erhielt Courant den Befehl, an der Front Schulungszentren einzurichten, in denen eine Anzahl von Soldaten im Gebrauch der Erdtelegraphie unterrichtet werden sollte.

Er hatte keine Ahnung, wie ein solches Projekt in einem militärischen Rahmen zu verwirklichen war, doch er konnte sich auf einen Feldwebel verlassen, der in allem Bescheid zu wissen schien. Er zeigte Courant einige Befehls- und Erlaßtexte als Vorlage und lieh ihm eine Schreibmaschine, auf der Courant etwas Entsprechendes aufsetzte. Zum Schluß fiel ihm noch ein, daß es nützlich wäre, einen »Assistenten« zu haben, und er schlug für diesen Posten Wilhelm Runge vor, der damals an der Front Dienst leistete und dessen militärische Anschrift ihm noch aus Göttingen bekannt war.

Zu der Zeit hätten wohl die wenigsten auf den jungen Runge gesetzt. Ihn schien lediglich die Tatsache zu empfehlen, daß er Ninas Bruder und der einzige überlebende Sohn Professor Runges war. Bernhard Runge, der siebzehnjährig in Belgien gefallen war, hatte eine für sein Alter ungewöhnliche Begabung gezeigt. Bei Wilhelm konnte die Familie nur hoffen, daß er sich als »Spätzünder« entpuppen würde. Er hatte auf dem Gymnasium in Göttingen versagt, und sein Vater (»der große Geduld mit mir hatte«) hatte ihn auf eine andere Schule in einer benachbarten Stadt geschickt, wo es aber nur wenig besser ging. Als Courant ihn anforderte, hatte er zwei Jahre in den Schützengräben hinter sich, wo er auch eine Offiziersausbildung mitgemacht hatte, ohne sich dabei allerdings zu bewähren.

Courant war intuitiv davon überzeugt, daß in Wilhelm Anlagen und Möglichkeiten steckten. Gleichzeitig bot sich ihm hier eine Möglichkeit, sich für die Güte, mit der die Familie Runge ihn aufgenommen hatte, dankbar zu zeigen, indem er ihren Sohn vor dem fast sicheren Tod bewahrte.

Dieser letzte Punkt in Courants Befehl trug ihm einen Einspruch des befehlshabenden Offiziers ein; es war höchst irregulär, einen bestimmten Mann anzufordern, dazu noch aus einer anderen Division. Aber Courant beharrte auf seiner Forderung, er brauchte jemanden, den er kannte, dem er vertrauen konnte; überdies war Feldwebel Runge »ein sehr begabter junger Ingenieur«.

Später wurde Wilhelm Runge Generaldirektor für Forschung und Entwicklung bei Telefunken. Im Sommer 1971 hatte ich Gelegenheit, mit ihm in Ulm zu sprechen, wo er, obwohl im Ruhestand, weiterhin das Telefunken-Institut für Grundlagenforschung leitete.

Damals erzählte er mir von seinen Erlebnissen im Frühjahr 1917, als er Courant bei der Einrichtung von Schulungszentren im nordfranzösischen Cambrai behilflich war, in denen Soldaten im Gebrauch der Erdtelegraphenapparate ausgebildet werden sollten. Runge berichtete auch einiges über ihr Leben in der besetzten Stadt.

»Wir hatten eine Wohnung, Courant und ich, in einem Privathaus. Dort stand auch ein Flügel, ein sehr schönes Instrument, und Courant fand einige Quartett- und Trio-Noten. Ein Stück gefiel mir besonders gut. [Es war Beethovens »Serenade für Flöte, Violine und Viola, Opus 25«; das erfuhr ich von Nina Courant, die das Stück sofort erkannte, als sie auf der Tonbandaufnahme des Gesprächs, das ich mit ihrem Bruder geführt hatte, diesen die ersten Takte summen hörte.] Später war das immer unser Pfeifsignal, wenn ich Courant besuchte, oder wenn wir einander auf der Straße begegneten. Wenn ich an jene Zeit denke, sehe ich Courant immer an diesem Flügel sitzen und irgendein Stück für das Klavier transponieren.« Runge entschuldigte sich, daß er so viel geredet hatte. »Aber ich wollte ihnen dieses Bild vermitteln: Courant, wie er in diesem besetzten Land am Klavier sitzt und spielt.«

Als Courant an einen anderen Frontabschnitt abkommandiert wurde, übertrug er die Verantwortung für die Installationen und die Ausbildung an den Erdtelegraphenapparaten dem jungen Runge.

»Augenblicklich bin ich wieder auf dem Weg ...«, schrieb er am 4. März 1917 an Hilbert. Ungeachtet seines Erfolgs war seine Tätigkeit oft nervenaufreibend, ein »fortwährender Kampf um die einfachsten und selbstverständlichsten Dinge, gegen Unverstand, Unsachlichkeit usw., wobei ich als kleiner und junger Leutnant fast immer allein gegen alle möglichen hohen Vorgesetzten stehe ... neben diesen Sachen gibt es einen Wust von Arbeit mit einer riesigen Verantwortung, wie man sie aus seiner bürgerlichen Tätigkeit sich gar nicht vorstellen könnte.« Er wußte kaum mehr wie es war, wenn man ausgeschlafen ist, und, so bemerkte er zum Schluß, »in der nächsten Zeit wird es wahrscheinlich noch schlimmer werden«.

Trotzdem begann sich Courant in dieser Zeit offenbar wieder mit Mathematik zu beschäftigen. In seinem Brief an Hilbert erwähnte er ein Manuskript, das er beilegen wollte, ohne es allerdings näher zu identifizieren.

»Ich komme immer mehr zur Überzeugung, daß ebenso wie im wirtschaftlichen Leben auch bei uns in der akademischen Laufbahn diejenigen das Nachsehen haben werden, die ihre Kräfte und ihre Gesundheit als Soldaten einsetzen, während die anderen in der Heimat schon ganz von selbst in ihrem privaten Interessenkreis vorankommen.«

Einige Wochen später griff er wieder zu seinem Tagebuch; seit seiner letzten Eintragung waren zehn Monate vergangen. Sein Erdtelegraphie-Projekt war ein Erfolg, wie er sich ihn nie hätte träumen lassen. Millionen waren inzwischen dafür ausgegeben worden (»allerdings, es ist beinahe zu spät«). In den letzten Monaten war er auf Befehl des Telegraphiechefs »mit ziemlich großer Vollmacht« an der Front herumgereist. Doch sein Triumph gab ihm wenig Befriedigung.

»Aber was macht mir das. Innerlich habe ich mich nicht aufgerafft, nichts vorangebracht.«

In jüngster Zeit hatte sich ihm allerdings ein Ausweg aufgetan – eine Frau. Seinem Tagebuch vertraute er an:

»Das könnte von allen, die ich kenne, nur Nina sein. Aber wie dürfte ich jetzt im Ernst daran denken, Nina an mich zu binden? Ich müßte dann zu aufrichtig gegen sie sein, als daß sie die nötige Achtung gegen mich bewahren könnte. Trotzdem gedachte ich, bei der nächsten Gelegenheit, sie wenigstens zu fragen, ob für später die Möglichkeit offen bliebe, daß sie meine Frau würde.«

Da erhielt er völlig überraschend einen Brief von Nina.

Wie er an eine Ehe mit ihr, hatte sie an eine Ehe mit ihm gedacht. Sie wußte, daß er sich damals in Göttingen in jene Studentin verliebt hatte, doch sie glaubte, daß er das inzwischen überwunden hatte. Sie erzählte mir, daß er der einzige junge Mann ihres Bekanntenkreises war, mit dem sie sich eine Ehe vorstellen konnte. Sie spürte seine innere Unruhe.

In einem kurzen, direkten Brief schrieb sie, daß sie bereit sei, seine Frau zu werden, wenn ihm das helfen könnte.

Courant erhielt ihren Brief am 23. März 1917 und schrieb dazu folgendes in sein Tagebuch – seine zweitletzte Eintragung, wie sich später zeigte:

»Trotz aller Bedenken und Schwierigkeiten ist nun im Grunde alles entschieden. Ich weiß, daß für mich alles davon abhängt, ob es mir gelingt, diese Hand, die sich mir aus einer besseren und reineren Welt entgegenstreckt, festzuhalten . . .«

Damit zeichnet sich endlich eine Lösung der tiefen persönlichen Zerrissenheit ab, die ihn so lange gequält hatte; da traf ihn, wenige Tage später, ein entscheidender Rückschlag in seiner militärischen Karriere.

Schon gleich zu Beginn seiner Unternehmungen hatte er Zutritt zum Telegraphiechef gewonnen und dessen persönliche Unterstützung erworben. Als die Erdtelegraphie an der Front installiert wurde, hatte er sich in seiner Arbeit jedoch immer wieder vom eifersüchtigen Widerstand des regulären Armeestabs behindert gefühlt. Dieses Tauziehen läßt sich in über hundert offiziellen Befehlen vom Januar 1916 bis März 1917 verfolgen.

Ende März wurde er dann plötzlich auf einer wichtigen Mission durch einen anderen Offizier ersetzt. In seinem Tagebuch läßt er seiner zornigen Enttäuschung freie Bahn:

»Dieser Mensch wird geschickt, ohne die geringste Ahnung von der Sache, ohne das geringste allgemeine oder besondere Verständnis, nur weil er Hauptmann und aktiv ist, ich aber ein kleiner Reserveleutnant. Und das gerade in den entscheidenden Tagen, um alles zu verderben! – meine Stellung beim Telegraphiechef ist offensichtlich untergraben. Ich habe zu aufrichtig meine Meinung gesagt. Vermutlich werde ich bald ganz aus meiner Tätigkeit verdrängt werden.«

Diese Eintragung vom 26. März 1917 ist die letzte in diesem Tagebuch, das er zum Zwecke der Selbstprüfung während seiner Rekonvaleszenz in Göttingen begonnen hatte. Elf Tage später erklärten die Vereinigten Staaten Deutschland den Krieg.

In diesem Sommer fiel Walter Lohse, Courants alter Waffengefährte.

1917
1920

In den letzten eineinhalb Kriegsjahren spielte Courant keine aktive Rolle mehr bei der Realisierung der Erdtelegraphie. Nach einem Aufenthalt in Berlin wurde er nach Ilsenburg geschickt, einer kleinen Stadt im Harz, nicht weit von Göttingen, wo ein Schulungszentrum eingerichtet worden war, in dem Soldaten in der Verwendung der neuen Apparate ausgebildet wurden.

Die neue Situation war nicht ohne Vorteile. Er konnte Nina oft besuchen, mit der er inzwischen verlobt war, und hatte Zeit, ihr lange Briefe zu schreiben, manchmal zwei bis drei am Tag.

Die Schule wurde von Hunderten von Soldaten besucht, »einige ganz intelligent, die meisten aber nicht«. Er hatte den Einfall, einen kleinen Leitfaden zur Erdtelegraphie zu schreiben, »eine kleine, kurzgefaßte Darstellung ihres Wesens und ihrer Anwendung«. Es war dies das erste Mal, daß er sich an einem didaktischen Text versuchte, und die Beschäftigung damit ließ seine früheren Überlegungen über die Notwendigkeit verbesserter mathematischer Lehrbücher wieder aufleben.

In einem Brief an Nina beschrieb er im September 1917 wie er – mit einem »Verlagsprojekt im Sinn« – Arnold Berliner, den Herausgeber der Zeitschrift *Naturwissenschaften*, gebeten hatte, ihn bei Ferdinand Springer, seinem Verleger, einzuführen. Am 28. September schrieb er an Nina: »Heute habe ich Dir vor allem zu berichten, daß ich mit Springer nun endlich gesprochen habe, und daß alles auf gutem Wege ist, natürlich vorläufig noch ganz im Anfange, aber doch völlig gemäß meinen Vorschlägen.«

Zwei Tage später fügte er hinzu, »Mit Springer wird es etwas. Ich fürchte nur, daß die Sache sehr schwer für meine Schultern sein wird. Sie muß sehr gut bedacht sein, ehe man damit heraustreten kann. Also bitte silentium strictissimum! Gegen jedermann!«

Ferdinand Springer, der zusammen mit seinem Cousin Julius das Verlagshaus Springer leitete, hatte in Oxford studiert. Er wollte ursprünglich Diplomat werden, kam dann aber zur Überzeugung, daß ein unabhängiger und freier Mensch mehr erreichen kann, als einer der im fremden Dienst – selbst einer großen Nation – steht. Er teilte sich mit seinem Cousin in die Verantwortung für das Verlagshaus der Familie. Julius kümmerte sich um die Ingenieurwissenschaften, Ferdinand um die Medizin, die Naturwissenschaften und um gewisse Aspekte der Künste.

Was Courant und Springer verband war Energie und Optimismus, überdies hatten sie beide den Krieg an der Front erlebt, Springer als Artillerieoffizier, bis er eine schwere Fußverletzung erlitten hatte. Sie waren einander auf Anhieb sympathisch.

Courants Verlagsprojekt war eine mathematische Monographienreihe, in der verschiedene, für die Physik besonders relevante mathematische Gebiete ihrem neuesten Erkenntnisstand gemäß dargestellt werden sollten. Das würde den physikalisch Gebildeten den Zugang zu mathematischen Ideen und Methoden erleichtern und ihnen mühsame Umwege ersparen. Gleichzeitig sollte die Reihe dem mathematisch Gebildeten neben den mathematischen Theoremen Verständnis für die Zusammenhänge zwischen der Mathematik und ihren Anwendungen vermitteln.

Courant stellte sich als Herausgeber der neuen Reihe zur Verfügung und wollte als solcher für Themen und Autoren verantwortlich sein. Überdies beabsichtigte er, selber einiges beizusteuern, vor allem schwebte ihm ein Projekt vor, das – davon war er überzeugt – Springer in mancher Hinsicht zusagen mußte. Er plante nämlich, Hilbert auf die Möglichkeit einer Zusammenarbeit anzusprechen. Das Werk, das daraus hervorgehen sollte, würde auf Hilberts Vorlesungen über partielle Differentialgleichungen und auf anderen, auch physikalisch relevanten Gebieten der Mathematik beruhen. Als seinen Beitrag wollte Courant Hilberts Aufzeichnungen ausarbeiten und in einen druckfertigen Zustand bringen. Er war überzeugt, daß bei den Physikern das Bedürfnis nach einem solchen Werk vorhanden war, überdies war die Verbindung *Hilbert mit Courant* nicht ohne Reiz.

Springer spürte sofort, daß er in Courant einen nützlichen Verbündeten gefunden hatte, um in ein verhältnismäßig neues Gebiet der wissenschaftlichen Veröffentlichungen vorzustoßen. Obwohl beruflich noch nicht etabliert, verfügte Courant doch über eine eindrucksvolle Vielfalt von Kontakten auf seinem Gebiet.

Erstaunlicherweise wurde auch während des Kriegs in Deutschland auf wissenschaftlichem Gebiet Beträchtliches geleistet. Courant betonte immer wieder, wie entscheidend es sei, diese Arbeiten so rasch wie möglich zu publizieren. Ende 1917 kündigte das Verlagshaus Springer die Gründung eines neuen wissenschaftlichen Journals, *Der Mathematischen Zeitschrift,* an. Die erste Ausgabe erschien im Januar 1918. Das zweite Heft enthielt eine Arbeit von Courant, die er »noch beim Militär« geschrieben hatte.

Rayleighs *Theory of Sound* (Theorie des Schalls) hatte Courant schon lange fasziniert; seiner Ansicht nach war es ein Werk voller origineller Einsichten und Anregungen, und in späteren Jahren verwies er in seinen Vorlesungen immer wieder auf Rayleigh und forderte seine Studenten auf, *The Theory of Sound* zu lesen. (»Was sie selten taten«, gestand Friedrichs. »Es ist ein sehr unsystematisches Werk, es fehlt der allgemeine Rahmen. Ich konnte es nicht lesen. Aber Courant bewunderte es sehr.«) In seiner 1918 erschienenen Arbeit bewies Courant ein von Rayleigh vorgeschlagenes Theorem, das besagt, daß von allen homogenen Membranen eines bestimmten, gegebenen Umfangs und einer gegebenen Spannung die kreisförmige Membran den tiefsten Grundton hat. Im Verlauf dieser Arbeit erkannte er, daß sich ähnliche Methoden auf die Lorentzsche Vermutung anwenden lassen. Diesem Problem widmete er eine weitere, noch im Krieg entstandene Arbeit. Doch seine eigentliche Arbeit über dieses Gebiet entstand erst in den Nachkriegsjahren.

Anfang 1918 wandte sich Courant wieder ganz der Mathematik zu. Zu dieser Zeit wußte das deutsche Oberkommando bereits, daß der Krieg verloren war. Das deutsche Volk dagegen, das von der wirklichen Situation keine Ahnung hatte, glaubte noch immer an den Sieg. Im Frühjahr 1918 begann Ludendorff eine verzweifelte Großoffensive – die sogenannte »Kaiser-Schlacht«, die anfänglich einige Erfolge brachte, ohne daß sie den Krieg entscheiden konnte. Dann, im Juli – schlugen die Franzosen zurück. Zur selben Zeit ging Courant nach Göttingen, um mit Hilbert das geplante Buch über die Methoden der mathematischen Physik zu besprechen.

»Die ganze Tendenz stimmt so sehr mit dem überein, was das Geheimnis ihres Lehrerfolges ausmacht, oder wenigstens wesentlich mit dazu gehört«, erklärte er Hilbert später, »ich fühle mich, indem ich diese Tendenz ausspreche, so sehr als ihr Schüler, daß ich daraus den Mut zu dem unbescheidenen Vorschlag fand, den ich Ihnen damals machte.«

Um leichter bei den Alliierten um einen Waffenstillstand bitten zu können, war Deutschland im Oktober 1918 in eine konstitutionelle Monarchie umgewandelt worden und Prinz Max von Baden wurde Reichskanzler.

»Es hätte vieles für uns schmerzloser und leichter sein können, wenn nicht die Indolenz und der Stumpfsinn der Intellektuellen und die Frivolität der ›Führer‹ uns nicht bis zum Rande des Abgrunds hätten taumeln lassen ... Vielleicht steht uns im Inneren noch ein nicht ganz schmerzloser Reinigungsprozeß bis ganz oben hinauf bevor. Doch unter allen Umständen öffnet sich für Dinge, welche das menschliche Leben wertvoll machen, jetzt erst wirklich eine freie Bahn. Daß diese Bahn beschritten wird und daß die Hoffnungen, die jetzt überall aufkeimen, nicht zerrinnen, das ist die Aufgabe von uns allen, wenn es den Neubau Deutschlands gilt. Ich freue mich schon auf den Augenblick, wo ich des ›Königs Rock‹ ausziehen kann, um nicht in das Deutschland von Morsbach und Schröder zurückzukehren, sondern in dem von Hilbert und Einstein mitzuarbeiten.« Mit diesen Bemerkungen schloß Courant einen Brief an Hilbert, der sich im übrigen vor allem mit ihrer geplanten Zusammenarbeit befaßte.

Der »schmerzliche Reinigungsprozeß«, den er vorausgesagt hatte, setzte fast sofort ein; es kam zu Meutereien und Revolten. Überall in Deutschland wurden – nach dem Vorbild der russischen Sowjets – Soldaten- und Arbeiterräte organisiert. Courant wurde an die Spitze des Ilsenburger Rates gewählt, was ungewöhnlich war, da sich die Soldaten sonst nicht für einen Offizier zu entscheiden pflegten. Mitunter wurde deshalb Courants Wahl eher linken Sympathien als seiner persönlichen Beliebtheit zugeschrieben.

Die Bildung dieser Arbeiter- und Soldatenräte trug jedoch nach Courants Meinung wenig zur Klärung der Situation bei. Zwei Wochen nach dem Waffenstillstand vom 11. November schilderte er Hilbert die Zustände bei einer Inspektion, wo niemand mehr wußte, wer eigentlich das Kommando zu führen hatte, der Rat nach Absprache mit dem Kommandanten, oder der Kommandant nach Absprache mit dem Rat.

»Bei dem Gros der Soldaten konnte ich keine sonderliche Begeisterung über die Neuordnung der Dinge wahrnehmen. Sie nehmen sie ebenso als eine unabänderliche Tatsache hin, wie ehedem den alten Zustand mit dem Vorgesetztenverhältnis. Das einzige, was für die große Masse der Soldaten wirklich von bestimmendem Interesse ist: endlich mal von jeder Art Krieg und Unruhe verschont zu sein. Diese Gesinnung führt entschieden dazu, daß der mäßigende Einfluß, den die Soldaten auf die politische Entwicklung naturgemäß haben würden, mehr und mehr zurücktritt; die aktivere und radikalere Minorität, welche für die eigentliche politische Betätigung zurückbleibt, kann leicht wenigstens zeitweise die Oberhand gewinnen.«

Courant fuhr nach Berlin, um die heillose Verwirrung um die Demobilisierung seiner Leute aufzuklären. Die Lage in der Hauptstadt erschien ihm wie die Situation in einem Flugzeug, in dem der Pilot unterwegs plötzlich gestorben war.

Er begegnete Einstein – »eine ganz wunderbare, edle und reine Persönlichkeit« – und machte ihn sofort mit Kurt Hahn bekannt, der inzwischen persönlicher Sekretär des Prinzen Max war. »Ich glaube, daß solche Leute jetzt für uns viel mehr ausrichten können, als gewiegte zünftige Diplomaten«, schrieb er an Hilbert.

Inmitten der revolutionären Nachkriegswirren unterzeichnete er am 24. November 1918 bei Ferdinand Springer den Vertrag für die Reihe, die heute überall in der mathematischen Welt als Gelbe Reihe bekannt ist.

Courant nahm als Leutnant der Reserve seinen Abschied. Unter seinen Papieren in New Rochelle findet sich ein Orden, der ihm für seine Verwundung im Dienst des Kaisers verliehen worden war; auch ein Kriegsverdienstkreuz, Dritter Klasse. Ein Eisernes Kreuz ist nicht dabei.

Im Dezember 1918 kehrte Courant nach Göttingen zurück, wo sich inzwischen vieles verändert hatte. In den Vorlesungen saßen jeweils noch zwischen vierzig und achtzig Studenten, verglichen mit den mehreren hundert vor dem Krieg. Ausländer waren nur noch wenige da – ein paar Schweizer, Skandinavier und Holländer, dafür hatte die Zahl der Studentinnen stark zugenommen. Die meisten Studenten waren kriegsverwundete Veteranen, darunter auch vier Blinde. Die Hörsäle waren ungenügend geheizt und beleuchtet. Jedermann – Professoren wie Studenten – war zumindest ein bißchen hungrig. Doch von den gewalttätigen Ausschreitungen der Hauptstadt war die Universität weit entfernt.

Kleins Lehrstuhl war inzwischen von Carathéodory auf Hecke übergegangen. Klein selber bestimmte allerdings auch weiterhin den wissenschaftlichen Kurs der Universität, obwohl er fast siebzig Jahre alt und kränklich war. Im Gegensatz zu früher spielte Hilbert nun eine aktivere Rolle in administrativen Angelegenheiten.

Es gab einige neue Gesichter, meist jüngere Leute. Alexander Ostrowski war Klein bei der Herausgabe seiner Gesammelten Werke behilflich. Adolf Kratzer war nun Hilberts Physikassistent, Paul Bernays sein Assistent für Logik – der Hilberts neuerwachtes Interesse galt. Emmy Noether hielt ihre Vorlesungen unter Hilberts Namen und mit seiner Unterstützung, da sie als Frau nicht als Privatdozentin zugelassen worden war.

Die Universität hatte Courant den Ehrentitel eines »Professors« verliehen, während er noch beim Militär war. Es war wirklich nur ein Ehrentitel, erklärte er mir, »ein Roter Adler, Dritter Klasse«, die niedrigste zivile Auszeichnung. Die einzige akademische Position, die ihm nach seiner Rückkehr offenstand, war eine Assistentenstelle bei seinem zukünftigen Schwiegervater.

Wie die anderen verabschiedeten Veteranen trug auch Courant seine Uniform weiter, allerdings ohne die Knöpfe mit dem kaiserlichen Adler. Wer ihn früher gekannt hatte, war beeindruckt von seiner neugewonnen Sicherheit und Sachkenntnis. Sogar den Studenten war klar, daß er für Klein und Hilbert eine große Stütze war. Mitte Dezember schickten diese ihn als Mitglied einer aus Fakultät und Studenten zusammengesetzten Kommission nach Berlin, um sich mit der explosiven Frage der vermehrten studentischen Mitsprache in Universitätsangelegenheiten zu befassen. (Von einer radikalen Studentenorganisation war bereits vorgeschlagen worden, daß die Professoren von den Studenten gewählt werden sollten.) Heinrich Behnke, der damals in Göttingen studierte, erinnerte sich, wie Courant eine Gruppe junger Leute mit seiner lebhaften Beschreibung der Gewandtheit, die eine solche Reise in die Hauptstadt erforderte, unterhielt. »Nach zehn Tagen war Courant wieder in Göttingen und wir hatten den Eindruck, daß er das bestmögliche herausgeholt hatte. Der Beamtenapparat funktionierte noch.«

Nach der Abdankung des Kaisers besaß keine der vielen politischen Parteien die Macht, die von allen heiß umkämpfte Regierungsgewalt zu übernehmen. Als Knabe hatte Courant einmal damit geliebäugelt »Revolutionär zu werden«; doch inzwischen hatte er genug von der Revolution. In späteren Jahren pflegte er zu sagen, daß Wechsel zwar notwendig, *Diskontinuität* aber um jeden Preis zu vermeiden sei. Die beste Gewähr für die Zukunft Deutschlands schien ihm die sozialdemokratische Partei zu bieten. Sie trat für eine marxistisch fundierte Gesellschaftsstruktur ein, die sie durch eine Übernahme des bürgerlichen Staates und nicht durch einen gewaltsamen Umsturz verwirklichen wollte.

Courant führte lange Diskussionen über die Zukunft Deutschlands mit Winthrop Bell, der nach seiner Befreiung aus der Kriegsgefangenschaft als Deutschlandkorrespondent einer englischen Zeitung arbeitete. Courant argumentierte, daß sich der intellektuelle Mittelstand für den Wiederaufbau Deutschlands einsetzen müßte.

In diesem Sinne hielt Courant an einem Sonntagmorgen im Januar 1919 an einer öffentlichen Veranstaltung der sozialdemokratischen Partei eine Rede über »Sozialdemokratie, Revolution und Nationalversammlung«, die in der Lokalzeitung ausführlich besprochen wurde.

Courant wies seine Zuhörer darauf hin, daß, hätte man zur Zeit des Waffenstillstandes im Oktober 1918 »das Volk befragt, von welcher Partei es sich die Rettung aus dieser Katastrophe verspreche – eine überwältigende Mehrheit zu Gunsten der Sozialdemokratie wäre das Ergebnis gewesen«. Seither waren zwar nur wenige Monate verstrichen, doch die Stimmung im Lande hatte umgeschlagen. Die Partei hatte ihre Zugkraft verloren, was seiner Ansicht nach zwei Gründe hatte: Zum einen ist das Gedächtnis der Massen notorisch kurz; zum anderen zeigte die rechte Propaganda, die die deutsche Niederlage und ihre Folgen den Sozialdemokraten in die Schuhe zu schieben suchte, offenbar Erfolg.

Diesen Angriffen von rechts wollte Courant entgegentreten. Denn wenn die Katastrophe eine Ursache hatte, erklärte er seinen Zuhörern, »so ist es der Egoismus und die Blindheit der führenden Schichten«. Die Revolution, die nach dem Waffenstillstand ausgebrochen war, war nicht von den Sozialdemokraten und »überhaupt von niemandem gemacht worden«, nicht einmal von

Abb. 11. Emmy Noether

den Revolutionären, »die sich in Selbstüberschätzung dessen rühmen«. Sie war wie eine elementare Naturgewalt über alle hereingebrochen und erst nachdem sie schon um sich griff, hatten die Sozialdemokraten die Führung übernommen, weniger im Interesse ihrer Partei, »als im Interesse des ganzen deutschen Volkes, um ein sonst unvermeidliches Hineingleiten in Chaos und Bürgerkrieg zu verhindern«. Die Tatsache, daß der Reichstag schon bald wieder zusammentreten würde, war ein Beweis für den Erfolg der Partei und ihrer Politik.

Entgegengesetzte Interessen standen einander gegenüber. Er plädierte für ein »menschliches Verständnis« nicht nur »für das Bürgertum und die rechtsstehenden Parteien, sondern auch für die radikalen Elemente der Arbeiterschaft«.

Er schloß mit diesem Aufruf, »Die Demokratien der Welt, übermächtig durch ihre Zahl, haben uns zu Boden geworfen; im Zeichen des Sozialismus kann der deutsche Geist die Welt wieder erobern!«

Neben den Universitätsgeschäften und seinen politischen Verpflichtungen beschäftigten ihn auch persönliche Angelegenheiten.

Sowohl Nina wie Courant waren sich bewußt, daß ihre bevorstehende Hochzeit – die Verbindung einer Professorentochter, der Enkelin von Emil DuBois-Reymond, des bedeutenden Physiologen und Naturphilosophen, mit einem »Semiten« – in Göttingen einiges Mißfallen erregte. Selbst in jüdischen Kreisen regte sich Mißbilligung. »Runges waren doch so *anständige* Leute«, sagte die jüdische Frau eines jüdischen Professors zu mir. So wie sie die Sache sah, und das schien der allgemeinen Betrachtungsweise zu entsprechen, hatte ein armer, aber ehrgeiziger junger Mann ein etwas hausbackenes Mädchen aus reichem Haus geheiratet. Als ihm dann in Göttingen bewußt wurde, wie ungeeignet sie für seine akademische Karriere war, und als sich gleichzeitig eine Möglichkeit bot, die Tochter eines berühmten Professors zu heiraten, ließ er sie im Stich.

Nina, die schon als Kind erklärt hatte, einmal einen Juden heiraten zu wollen – weil sie sie schön fand – und die wohl wußte, daß sie es gewesen war, die den Heiratsantrag gemacht hatte, ließ sich von dem Gerede nicht beeindrucken.

»Nina hatte immer etwas Königliches«, erzählte mir ihre Freundin, Elli Husserl-Rosenberg. »Ihre Mutter und ihre Tanten und Onkel hatten mit den Hohenzollernkindern im Park des Palastes gespielt, denn der alte Emil DuBois-Reymond war ein großes Tier gewesen – einer der wenigen Professoren – es gab immer ein paar – die gesellschafts- und hoffähig waren. So sah die Welt für Nina von vornherein anders aus, wie das bei Menschen der Fall ist, die wirklich frei und unabhängig sind und sich keine Sorgen zu machen brauchen, wie dies oder das eine Beziehung beeinträchtigen könnte. Wahrscheinlich hatte die Art, in der Nina Courant einen Heiratsantrag machte, etwas mit dieser Freiheit zu tun, in die sie hineingeboren wurde.«

Für Courant sah die Sache anders aus. So traf es ihn besonders, daß die Familie Runge die Verlobung ihrer Tochter erst mit einiger Verzögerung bekannt gab, da er dieses Zaudern als einen Ausdruck des Mißfallens verstand. Er war sich bewußt, schrieb er an Nina, daß er nicht der ideale zukünftige Schwiegersohn war, »ein Jude aus nicht besonders guter Familie«, überdies geschieden und beruflich noch nicht etabliert. Trotzdem – sie *waren* verlobt, und ihre Eltern sollten das bekanntgeben.

Auch Courants Eltern waren über die Heirat nicht glücklich. Siegmund, der 1919 die Aufzeichnung seiner Erinnerungen abschloß, bemerkte, daß Richard Martha und ihn in dieser Angelegenheit nicht gefragt habe, wie sie ja auch bei seiner ersten Ehe mit Nelly Neumann nicht gefragt worden seien.

»Die Heirat ist nicht nach Mutters Wunsch, aber Richards Wille«, schrieb Siegmund über die Verbindung.

Da Courant und Nina verschiedenen Religionen angehörten, war eine kirchliche Trauung nur möglich, wenn eine der Parteien konvertierte. »Damals konvertierten in Deutschland viele Juden«, erklärte mir Nina, »oft aus ›politischen Gründen‹. Ich wollte nicht, daß Richard so etwas tat, und er wollte es auch nicht.« Deshalb wurden sie am 22. Januar 1919 im Rathaus zivil getraut.

»Richard soll jetzt Januar 22 Hochzeit haben, er heiratet Nerina Runge, . . . hoffentlich wird alles gut«, schrieb Siegmund Courant in sein Tagebuch – es ist die letzte Zeile seiner Aufzeichnungen.

Im Frühjahr begann Professor Runges neuer Schwiegersohn als Privatdozent mit seinen Vorlesungen.

Inzwischen waren die Studentenzahlen an der Universität dramatisch gestiegen. Durch einen Regierungsbeschluß war vielen jungen Männern, darunter einigen, die die letzten beiden Jahre des Gymnasiums nicht abgeschlossen hatten, das Abitur auf dem Amtsweg zugesprochen worden. Andere, die zwar die Prüfung vor dem August 1914 regulär bestanden hatten, hatten inzwischen, nach fünf Kriegsjahren, das meiste, was sie an Mathematik einmal gelernt hatten, wieder vergessen. Eigene Wiederholungskurse wurden unumgänglich und Klein übertrug Courant die Verantwortung dafür. Daneben hielt Courant auch Vorlesungen über partielle Differentialgleichungen und mathematische Physik.

Der Zusammenhang zwischen den partiellen Differentialgleichungen der reinen Mathematik und den Problemen der Physik war etwas, was Courant während seiner ganzen mathematischen Laufbahn faszinierte und beschäftigte. In diesem ersten Nachkriegsfrühling und Sommer war es von besonderer Bedeutung. Das Werk über die Methoden der Mathematischen Physik – das er Hilbert als gemeinsames Projekt vorgeschlagen hatte – beschäftigte ihn sehr. Er befaßte sich auch mit der Entwicklung einer Theorie der Eigenwerte partieller Differentialgleichungen, einem Gebiet, das eng mit physikalischen Schwingungsproblemen zusammenhängt.

Einer der Studenten, die damals Courants Vorlesungen hörten, war Helmut Hasse. Er hatte kurz vor Kriegsausbruch sein Abitur bestanden. Da er in Kiel bei der Kryptographie Dienst tat, nahm er an einem Abendkurs über die Verteilung der Primzahlen teil, den Toeplitz, damals Professor an der dortigen Universität, gab.

»Für meine spätere Entwicklung war dieser Kurs entscheidend«, erklärte mir Hasse, den ich im Frühling 1971 in San Diego traf, wo er ein Semester lang an der State University über seine inzwischen klassischen Arbeiten in algebraischer Zahlentheorie lehrte. »Es war Toeplitz, der mich in die Gedankenwelt Hilberts einführte; er erzählte mir auch über seine eigenen Göttinger Erlebnisse und Erfahrungen«.

Als Hasse bei der Marine dienstversetzt wurde und nicht mehr an dem Kurs teilnehmen konnte, ermutigte ihn Toeplitz, sich weiter mit Mathematik zu beschäftigen, und forderte ihn auf, ihm auch in Zukunft seine mathematischen Arbeiten zuzuschicken. Die Folge war, daß sich der junge Mann nach Kriegsende ausreichend vorbereitet fühlte, um sich als Student der Mathematik in Göttingen vorzustellen.

Hasse erzählte mir, daß er Courant zwar persönlich schätzte, aber weder für sein Arbeitsgebiet noch für seinen Vorlesungsstil viel übrig hatte. Im Gegensatz zu Erich Hecke, der »seine Ideen wie ein Künstler gestaltete, und mit großer Sorgfalt verfeinerte und abwog«, unterliefen Courant viele Fehler. Doch das schien ihn nicht zu kümmern. Er wischte sie einfach wieder aus und sagte: »Na gut, versuchen wir es einmal anders rum!«

Nachdem Courant Hasses Interesse an der Zahlentheorie entdeckt hatte, gab er ihm ein Manuskript von Harald Bohr.

»Es war eine wundervolle Arbeit über die Riemannsche Zeta-Funktion und über die diophantische Approximation. Ich arbeitete sie durch und berichtete Courant darüber. Darauf lud er mich an einem Nachmittag zum Tee zu sich nach Hause ein. Stellen Sie sich das einmal vor – ein junger Student, ich war damals erst einundzwanzig, und in so vertrautem Umgang mit einem Professor!«

In diesem ersten Nachkriegsfrühling bewarb sich Courant um einen Sitz im Stadtrat. Den Anstoß dazu hatte Klein gegeben, der es für nützlich hielt, einen Universitätsvertreter in der lokalen Behörde zu haben. Courant wurde gewählt und überlegte eine Zeitlang, ebenfalls auf Drängen von Klein, sich als Kandidat für das Landesparlament zur Verfügung zu stellen, gab aber diese Idee schließlich wieder auf.

Noch einmal tauchte sein Name im Zusammenhang mit der Politik in der Lokalpresse auf. Im Juli 1919 hatte ein gewisser Herr Mühlestein, der sich im Verlauf der Revolution von einem Mehrheitssozialisten zu einem unabhängigen Sozialisten und schließlich zu einem Kommunisten gemausert hatte, eine aufrührerische Rede über die gegenwärtige Lage Deutschlands gehalten. Courant schrieb einen langen Brief an die Lokalzeitung in dem er Mühlestein zur Rede stellte. Er schloß mit der folgenden Aufforderung: »Wenn Sie, Herr Mühlestein, es wirklich wagen, alles, sogar Ihre Person einzusetzen, dann gehen Sie doch und tragen die Fackel der Weltrevolution in die Länder der Entente.«

Im Sommersemester 1919 arbeitete Courant intensiv an seinen mathematischen Arbeiten. Mitte August hatte er eine lange Arbeit über die Theorie der Eigenwerte partieller Differentialgleichungen abgeschlossen und zur Veröffentlichung eingereicht. Er war voller Hoffnung, damit wieder in der mathematischen Welt Fuß fassen zu können.

Im Herbst folgte Erich Hecke einem Ruf an die neugegründete Universität Hamburg. Damit war Kleins Lehrstuhl erneut vakant.

Sowohl Klein wie Hilbert war sehr daran gelegen, Courant als Heckes Nachfolger zu berufen. Da jedoch das Ministerium einer solchen Hausberufung nie zugestimmt hätte – Courant hatte in Göttingen doktoriert und sich dort auch habilitiert – griffen sie zu einer List. In Münster wurde zur gleichen Zeit der Lehrstuhl Wilhelm Killings frei, der in den Ruhestand trat; darauf wurde zur allgemeinen Zufriedenheit ausgehandelt, daß Courant die Nachfolge Killings in Münster antreten sollte.

1920–1922

Im Frühjahr 1920 hatten die Sozialdemokraten ihre Macht in der deutschen Nachkriegsregierung praktisch eingebüßt. Bei den im gleichen Jahr stattfindenden Wahlen erzielten die Parteien rechts und links der SPD große Gewinne. Erleichtert legte Courant darauf sein Stadtratsmandat nieder, denn die Ratssitzungen hatten ihn »noch mehr gelangweilt als die Fakultätsversammlungen«, und er war regelmäßig mit der trockenen Feststellung nach Hause gekommen, daß »er sich erfolgreich für eine Vertagung der Debatte eingesetzt habe«. Zu Ostern, dem Beginn des akademischen Jahres, fuhr Courant daher gutgelaunt nach Münster, während Nina mit ihrem kleinen Sohn Ernst in Göttingen blieb, wohin auch Courant bald zurückzukehren hoffte.

Courants Arbeit über die Eigenwerte partieller Differentialgleichungen erschien 1920 in der neuen *Mathematischen Zeitschrift.* Sie entwickelte sich aus einer physikalischen Situation, spiegelte sein begeistertes Interesse an der Arbeit ihm bekannter Mathematiker wieder und hatte mit dem Dirichletschen Prinzip zu tun – alles Elemente, die für den Mathematiker Courant typisch

Die Arbeit geht auf eine Vorlesung zurück, die H. A. Lorentz noch vor dem Krieg in Göttingen gehalten hatte. Darin bezog sich Lorentz auf eine interessante Vermutung über die Verteilung der Eigenfrequenzen schwingender homogener Medien, die dem Grundton und der Folge der Obertöne im akustischen System entsprechen. Hermann Weyl stürzte sich sofort auf die damit verbundenen mathematischen Fragen und, in einer Reihe von kraftvollen und scharfsinnigen Arbeiten, mit deren Veröffentlichung er noch vor dem Krieg begann, bestätigte er die Lorentzsche Vermutung für einige der wichtigsten Schwingungsprobleme.

Courant war von Weyls Leistung ungeheuer beeindruckt, fand sie aber ästhetisch unbefriedigend. Die Methode war »umständlich« und vermittelte deshalb keine wirklich vollständige Einsicht in die fraglichen Zusammenhänge. Nach seiner noch im Krieg entstandenen Arbeit über Rayleighs Theorem glaubte er einen Weg zu sehen, auf dem er die Lorentzsche Vermutung direkter beweisen konnte als Weyl das getan hatte.

Um wenigstens eine Ahnung zu bekommen von dem Vorgehen Courants und wie es sich zur Methode Weyls verhält, müssen wir auf die Tatsachen zurückgreifen, auf die Lorentz seine Vermutung gründete. Man wußte damals bereits, daß die fraglichen Eigenfrequenzen auf ziemlich komplizierte Art von der Form des schwingenden Mediums abhängen, daß sie sich aber auf eine einfache Weise beschreiben lassen, deren Genauigkeit mit der Frequenzhöhe zunimmt. Lorentz vermutete nun, daß die Verteilung sehr großer Frequenzen nicht von der Form des schwingenden Mediums, sondern nur von seinem Volumen abhängt.

Das Verhalten der Eigenschwingungen wird mathematisch durch eine partielle Differentialgleichung beschrieben, die nur eine Lösung für bestimmte Werte eines gewissen Parameters hat. Diese sind die Eigenwerte der Gleichung, die Quadrate der Eigenfrequenzen. Zur Zeit, als Lorentz seine Vermutung formulierte, galten die partiellen Differentialgleichungen, die das Verhalten der Eigenfrequenzen beschreiben, bei den Mathematikern als äußerst schwierig, da ihre Behandlung technisch kompliziert ist. Aus diesem Grunde wandelte Weyl die partielle Differentialgleichung in eine Integralgleichung um und bewies dann die Lorentzsche Vermutung mit Hilfe der Theorie der Integralgleichungen.

»Courant dagegen haßte die Methode der Integralgleichungen«, erklärte mir Friedrichs. »Er war der Ansicht, daß es möglich sein sollte, direkt mit den einschlägigen partiellen Differentialgleichungen zu arbeiten – so daß es unnötig wäre, sie in Integralgleichungen umzuwandeln, wie Weyl das getan hatte. Die technischen Schwierigkeiten, die Weyl durch seine Methode umging, störten Courant weniger. Er neigte immer zu der Annahme, daß man damit schon irgendwie fertig werden könne, – selbst wenn ihm im Moment nicht klar war wie. Und wie sich gezeigt hat, ist er damit letzten Endes auch fertig geworden.«

In seiner langen, 1920 erschienen Arbeit wollte Courant zeigen, »daß man von einem andern Gesichtspunkte aus einen direkten Zugang zu dem ganzen Komplex der gestellten Fragen erhält und in überraschend einfacher und einheitlicher Weise zu einer vollständigen Beherrschung der Eigenwerte, . . . der Randbedingungen und des Gebiets gelangt, welche die Weylsche an Einfachheit wesentlich übertrifft und theoretisch befriedigend erscheint«.

Der springende Punkt der Methode, die Courant vorschlug, ist der folgende: die Eigenwerte werden als die Extremwerte gewisser Integrale charakterisiert, welche mit der ursprünglichen partiellen Differentialgleichung des Schwingungsproblems zusammenhängen. Die methodische Analogie zum Dirichletschen Prinzip ist offensichtlich.

Schon vor Weyl war bekannt, daß die Eigenwerte der entsprechenden Differentialgleichung als jene Werte charakterisiert werden können, für die eine gewisse Gleichung eine nicht verschwindende Lösung hat, und daß diese Lösung – die Eigenfunktion – die Amplitude (Schwingungsweite) der Schwingung ergibt. Man wußte auch schon, daß der niedrigste Eigenwert durch eine Minimaleigenschaft beschrieben werden kann, die eng mit dem Dirichletschen Prinzip verwandt ist, und daß jeder Eigenwert durch eine Minimaleigenschaft charakterisiert werden kann, sobald alle vorhergehenden Eigenwerte und Eigenfunktionen bekannt sind. Obwohl theoretisch zufriedenstellend, war diese Methode ungeeignet, sobald es sich um sehr hohe Eigenwerte handelte. Demgegenüber stellte Courant fest, daß es möglich ist, jeden Eigenwert durch eine modifizierte Minimaleigenschaft zu charakterisieren, *unabhängig davon, ob die niedrigeren Eigenwerte und Eigenfunktionen bekannt sind oder nicht.*

»Man kann also gleich mitten drin anfangen!« erklärte mir Friedrichs voller Begeisterung. »Man muß natürlich einige Zusatzbedingungen erfüllen; aber das Entscheidende ist, daß man die vorhergehenden Eigenfunktionen nicht *kennen* muß. Die zusätzlichen Bedingungen sind von sehr allgemeinem Charakter. Courants Überlegung war die Folgende: Wenn man einer bestimmten Anzahl beliebiger Funktionen gewisse Orthogonalitätsbedingungen auferlegt und dann das Minimum nimmt, so ist das zwar nicht gut genug; wenn man aber dann das *Minimum maximiert,* klappt alles. Damit konnte er die Eigenwerte direkt charakterisieren – die Quadrate der Eigenfrequenzen – und dadurch erhielt er das asymptotische Verhalten der hohen Frequenzen der Lorentzschen Vermutung und der Eigenwerte der zugehörigen Partiellen Differentialgleichungen. Es war eine schöne Idee, wirklich eine schöne Idee.«

Es traf sich, daß dieses Minimum-Maximum Prinzip ohne Courants Wissen bereits von Ernst Fischer formuliert worden war, der es auf wesentlich einfachere Fälle angewendet hatte, die nichts mit der Lorentzschen Vermutung oder mit mathematischer Physik zu tun hatten. Doch Friedrichs vertrat die Ansicht, daß die Entdeckung des Prinzips an sich nicht so wichtig sei, viel wesentlicher war die Einsicht, daß die Umformulierung einen direkten Zugang zum Problem der asymptotischen Verteilung eröffnete.

»Das, – dieser Dreh, *das* war, glaube ich, Courants Leistung.«

Sowohl Courants wie Weyls Methode hatten sich aus Arbeiten entwickelt, die Hilbert zu Beginn des Jahrhunderts geschrieben hatte. Als Courants Ergebnis 1920 veröffentlicht wurde, herrschte die Ansicht vor, daß seine Methode ästhetisch wohl befriedigender sein mochte, daß aber Weyls Methode – in einigen Aspekten spezifischer als die Methode des Dirichletschen Prinzips – bei weitem die kraftvollere sei. Auf die Dauer scheint es aber laut Friedrichs, daß sich Courants Methode doch als die überlegene erwiesen hat. Damals, als sich Courant als junger Professor in Münster bemühte, sich wieder als Mathematiker zu etablieren, war das aber noch gar nicht klar.

Courant wurde als Professor für Mathematik nach Münster berufen. Nach seinem Vertrag zu schließen, scheint er aber auch Vorlesungen über die Anwendungen der Mathematik gegeben zu haben. Das war vermutlich der Grund, warum ihn im Verlauf des Semesters ein Mann in mittleren Jahren aufsuchte, dessen offenes, freundliches Gesicht Courant immer an einen Bauern erinnerte. Der Besucher hieß Carl Still, und wie sich im Gespräch herausstellte, hatte er ganz allein und ohne Anleitung Autoren wie Lagrange und Clausius studiert, und zwar mit einer – laut Courant – bemerkenswerten Hartnäckigkeit; jetzt genügte ihm das aber nicht mehr, und er wollte mehr, als er diesen Autoren allein hatte abgewinnen können. Einige der Probleme, die er zur Sprache brachte, waren zur Überraschung des Professors »nicht trivial«. Zum Teil waren sie rein theoretischer Natur, zum Teil aber auch beruflich für Still von Bedeutung, denn sie hatten mit Anwendungen wie der quantitativen Bestimmung der Strömungs-Bedingungen und dem Material- und Energie-Gleichgewicht bei chemischen Prozessen zu tun.

Die mathematischen Diskussionen gipfelten schließlich in einer Einladung, bei der Courant zu seinem Erstaunen feststellte, daß sein bescheidener Besucher in Wahrheit ein bekannter Industrieller und Selfmademan aus dem Ruhrgebiet war.

Meines Wissens war diese neugeknüpfte Freundschaft mit Still das einzige Ereignis von Bedeutung, das sich während Courants Lehrtätigkeit in Münster zutrug. Schon bevor sein erstes Semester dort seinem Ende entgegenging, unternahmen Klein und Hilbert die ersten Vorstöße in der Fakultät, um Courant nach Göttingen zurückzuholen.

Diese Berufung Courants wäre kaum auf Schwierigkeiten gestoßen, wenn Klein und Hilbert nicht gleichzeitig geplant hätten, die Fakultät um *zwei* neue Physiker zu erweitern, die gemeinsam die Nachfolge von Peter Debye übernehmen sollten. Wie Courant mir erzählte, hatte er Hilbert seinerzeit Born als einen möglichen Nachfolger für Debye vorgeschlagen. Born kehrte auch mit Freuden nach Göttingen zurück, fühlte sich aber von der Aufgabe etwas überfordert. Er war zwar sowohl in der experimentellen wie in der theoretischen Forschung bewandert, fühlte sich aber trotzdem der Leitung des großen Physiklabors nicht gewachsen, das zu seiner Studentenzeit zwischen Voigt und Riecke aufgeteilt gewesen war. Er stellte einige Nachforschungen an und entdeckte, daß trotz der kürzlich erfolgten Berufung des

Abb. 12. James Franck (mit Gustav Born) und Max Born

Physikers Robert Pohl noch eine Physikprofessur an der Universität unbesetzt war. Darauf stellte Born für seine Zusage die Bedingung, daß auch sein Freund, James Franck, ein hervorragender Experimentalphysiker, nach Göttingen berufen werde.

»Franck + Born sind der denkbar beste Ersatz für Debye und ich bin über dies Arrangement sehr glücklich«, schrieb Hilbert begeistert an Courant in Münster. »Es ist der Energie von Born zu danken.«

Dieser Energie hatten sie es nun auch zu danken, daß sie nicht eine, sondern gleich drei mathematisch-physikalische Berufungen zur selben Zeit durchzusetzen hatten. In der Fakultät regte sich Opposition, »die Ursache dürfte eine gewisse Feindseligkeit mir gegenüber sein«, erklärte Hilbert Courant. Ein Professor wollte unabhängige Experten zuziehen, Landau schlug als Kompromiß vor, vorerst nur Courant zu berufen.

Doch Hilbert schrieb unverdrossen an Courant; es »ist berechtigte Hoffnung vorhanden. Klein hält tapfer aus«.

Auch Klein schrieb an Courant: »Wie Sie vielleicht von irgendeiner Seite gehört haben, beabsichtige ich, für Ihre Berufung hierher einzutreten. Es würde mir eine außerordentliche Hilfe sein, wenn Sie mir ausdrücklich zusagen wollten, gegebenenfalls für diejenigen Aufgaben, die seitlang bei unserem Unterrichtsbetriebe für meine Empfindung unbillig vernachlässigt wurden oder die ich sonst als notwendige neue Forderungen herankommen sehe, mit aller Energie einzutreten.«

Er nannte dann drei Punkte: 1) regelmäßige Einführungsvorlesungen für Studenten, die keine Ausbildung in abstrakter Mathematik anstreben, 2) die Übernahme der administrativen Pflichten, um die er selber sich im Laufe der Jahre gekümmert hatte und, 3) eine »positive Stellungnahme« zu allen wichtigen Fragen, die sich aus der Umgestaltung des Erziehungswesens auf der Stufe der Universitäten als Folge der Nachkriegssituation ergeben hatten. In einem Nachsatz bemerkte er: »Keiner dieser drei Punkte dürfte Sie überraschen!«

»Klein hat mir den Brief an Sie vorgelesen und will ihn nur dazu haben, um dem Minister gegenüber sich auf ihre schriftlichen Worte berufen zu können, daß Sie ihn in den organisatorischen Fragen unterstützen wollen«, schrieb Hilbert erklärend an Courant.

Klein war alt, krank und müde, doch die Fakultät war ihm nicht gewachsen und alle drei Berufungen wurden genehmigt.

Born und Franck konnten ihre Stellen in Göttingen erst mit einiger Verspätung antreten, da sie in der Wohnungsmisere der Nachkriegszeit in Göttingen keine Wohnung finden konnten. Courant dagegen hatte die seine nicht aufgegeben, als er nach Münster gegangen war und konnte daher sofort nach Göttingen zurückkehren.

Die Aufgaben, die Courant als Kleins Nachfolger antrat, waren nur unscharf definiert.

Offiziell hatte Klein nie eine administrative Position gehabt. Seine von ihrer Stellung her völlig autonomen Kollegen hatten ihm einfach alle »mathematischen Arrangements« – wie Hilbert das wegwerfend nannte – überlassen. Daß Klein wie ein Gott über Göttingen herrschte, wie Weyl das später einmal beschrieb, ist sicher zutreffend. Doch seine Macht beruhte auf seiner kraftvollen Persönlichkeit, seiner Hingabe und Arbeitswut und seiner außerordentlichen Durchsetzungskraft.

Er hatte sich im Lauf der Jahre mit der Reform der wissenschaftlichen Ausbildung an den höheren Schulen befaßt, mit der Verbesserung der technischen Hochschulen, der Entwicklung allgemeiner Mathematikkurse für Lehrer und Ingenieure; er pflegte die Beziehungen zwischen der Mathematik und den übrigen Wissenschaften, er stellte die Verbindung zwischen der Mathematik und ihren Anwendungen her, und er schuf enge Kontakte zwischen Industrie und Wissenschaft.

1920 existierte in Göttingen keine eigene Abteilung für Mathematik. Die vier Professoren der Mathematik gehörten, wie die anderen Naturwissenschaftler, zusammen mit den Philosophen, den Historikern, Philologen und Altphilologen, und anderen, zur philosophischen Fakultät. In der Mathematik lehrten überdies noch einige Privatdozenten. Ein eigenes Budget gab es nur für die Anschaffungen der Bibliothek, ein eigenes Gebäude war nicht vorhanden, die Professoren verfügten nicht einmal über Arbeitszimmer.

Was Klein vorgeschwebt hatte, war ein »Institut« – ein eigenes, der Mathematik vorbehaltenes Gebäude, wie es in den experimentellen Wissenschaften üblich war; – darin sollte das Lesezimmer untergebracht werden und alle mathematischen Aktivitäten stattfinden. Sein größter Wunsch war es, aus Göttingen ein mathematisch-physikalisches Zentrum von Weltruf zu machen. Courant teilte diese Ideen und Vorstellungen und hoffte, sie auf seine Weise »ein bißchen voran zu bringen«.

Während seiner ganzen Laufbahn hatte sich Klein immer auf starke Verbündete außerhalb der akademischen Welt verlassen können, darunter auch den Verleger B. G. Teubner in Leipzig. Doch Teubners Bereitschaft, die Mathematik im gewohnten Rahmen zu unterstützen, hatte schon vor Kriegsende nachgelassen. Wie den meisten deutschen Verlegern war ihm sehr daran gelegen, seine Unternehmungen einzuschränken, »bis wieder normale Zeiten herrschten«. Er hatte durchblicken lassen, daß er die *Mathematischen Annalen* gerne abtreten würde, und überdies ganz Göttingen mit dem Vorschlag schockiert, den Papiervorrat für die Gauß-Gesamtausgabe, die 65 Jahre nach dem Tode des überragenden Mathematikers noch immer nicht vollständig vorlag, für andere, profitablere Zwecke zu verwenden. Unter diesen Umständen verlor Courant keine Zeit, seinen neuen Freund, Ferdinand Springer, in Göttingen einzuführen.

Im Gegensatz zu seinen Kollegen hatte Springer erkannt, daß »eine Zeit der Abweichung vom ›Normalen‹ begonnen hatte«, deren Ende nicht so schnell – wenn überhaupt – abzusehen war. Noch vor Kriegsende hatte er die *Mathematische Zeitschrift* gegründet; Ende 1918 schloß er mit Courant den Vertrag über die *Grundlehren*-Reihe. 1919 – während Deutschland vor Empörung über die Bedingungen des Versailler Friedens brodelte – übernahm er den Vertrieb der Gauß-Ausgabe von Teubner. 1920, als die Weimarer Koalition der Sozialdemokraten zerbröckelte, trat Teubner ihm die Verlagsrechte für die *Mathematischen Annalen* ab. 1921 – die Alliierten drohten mit der Besetzung des Ruhrgebiets – publizierte er den ersten Band der gelbgebundenen *Grundlehren*-Reihe, und in den folgenden drei Jahren, die von der schlimmsten Nachkriegsinflation gezeichnet waren, folgten ein Dutzend weiterer Bände.

Die Freundschaft zwischen Verleger und Wissenschaftler war für beide Seiten lohnend. Springer ließ sich bei seinem Vorstoß in mathematisches und physikalisches Neuland von Courant beraten, während Courant jede Anstrengung unternahm, »meinen Freund Springer vor Risiken und Verlusten zu schützen«.

Bei seinen Berufungsverhandlungen mit dem Ministerium hatte sich Courant großzügige Bedingungen für zwei persönliche Assistenten ausbedungen. Sein erster Assistent war Hellmuth Kneser, der bei Hilbert über ein Thema aus den Grundlagen der Quantenmechanik promovierte. Kneser, der sich später vor allem als Topologe einen Namen machte, war der Sohn Adolf Knesers, einem der Lehrer Courants in Breslau. In späteren Jahren, als sich sein Sohn, Martin Kneser, ebenfalls der Mathematik zugewandt hatte, beklagte er sich zum Scherz, daß er die erste Hälfte seines Lebens als Sohn Adolf Knesers, die zweite als Vater Martin Knesers zugebracht habe. Er war von 1920–24 Courants Assistent und ging dem Professor in der üblichen Weise zur Hand, war aber auch den jüngeren Studenten in mancher Beziehung behilflich. B. L. van der Waerden, der als junger Doktor aus Amsterdam regelmäßig mit Kneser zu Mittag aß, erinnerte sich, daß sie danach immer einen mathematischen Spaziergang unternahmen, »auf dem ich jeweils eine Menge lernte«.

Während sich Courant im Winter 1920/21 wieder in Göttingen einrichtete, engagierte er sich auch noch einmal kurz in der Politik. In Oberschlesien sollte in einem Plebiszit entschieden werden, ob das Gebiet, zu dem auch Courants Geburtsort gehörte, polnisch werden, oder deutsch bleiben sollte. Wer in dem Gebiet geboren und am 1. Januar 1921 zwanzig Jahre alt war, war, unabhängig vom gegenwärtigen Wohnort – stimmberechtigt. Die deutsche Regierung startete eine massive Kampagne, um möglichst viele ehemalige Oberschlesier zur Teilnahme an der Abstimmung zu bewegen. Courant spielte eine aktive Rolle und schrieb an viele Freunde und Verwandte, die er oft jahrelang nicht mehr gesehen hatte. Am Tage der Abstimmung war er einer der über sechzig Courants, die sich in Lublinitz versammelten.

Die Familie war im allgemeinen wohlhabend. Courants Onkel waren alle erfolgreiche Geschäftsleute, zwei von ihnen hatten die Universität besucht. In Courants Generation besaßen fast alle Familienmitglieder eine Universi-

Abb. 13. Ferdinand Springer

tätsausbildung und waren zum Teil in akademischen Berufen tätig, darunter ein bekannter Internist und ein Chemiker, der das Empirin entdeckt hatte.

Die Stadt Lublinitz entschied sich zwar für Deutschland, wurde aber dem Teil Oberschlesiens zugesprochen, der an Polen ging, und die Familienmitglieder, die die Firma »S. Courant« weitergeführt hatten, entschlossen sich, ihrer Geburtsstadt für immer den Rücken zu kehren.

Auch nach dem Plebiszit von 1921 nahm Courant regen Anteil an der Politik, beschränkte aber sein persönliches Engagement auf wissenschafts- und universitätspolitische Aspekte.

Zu Beginn des Wintersemesters 1920/21 war es James Franck endlich gelungen, sich als Professor für Experimentalphysik in Göttingen einzurichten. Max Born nahm seine Pflichten als Professor für Theoretische Physik mit dem Beginn des Sommersemester 1921 auf.

Born verkörperte die »Göttinger Tradition«, wie Courant sie verstand. Er war ursprünglich nach Göttingen gekommen, weil die Universität als »das Mekka der Mathematik« bekannt war. Dann gab ihm Hilbert ein Problem – so wird erzählt – das er nicht lösen konnte, und das bis heute ungelöst geblieben ist. Da überfielen Born die Zweifel an seiner mathematischen Begabung und er wandte sich der Physik zu. Zur Zeit als er nach Göttingen kam, hatte er seine berühmte Arbeit schon geschrieben, in der er alle Kristalleigenschaften aus der Annahme eines Gitters herleitete, dessen Teilchen unter der Einwirkung innerer Kräfte verschoben werden können; überdies hatte er mit Fritz Haber eine Theorie der Wärme entwickelt, die das erste Beispiel der Bestimmung einer chemischen Wärmereaktion aus rein physikalischen Daten enthielt; daneben hatte er sich auch mit experimenteller Forschung beschäftigt und mit Hilfe seines Assistenten E. Bormann eine Methode entdeckt, durch die sich die freie Weglänge eines Strahls von Silberatomen in der Luft bestimmen läßt.

James Franck hatte seine Untersuchungen über die Energieänderungen bei der Kollision von Atomen mit Elektronen abgeschlossen, für die er 1925 den Nobelpreis erhalten sollte.

1921 kamen auch zwei hervorragende junge Mathematiker nach Göttingen, die sich nach bestandenem Doktorexamen an der dortigen Universität weiterbilden wollten.

Der eine, Carl Ludwig Siegel, war von Landau nach dem Krieg nach Göttingen geschickt worden, von wo er später mit Hecke nach Hamburg übersiedelt war. Siegels und Courants mathematische Interessen lagen auf ganz verschiedenen Gebieten und so hatten sie sich während Siegels erstem Göttinger Aufenthalt auch nicht kennengelernt. Doch Courant hatte von Siegels Begabung und seiner mißlichen Lage in Hamburg gehört, wo er von Hunger und Kälte geplagt sehr unglücklich war. Anfangs 1921 wandte sich Courant daher an das Ministerium und schlug vor, die zweite Assistentenstelle, die ihm in seinem Vertrag zugesagt worden war, bereitzustellen und sie Siegel anzubieten.

Courant brauchte keinen besonderen Scharfblick, um die hervorragende mathematische Begabung Siegels zu erkennen. Doch Courant spürte auch, daß Siegel ein junger Mensch war, – »gar nicht einfach«, – dessen »absolut einzigartiges Talent« eine besondere Behandlung brauchte und verdiente. Es gelang ihm, auch den Minister davon zu überzeugen.

Dieser schrieb an Courant: »Ich würde mich freuen, wenn diese Bewilligung ausreichen würde, ein so starkes Talent, wie es Herr Siegel nach Ihren Darlegungen ist, der wissenschaftlichen Laufbahn zu erhalten.«

Als Siegel nach Göttingen zurückkehrte, nahm der kleine Courant den großgewachsenen jungen Mann väterlich unter seine Fittiche, brachte ihn in einem leerstehenden Zimmer im Hause Kleins unter, nahm ihn zum Schwimmen in das Fakultätsbad mit, wo er ihn mit Hilbert zusammenbrachte und dafür sorgte, daß dieser Siegels Arbeiten kennenlernte, und lud ihn häufig in sein Haus ein. Dort setzte sich Siegel – sehr zur Belustigung von Nina – auf den Fußboden und versuchte geduldig, dem kleinen Ernst lange, komplizierte, wissenschaftliche Ausdrücke beizubringen.

Außer um Siegel bemühte sich Courant auch um Emil Artin, den zweiten ungewöhnlich talentierten Neuankömmling. Vielseitig begabt interessierte sich der Österreicher Artin neben der Mathematik auch für Musik und Kunst. Er hatte im Krieg an der Front gedient und dann zuerst in Wien, später in Leipzig studiert und bei Gustav Herglotz promoviert, der während Courants Studienzeit als außerordentlicher Professor in Göttingen gelehrt hatte. Herglotz hatte denn auch Artin veranlaßt, nach seinem Doktorexamen in Göttingen weiterzustudieren. Obwohl Artins mathematische Interessen wie schon diejenigen Siegels – auf ganz anderen Gebieten lagen als seine eigenen, hieß Courant den jungen Besucher willkommen, lud ihn zu Kammermusikabenden in sein Haus ein (wo Artin, dessen Musikauffassung so rein und unerbittlich war wie seine Mathematik, sich über Courants ungeschulten Umgang mit dem Klavier entsetzte) und sorgte dafür, daß Klein und Hilbert ihn und seine Arbeit kennenlernten.

Diese Kontaktpflege zwischen der neuen, jüngeren Generation und den großen Vertretern der Vergangenheit betrieb Courant ganz bewußt. Er war überzeugt davon, daß Göttingen seine mathematisch-physikalische Tradition – die einzigartige Verbindung von Lehre und Forschung – fast ausschließlich Klein zu danken hatte. Gauß hatte kaum Verbindung zu den Lehrveranstaltungen der Universität, gegen die er eine beträchtliche Abneigung empfand. Dirichlet hatte zwar Fortgeschrittenenkurse eingeführt, die aber keine große Anzahl von Studenten ansprechen konnten, überdies wurde diese Entwicklung unterbrochen, als Dirichlet vier Jahre nach Gauß starb. Riemann, krank und menschenscheu, war nicht in der Lage, weiterzuführen, was Dirichlet begonnen hatte. Erst Klein nahm dann diese großen Namen und ihre weitgespannten Forschungen und verschmolz alles zu einer Tradition.

Und nun, in den ersten Nachkriegsjahren, begann Courant, die großen Gestalten der jüngsten Vergangenheit, Hilbert und Klein, noch zu ihren Lebzeiten mit dieser Göttinger Tradition zu verflechten.

1922 – 1924

Kurz nach seiner Rückkehr nach Göttingen machte Courant seinen neuen Freund aus Münster, den Industriellen Carl Still, mit dem Göttinger Kreis bekannt. Anfangs 1922 stiftete Still 100 000 Mark zu dem Betrag, der sich noch in der Kasse der *Göttinger Vereinigung* befand. Darauf wurde eine neue Organisation gebildet, die aber den gleichen Zielen wie die alte, von Klein gegründete, dienen sollte – der Pflege der Anwendungen der Mathematik in Göttingen.

Im gleichen Jahr fiel die deutsche Mark, die vor dem Krieg im Vergleich zum amerikanischen Dollar noch 4,2 zu 1 gestanden hatte, von 162 zu 1 auf 7000 zu 1. Es war klar, daß für die Göttinger Mathematik der Nachkriegsjahre Phantasie und Erfindungskraft ebenso notwendig sein würden wie Geld.

Trotz der rasch wachsenden Inflation war das Jahr 1922 wichtig für die Entwicklung der Göttinger Mathematik und Physik, wie überhaupt der Wissenschaften in Deutschland. Den Anfang machte die große Feier zu Hilberts sechzigstem Geburtstag. Im Sommer fand dann in Leipzig die erste Nachkriegstagung der deutschen Naturforscher und Ärzte statt, und im Herbst folgte in Göttingen eine einwöchige Vortragsreihe von historischer Bedeutung, in der Nils Bohr der Öffentlichkeit zum ersten Mal seine merkwürdigen, neuen Ideen vorstellte, die ihm vor dem Krieg so viele Anfeindungen und nun, Ende 1922, den Physik-Nobelpreis eingetragen hatten.

Im gleichen Jahr wurden an der Universität Göttingen strukturelle Änderungen vorgenommen und die Mathematik und die Naturwissenschaften offiziell von der Philosophischen Fakultät abgetrennt. Courant benützte diese Gelegenheit, und ersuchte um die Erlaubnis, den offiziellen Briefkopf, den er und die übrigen Professoren für Universitätsgeschäfte verwendeten, abändern und anstatt *Universität Göttingen* die Inschrift *Mathematisches Institut der Universität* verwenden zu dürfen. Dieser scheinbar harmlosen Bitte wurde entsprochen.

Mit der Unterstützung von Klein und Hilbert versuchte Courant den hervorragendsten Mathematiker seiner Generation – den Mann, den Toeplitz einst als jemanden, der sich auch Gedanken über die Mathematik macht, abgetan hatte – nach Göttingen zurückzuholen.

Hermann Weyl hatte Göttingen 1913 nach seiner Heirat mit der schönen Hella Joseph verlassen und nach seinem Wehrdienst eine Professur an der Eidgenössischen Technischen Hochschule in Zürich angenommen. Dort hatte er ein Jahr lang in engem Kontakt mit Einstein gearbeitet. Nachdem Einstein im November 1915 seine allgemeine Relativitätstheorie vorgelegt hatte, hielt Weyl eine populärwissenschaftliche Vorlesungsreihe über Einsteins Ideen, die später als *Raum, Zeit und Materie* veröffentlicht wurde. Courant war einer von denen, die die Bedeutung der mathematisch-physikalisch-philosophischen Ausrichtung Weyls für die neue Situation, in der sich die Wissenschaft seit Einsteins Theorie befand, sofort erkannt hatten. In einem Brief an Hilbert im Juli 1918 hatte er vorgeschlagen, den Mathematiker Weyl als Nachfolger des endlich auf eine Professur in Freiburg berufenen Husserl nach Göttingen zu holen.

»Der Betrieb der Philosophie an den Universitäten steht unter dem Zeichen der Tatsache, daß es Philosophie im Sinne einer Wissenschaft, deren gesicherte Resultate allgemein anerkannt sind und sich formulieren und verstehen lassen, nicht gibt . . .« schrieb Courant an Hilbert. »Diese historischen Tatsachen haben das Bewußtsein eines gewissen Zusammenhanges nie ganz aussterben lassen, aber es ist infolge der Herrschaft jener andersartigen Tendenzen dahin gekommen, daß man als Mathematiker oder Physiker die Beschäftigung der Philosophen mit unseren Wissenschaften eher fürchten mußte, als daß man von ihnen Aufklärung, ja überhaupt Verständnis erhoffen durfte. Jetzt, nachdem durch Einsteins Riesentat, die nicht nur die Mathematik und Physik angeht, sondern deren tiefste Bedeutung vielleicht gerade auf philosophischem Gebiet liegt . . . muß diesem Zustand im offiziellen Betrieb der Philosophie ein Ende gemacht werden . . . unter allen Umständen müssen eine Reihe von philosophischen Lehrstühlen nunmehr durch Leute besetzt werden, die dem mathematisch-naturwissenschaftlichen Denken näher stehen, vielleicht, da sich solche Persönlichkeiten unter den zünftigen Philosophen mit Ausnahme von Husserl und Nelson kaum finden dürften, durch Mathematiker wie Weyl.«

Husserls Stelle ging – mit Hilberts Unterstützung – an Leonard Nelson, aber Courant hielt an dem Gedanken fest, daß ohne eine solche Berufung – wie diejenige Weyls – die alten »unfreundlichen« Beziehungen zwischen der Mathematik und der Philosophie weiterbestehen würden. Als 1922 die Mathematik und die Naturwissenschaften als eigene Fakultät anerkannt wurden, benützte Courant die Gelegenheit und handelte einen weiteren Lehrstuhl aus, den er Weyl anbot.

Die Möglichkeit, nach Göttingen zurückzukehren, stürzte Weyl in einen quälenden Zwiespalt. Auf der einen Seite stand die Anziehungskraft der alten

Universität, der er sich immer tief verbunden fühlte, wo er immer wieder Anregungen empfing, wie er sie in seiner Jugend von Hilbert und Minkowski erhalten hatte. Auf der anderen Seite beunruhigte ihn die unbestreitbare Unsicherheit der Lebensbedingungen in Deutschland – die junge Republik, die von links und rechts unter Beschuß stand, die immer drohende Revolution, die rechtsradikalen Terrorakte und die inzwischen »gallopierende« Inflation.

Nach langem Zaudern und vielen Beratungen mit seiner Frau machte er sich schließlich auf den Weg zum Telegraphenamt, den Text der Zusage auf einem Zettel in der Hand. Doch als er dort ankam, hatte er seinen Entschluß geändert und er telegraphierte seine Ablehnung.

So schreckte die ökonomische und politische Unsicherheit Weyl 1922 von einer Rückkehr nach Göttingen ab – das gleiche Jahr sah aber auch die Ankunft einiger begabter Studenten. Einer davon war Friedrichs, ein linkischer, stiller und sehr scheuer junger Mann, der an Asthma litt.

Für ihn war das mathematische Leben in Göttingen ein »ungeheurer Schock«. Das wissenschaftliche Niveau lag weit über dem, was er gewohnt war. Ein Seminar, das Courant leitete, stützte sich auf ein Buch, das er schon an einer anderen Universität kennengelernt hatte, »nur daß dort während eines ganzen Semesters bloß das erste und das zweite Kapitel behandelt wurden – in Göttingen fing man mit dem dritten Kapitel an.«

Auch der Gegenstand des Seminars erschien ihm ungewöhnlich. Seit seiner Dissertation hatte sich Courant für algebraische Flächen interessiert. In Göttingen waren damals zwei junge Männer, die er sehr bewunderte – Siegel, nun Privatdozent, und Artin; beide waren in der algebraischen Zahlentheorie gut bewandert. Obwohl beide Gebiete die Bezeichnung »algebraisch« trugen, wurden sie doch in der Regel nicht kombiniert; doch Courant entschloß sich, ein Seminar abzuhalten, in dem abwechselnd eine Woche algebraische Flächen, die andere Woche algebraische Zahlentheorie behandelt wurden.

Den ersten Seminarvortrag gab 1922 Otto Neugebauer. Auch er war Österreicher und hatte im Krieg als Artillerieoffizier gedient. Während seiner Studien in Graz und München war er von der Elektrotechnik über die Physik zur Mathematik gekommen. Courant hörte Neugebauers Seminarvortrag und war sofort von dem jungen Mann begeistert; bald bestand ein freundschaftliches, fast kollegiales Verhältnis zwischen den beiden.

Friedrichs erinnerte sich, daß das Seminar eine eindrucksvolle Besetzung aufzuweisen hatte:

»Siegel und Artin kamen, ebenso Kneser. Alle Assistenten, die damals in Göttingen waren, nahmen daran teil. Sie hatten alle zu kommen und mitzumachen. Eine solche Ansammlung von Leuten, die alles über alles wußten – es war sehr aufregend für mich.«

Ich fragte Friedrichs:

»Wenn Sie sagen, daß ›alle zu kommen und mitzumachen hatten‹, heißt das, daß Courant es von ihnen verlangte, oder war es allgemein üblich, an den Seminaren teilzunehmen?«

Friedrichs lachte und erwiderte:

»Das kann ich Ihnen nicht sagen. Es wäre Courant nie eingefallen, solche Forderungen zu stellen, wie Klein das vielleicht getan hätte. Nein, er erklärte den Leuten, daß er auf ihre Hilfe angewiesen sei, daß er sie unbedingt brauche; und damit brachte er es immer irgendwie fertig, daß alle, die etwas beizutragen hatten, auch wirklich kamen. Das war überhaupt seine Taktik.«

Während Friedrichs voller Ehrfurcht zu Siegel, Artin und Kneser und den übrigen jungen Göttinger Mathematikern aufblickte, erweckte er selber in einem Mitstudenten ähnliche Gefühle. Hans Lewy war ein paar Jahre jünger als Friedrichs, ein kleiner, intelligenter, äußerst sensibler und ungeduldiger junger Mann, musikalisch wie mathematisch begabt. Er erzählte mir, daß er in Göttingen zum ersten Mal mit Menschen in Berührung kam, die mehr zu wissen schienen, als er selber. Besonders Friedrichs beeindruckte ihn sehr.

Als ich mit Lewy in Berkeley sprach, wo er kurz zuvor als Professor der University of California in den Ruhestand getreten war, fragte ich ihn, was er damals von Courant als Lehrer gehalten habe.

»Für mich war Courant ein ausgezeichneter Lehrer,« entgegnete er. »Seine Vorlesungen waren zwar oft schlecht vorbereitet und es kam vor, daß er mitten drin seinen Ansatz ändern mußte, weil er merkte, daß irgendwo etwas fehlte. Doch in einem gewissen Sinne wirkte das stimulierend. Einmal erlaubte es ihm, mehr Stoff zu bringen, Verschiedenes nur kurz zu streifen, ohne näher darauf einzugehen, was wiederum den Ehrgeiz der Studenten weckte, diese Lücken zu füllen und klarer zu sehen.«

Besonders wichtig für Lewy war, daß Courant die technischen Details, vor denen Studenten oft kapitulieren, mit einer ansteckenden Unbekümmertheit behandelte.

»Courants Einstellung war, daß sich diese technischen Details irgendwie von selbst ergeben würden. Das war für uns junge Menschen eine Inspiration und ist vor allem in der Analysis wichtig; denn das ist ein so altes und weitgespanntes Gebiet, daß es viel Zeit braucht, bis man überhaupt sieht, wo die Probleme liegen. Meiner Ansicht nach ist das bis zu einem gewissen Grade auch der Grund dafür, daß die Analysis in den Vereinigten Staaten wenig Erfolg hat und nur beschränkte Anziehungskraft auf die Jugend ausübt. Cou-

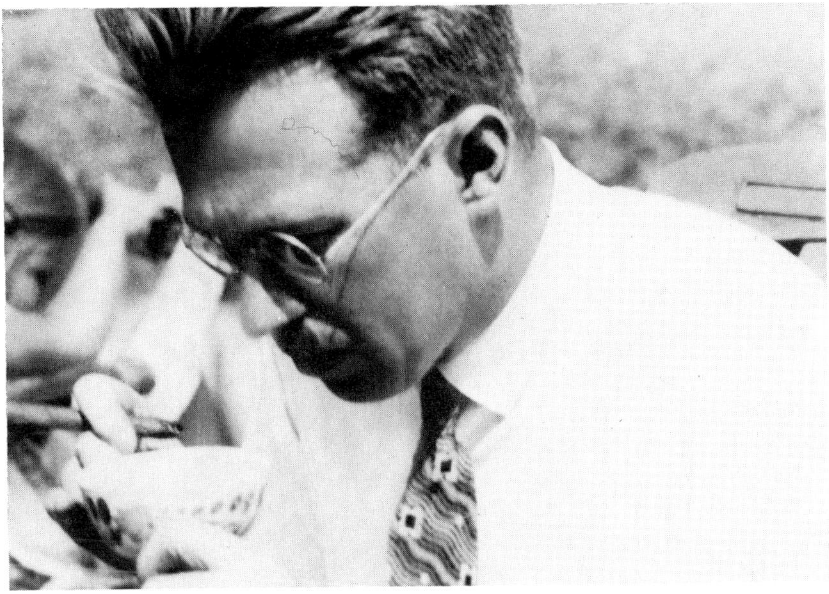

Abb. 14. Otto Neugebauer

rant verstand es, in einem jungen Menschen das Selbstvertrauen zu wecken, daß es möglich ist, sich einfach einen Weg zu bahnen . . .«

»Und das«, betonte Lewy abschließend, »das war eine große Hilfe.«

Zur Zeit als Friedrichs und Lewy 1922 in Göttingen mit ihren Studien begannen, waren drei Monographien in Courants gelber Reihe erschienen oder im Druck. Aber sein eigener Beitrag, das gemeinsame Projekt mit Hilbert, war nicht dabei.

Sein ursprünglicher Plan hatte lediglich eine Ausarbeitung der Aufzeichnungen vorgesehen, die er selber und andere Assistenten vor dem Krieg von den Vorlesungen Hilberts gemacht hatten. Nach und nach war dann Eigenes dazugekommen, er hatte damit begonnen, Ideen umzustellen. Gewisse Gebiete die ihm weniger zusagten, wurden ausgespart, während andere, an denen ihm sehr lag, ausführlicher behandelt wurden. Vor allem wollte er dabei auf seine Theorie der Eigenwerte näher eingehen, die er nach dem Krieg entwickelt hatte, wie auch auf die ihr verwandte Theorie der Eigenfunktionen, mit der er sich seither beschäftigt hatte. Als erstes war es seiner Ansicht nach notwendig, anhand einer umfassenden Darstellung einiger Methoden, die sich für viele verschiedene Spezialfälle eigneten, den Boden für seine Ideen zu

Abb. 15. K. O. Friedrichs

bereiten. Dieses Material existierte zwar bereits, war aber überall verstreut und nur schwer zugänglich.

Courant verschaffte sich – möglicherweise von Still – die Mittel für einen Hilfsassistenten, der seine Vorlesung über partielle Differentialgleichungen mitschreiben sollte. Mehrere Studenten bewarben sich um den Posten, und er ließ alle Interessenten die erste Vorlesung als Probe ihrer Fähigkeiten mitschreiben. Er entschied sich schließlich für Pascual Jordan, einen Physikstudenten, der Notizen eingereicht hatte, ohne die Vorlesung selber gehört zu haben. Jordan half Courant auch bei der Vorbereitung seines Buches über die Methoden der mathematischen Physik.

Während das Publikationsdatum für das gemeinsame Projekt mit Hilbert immer ungewisser wurde, bot sich Courant plötzlich die Möglichkeit, innerhalb kurzer Zeit ein Gemeinschaftsprojekt mit einem anderen berühmten Mathematiker herauszubringen, und zwar auf einem Gebiet, das ihn ebenfalls sehr interessierte. Ende 1919 war Adolf Hurwitz gestorben. Obwohl Courant von seinen Vorlesungen nicht so begeistert gewesen war, wie von denjenigen Hilberts, war er doch überzeugt davon, daß ein weiterer Kreis, als nur die Schüler von Hurwitz Zugang dazu haben sollte.

Die Hurwitz-Vorlesungen über Funktionentheorie waren ganz im Sinne von Weierstrass konzipiert – direkt, präzise, bemerkenswert in ihrer Klarheit und ihren ästhetischen Qualitäten. Courant bewunderte sie sehr, glaubte aber nicht, daß sie »wirklich ins Schwarze trafen«. Er hielt es daher für unumgänglich, ihnen die Methoden Riemanns entgegenzusetzen, die – im Gegensatz dazu – eher geometrisch als arithmetisch, mehr intuitiv als logisch ausgerichtet waren und deren Motivierung vor allem von der Physik und nicht nur von der reinen Mathematik kam.

Der »Hurwitz-Courant« ›Vorlesungen über allgemeine Funktionentheorie und elliptische Funktionen‹ erschien noch vor Ende 1922 und erzeugte gemischte Reaktionen.

Besonders kritisch äußerte sich der amerikanische Mathematiker Oliver Kellogg. Ihm erschienen die Hurwitz Vorlesungen »durchsichtig und klar« und er »bemerkte keine logischen Fehler«. Was dagegen Courants Beitrag betraf, so »entstand der Eindruck, daß dahinter zwar eine bemerkenswerte Intuition stand, der es jedoch an Vertrauen erweckender Selbstdisziplin und kritischem Empfinden mangelte. . . . Was sich hier bietet, mag in der Tat als ein Hinweis auf einige Richtungen dienen, die moderne Untersuchungen eingeschlagen haben und ist in diesem Sinne sehr interessant. Doch die Beweise, die gegeben werden, vermögen den Leser oft nicht von ihrer Gültigkeit zu überzeugen und manchmal nicht einmal davon, daß es überhaupt möglich ist, sie in eine gültige Form zu bringen.«

Ganz anders reagierte Friedrichs auf das Buch, das er ungefähr zur gleichen Zeit las, als Kellogg seine Besprechung schrieb. Friedrichs fand die beiden ersten Teile von Hurwitz »sehr sauber, sehr klar und sachlich und lehrreich, aber ohne Ansporn. Courants Teil dagegen – das dritte Kapitel – als ich damit eines Morgens anfing, las ich Tag und Nacht und konnte nicht mehr aufhören. Es war das aufregendste mathematische Buch, das ich je gelesen habe.«

Die erste Auflage des Hurwitz-Courant war innerhalb von zwei Jahren vergriffen. Courant bat darauf seinen jungen Freund Neugebauer die mangelnde Präzision und Logik, die Kellogg kritisiert hatte, auszubügeln. Neugebauer, von dem Courant einmal sagte, er habe »alle Tugenden eines Pedanten und keines der Laster«, machte seine Sache ausgezeichnet, wie auch Kellogg in einer zweiten Rezension vermerkte. Für manche Leser ging damit allerdings etwas vom Reiz der ersten Auflage verloren.

In seiner Betrachtungsweise der Funktionentheorie, die Kellogg und vielen anderen so mißfiel, entsprach Courant dem »romantischen Typus« des Wissenschaftlers, im Gegensatz zum »klassischen«. Diese Unterscheidung stammte ursprünglich von dem Chemiker Wilhelm Ostwald, und Courant kam einmal in Bezug auf Klein, den er als einen Vertreter des romantischen Typus sah, darauf zu sprechen:

»Wenn der Klassiker in der Wissenschaft jede Einzelheit aufs Sorgfältigste prüft und feilt und das Ganze immer wieder umschmilzt und abrundet, ehe er sein Werk aus der Zurückgezogenheit des Studierzimmers in die Öffentlichkeit entläßt, so schleudert der Romantiker seine frischen, vielleicht noch unausgereiften Ideen als mächtige Anregung hinaus. Während der Klassiker lieber drei Viertel seines Arbeitsertrages im Schreibtisch verschließt, weil er um keinen Preis ein Wort mehr sagen möchte, als er während seines späteren Lebens verantworten kann, so gibt der Romantiker nicht viel auf die völlig ausgeführte und auskristallisierte Form und fühlt sich nicht davon bedrückt, wenn er auch einmal etwas mehr gesagt hat, als er wirklich weiß. Ihm kommt es auf die unmittelbare lebendige Wirkung an. Er lebt in einem Kreise begeisterter Schüler, die, für ihr ganzes Leben reichlich beschenkt, später von ihm zu ihren eigenen Wirkungsstätten ziehen.«

Außer dem Buch über Funktionentheorie veröffentlichte Courant 1922 auch seine Theorie der Eigenfunktionen, die sich aus seiner Beschäftigung mit den Eigenwerten entwickelt hatte. In dem früheren Werk hatte er die Existenz der mit den Eigenwerten verknüpften Eigenfunktionen einfach vorausgesetzt. Nun nahm er – mit Erfolg – das Problem des Existenzbeweises in Angriff. Dabei verwendete er Techniken, die in mancher Beziehung von den früher verwendeten abwichen und führte einige elegante, geometrisch-algebraische Begriffe ein. Heutzutage wird man allerdings andere, wenn auch verwandte, Konzepte aus der Funktionalanalyse verwenden. »Doch Courant akzeptierte Begriffe aus diesem sehr viel abstrakteren Gebiet immer nur zögernd«, erzählte mir Friedrichs. In ihrer Wirkung reichte diese Arbeit über Eigenfunktionen nicht an seine Arbeit von 1920 über Eigenwerte heran.

Die 1922 erschienene Arbeit über Eigenwerte war jedoch die erste einer Reihe von Veröffentlichungen über partielle Differentialgleichungen der mathematischen Physik, in denen Courants Hauptinteresse der *Existenz* galt. Die Bedeutung, die die Mathematiker diesem Aspekt beimessen, wird allerdings sogar von mathematisch versierten Physikern bezweifelt. Sie neigen eher zu der Ansicht, daß eine mathematische Gleichung, die eine physikalische Situation darstellt, welche offensichtlich existiert, demnach notwendigerweise auch eine Lösung haben muß.

Doch wie Friedrichs mir sagte, ließ sich Courant »von den Einwänden dieser Physiker ganz einfach nicht einschüchtern«. Er war überzeugt davon, daß Existenzuntersuchungen zum Verständnis der Natur der Gleichungen und ihrer Lösungen beitragen würden. Überdies war er der Meinung, daß

Existenzbetrachtungen bei der Entwicklung numerischer Methoden von Nutzen sein würden. Von 1922 an legte er in allen seinen Arbeiten über partielle Differentialgleichungen der mathematischen Physik besonderes Gewicht auf die Existenz.

1922 war eines der mathematisch aktivsten Jahre seiner Karriere. Es war aber auch ein Jahr, in dem die elementaren Probleme der Unterkunft und Verpflegung dringlicher zu werden begannen als die Mathematik. Für die Studenten war es selbstverständlich, bei Courant Hilfe zu suchen, und er wandte sich oft an Carl Still.

Still war der Typ des erfolgreichen Geschäftsmannes oder Industriellen, dem Courant zeitlebens eine fast maßlose Bewunderung entgegenbrachte. Still war zwar sehr hart und sehr geschäftstüchtig, doch die wesentlichen Voraussetzungen seines finanziellen Erfolges sah Courant in seinem »Sachverständnis, Fleiß, kompromißlose(n) Festhalten an den höchsten ethischen Normen des Geschäftslebens«. Überdies spürte Courant sowohl in Still wie in dessen Frau Hanna eine tiefe Hingabe an das, was die rein persönlichen Werte übersteigt, – »ich möchte sagen, Religiosität im eigentlichen Sinne des Wortes.«

1922 war wirtschaftlich schwierig gewesen, 1923 brachte noch viel größeres Elend. Die Miete wurde manchmal in Butter vereinbart, die praktisch unerhältlich war. Kartoffeln wurden mit Körben, später mit Schubkarren voller Geldscheine gekauft. Geld, das die Studenten von zuhause erhielten, verlor schon unterwegs und bevor es ausgegeben werden konnte, an Kaufkraft. Viele Studenten arbeiteten bei der Eisenbahn, wo sie Schotter unter die Schwellen schaufeln mußten, – ein aussichtsloser Versuch, ihre Finanzen etwas aufzubessern; doch wie Lewy mir erzählte, – »es war unmöglich, *genug* Geld zu haben.« Sie saßen im Lesezimmer vor ihren Büchern und konnten an nichts anderes als Essen denken.

Doch das Jahr 1923 brachte den Göttinger Mathematikern auch die ersten hoffnungsvollen Anzeichen wieder auflebender Kontakte mit dem Ausland.

In diesem Frühjahr trafen zwei russische Mathematiker in Göttingen ein, die ersten Wissenschaftler, die das bolschewistische Rußland ins Ausland entsandte. P. S. Alexandroff und P. S. Urysohn entstammten der nachrevolutionären Schule Lusins, waren aber bereits im Begriff, ihre eigene Schule in Topologie zu gründen.

Das gleiche Jahr, das die ersten Besucher aus dem Osten brachte, brachte auch ein Angebot von westlicher Seite, das jungen deutschen Mathematikern die Möglichkeit eröffnete, wieder im Ausland studieren zu können. Das

International Education Board, das von John D. Rockefeller, Jr., mit Abraham Flexner als Direktor für Educational Studies, neu gegründet worden war, kündigte 1923 eine Reihe von Forschungsstipendien an, um es jungen Wissenschaftlern zu ermöglichen, »Studien, die sie in ihrer Heimat nicht mit gleichem Gewinn« verfolgen können, auch im Ausland zu betreiben. Mancherorts waren damals junge deutsche Mathematiker noch alles andere als willkommen und um die erste einer langen Reihe von Empfehlungen wandte sich Courant an die zuverlässigsten Freunde Göttingens im Ausland – an Harald Bohr und G. H. Hardy.

1923 war Deutschland ohne feste Währung. In einem Vortrag viele Jahre später gab Neugebauer eine lebhafte Beschreibung der damaligen Situation. Gehälter und Preise wurden in numerischen Grundklassen ausgedrückt, die dann mit einem rasend schnell ansteigenden Koeffizienten c(t) multipliziert wurden, so daß das Resultat dem jeweiligen Wert in Mark entsprach. An einem bestimmten Wochentag wurde der laufende Wert von c(t) der Rechnungsstelle der Universität mitgeteilt, Stunden bevor er in der Presse bekannt gegeben wurde.

Courant erkannte, daß es die Kaufkraft der für das Lesezimmer zur Verfügung stehenden Gelder gewaltig steigern würde, wenn er den Wert dieses Koeffizienten c(t) jeweils schon etwas früher wüßte. Er bot daher der Rechnungsstelle der Universität die Benutzung der elektrischen Rechenmaschine des »Mathematischen Institutes« an, wenn man ihm dafür als Gegenleistung sofort nach Bekanntwerden den Wert von c(t) mitteilte. Die Inflation stieg in einem solchen Maße, daß die Mark am 1. Juli 1923 im Verhältnis zum Dollar bei 160 000 zu 1 stand, und am 1. Oktober bei 242 000 000 zu 1. Courants Maschine verfügte über 19 Stellen und die Rechnungsstelle zögerte keinen Augenblick, Courants Angebot anzunehmen.

Am 20. November stand die Mark im Vergleich zum Dollar bei 4 200 000 000 000. Die Regierung erklärte den nationalen Notstand. Es wurde eine neue, in ihrer Geldmenge streng begrenzte Währung eingeführt, die durch eine Grundschuld auf sämtlichen industriellen und landwirtschaftlichen Reserven des Landes gedeckt war. Von einem Tag zum nächsten erfuhr die Währung eine erstaunliche Stabilisierung. Ein paar Monate später konnte die Regierung den nationalen Notstand offiziell aufheben.

In dieser Zeit schloß Courant seine *Methoden der mathematischen Physik* ab – das Werk, das er Hilbert 1918 als Gemeinschaftsprojekt vorgeschlagen hatte. Hilberts Gesundheitszustand hatte sich seither immer mehr verschlechtert. Sein mathematisches Interesse war – mit charakteristischer Ausschließlichkeit – von der Physik auf die Grundlagen der Mathematik abgeschwenkt. Er bekundete zwar weiterhin sein Interesse an dem Buch, das Courant schrieb, beteiligte sich aber nicht weiter daran.

Friedrichs erinnerte sich, daß Courant ihm einmal die Notizen der Hilbertvorlesungen gezeigt hatte, die er ursprünglich als Grundlage des Buches hatte verwenden wollen. Sie waren sehr schön, hatten aber mit dem Buch, das heute als Courant-Hilbert bekannt ist, wenig zu tun. Friedrichs zog sein Exemplar des ersten Bandes aus seinem Bücherregal und blätterte es durch.

»Es *ist* ein ziemlich unsystematisches Buch«, gab er zu. »Auch hier ging es Courant vor allem darum, zu *verbinden,* wie in seinem Seminar über algebraische Flächen und algebraische Zahlentheorie, und im Hurwitz-Courant. Er umreißt verschiedene Betrachtungsweisen einer Theorie der partiellen Differentialgleichungen, dann folgt ein Einführungsteil über algebraische Begriffe, dann einige semi-algebraische Methoden, da etwas über Reihenentwicklung, dann Integralgleichungen, dann Variationsrechnung – von da kommt er zu Schwingungen, seinen eigenen Arbeiten über Eigenwerte und Eigenfunktionen. Gewisse Gebiete sind völlig ausgelassen, andere, die Courant zusagten, überbetont. Das Ganze ist äußerst unsystematisch.«

Der Einfluß von Rayleighs *Theory of Sound* ist offensichtlich; und »aus dem ganzen Buche weht Hilberts Geist«, (wie Paul Ewald einmal bemerkte). Die Rezensenten bemerkten jedoch sofort, daß ungeachtet der Doppel-Autorschaft, der eigentliche Verfasser Courant war. Das Werk beruhte zu einem beträchtlichen Teil auf seinen eigenen Untersuchungen. Außerdem verraten – unabhängig von allem anderen – »schon die Wahl der Methoden, die Vorliebe für heuristische Überlegungen und eine gewisse Leichtigkeit des Stils – ein wenig vage – doch immer elegant – ihren Autor«, wie der amerikanische Mathematiker Einar Hille feststellte. Das Buch enthält auch einige Fehler, von denen verschiedene bis in die viele Jahre später entstandene englische Ausgabe hinein überlebten, wo sie – laut Alexander Weinstein, einem späteren Rezensenten, »inzwischen klassische Berühmtheit erlangt haben und zum Vergnügen des Lesers nur noch beitragen«.

Wie bei Rayleigh betreffen die mathematischen Methoden, die im Courant-Hilbert behandelt werden, Themen, die aus der Physik – aus klassischen Gebieten, wie der Elastizität, der Akustik, der Hydrodynamik und anderen – stammen. Die Mathematiker hatten diese Methoden, die in physikalischer Intuition wurzelten, in ein exaktes Instrumentarium verwandelt, durch das die allgemeinen Theorien untermauert wurden. Courant beabsichtigte, den Physikern dieses verbesserte Instrumentarium zum Nutzen ihrer eigenen Arbeit zugänglich zu machen.

Bei seiner Publikation schien das Buch zunächst eher die Mathematiker als die Physiker anzusprechen. Die Physik, mit der es sich befaßte, wirkte 1924 – zu einer Zeit, in der es um die Grundlagen der Quantentheorie ging, eher altmodisch und illustrierte Friedrichs' Definition der angewandten Mathematik, als »jene Gebiete der Physik, für die sich die Physiker nicht mehr interessieren«. Doch Courant war von der Relevanz seines Werks, auch für Physiker, völlig überzeugt.

»Davon wäre er nie abzubringen gewesen, weil er ein Optimist war«, sagte Friedrichs und stellte den Band lächelnd ins Regal zurück.

»Und letzten Endes hat er natürlich recht behalten.«

1924
1926

Im Verlauf der Nachkriegsjahre machte Göttingen eine Reihe von Veränderungen durch. Als Kleins Nachfolger führte Courant schon bald eine Neuerung ein, das sogenannte Anfängerpraktikum, das bald wichtige Folgen für das neue Institut haben sollte. Das Praktikum verlief parallel zu den Analysis Vorlesungen. Die Studenten, oft bis zu zweihundert, erhielten ein vervielfältigtes Aufgabenblatt, das neben der Bewältigung des Vorlesungsstoffes auch schöpferisches Denken erforderte. Der Professor besprach die Probleme mit einer Gruppe älterer Studenten, und wies sie auf verschiedene mögliche Ansätze und die verschiedenen Aspekte der Lösungen hin. Im Praktikum gingen dann die älteren Studenten ihrerseits die Probleme mit den Anfängern durch und lernten diese bei der Gelegenheit auch kennen. Die Lösungen mußten abgegeben werden und wurden korrigiert. Teamwork war erwünscht; der Besuch dieses Praktikums war freiwillig.

Was für eine revolutionäre Neuerung für die deutsche Universität jener Zeit dieses Praktikum damals war, ist heute kaum vorstellbar. Vorher war es nicht üblich gewesen, Aufgaben zu stellen, außer natürlich in den praktischen Kursen; und selbst da wurden sie in der Regel nicht korrigiert. Lehrbücher wurden kaum verwendet, Prüfungen gab es nicht. Das ganze System beruhte auf den Vorlesungen der Professoren, während die Studenten ausschließlich zuhörten. Die Stunde der Wahrheit kam dann erst nach Jahren, wenn die Studenten die staatliche Lehramtsprüfung oder das mündliche Doktorexamen abzulegen hatten. Manchem wurde erst dann klar, daß etwas von *Mathematik zu verstehen* nicht dasselbe war, wie die Handlung eines literarischen Werkes zusammenzufassen oder eine geschichtliche Periode zu umreißen. Der Schock dieser Einsicht führte nicht selten zu Nervenzusammenbrüchen.

Das Praktikum bot die Möglichkeit, mit einer stark angewachsenen Studentenzahl und einem stark gesunkenen Begabungs- und Ausbildungsstand fertig zu werden. Dazu war eine Anzahl älterer Studenten zur Betreuung notwendig, die als zusätzliche »Assistenten« mit finanzieller Unterstützung der Regierung eingestellt wurden. Überdies benötigte man mehr *Platz,* und es gelang Courant, Räumlichkeiten in einem alten Gebäude an der Prinzenstraße zu erhalten, von dem aus Wilhelm Weber und Gauß einst die Drähte des ersten Telegraphen zu Gauß' Observatorium gespannt hatten. Mit dieser verbreiterten Basis war ein erster Schritt von dem bisher nur auf dem Papier bestehenden »Institut« zu dessen praktischer Realisierung getan.

Klein unternahm keinerlei Versuche, sich einzumischen, erzählte mir Courant, sondern gab die Zügel freiwillig aus der Hand. Doch manchmal gab es noch Anzeichen seiner alten, gebieterischen Art. In einer seiner Lieblingsgeschichten berichtete Courant, wie Klein, überzeugt daß das Ende bevorstand, seine Assistenten zu sich befahl, um seine letzten Anordnungen zu treffen, »und dann sehr ungehalten war, weil der Tod auf sich warten ließ«. Daneben war aber auch eine gewisse Altersmilde zu beobachten. Als eine Gruppe von Lehramtskanditaten sich bei ihm beklagte, daß Neugebauer, der für das Lesezimmer verantwortliche Assistent, Kleins Sammlung von elementaren, mathematischen Pädagogikbüchern auf die obersten Regale verbannt und sie dort so dicht gedrängt aufgestellt hatte, daß sie nur unter beträchtlichen Schwierigkeiten zu erreichen waren, beorderte Klein Neugebauer zu sich. Sein einziger Kommentar zu dem jungen Mann, von dessen wachsendem Interesse für die Ägyptologie er wußte, war der folgende:

»Da erstand ein neuer Moses, der wußte nichts von Pharao.« [4]

Auch die berühmte Fakultät veränderte sich. Hilbert arbeitete mit leidenschaftlicher Intensität an seinem Programm, die logischen Grundlagen der Mathematik gegen die Angriffe L. E. J. Brouwers und seiner Anhänger zu stützen; doch er litt an einer schweren, möglicherweise tödlichen Krankheit, an perniziöser Anämie. Im Frühling 1925 wurde Runge emeritiert, und Gustav Herglotz, ein bemerkenswert vielseitiger Mathematiker, der Lehrer Artins, trat Runges Nachfolge an. Im Juni des gleichen Jahres starb Felix Klein.

Courant verfaßte zwei bewegende Artikel über Klein, den einen über sein Wirken als treibende Kraft des wissenschaftlichen Lebens, den anderen über sein Leben, sein Werk und seine Persönlichkeit.

In späteren Jahren erlag Courant oft der Versuchung, den eigentlichen Klein einer guten Anekdote zu opfern und schilderte ihn meist als den Organisator seiner eigenen Beerdigung; den »Olympier«, der keinen Widerspruch duldete, erfüllt von der Überzeugung, selbst am besten zu wissen, was für die anderen das Beste sei, den Professor, der von seinen Assistenten Unterwürfigkeit verlangte und seine Studenten so einschüchtern konnte, daß sie sogar bei gesellschaftlichen Anlässen von ihrem Stuhl hochsprangen, wenn er das

[4] nach Exodus I,8.

Wort an sie richtete – und all das stand in scharfem Kontrast zu dem bewunderten, unabhängigen, unkonventionellen Rebellen Hilbert. Als ich jedoch Courants langen Aufsatz über Klein, der im September 1925 in *Naturwissenschaften* erschien, zum ersten Mal las, mußte ich an eine Bemerkung denken, die er selber einmal über Hilberts Minkowski-Denkschrift gemacht hatte.

»Darin«, hatte Courant damals zu mir gesagt, »hat Hilbert mehr als je sonst von seiner eigenen Seele gezeigt.«

In diesem in *Die Naturwissenschaften* erschienenen Aufsatz umriß Courant in einer lebhaften Schilderung die wichtigsten Stationen in Kleins Leben: Der begabte Knabe, der gegen die einseitige Ausbildung am humanistischen Gymnasium jener Zeit rebellierte; der frühreife Universitätsstudent, mit siebzehn Jahren schon Assistent bei Julius Plücker in Bonn; der frisch gebackene Doktor, der sofort dem Zauber Göttingens erlegen war; der unabhängige Gelehrte, der seine Unabhängigkeit von jeder Art von »Schule«, einschließlich der Göttinger, hartnäckig verteidigte. Der geometrisch denkende und intuitive Mathematiker, der in einer dramatischen Konfrontation in Berlin die abstrakte und arithmetische Zeitströmung herausforderte. Der feurige Patriot, der seine Studien in Paris 1870 abbrach und nach Deutschland zurückeilte, um sich zur Armee zu melden. Der dreiundzwanzig Jahre alte Professor, wegen seiner »Gefährlichkeit« von der Nachfolge Clebschs in Göttingen ausgeschlossen, der sein berühmtes »Erlanger Programm« als seine Antrittsvorlesung an der dortigen Universität proklamierte. Der vielbeschäftigte Administrator und Lehrer der Münchner Zeit, wo er zum ersten Mal mit den Anwendungen der Mathematik in Berührung kam. Der Leipziger Professor, auf der Höhe seiner schöpferischen Kraft in einem verbissenen Wettlauf mit Poincaré um eine Theorie der automorphen Funktionen ringend. Dann – im Alter von dreiunddreißig Jahren – der Zusammenbruch, mit dem Kleins Karriere als schöpferischer Mathematiker beendet war. Das Angebot aus Amerika, die Nachfolge Sylvesters an der Johns-Hopkins-University anzutreten, und schließlich der Ruf nach Göttingen – »die wunderbare Wendung« – nach der dieser scheinbar gebrochene Mann noch dreiundvierzig Jahre lang ein äußerst aktives Leben als Forscher, Lehrer, Organisator und Administrator führte.

»Was war das Geheimnis dieser Persönlichkeit und ihrer Wirkung?« fragte Courant. »Er hat die große Macht über Menschen besessen, weil er geistige Überlegenheit verband mit einer dienenden Sachlichkeit, weil er nie etwas für sich selbst, stets alles für seine Ziele tat, weil man in der majestätischen Würde seines Wesens nie eine Spur von Eitelkeit und Selbstüberhebung herausfühlen konnte. Es fehlte ihm nicht an echtem Humor, dem Anzeichen wahrer geistiger Freiheit. Aber alles dies wird überstrahlt von dem Zauber seines Wesens, der magnetischen Kraft, mit der er jeden, auch Widerstrebende, zwang, ihm Mitarbeiter zu werden und Gefolgschaft zu leisten.«

Klein war es vergönnt, Göttingen wieder als internationales Zentrum der Mathematik und der Physik aufblühen zu sehen. Ausländische Besucher kamen aus Ost und West, das Lesezimmer – vervollständigt und erneuert – war wieder die beste Bibliothek ihrer Art auf der Welt, und ein Kreis bemerkenswerter technischer Institute – das Resultat einer langjährigen Zusammenarbeit zwischen Wissenschaften und Industrie – scharte sich um die Universität und gelangte zu neuer Blüte. Doch ein eigenes Institut für die Mathematik – das Ziel dieser Entwicklung – schien bei Kleins Tod noch in hoffnungsloser Ferne.

Dann, wenige Monate nach Kleins Tod, legte die Stadt Göttingen einen Plan für eine neue Realschule vor, wodurch das alte Schulgebäude, das in der Nähe des Physikinstitutes und einiger anderer technischer Institute lag, plötzlich verfügbar wurde. Eine solche lokale und nicht nur intellektuelle Nachbarschaft hatte in den Wunschträumen Kleins eine wesentliche Rolle gespielt. Courant versuchte sofort, diese Gelegenheit zu nützen, nicht nur um die verschiedenen Bereiche der mathematischen Forschung und Lehre, die damals noch über die ganze Stadt verstreut waren, unter einem Dach zusammenzubringen, sondern auch um der »katastrophalen Überbelegung« in Francks Physikinstitut begegnen zu können. Die Regierung erklärte sich bereit, der Stadt das alte Schulgebäude abzukaufen und es in ein mathematisches Institut umzuwandeln. Die einzige Schwierigkeit war nun, wie Courant es formulierte, daß »die Stadt Göttingen ihre alte Realschule erst dann aufgeben (kann), wenn sie eine neue gebaut hat; sie kann eine neue erst bauen, wenn sie Geld hat und sie hat kein Geld«.

Im Spätherbst 1925 kam Courant anläßlich eines Besuches bei den Gebrüdern Bohr auf dieses Problem zu sprechen. Die Stadt brauchte 800 000 Mark, um eine neue Schule zu bauen, und ein solches Darlehen war damals in Deutschland nicht aufzutreiben. Niels Bohr schlug ihm vor, sich an das International Education Board zu wenden, das erst kürzlich einen Beitrag zum Ausbau von Bohrs Institut in Kopenhagen geleistet hatte. Das International Education Board als eine mögliche Finanzquelle für sein Projekt war Courant offenbar nicht eingefallen, obwohl er schon verschiedene Mathematiker für Stipendien empfohlen und auch Unterstützung beim Ankauf ausländischer Bücher und Zeitschriften für deutsche Bibliotheken erbeten hatte. Sofort hatte er eine »phantastische« Idee. Vielleicht würde sich die Rockefeller-Stiftung bereit finden, der Stadt Göttingen ein Darlehen von 800 000 Mark für die neue Schule zu gewähren, worauf die Universität mit den von der Regierung versprochenen Geldern das alte Schulgebäude kaufen könnte. Niels Bohr riet ihm statt dessen, sich den Gedanken an den Kauf und Umbau der alten Schule aus dem Kopf zu schlagen und sich direkt um eine Schenkung zu bemühen. Das würde, zusammen mit der von der Regierung in Aussicht gestellten Summe, die Errichtung eines neuen, eigens für die Bedürfnisse der Mathematiker und Physiker konzipierten Gebäudes erlauben.

Bevor die drei Freunde sich trennten, kamen sie überein, daß Courant das Problem und seinen diesbezüglichen Vorschlag in einem persönlichen Brief an Harald Bohr darlegen sollte, da dieser kurze Zeit später nach Paris fuhr, wo das International Education Board sein europäisches Hauptquartier hatte. Harald Bohr wollte die Sache dann entweder mit Augustus Trowbridge, einem ehemaligen Physikprofessor der Universität Princeton, der Direktor der Abteilung für Naturwissenschaften war, besprechen, oder ihm, falls das erfolgversprechender schien, einfach Courants Brief überreichen.

Trowbridge hatte im Herbst zuvor Göttingen einen kurzen Besuch abgestattet, um die dortigen Wissenschaftler mit den Zielen des Programms für Forschungsstipendien bekannt zu machen. Damals hatte er erklärt, daß es dem International Education Board weniger darum gehe, das durchschnittliche Forschungsniveau zu heben, als vielmehr die Entwicklung außergewöhnlicher wissenschaftlicher Talente zu fördern, – oder, wie es der französische Mathematiker Émile Picard formulierte, »man wollte eher die Höhen erhöhen, als das Tal mit Hügeln auffüllen«. Damals hatte Trowbridge Courant und Franck auch aufgefordert, zu überlegen wie das International Education Board dazu beitragen könnte, das wissenschaftliche Leben in Göttingen zu fördern. Angesichts dieser Aufforderung empfand es Courant nicht als Dreistigkeit, sich an Trowbridge zu wenden – dennoch, die Summe, um die es ging, war ungeheuerlich.

»Meinen Sie nun, daß eine so weitgehende Bitte Herrn Trowbridge gegenüber überhaupt ausgesprochen werden darf, und daß wir sachlich berechtigt sind, an derartiges zu denken?« schrieb Courant am 22. Dezember 1925 an Harald Bohr in Paris. »Ich persönlich glaube, daß man durch die Ausführung des Planes hier in Göttingen ein ganz einzigartiges mathematisch-physikalisches Zentrum schaffen könnte, und daß sich die Rockefeller-Stiftung wohl nicht zu besorgen brauchte, ihr Geld auf diese Weise unnütz zu verschwenden. Aber ich bin hier Partei und würde gern ihre Meinung hören.«

Die Antwort Harald Bohrs auf diesen Brief und sein Bericht über sein einstündiges Gespräch mit Trowbridge hätten kaum ermutigender klingen können:

»Die Hauptsache ist folgende: Herr Trowbridge hat Ihren allgemeinen Vorschlag mit großem Interesse und großer Wärme aufgenommen und ist bereit, ihn schon jetzt, ohne daß irgendwelche weiteren offiziellen Schritte erfolgt sind, zu erwägen und zu verfolgen.«

Anfangs 1926 korrespondierte Courant bereits mit Trowbridge, der ihm vorschlug, Erkundungen anzustellen, wie weit die deutsche Regierung bereit wäre, sich an dem Projekt finanziell zu beteiligen. Bald darauf kam man überein, daß Trowbridge zusammen mit George Birkhoff im Sommer zu weiteren Besprechungen nach Göttingen kommen würde.

Das sollte Courants erste Begegnung mit Birkhoff werden, der damals in seiner Heimat wie im Ausland als der führende amerikanische Mathematiker galt. Er war Professor an der Harvard University, hatte kurz zuvor sein Amt als Präsident der American Mathematical Society abgetreten und war das zu jenem Zeitpunkt jüngste Mitglied der National Academy of Sciences. Seine Funktion beim International Education Board war die eines reisenden amerikanischen Professors, der das Board als Gutachter beriet.

Birkhoffs Göttinger Besuch überschnitt sich unglücklicherweise mit dem Aufenthalt eines jungen Mathematikers, der, ebenfalls Amerikaner, einen tiefen Groll gegen Birkhoff hegte, und trug so zu der unversöhnlichen Feindschaft bei, mit der Norbert Wiener Courant seither begegnete.

Wiener hatte vor dem Krieg kurz in Göttingen studiert. Nach seiner Rückkehr nach Amerika war er im Verlaufe von Vorlesungen, die er an der Harvard University gab, »in logische Schwierigkeiten geraten, auf die mich Professor G. D. Birkhoff deutlich hinwies ...«

»Wie ich später erfuhr, reagierte er potentiellen Rivalen gegenüber sehr unduldsam, dies ganz besonders, wenn sie jüdischer Abstammung waren. Er war der Ansicht, daß die angebliche Frühreife der Juden ihnen in dem Alter, in dem junge Mathematiker normalerweise auf Stellensuche waren, einen unfairen Vorteil verschaffte, der seiner Meinung nach umso schwerer ins Gewicht fiel, weil es ihnen in der Regel an Ausdauer und Durchhaltevermögen fehlte. Anfänglich war ich zu jung und unbedeutend, um seine Aufmerksamkeit zu erregen, doch später als meine Leistungskraft zunahm, zog ich mir, als Jude, und schließlich als ein möglicher Rivale, seine ganz besondere Antipathie zu.«

Wiener hatte bereits das Sommersemester 1925 in Göttingen verbracht. Dabei hatte er den Eindruck erhalten, daß Courant, (»ein fleißiger, aktiver, kleiner Mann, eifrig bemüht alle Fäden der mathematischen Administration in der Hand zu behalten«), ihn ermutigt hatte, sich um einen Guggenheim Fellowship zu bewerben, um im folgenden Sommer nach Göttingen zurück-

Abb. 16. Norbert Wiener mit Born

kehren zu können. Seiner Ansicht nach hatte ihm Courant bei dieser Gelegenheit »die volle Kooperation meiner Göttinger Kollegen für einen angenehmen Aufenthalt, sowie die Hilfe eines Assistenten bei der Bearbeitung meiner Notizen und zur Ausmerzung meiner Deutschfehler« zugesagt.

Statt dessen wurde Wieners Göttinger Aufenthalt im Sommer 1926 zu einer eher peinlichen Belastung, obwohl Courant ihn als Mathematiker für »außerordentlich talentiert und kräftig« hielt. Wieners Vater, ein Philologieprofessor, der seinen Sohn aufs College gehetzt hatte, als der Junge noch in kurzen Hosen steckte, war im Krieg als einer der heftigsten anti-deutschen Agitatoren im akademischen Leben Amerikas aufgefallen. Die Publizität, von der das Stipendium des jungen Wiener begleitet war, (»ich nahm damals den Mund ein wenig voll«, gestand er), machte verschiedene Regierungsstellen auf die Tatsache aufmerksam, daß der Sohn dieses verhaßten Mannes in Deutschland studieren wollte und sich auch noch damit brüstete, dort willkommen zu sein. Der Kurator der Universität ersuchte Courant, doch bitte dafür zu sorgen, daß Wiener nicht weiter auffiel. Als dieser dann, jung verheiratet, doch vorläufig ohne seine Frau, in Göttingen eintraf, war die Begrüßung viel weniger herzlich als er erwartet hatte. Courant tadelte die verfehlte Publizität, und die Hilfe und die offizielle Anerkennung, die Wiener sich erhofft hatte, blieben aus. Darauf war es – nach Wieners Ansicht – auch zurückzuführen, daß seine Vorlesungen nicht den gewünschten Erfolg hatten, weder als Beispiele mathematischer Forschungsarbeit, noch als – in deutscher Sprache gehaltene – Vorlesungen.

Was seine mathematischen Arbeiten und Vorlesungen betraf, so hielt man Wiener in Göttingen – laut Friedrichs – für »ziemlich unkultiviert«.

»›Unkultiviert‹ ist dabei vielleicht nicht ganz das richtige Wort«, sagte Friedrichs. »Aber ich habe einige von Wieners Arbeiten studiert und eines seiner Bücher habe ich wirklich vor- und rückwärts gelesen. Es *ist* schwerfällig geschrieben – nicht nur vom Stil, sondern auch vom Inhalt her. Die mathematische Argumentation ist ungewöhnlich einfallsreich, originell und überraschend, aber es fehlt der Schliff. In diesem Sinne war das Verdikt ›unkultiviert‹ – ›schwerfällig‹ wäre zutreffender gewesen – nicht ganz unberechtigt; doch der Schluß – daß es in diesem Falle auch mit der Substanz nicht allzu weit her sein könnte – war falsch. In diesem Punkt haben wir uns damals in Göttingen geirrt.«

Wie er mir erzählte, war Courant keineswegs abgeneigt, »etwas für Wiener zu tun«, der schließlich ein Vetter seines guten Freundes Leon Lichtenstein war. Doch es gelang ihm nur unter größten Schwierigkeiten, ungefähr zwanzig Studenten zum Besuch von Wieners Vorlesungen zu überreden. Nach und nach schrumpfte diese Zahl in geradezu peinlicher Weise zusammen, so daß er sogar einmal einen Studenten dafür bezahlen mußte, anwesend zu sein.

Wiener hatte gehofft durch die Anerkennung, die er sich von Göttingen versprach, dem – wie er es empfand – »permanenten, feindseligen Druck« Birkhoffs in den Vereinigten Staaten entfliehen zu können – statt dessen wurde Birkhoff nun in Göttingen erwartet!

»Birkhoff entsprach jenem Typ des Amerikaners, an dessen Unterstützung Courant am meisten gelegen war. Er hoffte durch mich Birkhoffs Wohlwollen zu gewinnen. Ich mußte ihm sagen, daß ich keinen Einfluß auf Birkhoff hatte, der mir in jeder Beziehung feindselig gegenüberstand.«

Als Wieners junge Frau schließlich in Göttingen eintraf, fand sie ihn am Rande eines Nervenzusammenbruchs. Zu allem Elend wurde der ohnehin auf wackeligen Beinen stehende, junge Haushalt auch noch von seinen Eltern heimgesucht, »einerseits um an meinem angeblichen Erfolg teilzuhaben und anderseits um ein wachsames Auge auf das jungverheiratete Paar zu haben.«

Der ältere Wiener wollte in Göttingen einen öffentlichen Vortrag geben und sein Sohn sah sich gezwungen, ihm die Natur der Zurücksetzungen, die er erfahren hatte, zu erklären. Doch sein Vater fühlte sich vor allem von der Zurücksetzung, die seine eigene Person betraf, gekränkt und war durch nichts davon abzuhalten, Courant in einem Brief an das Ministerium heftig anzugreifen.

Wieners eher bittere Erfahrungen stehen in scharfem Kontrast zu den Erlebnissen eines anderen Ausländers, der sich im gleichen Sommer in Göttingen aufhielt.

Seit 1923 war Alexandroff jedes Jahr, entweder allein oder mit Landsleuten, nach Göttingen gekommen. Von 1926 bis 1930 ermöglichte Courant es ihm bei jedem Aufenthalt auch reguläre Vorlesungen zu geben. Einmal hielt der russische Mathematiker drei Topologiekurse ab, jeden auf ein ganz anderes Publikum ausgerichtet. In dem Sommer, in dem Courant sich mühen mußte, wenigstens einige von Wieners Hörern bei der Stange zu halten, waren die Vorlesungen Alexandroffs überfüllt.

»Alexandroff und die übrigen russischen Besucher waren sehr wichtig, sehr einflußreich«, erzählte mir Herbert Busemann, der 1925 nach Göttingen kam, um Mathematik zu studieren – nachdem er auf Wunsch seines Vaters, eines der Direktoren bei Krupp, mehrere Jahre im Geschäftsleben »vergeudet« hatte. »Die Russen füllten eine Lücke, weil sie mit gewissen abstrakten Richtungen vertraut waren, die in Göttingen nur mangelhaft vertreten waren. Wie Ihnen sicher verschiedentlich gesagt wurde, war Courant in seiner mathematischen Auffassung eher reaktionär. Die Bedeutung mancher modernen Entwicklung blieb ihm verschlossen.«

Im Gegensatz zu den Arbeiten Wieners lag das Werk Alexandroffs von seiner reinen und abstrakten Thematik her Courant eher fern. Trotzdem war er hell begeistert davon, wie überhaupt von der Arbeit der vielen Russen, die Alexandroff im Laufe der Jahre nach Göttingen brachte. Sie alle waren »Talente ersten Ranges«, wie er später schrieb. Der blinde Pontrjagin, der immer geführt werden mußte, war ein »absolut führender Geist in der Topologie«; Gelfond »hat die Welt mit seinen Transzendenzbeweisen gewisser berühmter Zahlen in Erstaunen gesetzt«, ebenso Schnirelman, der barfuß durch die Straßen Göttingens wandelte, mit seiner Arbeit über die Primzahlen. Ljusternik hatte »höchst originelle Gedanken« über Topologie und Analysis, Kolmogoroff war »ein absoluter Meister« auf vielen verschiedenen Gebieten.

Alexandroff beeindruckte die Begeisterung, mit der Courant die Arbeiten und Erfolge anderer Mathematiker verfolgte.

»Es trifft sich selten, daß sich eine bedeutende mathematische Begabung mit einer menschlich großen Persönlichkeit verbindet«, sagte er, als ich ihn 1971 in Moskau besuchte. »Und in diesem Sinne – seiner emotionellen Natur, seiner Selbstlosigkeit, seinem Interesse an anderen Menschen, seiner uneigennützigen Beziehung zur Welt – war Courant absolut außergewöhnlich. Ich habe außer ihm nie mehr jemanden mit einer solchen Persönlichkeit gekannt, diese wissenschaftlich ganz uneigennützige Stellung, diese *Freude* – verstehen Sie – diese Freude am Erfolg der anderen, Jüngeren um ihn herum. Zu der Zeit war Courant selber noch ein junger Mann, aber er war schon damals so; und meiner Meinung nach erklärt das den Mann und seinen Erfolg.«

Der Göttinger Sommer von 1926 war für Alexandroff von besonderer Bedeutung, weil er zu der Zeit die Bekanntschaft von Heinz Hopf machte, mit dem ihn eine lebenslange, wissenschaftliche Zusammenarbeit und Freundschaft verbinden sollte. Obwohl Hopf zwei Jahre älter war als Alexandroff, hatte er erst kurz zuvor in Berlin seinen Doktor gemacht. Diese Verspätung lag einerseits an seinem Militärdienst als Artillerieoffizier, andererseits aber auch an seiner langsamen, mathematischen Entwicklung. Auch Courant war von Hopf begeistert. Als er ihn im folgenden Jahr für eine Professur in der Schweiz empfahl, prophezeite er: »Er wird sich bestimmt in wenigen Jahren überall in der mathematischen Welt durchgesetzt haben.«

Schon als junger Mann brauchte Alexandroff sehr dicke Brillengläser und besaß nur spärliches Haar. Als ich ihn in Moskau besuchte, sah er den Schnappschüssen aus den zwanziger Jahren noch immer sehr ähnlich. Auf einem Tisch in seinem überfüllten, eher deutsch wirkenden Wohnzimmer stand eine Photographie Urysohns, der 1924 bei einem Badeunfall im Alter von sechsundzwanzig Jahren umgekommen war, als er mit Alexandroff an der bretonischen Küste geschwommen und gegen die Felsen geschleudert worden war. In Amerika hatte ich mich erst kürzlich von Courant, einem müden und deprimierten alten Mann verabschiedet. Aus Zürich kam die Nachricht vom Tode Hopfs. Und Alexandroff war dabei, sich von einer beinahe tödlich verlaufenen Krankheit zu erholen, die es ihm unmöglich machte, bei Hopfs Begräbnis zugegen zu sein. Wir sprachen eine ganze Weile über jenen längst vergangenen Sommer von 1926, in dem er Hopf kennengelernt, und über all die anderen Sommer, die er in Göttingen verbracht hatte.

»Es war eine schöne Zeit in meinem Leben«, sagte er, als ich mich zum Gehen anschickte, »und ich kann sie noch immer nicht vergessen.«

Der Sommer von 1926 brachte auch Birkhoff nach Göttingen, um das zur Unterstützung durch das International Education Board vorgeschlagene Projekt zu besprechen. Der unglückliche, einsame Wiener hielt sich taktvoll im Hintergrund, während Courant und Franck zwei Tage lang mit Birkhoff und Trowbridge konferierten.

Der aufwendigste, und in jeder Beziehung zufriedenstellende Plan, der dabei zur Sprache kam, war die Errichtung eines neuen Gebäudes für die Mathematik und der Ausbau des bereits vorhandenen Physikinstitutes. Nicht ganz so befriedigend, aber immer noch gut war der Erwerb und Umbau der freigewordenen Realschule, einschließlich der notwendigen Einrichtungen für die Physik. Falls keiner dieser beiden Vorschläge Billigung finden sollte, so hoffte Courant zumindest, daß das International Education Board die Mittel für einige Verbesserungen der bestehenden mathematischen Einrichtungen bereitstellen würde.

Während Birkhoffs Besuch wurde kein endgültiger Beschluß gefaßt, man kam aber überein, detaillierte Pläne und Kostenberechnungen für alle drei Vorschläge zu erstellen. In dieser Sache wandte Courant sich an Neugebauer, der dank seiner künstlerischen Begabung, seiner technischen und zeichnerischen Fertigkeit und seiner Kenntnis der Bedürfnisse der Mathematiker für diese Aufgabe wie geschaffen war. Courant und Neugebauer trennte ein Altersunterschied von elf Jahren, charakterlich waren sie vollkommen verschieden. »Courants Motto war *vielleicht*«, sagte Hans Lewy einmal zu mir, »Neugebauers dagegen *ja-ja, nein-nein.*« Doch die beiden entwickelten sich schnell zu einem administrativen Team, in dem Neugebauer effiziente Tüchtigkeit Courants zielbewußte Desorganisation ausglich. Dank dieser Zusammenarbeit lagen bis Ende Oktober 1926 alle notwendigen Pläne und Kostenberechnungen beim International Education Board vor.

Zu Weihnachten kam Trowbridges Antwort.

»Ich darf Ihnen inoffiziell mitteilen«, schrieb er an Courant, »daß das Board beschlossen hat, zuhanden der Exekutive eine Summe von höchstens 350 000 Dollar bereitzustellen, die für die Errichtung und Ausrüstung eines Gebäudes für das mathematische Institut, sowie für die Errichtung und Ausrüstung eines Gebäudeanbaus für das Physikinstitut der Universität Göttingen bestimmt sein sollte, unter der Bedingung, daß die preussische Regierung einen jährlichen Beitrag von nicht weniger als 25 000 Dollar zur Dekkung der zusätzlichen Unterhaltskosten des Instituts für Mathematik und Physik zur Verfügung stellen wird.«

Trowbridges Brief war vom 21. Dezember 1926 datiert, eineinhalb Jahre nach dem Tod von Felix Klein.

»Klein hat also nicht mehr davon erfahren?« fragte ich Courant in seinem Büro im dreizehnten Stockwerk des Courant Institute of Mathematical Sciences in New York City. Er blickte aus dem großen Eckfenster auf die hölzernen Wassertürme über den Dächern des Greenwich Village. »Nein«, sagte er, »Klein hat es nie erfahren.«

1926 – 1928

Rückblickend sind die Entstehungsjahre des Göttinger mathematischen Institutes von einem besonderen Glanz umgeben.

Nach den harten Nachkriegsjahren erlebte das Land einen beachtlichen Aufschwung, und der alte General, der Sieger von Tannenberg, verlieh der bedrängten jungen Republik Ansehen und Geltung. Die außenpolitischen Beziehungen verbesserten sich und 1926 trat Deutschland dem Völkerbund bei.

Göttingen war wieder ein Paradies der Wissenschaft. Begabte Studenten drängten an die Universität und aus aller Welt ergoß sich ein Strom berühmter Besucher, manche nur um einen Vortrag oder eine Vortragsreihe vor der *mathematischen Gesellschaft* zu halten, andere blieben ein ganzes Semester lang als Gastprofessoren. Für Courant war es wieder wie in seiner Studentenzeit – die Luft knisterte förmlich vor wissenschaftlicher Spannung.

Courant selbst, nun Ende dreißig, durfte mit Befriedigung auf das, was er erreicht hatte, blicken. Als deutscher Professor besaß er im damaligen Deutschland und vor allem in einer kleinen Universitätsstadt wie Göttingen eine Stellung, die Wohlstand, Sicherheit und Ansehen in einem ungewöhnlichen Maße mit sich brachte. Auch in seinem persönlichen Leben verlief alles zu seiner Zufriedenheit. Zwei Dienstboten kümmerten sich um Haushalt und Kinder, so daß sich Nina, von allen häuslichen Pflichten befreit, ganz auf ihr Gambenspiel konzentrieren konnte. Außerdem dirigierte sie einen kleinen Chor, der sich auf Choralmusik spezialisiert hatte. Jeden Winter fuhr Courant mit seiner Familie und seinen Assistenten zum Skifahren nach Arosa in der Schweiz.

Courants Beziehungen zum Ministerium waren ebenso eng und gut wie es diejenigen Kleins gewesen waren. Bei Berufungen wurde seine Meinung eingeholt. Sein Einfluß beim International Education Board war beträchtlich. Unter seinen Papieren finden sich viele Briefkopien, die so beginnen, »Ich wende mich im Namen von Kurt Hahn, einem Freund unseres Göttinger Kreises, an Sie«, oder »im Namen meines alten Lehrers, Professor Adolf Kneser«, »für meinen Kollegen Franck«. Trowbridge stützte sich bei der Bewertung der Empfehlungen für Rockefeller-Stipendien, die andere Professoren geschrieben hatten, auf ihn, »da Sie selbst so gut vertraut sind mit dem Typ des Wissenschaftlers, den wir mit diesen Stipendien unterstützen wollen.«

Im wissenschaftlichen Verlagsgeschäft waren Courant und Springer ein einflußreiches Team geworden. Die *mathematische Zeitschrift* wurde durch eine entsprechende physikalische Publikation ergänzt. Die alten, etablierten Zeitschriften und die mathematische Enzyklopädie, »Fortschritte der Mathematik«, hinkten um Jahre hinter dem aktuellen Stand der wissenschaftlichen Arbeit her. Das wurde nun anders; wichtige mathematische und physikalische Arbeiten erschienen nun, sobald sie abgeschlossen waren, im Druck; Gebiete von aktuellem Interesse wurden von kompetenten Fachleuten aufmerksam verfolgt. Die gelbe Reihe, in der besonderes Gewicht auf den Brückenschlag zwischen der Mathematik und der Physik gelegt wurde, wuchs stetig.

Obwohl Carl Still »kein Krupp« war, wie Courant zu sagen pflegte, so stand er doch mit großzügiger, finanzieller Hilfe bereit, wo es notwendig war. In seine Freundschaft mit Courant waren auch Courants Freunde und Kollegen miteinbezogen. Auf dem Landgut der Stills gingen sie auf Hasenjagd, besprachen ihre wissenschaftlichen Probleme und beschäftigten sich mit allerlei wissenschaftlichen Spielereien. Franck und Pohl richteten ein Laboratorium ein, Runge installierte ein Teleskop auf einem Beobachtungsturm, Prandtl studierte die Bewässerungsprobleme des Gutes.

1925 begann Courant zusammen mit seinem Assistenten Friedrichs mit der Arbeit am zweiten Band des Courant-Hilbert. Überdies entschloß er sich, seine Vorlesungen über Differential- und Integralrechnung zu publizieren.

Es existierten zwar bereits einige Bücher auf diesem Gebiet, doch für einen Anfänger schien es ihm sehr schwierig, darunter eines zu finden, das ihm »den direkten Zugang zum lebendigen Wesen dieses Gebietes« eröffnen würde, und ihm »in Bezug auf die Anwendungen eine gewisse Bewegungsfreiheit« erlauben würde. In seinem Buch wollte er, wie schon in seiner Vorlesung, den engen Zusammenhang zwischen der Analysis und den Anwendungen aufzeigen und die Intuition als die ursprüngliche Quelle der mathematischen Wahrheit besonders betonen. Am wichtigsten war ihm dabei, einen möglichst direkten Weg zu interessanten und ergiebigen Themenkreisen einzuschlagen.

Courants Buch über Differential- und Integralrechnung war das erste seiner Werke, das nur unter seinem Namen erschien; es hätte aber ohne weiteres als Courant-Klein veröffentlicht werden können, denn wie Courant in seinem Vorwort schrieb, »Ich kann diesen Anlaß nicht vorübergehen lassen, ohne in Dankbarkeit den Namen meines großen Vorgängers im Lehramte, Felix Klein, zu nennen; was ich hier versuche, liegt ganz in der Richtung seiner Bestrebungen.«

Obwohl nur ein Autor genannt wird, war das in zwei Bänden 1927 und 1929 veröffentlichte Werk eine Gemeinschaftsarbeit.

Es existierten bereits Aufzeichnungen, die frühere Assistenten von Courants Vorlesungen hergestellt hatten. Diese wurden an Springer geschickt und gesetzt. Sobald die Fahnenabzüge zurückkamen, wurden in den Praktikumsräumen richtige »Korrekturfeste« abgehalten, an denen sich sämtliche Assistenten beteiligten, die alle »gleichzeitig ihre oft völlig verschiedenen Ansichten über Stil, Formulierungen, Zahlen und viele andere Details« vorbrachten.

Die korrigierten Fahnenabzüge wurden dann an Courant weitergegeben und gingen anschließend zurück an Springer, wo die Korrekturen vorgenommen, und neue Fahnen nach Göttingen geschickt wurden.

Beim Gedanken daran schüttelte Friedrichs den Kopf, »Und die waren wieder voller Fehler, denn wie immer hatte sich Courant nicht um die technischen Einzelheiten gekümmert. Wir Assistenten korrigierten also auch diese Fehler und dann kamen erste und sogar zweite Korrekturabzüge. Was schließlich dabei herauskam war in dem ursprünglich vorhandenen Material nicht mehr zu erkennen.«

Das Rätselhafte an der Sache war, daß das Endprodukt dieses Prozesses unverkennbarer, reinster Courant war.

»Leute, die an dem Projekt nicht beteiligt waren, behaupten manchmal, daß sich Courant seine Bücher von seinen Assistenten schreiben ließ«, sagte Friedrichs. »Doch das stimmte nicht. In einem gewissen Sinne wäre das Courant sehr recht gewesen, aber seine Assistenten hätten das nicht gekonnt. Im wesentlichen waren es immer Courants Bücher.«

Die Assistenten, die das Praktikum überwachten, betätigten sich nicht nur als Korrektoren und Editoren, sondern auch als Talentsucher. 1925, zu Beginn des neuen Semesters, fiel ihnen ein jugoslawischer Student auf, dessen Antworten so unweigerlich richtig waren, daß sie die Probleme selber gar nicht mehr zu lösen brauchten. Sofort machten sie Courant auf Willy Feller aufmerksam. So kam es, daß nach der dritten Vorlesung zu Fellers Erstaunen der Professor – für einen damaligen Studenten eine unglaublich erhabene Persönlichkeit – auf ihn zutrat und ihn über die Ausbildung, die er in seiner Heimat erhalten hatte, befragte. Dabei entdeckte Courant, daß Feller bereits selbständige Mathematik betrieb, und er befahl dem jungen Mann, seine Notizen in die nächste Vorlesung mitzubringen. Ungeachtet dieser Aufforderung war Feller aber viel zu schüchtern, das zu tun. Am nächsten Morgen weckte ihn ein Geräusch auf der Treppe zu seiner Mansarde, es klopfte, und Courant trat ins Zimmer, das er ein paar Minuten später mit den gewünschten Notizen wieder verließ.

Nachdem Feller so im Praktikum »entdeckt« worden war, war er von dem Kreis, der neuen »in«-Gruppe, der sich um Courant scharte, akzeptiert. Wie schon in früheren Jahren gab es auch jetzt keine klar definierten Aufnahmekriterien. Ein Jahr nach Feller tauchte Franz Rellich im Anfänger-Praktikum auf. Er war Österreicher, erst zwanzig Jahre alt, aber von einem solchen Charme, einer solchen Offenheit und Unabhängigkeit des Urteils, daß er – noch bevor er sich mathematisch bewährt hatte – zur Gruppe gehörte.

Ungefähr zur gleichen Zeit kam auch ein junger Mann nach Göttingen, der zwar nie zum Kreis um Courant gehörte, bei dessen Kommen Courant aber eine Rolle gespielt hatte.

Anfang 1926 ersuchte Hilbert das International Education Board um ein Stipendium für den zweiundzwanzigjährigen Ungarn Janos (John) von Neumann, mit dem er in Göttingen zusammenarbeiten wollte. Zu der Zeit hatte von Neumann sein Doktorexamen noch nicht gemacht. Trowbridge antwortete, daß – obwohl der Doktortitel kein *sine qua non* für ein Stipendium war, er diesen Fall doch eher so beurteile, »daß – in Verbindung mit dem jugendlichen Alter des Kanditaten – er vermutlich nicht jenem Typ entspricht, den wir mit diesen Stipendien fördern wollen – das heißt der Typ des in seiner Karriere bereits fortgeschrittenen Wissenschaftlers, der genügend publiziert hat, um ein Urteil über seine technischen Fähigkeiten zu erlauben«.

Während der kranke Hilbert in der Schweiz war, machte Courant von Neumanns Sache zu seiner eigenen.

»Es scheint mir, als ob Hilbert sich in seinem ersten Brief etwas unklar ausgedrückt haben muß,« schrieb er an Trowbridge, ». . . trotz seiner Jugend hat [Herr von Neumann] schon wesentliche produktive Arbeit getan und man blickt an vielen Stellen mit großen Erwartungen auf seine weitere wissenschaftliche Entwicklung.

Die Arbeit, zu deren Unterstützung Hilbert von Neumann brauchte, war, nach Courants Meinung, von allergrößter Bedeutung. – »Es handelt sich um Untersuchungen zu den Grundlagen der Mathematik und zwar die Ausgestaltung von ganz epochemachenden Gedankengängen, die von Hilbert ausgehen, und in welche Herr von Neumann schon selbständig eingegriffen hat.«

Daneben war aber auch noch eine andere Überlegung im Spiel. Seit Trowbridge ihn zum letzten Mal gesehen hatte, war Hilbert zusehends schwächer geworden. Obwohl man hoffte, den schlimmsten Formen seiner Krankheit, der perniziösen Anämie, mit einer neuen, in Amerika entwickelten Behandlungsmethode beikommen zu können, durfte doch keine Zeit verloren werden, die Ausführung seines wissenschaftlichen Programms voranzutreiben:

»Ich glaube, daß man damit der Wissenschaft wirklich einen ganz entschiedenen Dienst tun wird.«

Unter dem Druck von Courants Plädoyer prüfte Trowbridge Hilberts Gesuch noch einmal und im Herbst 1962 traf von Neumann als Stipendiat der Rockefeller-Stiftung in Göttingen ein, wo die jungen Mathematiker seine geniale Begabung rasch erkannten. Zum Teil mißtrauten sie allerdings einer gewissen »Glattheit«, die von ihm ausging, auch war seine Mathematik für ihren Geschmack »zu abstrakt«.

»Da täuschten wir uns«, gestand Friedrichs, dessen spätere Arbeiten teilweise stark unter dem Einfluß von Neumanns standen.

Wie Friedrichs mir erzählte, standen Lewy und auch er der Entwicklung, die sich damals in der Physik abspielte, skeptisch gegenüber.

1925 hatte Werner Heisenberg, einer der Assistenten Borns, der bei Sommerfeld in München studiert hatte, die Quantenmechanik begründet. Born und Pascual Jordan (der von Courant zu Born übergewechselt war), hatten dazu eine verblüffende mathematische Formulierung geliefert, welche die Entdeckung vervollständigte, und hatten diese Arbeit zusammen mit Heisenberg veröffentlicht.

Lewy gestand, daß er sich »von dem, was die Physiker damals machten, sehr abgestoßen« fühlte. »Für mein mathematisches Gefühl waren sie zu schlampig und ihre Redeweise war so aalglatt, daß bei mir der – wie sich später natürlich zeigte, falsche – Eindruck entstand, daß sie einfach groß daherredeten. Wenn man sie in eine Ecke drängte, sie um präzise Erklärungen bat, wichen sie oft aus oder man merkte, daß sie das, was sie sagten, selbst nicht so ganz verstanden. Sie verfügten offensichtlich über eine physikalische Intuition, die mir versagt war; doch ihre Mathematik war nicht einwandfrei. Die Art von Persönlichkeit, die die Physik damals brauchte, war nicht nach meinem Geschmack. Doch die Entwicklung der Ereignisse lehrt einen Bescheidenheit und zeigt, daß die verschiedenen Entwicklungsstadien der Wissenschaft auch verschiedene Persönlichkeitstypen erfordern. Man kann also nicht zum vornherein festlegen, wie ein Wissenschaftler zu sein hat.«

Ich fragte Courant, ob auch er solche Skrupel gehabt habe und er verneinte. Schon nach wenigen Wochen hatte die Arbeit Heisenbergs auch die öffentliche Billigung Niels Bohrs erhalten.

Die Physik, die zu jener Zeit in Göttingen und auch anderswo betrieben wurde, brachte Courant einen unerwarteten, wissenschaftlichen Triumph.

Nach Heisenbergs Quantenmechanik von 1925 folgte 1926 Erwin Schrödinger mit seiner offensichtlich anders gearteten Wellenmechanik. Die Physiker mühten sich um die mathematische Bewältigung seltsamer und unvertrauter Ideen.

In der Schrödingerschen Theorie, deren mathematische Äquivalenz mit der Theorie Heisenbergs schon bald von Schrödinger selber gezeigt wurde, wird der stationäre Zustand eines physikalischen Objekts, wie zum Beispiel eines Wasserstoffatoms, durch die Lösung einer gewissen partiellen Differentialgleichung beschrieben, welche nur dann Lösungen besitzt, wenn der Wert eines bestimmten, die Energie des Objektes darstellenden Parameters, in einer bestimmten Zahlenfolge liegt. Als sich herausstellte, daß diese Zahlen die Eigenwerte der Gleichung sind, und daß der stationäre Zustand von der zugehörigen Eigenfunktion beschrieben wird, wollten die Physiker von den Mathematikern wissen, wo mehr über Eigenwerte und Eigenfunktionen zu erfahren war. Zu ihrer Überraschung zeigte sich, daß genau das, was sie brauchten, für sie in einem Buch bereit lag, das sie einige Jahre zuvor als ganz schön, aber etwas altmodisch und für die moderne Quantenphysik offensichtlich irrelevant, abgetan hatten – in dem Buch von Courant-Hilbert.

Die besondere Bedeutung, die der Courant-Hilbert für die Physiker hatte, lag jedoch nicht in erster Linie in dem darin enthaltenen, neuen Material, wie Courants Theorie der Eigenwerte und Eigenfunktionen, sondern vor allem in der detaillierten Exposition der klassischen Theorie, mit der Courant die Darlegung seiner eigenen Arbeiten fundiert hatte.

Über den Courant-Hilbert ist in der Wissenschaftsgeschichte viel geschrieben worden.

In seinem Buch über die Geschichte des Quants schrieb Banesch Hoffman: »Das Werk enthält in kompakter, zweckdienlicher Form praktisch jede mathematische Methode, jeden Trick, jede Technik, jedes besondere Detail, die für die Entwicklung der Schrödingerschen Theorie notwendig sind, ganz zu schweigen von dem Vielen, das auf die Heisenberg-Theorie anwendbar ist.«

»Rückblickend ist es fast unheimlich, in was für einem Maß sich die Mathematik ... darauf vorbereitet hatte, der Quantenmechanik zu Diensten zu sein«, bemerkte Max Jammer. »Ende 1924 erschienen, enthielt *{Methoden der Mathematischen Physik}* genau jene Aspekte der Algebra und der Analysis, auf welche sich die spätere Entwicklung der Quantenmechanik stützte: seine Verdienste für die nun einsetzende, rapide Entwicklung unserer Theorie kann kaum noch hoch genug veranschlagt werden.«

Es war, wie E. T. Bell bemerkte, eine der dramatischsten Antizipationen in der Geschichte der Mathematik.

Zur gleichen Zeit, als die Physiker den Nutzen der mathematischen Methoden im Courant-Hilbert entdeckten, beschäftigte sich Courant mit einer Arbeit, die sich später ebenfalls als eine dramatische Antizipation erweisen sollte.

Courant war seit seiner Studentenzeit, als der vielbewunderte Walter Ritz Hilberts Betrachtungsweise des Dirichletschen Prinzips zur Entwicklung einer wirksamen, numerischen Methode zur Lösung von Randwertproblemen partieller Differentialgleichungen verwendet hatte, von der Tatsache fasziniert gewesen, daß dieselben Methoden, die – wie im Falle des Dirichletschen Prinzips – zu Existenzbeweisen führen, auch bei der alltäglichsten mathematischen Arbeit, der numerischen Berechnung, von Nutzen sein können. War es am Ende möglich, fragte er sich, auch in der umgekehrten Richtung zu verfahren? Ließ sich eine für die numerische Berechnung verwendete Approximationsmethode auch für Existenzbeweise verwenden?

Die besondere Methode, der sich Courant nun zuwandte, war lange Zeit von den Ingenieuren gebraucht worden, um *approximative* Lösungen von Problemen zu erhalten, deren *exakte* Lösungen nur durch das Lösen der entsprechenden partiellen Differentialgleichung bestimmt sind. Bei diesem Differenzenverfahren wird die Zahlenebene als Gitter mit vorgegebener Dichte angesehen. Die Werte der Funktion werden nur in den Gitterpunkten und nicht in jedem Punkt der Ebene gesucht. Dann kann man statt der schwieriger zu handhabenden partiellen Differentialgleichung eine geeignete Differenzengleichung betrachten.

Courants Idee war es, die rein mathematische Bedeutung dieser von den Ingenieuren verwendeten Methode zu untersuchen – sie mathematisch ernst zu nehmen. Als ersten Schritt schlug er vor festzustellen, ob Differenzengleichungen in einem mathematischen Sinne sinnvoll sind; das heißt, ob sie überhaupt Lösungen haben. Als nächstes sollte bestimmt werden, ob – wenn das Netz ausreichend feinmaschig angenommen wird, die Lösungen der Differenzengleichungen wirklich die Lösungen der korrespondierenden partiellen Differentialgleichungen approximieren.

In seiner ersten, diesen Problemen gewidmeten Arbeit, die 1925 entstand, führte Courant das Differenzenverfahren für das gleiche partielle Differential-Gleichungsproblem durch, auf das das Dirichletsche Prinzip angewendet worden war. Eines seiner wichtigsten Hilfsmittel war dabei das Lemma, das er in seiner früheren Arbeit über das Dirichletsche Prinzip verwendet hatte.

Die partiellen Differentialgleichungen, mit denen sich Courant befaßte, waren von elliptischer Art. Solche Gleichungen beschreiben Gleichgewichtszustände; um sie zu lösen, müssen Randbedingungen auf der Oberfläche eines Körpers vorgeschrieben werden. Gleichungen, die die Bewegungen beschreiben, sind hyperbolisch; die Wärmegleichung ist parabolisch. Aus Courants Arbeit ergab sich natürlich die Frage, ob das Differenzenverfahren auch auf hyperbolische und parabolische Gleichungen anwendbar sei. Für die Lösung dieser Gleichungen werden Anfangsbedingungen zu einer bestimmten Anfangszeit vorgeschrieben.

»Es ist eine bemerkenswerte Tatsache«, erklärte mir Friedrichs, »daß elliptische Gleichungen aus rein mathematischen Gründen keine zulässigen Lösungen hätten, wenn man für sie Anfangsbedingungen vorschriebe, während hyperbolische und parabolische Gleichungen unter Randbedingungen keine Lösungen hätten. Diese Tatsache – auf die der französische Mathematiker Jacques Hadamard 1921 in der Einleitung zu seinem umfangreichen Buch hingewiesen hatte – betonte Courant uns gegenüber immer wieder. Das mag im ersten Moment trivial erscheinen; es ist nämlich keineswegs offensichtlich, daß es sich dabei um eine sehr tiefe Einsicht handelt, doch das ist sie, sehr tief sogar. Es ist, glaube ich, ganz entschieden eines von Courants Verdiensten, diese Idee von Hadamard sozusagen publik gemacht zu haben. Sie hatte eine gewaltige Wirkung auf die mathematische Analysis, hätte aber meiner Meinung nach leicht untergehen können, wenn Courant nicht gewesen wäre.«

Seinem bewunderten Vorbild Hilbert getreu, machte Courant zunächst seine Studenten mit seiner neuen Arbeit bekannt. 1926 veranstaltete er ein Seminar über Differenzengleichungen und schlug Friedrichs und Lewy vor, sich den hyperbolischen Fall vorzunehmen. Auch Wiener, dessen unglückliche Göttinger Erfahrungen in diesen Sommer fielen, nahm an dem Seminar teil, gab aber, soweit sich Friedrichs erinnern kann, keinen Vortrag, obwohl ihn die Arbeit, über die in mehreren Seminarsitzungen berichtet wurde, sehr interessierte.

Im Herbst dieses Jahres erzielte Courant noch ein paar Resultate über die elliptischen Gleichungen für das Gleichgewichtsproblem, während Friedrichs und Lewy einige Resultate über die hyperbolischen Gleichungen für die Wellenfortpflanzung vorzuweisen hatten. Courant schlug vor, alle diese Resultate in einer gemeinsamen Arbeit zu veröffentlichen.

Wie sich später zeigen sollte, spielte diese 1928 in den *Mathematischen Annalen* erschienene Arbeit von Courant-Friedrichs-Lewy in der numerischen Analysis eine beträchtliche Rolle. Vor allem gewisse starke Einschränkungen, deren Notwendigkeit Lewy als erster erkannt hatte, waren bei der Entwicklung von Rechen-Methoden im Zweiten Weltkrieg von fundamentaler, praktischer Bedeutung.

Während sie mit der Differenzenmethode beschäftigt waren, hatten Friedrichs und Lewy in einer zweiten gemeinsamen Arbeit versucht, die damit verwandten, hyperbolischen partiellen Differentialgleichungen direkt anzugehen. Sie hatten erkannt, daß sich die Eindeutigkeit der Lösungen solcher Gleichungen durch eine gewisse »Energieungleichung« feststellen ließ; doch sie scheiterten an dem Problem, die Existenz der Lösungen zu beweisen. Dann, eines Tages, als sie auf einem Spaziergang durch Göttingen über ihre Arbeit sprachen, blieb Lewy plötzlich stehen – Friedrichs erinnerte sich noch genau an die Stelle – und rief, »ich hab's, ich hab's! Wir können die Energieungleichung auch für die Existenz verwenden!«

»Ich war wie vor den Kopf geschlagen«, erzählte Friedrichs, »es war eine unheimliche Einsicht. Ein beträchtlicher Teil der Existenztheorie partieller Differentialgleichungen hat sich seither aus dieser Idee entwickelt. Es ist bezeichnend für Courants Einfluß als Lehrer, daß es sein Interesse für dieses Gebiet war, das Lewy veranlaßt hat, sich überhaupt damit zu beschäftigen.«

Ich fragte Courant einmal, welcher seiner Studenten ihn letzlich am meisten *überrascht* habe, das heißt, welcher schließlich ein größerer Mathematiker wurde, als er erwartet habe. Er mißverstand meine Frage zuerst und glaubte, ich hätte ihn gefragt, welcher seiner Studenten ihn am meisten überraschen konnte; seine Antwort darauf war »Lewy – er ist ein ungemein origineller Mathematiker«. Als ich meine Frage wiederholt – und er sie verstanden hatte, entgegnete er ohne zu zögern: »Friedrichs«.

»Die meisten Lehrer hätten aber Friedrichs Begabung kaum so früh erkannt wie Courant«, bemerkte Lewy hierzu.

Ich erinnerte ihn daran, wie beeindruckt er selber, als er nach Göttingen kam, von Friedrichs gewesen war.

»Ja, aber ich war ein Mitstudent. Courant mußte meiner Meinung nach eine scharfe Beobachtungsgabe und ein wirklich leidenschaftliches Interesse am Menschen haben, um zu spüren, was für eine Begabung er da vor sich hatte. Friedrichs war sehr scheu, und Courant setzte ihn Situationen aus, die sehr schwierig für ihn waren. Er schickte ihn nach Aachen, um mit von Kármán am Institut für Aerodynamik zu arbeiten. Ich begleitete Friedrichs damals zum Bahnhof. Er war ein sehr unglücklicher, junger Mann. Wenn Courant nicht gewesen wäre, hätte er sich möglicherweise ganz in sich selbst zurückgezogen und wäre einfach Gymnasiallehrer geworden.«

Die Korrekturabzüge ihrer letzten, gemeinsam mit Courant geschriebenen Arbeit zeigten Friedrichs und Lewy auch van der Waerden, der zu der Zeit ein aktives Mitglied des Göttinger Kreises war. Als ich im Sommer 1971 in Zürich mit ihm sprach, erzählte er noch ein halbes Jahrhundert später voller Begeisterung über den lebhaften Eindruck, den die Arbeit über die *Existenz* und *Eindeutigkeit* der Lösungen partieller Differentialgleichungen in elliptischen, hyperbolischen und parabolischen Fällen damals auf ihn gemacht hatte. Bevor er damals nach Göttingen gekommen war, hatte er einem Ingenieur Privatstunden gegeben, der etwas über partielle Differentialgleichungen erfahren wollte. Sein Ziel war, eine Gleichung, die sich auf die Wärmeleitung in einem Zylinder bezog, lösen zu können.

»Ich hatte seinetwegen ein schlechtes Gewissen, weil ich sein Geld genommen hatte, ohne daß er bei mir etwas Nützliches gelernt hatte. Deshalb war ich, als ich nach Göttingen kam, auf diesem Gebiet viel unvoreingenommener. Es hat mir mein ganzes Leben lang zum Vorteil gereicht«, fügte er hinzu, »daß ich in jenem Moment jene Arbeit gelesen habe.«

Als die Arbeit von Courant-Friedrichs-Lewy erschien, erregten die Resultate über die Differenzengleichungen bei den Ingenieuren nicht mehr Aufmerksamkeit als seinerzeit die mathematischen Methoden von Courant-Hilbert bei den Physikern.

Courant verstand sich keineswegs als angewandten Mathematiker, aber er war immer der Überzeugung, daß die Anwendungen Teil der Mathematik sind und nicht von ihr abgetrennt werden können. Als Runge 1927 starb, gab Courant dieser Überzeugung in einem Artikel über seinen Schwiegervater Ausdruck, der eine unerwartete Reaktion auslöste.

In seinem Essay wies er darauf hin, daß Klein, als er Runge 1904 in Göttingen als den ersten Professor für angewandte Mathematik an einer deutschen Universität einsetzte, den entscheidenden Schritt tat, ». . . um der Tendenz zu den Anwendungen wieder die gebührende Stellung in unserer Wissenschaft zurückzugewinnen«. Daß Klein, »dessen Bestreben immer auf die Erhaltung der Wissenschaft als einer Einheit gerichtet war«, sich zu einem so entscheidenden Schritt veranlaßt sah, hing mit dem damaligen Zustand der Mathematik zusammen. Doch Courant war der Ansicht, daß eine solche Trennung zwischen Mathematik und angewandter Mathematik inzwischen unnötig geworden war. Es war Runges große Leistung, daß es ihm gelungen war, die Verbindung zu den Anwendungen wieder aufzunehmen und »die Einheit der mathematischen Wissenschaft *einschließlich* der Anwendungen« wiederherzustellen. Runge war es zu danken, daß keine Notwendigkeit mehr bestand, jemanden als »Professor für angewandte Mathematik« zu bezeichnen.

Eine solche Häresie brachte ihm prompt einen scharfen Verweis von Richard von Mises, Professor für angewandte Mathematik in Berlin, ein.

Es ist »eine ungeheure Verkennung des gegenwärtigen Tatbestandes, wenn man meint, auf eine Pflege der angewandten Mathematik in besonderen Instituten und durch besondere, eigens hierfür bestellte Kräfte, verzichten zu können«.

Doch Courant hielt unbeirrt an seiner Position fest.

»Ich würde hierin sogar noch einen Schritt weiter gehen als Herr von Mises, indem ich es als ein erstrebenswertes Ziel bezeichne, daß *kein* akademischer Lehrer unseres Faches den Anwendungen fremd oder kühl gegenübersteht. . . . Worin ich aber durchaus in Widerspruch zu Herrn von Mises stehe, ist der Gedanke, daß die Stärkung der Anwendungen durch eine Abtrennung von der eigentlichen theoretischen Wissenschaft möglich ist.«

Im gleichen Jahr (1927) bat Trowbridge Courant ein »*Who's who*« der amerikanischen Mathematik für seinen eigenen, wie auch für den Gebrauch des International Education Board zusammenzustellen.

Courant fühlte sich dieser Aufgabe zwar nicht ganz gewachsen, entsprach aber der Bitte, indem er Namen, die ihm in der amerikanischen Mathematik vertraut waren, aufzählte, und auch einige allgemeine Bemerkungen über die zeitgenössische, amerikanische Mathematik hinzufügte.

Dort waren in den letzten zehn oder zwanzig Jahren gewaltige Fortschritte zu verzeichnen. Es hatte sich eine eigene, nationale, wissenschaftliche Kultur entwickelt und niemand konnte voraussagen, was weiter daraus werden würde. Als das hervorstechende Merkmal der amerikanischen Mathematik sah er eine Tendenz zum Abstrakten, zu den sogenannt reinen Aspekten der Mathematik. Die größten Erfolge waren in der Topologie erzielt worden, und Princeton und Harvard boten auf diesem Gebiet zweifellos die besten Studienmöglichkeiten der Welt. Dagegen wurde die angewandte Mathematik in Amerika eher stiefmütterlich behandelt. So weit Courant das feststellen konnte, gab es keine wirklichen Kontakte zwischen Mathematikern und Physikern und noch weniger zwischen der Mathematik und den technischen Disziplinen.

»Doch«, sagte er zu Trowbridge, »auch diese Situation könnte sich rasch ändern.«

In Courants Erinnerungen lebte das Göttingen der Nachkriegsjahre immer als ein Paradies, in dem der Unterschied zwischen »angewandter« und »reiner« Mathematik nicht existierte, ein Ort, an dem »die Mathematiker, abstrakte Mathematiker, und *mehr konkrete* Mathematiker und Physiker einen intensiven und sehr häufigen Ideenaustausch pflegten – und einander auch verstehen konnten«. In späteren Jahren, als sein Göttinger Leben Vergangenheit war, sah er es immer als seine besondere Aufgabe, »diese ungezwungene Kommunikation« zwischen der Mathematik und ihren Anwendungen wieder herzustellen und »die Mathematik wieder in den breiten Fluß der Wissenschaften zurückzuleiten«.

1928–1931

Selbst während der Blütezeit Göttingens in den zwanziger Jahren bestand der naturwissenschaftlichen Fakultät der Universität gegenüber sowohl in Deutschland wie im Ausland ein gewisses Maß an Feindseligkeit.

Was man den Göttingern besonders übel nahm, war ihre Tendenz, sich selbst für den Nabel der Welt zu halten, und das, was außerhalb ihres Kreises geleistet wurde, kaum zu beachten. Als die Arbeit von Courant-Friedrichs-Lewy 1928 in den *Mathematischen Annalen* erschien, wies Norbert Wiener darauf hin, daß Courant in seinem Teil unter anderem die Wahrscheinlichkeitsinterpretation der Differenzengleichung eingeführt hatte, ohne eine ähnliche Interpretation, die schon früher in einer Veröffentlichung von Wiener und Phillips erschienen war, zu erwähnen.

Friedrichs schüttelte bedauernd den Kopf, als er sagte: »Das passierte ihm immer wieder. Norbert Wiener war sehr gekränkt. Ich habe den Grund nie so ganz verstanden. Courant kannte Wieners Arbeit nicht. Ich glaube nicht, daß Wiener sie in Göttingen erwähnt hatte, obwohl das natürlich möglich ist. Vielleicht sprach er mit Courant darüber, und Courant vergaß das prompt und hielt es für seine eigene Idee. Das kommt immer wieder vor, wenn man auf dem gleichen Gebiet zusammenarbeitet. In der Mathematik geschieht dies selten, auf anderen Gebieten dagegen, wie zum Beispiel der Physik, passiert es die ganze Zeit. Auf jeden Fall war Courant später immer sehr darauf bedacht, Wiener und verschiedene andere Autoren relevanter Arbeiten, die er zu jener Zeit noch nicht gekannt hatte, zu zitieren.«

Doch Wiener war unversöhnlich. Viele Jahre später zirkulierte er ein Romanmanuskript, in dem der Charakter eines Professors, der junge, begabte Leute schlecht behandelt, sich dafür aber ihre Ideen aneignet, ziemlich offensichtlich auf Courant beruhte.

»Es war eine allgemeine Schwäche der Göttinger, daß sie es mit dem Zitieren nicht allzu genau nahmen«, gestand Lewy. »Das traf auf fast alle – auch auf Hilbert – zu. Doch wenn man die Arbeiten der Großen der Mathematik betrachtet, so zeigt sich, daß so mancher in dieser Beziehung nachlässig war. Daß man da heutzutage sorgfältiger ist, hängt meiner Meinung nach mit der Tatsache zusammen, daß das berufliche Weiterkommen heute in viel deutlicherem Maße von dem Rufe abhängt, der einem vorausgeht. Es trifft sicher zu, daß die Göttinger das, was außerhalb ihres Kreises geschah, ohne großes Interesse verfolgten und es mit den Hinweisen auf die Resultate anderer nicht sehr genau nahmen. Aber all das muß, glaube ich, vor einem in dieser Beziehung noch viel entspannteren Hintergrund gesehen werden.«

Die Göttinger hatten eine stehende Wendung für diesen Prozeß der Aneignung fremder Ideen. Sie nannten das eine »Nostrification«. Dieser Prozeß konnte sich auf verschiedenen Ebenen abspielen, es gab eine »bewußte Nostrification«, – eine »unbewußte Nostrification«, – ja sogar eine »Selbst-Nostrification«; um letztere handelte es sich, wenn jemand eine großartige, neue Idee hatte, um dann später festzustellen, daß sie bereits in einer seiner früheren Arbeiten erschienen war.

Neben dieser allgemeinen Feindseligkeit gegenüber den Göttinger Mathematikern gab es damals in Deutschland auch eine Stimmung, die sich gegen Courant persönlich richtete und die er selber als »unfreundlich« zu bezeichnen pflegte. Diese Kritik wandte sich vor allem gegen die Eigenheiten, die seine Freunde als »Courants Art« akzeptieren und die sie »eher komisch als ärgerniserregend« fanden.

»Ja, ja«, sagte Neugebauer hierzu, »Courants Art, die Dinge zu arrangieren, in einer gewissen Richtung aktiv zu sein, irritierte viele. Ich weiß das nur zu gut. Und dann seine Manier, etwas zu sagen und es gleich wieder zurückzunehmen. Seine Art zu sondieren. Das verärgerte die Leute. Und seine Unentschlossenheit verursachte ihm bestimmt viele Schwierigkeiten. Er schwankte und zauderte und die Leute glaubten, daß da irgend etwas dahintersteckt. Und trotzdem war die Loyalität seiner eigenen Gruppe immer sehr groß; er verstand es besser als die meisten sie zusammenzuhalten, darüber kann es keinen Zweifel geben. Es ist auf jeden Fall eine eigenartige Situation.«

Ich bemerkte, daß man mir Courant als einen Menschen geschildert hatte, den man auch im Bewußtsein seiner Fehler schätzen kann.

Neugebauer nickte zustimmend:

»Man nimmt sie einfach mit in Kauf, so ist es.«

In diesem Zusammenhang wies mich Hans Lewy darauf hin, daß man Courants irritierend unbestimmte, manchmal kaum hörbare Sprechweise als ein Spiegelbild seiner Mathematik sehen könnte.

»In mancher Beziehung hat die Analysis mehr mit dem Leben gemein, als gewisse andere Gebiete der Mathematik, als zum Beispiel die Zahlentheorie«, erklärte Lewy. »Nichts im Leben hat Ähnlichkeit mit der Zahlentheorie. Sie ist zu klar umrissen, zu geradlinig, zu sehr nur schwarz und weiß. Damit

Abb. 17. Courant in seinem ersten Auto 1929

meine ich die klassische Zahlentheorie; denn auf die analytische Zahlentheorie trifft das nicht zu, sie hat die gleichen Nach- oder wenn Sie lieber wollen – Vorteile wie die Analysis.«

Für Lewy sind die Aussagen der Analysis – und vor allem jenes Teils der Analysis, der sich mit partiellen Differentialgleichungen befaßt »irgendwie zögernde Aussagen«.

»In der Mathematik gibt es einige Gebiete, auf denen die Aussagen ganz klar sind, die Hypothesen sind klar, ebenso die Schlüsse. Auch die allgemeine Richtung des Gegenstandes ist klar. Nicht so in der Analysis. Die Analysis so darzustellen hieße, meiner Ansicht nach, den Gegenstand vergewaltigen. Die Bedingungen sind vorläufig, oder sollten so gesehen werden, ebenso haben die Schlüsse einen irgendwie vorläufigen Charakter. Sobald man exakte Bedingungen vorschreibt, engt man den Gegenstand künstlich ein. Daher könnte Courants Art zu sprechen in einem gewissen Sinne Ursache – oder

Folge – welches ist schwer zu sagen, des mathematischen Gegenstandes sein, mit dem er sich befaßt hat«.

Dazu bemerkte Friedrichs:

»Courant mißtraute Aussagen, die die Wahrheit klar und bestimmt formulierten. Selbstverständlich wußte er, daß es Fälle gibt, in denen solche Aussagen möglich sind. Trotzdem zweifelte er daran. Bevor er bereit war, sich auf eine bestimmte Aussage festnageln zu lassen, mußte er einen großen Widerwillen überwinden. Denn für sein Empfinden war es das Wesentliche, oder wie immer man das nennen will, das mehr zählte. Was ihn also hinderte war sozusagen eine philosophische Einsicht.«

Neben Courants irritierender Unentschlossenheit erregten auch einige andere Eigenheiten Kritik. Mathematiker, die sich nicht zu seinen Freunden zählen, sprechen von seiner Neigung, »etwas zu gelten«, »zu organisieren«, »sich einzumischen«. Sogar die Tatsache, daß er sich um die Gelder des International Education Board bemüht hatte, wurde in manchen Kreisen als »unwürdige Bettelei im Ausland« verurteilt.

Kurz bevor das neue Institut bezugsbereit war, kam es 1928 zu einem Konflikt zwischen den Göttinger Mathematikern und einer Gruppe deutscher Mathematiker, in der die Berliner Professoren den Ton angaben.

Im Frühjahr dieses Jahres hatte L. E. J. Brouwer, der, obwohl Holländer, ausgesprochen deutsch-national dachte, einen offenen Brief an die Mitglieder der deutschen mathematischen Gesellschaft gerichtet, in dem es um den Internationalen Kongreß ging, der im Spätsommer in Bologna stattfinden sollte. Er zitierte einige heftige Ausfälle des französischen Mathematikers Painlevé, die er in den Kriegsjahren gemacht hatte und die »*bisher* nicht zurückgezogen« worden waren. Brouwer bezweifelte deshalb, daß es für deutsche Mathematiker möglich sein werde, an dem Kongreß teilzunehmen, »ohne Verhöhnung des Andenkens von Gauß und Riemann, des humanitären Charakters der mathematischen Wissenschaft und der Unabhängigkeit des menschlichen Geistes«.

In seiner Rolle als »Botschafter der internationalen Welt«, wie er das selber nannte, reiste Harald Bohr in Deutschland herum und besuchte eine Reihe von Universitäten. Die Atmosphäre dort war »ziemlich erregt«, wie er Hardy in seinem Englisch, »das Sie einmal die Freundlichkeit hatten, eine ›Sprache‹ zu nennen, auch wenn es nichts mit dem üblichen Englisch zu tun hat«, berichtete.

»Der Ausdruck »*die Deutschen*« in einem Satz wie »*ob die Deutschen nach Bologna gehen werden oder nicht*«, ist eher physikalisch als mathematisch ausgedrückt«, schrieb Bohr. »Er hat nichts mit der Realität zu tun, denn gerade in solchen Fragen ist zwischen verschiedenen Arten von Deutschen zu unterscheiden, und sogar unter den international denkenden Deutschen gibt es sehr unterschiedliche Auffassungen darüber, wie weit der internationale Charakter des Kongresses wirklich klar feststeht. Nehmen Sie zwei Persönlichkeiten wie Hilbert und Erhard Schmidt [einer der ersten Studenten Hilberts und Professor in Berlin], die entgegengesetzte Ansichten vertreten, obwohl sie mit uns in der Hauptsache übereinstimmen, nämlich daß Politik und Wissenschaft vollständig voneinander zu trennen sind. Für Hilbert ist der internationale Charakter des Kongresses mit genügender Klarheit erwiesen, und er beabsichtigt daran teilzunehmen, wenn ihn nicht gerade ein Erdbeben davon abhält. Schmidt dagegen sieht sich außerstande nach Bologna zu fahren, wenn nicht mehr Klarheit geschaffen wird.«

Ludwig Bieberbach, ein Professor in Berlin, hatte in einem persönlichen Brief, der später öffentlich zirkulierte, den Adressaten aufgefordert, nicht nach Bologna zu gehen und auch keinen Vertreter zu entsenden. Als Hilbert von diesen Ratschlägen hörte, antwortete er mit einem scharf formulierten, offenen Brief, in dem er zur Teilnahme an dem Kongreß aufrief. Richard von Mises, Professor für angewandte Mathematik in Berlin, drängte darauf, »daß möglichst kein Vertreter der angewandten Mathematik« nach Bologna gehe. Andere deutsche Mathematiker schlugen sich – oft aus persönlichen Gründen – zu dem einen oder anderen Lager. Hardy unterstützte die Italiener in ihren Beteuerungen, daß der Kongreß wirklich international sei und keineswegs als Fassade für die Organisation dienen sollte, die die Deutschen aus kleinlicher Vergeltungssucht von einem 1924 in Toronto abgehaltenen Kongreß ausgeschlossen hatte.

Wie die übrigen Göttinger Professoren ließ sich auch Courant von den Versicherungen der Italiener über den internationalen Charakter des Kongresses überzeugen. Seiner Ansicht nach war es unmöglich ihn zu boykottieren, »ohne unsere Versöhnungsbereitschaft und unseren Friedenswillen nach außen hin zu kompromittieren«. Er bedauerte jedoch den persönlichen Ton, der in der Debatte, vor allem in dem Briefwechsel zwischen Hilbert und Bieberbach, überhand genommen hatte. Er schrieb daher einen langen, freundschaftlichen Brief an Bieberbach, den er seit der gemeinsamen Göttinger Studentenzeit kannte, und versuchte, Hilberts Beweggründe zu erklären und darzulegen, daß sich der Brief nicht gegen Bieberbach persönlich gerichtet habe. Wie er schrieb, hatte Hilbert schon vor Brouwers Brief seine Anwesenheit in Bologna zugesagt und lehnte daher diese »Einmischung und Richterstellen von außen her auf das Leidenschaftlichste« ab.

Darauf antwortete Bieberbach spitz: »Warum ist übrigens Brouwers Interesse an der Sache ein Eingreifen von Außen, dagegen Bohrs und Hardys Eingreifen nicht?«

Schließlich reiste Hilbert an der Spitze einer Gruppe von sechsundsiebzig Deutschen nach Bologna. Doch der Streit um die Teilnahme am Internationalen Kongreß und eine darauf folgende, auf einen kleineren Kreis beschränkte Auseinandersetzung, in der Hilbert Brouwer aus seiner Stellung als einen der Herausgeber der *Annalen* verdrängte, hinterließen in Deutschland einen Rest von Bitterkeit gegen die Göttinger Mathematiker und ihre ausländischen Freunde.

Nicht lange nach dem Kongreß von Bologna war das Gebäude an der Bunsenstraße bezugsbereit. Der Gedanke an das »Institut« erfüllte Courant abwechselnd mit Stolz und Verlegenheit, Befriedigung und Unbehagen. Das Leben, das er als deutscher Professor führte, war sehr bequem und angenehm. Als Direktor einer bedeutenden, großzügig ausgestatteten, wissenschaftlichen Institution würde er dagegen, wie er selber sagte, »immer mit einem schweren Rucksack marschieren müssen«. Vierzig Jahre später erinnerte er sich noch lebhaft daran, wie er mit einem Freund während eines Spaziergangs auf der alten Stadtmauer seinen Entschluß erwogen hatte.

»Dabei sagte mein Freund etwas Eigenartiges. Er sagte, ›Falls sich in einigen Jahren zeigt, daß sich die Sache lohnt, dann solltest Du es tun. Das wäre klug. Falls es sich aber als Enttäuschung entpuppen sollte, wäre es eine *solche* Energieverschwendung!«

Da Courant kaum vier Jahre nach der Einweihung des Göttinger Institutes aus seiner Stellung als Direktor vertrieben worden war, setzte ich zu der Frage an – – –

»Aber die Mühe hat sich durchaus gelohnt«, beantwortete er meine unausgesprochene Frage voller Befriedigung. »Unser Institut in Göttingen – Sie haben es doch gesehen? – war in seinen Anfängen einzigartig. Dann, nach und nach, machte die Idee Schule, hier und in Deutschland. Nun stehen überall wunderbare, moderne Universitätsgebäude für die Mathematik zur Verfügung. Heutzutage ist das nichts Besonderes mehr. Aber unser Göttinger Institut, es hat den Anfang gemacht.«

Das neue Gebäude – ein dreistöckiger, T-förmiger Bau – bot alles, was die Mathematiker in bezug auf ihren Arbeitsplatz je gebraucht oder gewünscht hatten. Courant betonte immer, daß das Verdienst der Planung Neugebauer gebührte. Das Erdgeschoß beherbergte einen Fahrradraum, eine Buchbinderei und einen Erfrischungsraum. Eine Doppeltreppe führte vom Haupteingang zu einer geräumigen Vorhalle, in der heute eine Büste Hilberts steht, was ihr bei Studenten und Fakultät den Spitznamen »der Hilbert-Raum« eingetragen hat. Das Hauptgeschoß hat zwei große Hörsäle, das *Maximum* und das *Minimum,* sowie vier weitere Räume unterschiedlicher Größe, alle für theoretische und angewandte Vorlesungen ausgerüstet, einen Raum für technisches Zeichnen, einen Praktikumsraum, in dem auch die Zusammenkünfte der *mathematischen Gesellschaft* stattfanden, daneben kleinere Sitzungszimmer, Büros, Arbeits- und Besprechungszimmer. Im Obergeschoß lagen die geräumigen, gut geplanten Räumlichkeiten des Lesesaals, nach wie vor das Herz des mathematischen Lebens in Göttingen.

Zu den Besuchern des neuen Institutes gehörten auch Artin, inzwischen Professor in Hamburg, mit seiner jungen Frau Natascha. Ich bat Natascha Artin, die heutige Frau Brunswick, mir ein »Bild« von Courant, wie er damals aussah, zu geben. Doch obwohl sie sich lebhaft an Nina erinnerte – »sie war eine sehr eindrucksvolle Erscheinung« – gelang es ihr nicht, Courant zu beschreiben.

»Geblieben ist mir die Erinnerung, daß er – wo immer er war – von Menschen umgeben war. Manchmal konnte man ihn gar nicht mehr sehen, da war nur diese Menschentraube, die sich hierhin und dahin bewegte.«

Die offizielle Einweihungsfeier des Mathematischen Institutes der Universität Göttingen fand am 2. Dezember 1929 statt. Hauptredner waren die alten Rivalen Hermann Weyl und Theodor von Kármán. Courant, Born und Franck hatten schon lange versucht, die beiden nach Göttingen zurückzuholen. Bisher hatte sich Weyl immer für Zürich entschieden. Die Berufung von Kármán, 1925 vorgeschlagen, war nie weiter verfolgt worden. So gerne seine Freunde ihn in Göttingen gesehen hätten, so wußten sie doch, daß es in den Augen einiger Professoren bereits zuviele Juden in der Fakultät gab.

Als Courant vor seinen Kollegen und den vielen Besuchern im Auditorium des stattlichen, neuen Gebäudes stand, fühlte er sich fast an die Gewissensnöte eines warm gekleideten Menschen erinnert, der an einem kalten Wintertag durch ein Elendsviertel geht.

»Unwillkürlich stellt man sich dann die Frage, woher man das Recht zu einer bevorzugten sozialen Stellung nimmt.«

Darauf erklärte er seinen Zuhörern, daß das neue Institut seine Existenz der jahrzehntelangen Arbeit Felix Kleins verdanke. Klein war immer der Überzeugung gewesen, daß ein Mathematiker kein selbstgenügsames Geschöpf sei, das nur Papier und Bleistift braucht, um schöpferisch zu arbeiten. Er benötigt auch eine Bibliothek, Modelle und anderes Demonstrationsmaterial sowie Instrumente; auch muß er mit seiner Wissenschaft »in einer aktiven, wechselwirkenden Beziehung« zu den anderen Wissenschaften und zur

Gesellschaft stehen. Doch nach Courants Ansicht rechtfertigen historische Entwicklung und die Wechselwirkungen, die das Institut zwischen der Mathematik und anderen Interessen erzeugen würde, nicht seine Existenz.

»Die letzte Rechtfertigung aber für die Existenz unseres Institutes nehmen wir aus unserem Glauben an die ungebrochene Lebenskraft der mathematischen Wissenschaft. Überall mehren sich die Anzeichen, daß die Mathematik vor großen und fruchtbaren neuen Entwicklungen steht, deren Ergebnis eine vielleicht heute noch ungeahnte Vertiefung der Beziehungen zu anderen Wissenschaften und eine mathematische Durchdringung dieser Wissenschaften sein kann. Es ist gar nicht sicher, ob bei einer solchen Entwicklung nicht vieles von dem, was wir heute angewandte Mathematik nennen, zurücktreten wird gegenüber Dingen, die man jetzt als weltabgewandte Abstraktion anzusehen pflegt. Jedenfalls, wir haben den Mut zu unserer Gründung aus dem Glauben an die Zukunft geschöpft und aus der Hoffnung damit den Boden für eine künftige Generation zu bereiten, die würdig das Erbe von Klein, Minkowski, Runge und Hilbert antreten kann.« Der alte Hilbert war begeistert.

»Es wird kein zweites Institut wie dieses geben. Denn dazu brauchte man einen zweiten Courant – und einen zweiten Courant gibt es nicht!«

Die Einweihung des neuen Institutes fand etwas über einen Monat nach dem amerikanischen Börsenkrach statt. In Deutschland machte sich die Depression bereits bemerkbar, die Arbeitslosigkeit stieg, die Löhne fielen, täglich mehrten sich die Bankrotterklärungen. Doch die Mathematiker, zum ersten Mal zu ihrer völligen Zufriedenheit in ihrem eigenen Gebäude untergebracht, bemerkten nichts von all dem.

Mit Hilberts Emeritierung im Jahre 1930 hatte die letzte der großen Persönlichkeiten aus Courants Studentenzeit die Fakultät verlassen. Doch wie in früheren Zeiten vertrat auch jetzt jeder der Göttinger Mathematikprofessoren einen ganz individuellen Forschungs- und Lehrstil, der dann auch den entsprechenden Studententyp anzog.

Das älteste Mitglied der Fakultät war nun Landau. In den zwanziger Jahren stand er im Mittelpunkt einer phantastischen Blüte der analytischen Zahlentheorie und verfaßte eine Reihe von einflußreichen Werken. Sein Ideal, in seinen Vorlesungen wie in seinen Büchern, war absolute Genauigkeit und Vollständigkeit. Sein Assistent hatte die Anweisung, sofort zu unterbrechen, falls der Professor das Geringste ausließ. Landau stellte sich vor die großen Wandtafeln in den Hörsälen des neuen Institutes und schrieb mit Windeseile

Abb. 18. Courant, Landau und Weyl

– Satz, Beweis, Satz, Beweis – während ein dienstbarer Geist mit dem Schwamm hinterher hastete und das Geschriebene wieder auswischte, um Platz zu schaffen. Landau sagte kein Wort über seine Ziele oder Absichten, aber er hatte – wie mir erzählt wurde – sein Material so gut organisiert, daß eine unglaubliche Klarheit von seinen Vorlesungen ausging.

Landaus Assistent zu sein war kein Honiglecken. Werner Fenchel, der diese Stellung mehrere Jahre innehatte, erinnerte sich, daß er, kaum war er in Göttingen angekommen, von Landau gefragt wurde, wann er in der Frühe aufzustehen pflege. »Oh, ungefähr um acht Uhr«, sagte Fenchel vorsichtig. Am nächsten Morgen, punkt acht Uhr, stand Landau vor Fenchels Tür. »Aber mit der Zeit arrangierte ich mich«, erzählte Fenchel lächelnd. »Landau nahm immer alles ganz wörtlich. Am Anfang sagte ich zum Beispiel, ›Ich habe eine Verabredung!‹ worauf Landau prompt entgegnete, ›Die können Sie absagen.‹ Aber dann lernte ich es, ohne Umschweife zu sagen, ›Ich habe keine Zeit‹. Und das hat er immer akzeptiert.«

Im Gegensatz zu Landau interessierte sich Herglotz für eine Vielfalt von Gebieten: Zahlentheorie, Himmelsmechanik, topologische Gruppen, Punkt- und Kontinuumsmechanik, Optik, um nur einige wenige zu nennen. Er gab fast jedes Semester eine neue Vorlesung.

»Seine Vorlesungen waren Kunstwerke in jeder Beziehung, einschließlich des Vortragenden selbst«, erzählte mir Charlotte John. »Er hatte etwas von der Atmosphäre des 19. Jahrhunderts um sich; ein Eindruck, den er, glaube ich, auch pflegte. Er besaß die Eleganz jener Zeit und kleidete sich wirklich wie Goethe. Und er hatte richtig leuchtende Augen. Er wirkte wie jemand, der sich glänzend amüsiert – und er hatte etwas Seherisches. Wenn man ihm zuhörte, glaubte man, einen Schimmer dessen, was er »sah« erhaschen zu können. Seine Vorlesungen waren von großer Schönheit; aber wenn man dann zuhause die eigenen Notizen ausarbeiten wollte, mußte man betrübt feststellen, daß Vieles fehlte, und daß man das, was er »sah«, doch nicht so richtig gesehen hatte.«

Nachdem er seine vollendet schönen Vorlesungen gegeben hatte, verließ Herglotz, der Junggeselle war, den Hörsaal und ging, ohne mit irgend jemandem ein Wort zu wechseln nach Hause. Außer mit Hans Schwerdtfeger und mit Hanna Mäder, die Schwerdtfeger später heiratete, hatte er kaum Kontakt mit den Studenten. Manchmal ließ er sich allerdings bei Busemann sehen, nachdem er erfahren hatte, daß der Sohn des Krupp-Direktors – im Gegensatz zu den meisten Studenten – einen ausgezeichneten Wein servierte.

Hilberts Nachfolger in der Fakultät war Hermann Weyl. Seiner Rückkehr nach Göttingen im Herbst 1930 war wie schon 1922 eine lange Debatte mit sich selbst und mit seiner Frau Hella vorausgegangen. Neben der wirtschaftlichen und politischen Situation in Deutschland besorgte ihn auch die Frage, ob er sich für die Stelle überhaupt eignete, ob er vielleicht nicht zu alt dafür sei. Er hatte den Namen des jungen Artin ins Gespräch gebracht, aber die Göttinger wiesen den Vorschlag zurück. Als Hilberts Nachfolger kam nur Weyl in Frage.

Weyl war das mathematische Vorbild eines großen Teils der jüngeren Generation, auch Friedrichs gehörte zu seinen Bewunderern. Andere, wie zum Beispiel Lewy, fühlten sich von seiner literarisch und persönlich gefärbten Betrachtungsweise der Mathematik und von seinem Hang zum Philosophischen abgestoßen. Sie bemängelten, daß man buchstäblich die Worte wegkratzen müsse, um auf das zu stoßen, was er wirklich sagen wollte. Tatsäch-

Abb. 19. Gustav Herglotz

lich vermitteln seine mathematischen Arbeiten und Bücher einen Eindruck von seiner Persönlichkeit, wie das bei mathematischen Schriften selten ist, und darin liegt auch sein großer Einfluß begründet.

Als Lehrer unterschied sich Weyl grundsätzlich von seinem berühmten Vorgänger und er scharte nie eine »Schule« um sich. Er hatte etwas ungeheuer Eindrucksvolles, wirkte aber irgendwie fern und unnahbar. Selbst in seinen elementarsten Vorlesungen richtete er sich nur an die Begabtesten. Als er Differential- und Integralrechnung für Anfänger lesen mußte, stellte er seinen Gegenstand ausschließlich aus der Perspektive der Intuitionisten dar.

»Ein hochinteressantes Experiment für den Vortragenden und drei oder vier Studenten«, schrieb Courant später dazu, »doch weniger nützlich für die anderen.«

Emmy Noether hatte zwar keine reguläre Professur, aber sie trug wesentlich zur mathematischen Atmosphäre jener Zeit in Göttingen bei. Mit ihren wenigen – meist ausländischen – Studenten vertrat sie die Tendenz zur Abstraktion und Verallgemeinerung, die sich in den kommenden Jahren in der Mathematik immer mehr durchsetzen sollte.

Ihre Vorlesungen waren fast unverständlich; sie schrieb an die Wandtafel und wischte das Geschriebene beinahe sofort wieder aus; sie sprach sehr schnell und pflegte mehrsilbige Wörter auf ein oder zwei Silben zu verkürzen. Friedrichs glaubte, daß sie immer vergeblich bemüht war, mit ihren Worten ihre Gedanken einzuholen. »Ich bin sicher, daß sie eine sehr klare Einsicht in das, was sie sagte, hatte«, sagte Hans Lewy, »was ihr fehlte, war eine klare Vorstellung von dem, was sie sagen wollte.«

Sie kümmerte sich mit Hingabe um ihre Studenten, die mit allen ihren Problemen, persönlichen wie mathematischen, Rat bei ihr suchten. Vor allem bei den russischen Besuchern war sie sehr beliebt. Als diese damit begannen, in Hemdsärmeln in Göttingen herumzugehen – eine bedenkliche Abweichung von der korrekten Kleidung eines Studenten – nannte man diese neue Mode »die Uniform der Noether Garde«.

In Göttingen kreiste ein großer Teil des gesellschaftlichen Lebens um die Einladungen, die die Professoren im Laufe des Jahres veranstalteten, und die für die verschiedenen Gastgeber charakteristisch waren. Landaus Einladungen waren intellektuelle Tests, denen Hilbert immer fernblieb. Es wurden Spiele gespielt, bei denen es Gewinner und Verlierer gab. »Hilbert mochte das Haus nicht«, erklärte mir Courant einmal. Herglotz veranstaltete selbstverständlich keine Einladungen. Emmy Noether war berühmt für ihre »Kinderfeste«, zu denen sich auch Hilbert einfand. Weyl und seine Frau gaben jeweils an einem Samstagnachmittag einen Tanztee – sehr formell und elegant – bei dem immer viele hübsche Mädchen anzutreffen waren. Bei Courants fand eine endlose Folge musikalischer Abende statt, zu denen auch immer Studenten eingeladen wurden.

Ich fragte Courant, ob seine neue, offizielle Funktion als Direktor des Mathematischen Institutes je Schwierigkeiten mit den übrigen Professoren mit sich brachte.

»Nein«, antwortete er, »größtenteils waren sie froh, daß jemand die Arbeit machte, und daß alles so lief, wie sie das wünschten. Ich fürchte allerdings, daß ich etwas autokratisch war. Ich neigte immer dazu, so autokratisch zu sein, wie meine Umwelt sich das gefallen ließ. Einzig Weyl protestierte manchmal. Er legte Wert darauf konsultiert zu werden und einmal setzten wir uns zusammen und sprachen darüber. Aber sonst – nein.«

Das neue Institut war – in Übereinstimmung mit dem Abkommen, das die Regierung mit dem International Education Board geschlossen hatte – auch in personeller Hinsicht großzügig ausgestattet. Es gab einen Oberassistenten, der sich um viele der administrativen Pflichten kümmerte; diese Aufgabe versah der unentbehrliche Neugebauer. Daneben gab es zehn hauptamtliche Assistenten, alle bereits habilitierte oder angehende Privatdozenten, sowie einige Hilfsassistenten, deren Zahl den Erfordernissen des Praktikums und anderer Lehrveranstaltungen angepaßt wurde. Auf diese Weise erschien es Courant, daß das alte »Familienleben«, wie es die Mathematiker vor dem Krieg gekannt hatten trotz der seither gewaltig angestiegenen Studentenzahl bewahrt werden konnte.

»[Aber] in Wirklichkeit blieb es auf eine verhältnismäßig kleine, wenn auch keineswegs exklusive Spitzengruppe beschränkt«, schrieb er später. »Durch diese Klassenschranke mußte bei der weniger begünstigten Mehrheit die psychische Situation eines Minderwertigkeitskomplexes entstehen, was in wissenschaftlichen Situationen leicht zu einer Gefahr werden kann . . .«

Einer der Amerikaner, die 1931 das Göttinger Institut besuchten, war Saunders MacLane. Er erzählte mir, daß vor Birkhoffs Zeiten für einen Amerikaner eine gute mathematische Ausbildung ohne Auslandstudien undenkbar war. Deutschland war der Ort dafür, und am häufigsten fiel die Wahl auf Göttingen. Von 114 amerikanischen Mathematikern, die zwischen 1862 und 1934 ihre Studien im Ausland abschlossen, promovierten 34 in Göttingen. Darauf folgen in der Liste der beliebtesten Universitäten Leipzig und München mit je 9 Absolventen. Anfänglich war Felix Klein die große Attraktion. Nicht weniger als fünf künftige Präsidenten der American Mathematical Society waren entweder in Leipzig oder in Götttingen seine Studenten. In späteren Jahren war es natürlich Hilbert, der eine große Anziehungskraft ausübte. Nach 1931 promovierten nur noch wenige Amerikaner im Ausland, aber für fortgeschrittene Studien war Göttingen weiterhin beliebt.

»Es gab nichts Vergleichbares auf der Welt«, berichtete MacLane. »Es war ein richtiges intellektuelles Zentrum. Die Atmosphäre war voller wissenschaftlicher Begeisterung, man hatte das Gefühl, daß hier das Wesentliche geschah, daß man sich im Mittelpunkt der Entwicklung befand. Alle redeten dauernd über Mathematik. Göttingen war das erste, richtige mathematische Zentrum der Spitzenklasse, das ich kennenlernte. Es war viel besser als Chicago, wo ich promovierte, und unendlich viel besser als Yale, wo ich meine Studien begonnen hatte. Wenn ich nun zurückblicke, so habe ich natürlich inzwischen viele andere Universitäten kennengelernt, die genau so lebendig und aufregend sind, heute in Amerika zum Beispiel Berkeley oder Chicago, oder Harvard – es gibt viele – aber Göttingen machte den Anfang. Dort war wirklich etwas los.«

Ich fragte MacLane, was er im Herbst 1931 von der politischen Situation in Deutschland gehalten habe.

»Die Menschen schienen nicht sehr besorgt,« sagte er. »Es herrschte eine dauernde Unordnung, aber daran hatten sie sich gewöhnt. Die Ansichten gingen natürlich stark auseinander. Mein Eindruck in jenem ersten Jahr war, daß Hitler wahrscheinlich nicht allzu ernst zu nehmen sei. Die deutsche Politik erschien mir als ein einziges großes Durcheinander. Ich kann mich noch gut daran erinnern, daß ich damals ein Pamphlet kaufte, das den Titel trug, »Die 27 Parteien Deutschlands«; es gab tatsächlich 27 – und die NSDAP war nur eine unter den vielen.«

1931
1933

Gegen Ende des akademischen Jahres 1931/32 bekam auch Deutschland die weltweite Depression in ihrer ganzen Härte zu spüren. Es wurden strenge wirtschaftliche Maßnahmen getroffen, die Fakultäten erhielten die Anweisung, die meisten der jüngeren Assistenten zu entlassen. Dagegen setzten sich die Mitglieder der mathematischen und naturwissenschaftlichen Fakultät heftig zur Wehr. Nicht nur erschien ihnen das den sich ohnehin nur mühsam über Wasser haltenden angehenden Wissenschaftlern gegenüber als ungerecht, es hätte auch die Tätigkeit der verschiedenen Institute praktisch zum Erliegen gebracht. Sie schlugen daher vor, daß die Professoren statt dessen einige der Betroffenen aus der eigenen Tasche bezahlen sollten.

Max Born, der damals Dekan der naturwissenschaftlichen Fakultät war, erinnerte sich später mit Schaudern der Kämpfe, die das innerhalb der Fakultäten [als Ganzes] auslöste. »Im Verlauf einer endlosen Sitzung konnten wir uns mit einer beträchtlichen Mehrheit durchsetzen. Doch die, die dabei überstimmt wurden, begegneten uns nachher mit einer so erbitterten Feindseligkeit, wie wir sie noch nie erfahren hatten . . .«

Das war die Zeit, als Courant eine Einladung zu einer Vortragsreise durch Amerika im Frühjahr und Sommer 1932 erhielt. In der Mathematik hatten die Arbeit und die Interessen der Amerikaner immer mehr an Bedeutung gewonnen. Unter den Herausgebern der kürzlich neu gegründeten Springer-Zeitschrift, *Zentralblatt für Mathematik,* waren auch mehrere Amerikaner vertreten. Born und Franck, wie überhaupt viele von Courants Freunden, waren bereits in Amerika gewesen und hatten von ihren Erfahrungen berichtet. Er war daher »ziemlich neugierig«.

Nach Runges Tod im Jahre 1927 war Courant mit seiner Familie in das große Runge-Haus in der Wilhelm-Weber-Straße umgezogen, seit der Jahrhundertwende die bevorzugte Wohnlage der Göttinger Professoren. Sie hatten inzwischen vier Kinder, die unter der Obhut Martha Meyers, der sehr geliebten Haushälterin, aufwuchsen. Zum Haushalt gehörte außerdem Hilde Pick, eine Cousine Courants, die im neuen Institut als seine Sekretärin arbeitete. Sobald Courant von seiner bevorstehenden Amerikareise wußte, lud er

Saunders MacLane ein, im Austausch gegen Englisch-Lektionen am Abendtisch, ebenfalls in seinem Haus zu wohnen. Und kurz vor seiner Abreise kam noch jemand dazu – eine junge Studentin namens Charlotte Woellmer, die heute mit Fritz John, einem Professor am Courant Institute, verheiratet ist. Nicht lange, bevor Courant starb, sprach ich mit Fritz und Charlotte John in ihrem Haus in New Rochelle; sie erzählten mir, wie Courant ihnen damals geholfen hatte, ihre Studien trotz der schlechten Zeiten weiterzuführen. Die beiden kannten sich schon als Fritz nach Göttingen aufbrach, mit wenig Geld und der optimistischen Hoffnung auf ein Stipendium.

»Ich hatte vermutlich keine Ahnung, wie man so etwas anstellt«, bemerkte er dazu, »auf jeden Fall war ich nicht sehr erfolgreich. Aber Courant hörte von meinem Fall und verhalf mir zu einem Stipendium. Dann kümmerte er sich auch weiterhin um mich. Er lud häufig Studenten zu musikalischen Abenden in sein Haus ein. Ich war zwar nicht musikalisch, ging aber trotzdem hin. Dann kam glücklicherweise Charlotte und wurde ein Mitglied von Ninas Chor. Doch Charlotte hatte noch viel größere finanzielle Probleme als ich.«

Charlotte erzählte, daß sie damals nur nach Göttingen kommen konnte, weil sie mit einem Mädchen aus Göttingen, das in Berlin leben wollte, einen Austausch von Unterkunft und Verpflegung vereinbart hatte.

»Dieses Mädchen wurde nun aber – noch bevor das Semester um war – krank und starb tragischerweise bald darauf. Als ich am letzten Tag des Semesters Courant in der Halle des Institutes begegnete, sagte er ›Auf Wiedersehen, bis zum nächsten Semester‹. Ich sagte, ›das bezweifle ich‹, und er fragte sofort, was denn die Schwierigkeit sei.«

Als sie ihm ihre Lage geschildert hatte, schlug er vor, daß sie mit zum Mittagessen kommen sollte, und dann wollten sie weitersehen. Nach dem Essen sagte er plötzlich: »Ich gehe in nächster Zeit nach Amerika. Hätten Sie Lust zu uns zu kommen und eine Weile hier im Hause zu wohnen?«

»Courant bemühte sich immer ganz besonders, anderen zu helfen – Studenten für die Mathematik zu gewinnen«, sagte Fritz John. »Vielen, ich glaube den meisten Professoren, lag da nicht so viel daran, nur ganz wenige hatten wirklich ein Programm, die Mathematik weiterzubringen. Sie beschränkten sich darauf, ihre Vorlesungen zu geben. In dieser Beziehung war Courant mehr auf die Zukunft ausgerichtet als die anderen, und er empfand es als seine moralische Pflicht, Bedingungen zu schaffen, die anderen nützen würden.«

Als die Zeiten immer härter wurden, richtete man am Institut neben den offiziellen, von der Regierung finanzierten, noch einige inoffizielle Assistentenstellen ein, mit denen meist nur unbestimmte, oder gar keine Pflichten verbunden waren. Einmal verschaffte Courant einem Studenten ein Stipendium, weil er der Ansicht war, daß der junge Mann kurz vor einem Nervenzusammenbruch stand und dringend einen Skiurlaub brauchte. Daneben arrangierte er aber auch, daß einige Studenten ohne Bezahlung arbeiteten. Ein Beispiel dafür war Busemann.

»Unter normalen Umständen hätte ich nach meinem Doktorexamen eine Assistentenstelle erhalten«, erklärte er mir. »Aber es war die Zeit der Depression und da mein Vater Geld hatte, was Courant natürlich wußte, bat er meinen Vater, mich auch weiterhin zu unterstützen und damit einem anderen jungen Mann, der kein Geld hatte, die Chance zu geben, ein Mathematiker zu werden.«

Während sich Courant zu Beginn des Frühjahrs 1932 auf seine Amerikareise vorbereitete, machte ihm die akademische Zukunft einiger seiner älteren Studenten Sorge. Friedrichs war zwar inzwischen Professor an der Technischen Hochschule in Braunschweig, doch Lewy war immer noch Privatdozent; und mit den wachsenden wirtschaftlichen Schwierigkeiten mehrten sich auch die Anzeichen von Antisemitismus bei der Besetzung von Stellen an deutschen Universitäten. Auch Neugebauers Zukunft war ein Problem. Der junge Mann hatte sich für ein Gebiet entschieden, für das keine deutsche Universität einen Lehrstuhl unterhielt – für das Studium der Mathematik des Altertums. Seit 1923 hatte Courant es immer irgendwie fertiggebracht, Neugebauer ein Auskommen zu sichern und ihm so die Möglichkeit gegeben, seine Arbeit fortzusetzen, die Courant – ungeachtet seiner eigenen, ganz anders gelagerten Interessen – für bahnbrechend hielt. Zur Zeit war Neugebauer Oberassistent und Herausgeber des *Zentralblattes* und anderer Zeitschriften, darunter auch einer Zeitschrift für Mathematik des Altertums, die Springer für ihn gegründet hatte. Daneben war er Privatdozent für Mathematik des Altertums. Diese verschiedenen Einkommensquellen ermöglichten dem inzwischen verheirateten Neugebauer ein ganz angenehmes Leben. Als er einen Ruf nach Darmstadt erhielt, lehnte er ab, denn »das hätte ihn erdrückt«, erklärte mir Courant. Er war aber der Meinung, daß Neugebauer eine seinen überragenden Fähigkeiten entsprechende Stellung haben sollte. Und im stillen hoffte er, daß sich für ihn, wie auch für Lewy, trotz der Wirtschaftskrise, ein Platz im Land der Millionäre finden würde.

Courant hatte es so eingerichtet, daß während seiner Abwesenheit Oswald Veblen in Göttingen Vorlesungen hielt. Neben Birkhoff war Veblen die einflußreichste Kraft im amerikanischen mathematischen Leben. Als Mathematiker konnte er sich zwar nicht mit Birkhoff messen, aber seine ganze Art kam den Europäern mehr entgegen. »In Veblen verbinden sich die besten Eigenschaften eines Amerikaners mit den besten Eigenschaften eines Engländers«, pflegte Hardy zu sagen. Die Meinung, die Courant von Veblen hatte, war jedenfalls so hoch, daß er ihn sogar ans Steuer seines ersten, kostbaren Automobils ließ, ein Röhr, den er und Nina erst kürzlich fahren gelernt hatten.

Courant verließ Deutschland unmittelbar nach einer Reichspräsidentenwahl, in der dem 84-jährigen von Hindenburg vier andere Kandidaten – darunter Adolf Hitler – gegenüberstanden. Courant traf Ende März 1932 in den Vereinigten Staaten ein, wo man der eben aktuellen Entführung des Lindbergh-Babys größere Beachtung schenkte, als der Tatsache, daß Hindenburg zu einer Mehrheit 0,4 Prozent gefehlt hatten, und daß er sich zu einer Stichwahl mit Hitler als Gegenkandidaten stellen mußte.

Courants Vortragsreise durch die Vereinigten Staaten führte ihn von der Columbia University in New York zu den Ivy League Colleges – den traditionsreichen Universitäten der Ostküste, dann nach Chicago und zu den großen Universitäten des mittleren Westens, von da an die Westküsten, an das California Institute of Technology nach Stanford und an die University of California in Berkeley. Wo immer er sich aufhielt, begegnete er Männern und Frauen, die mit Göttingen irgendwie persönlich verbunden waren. Der Vorsitzende der Rockefeller Foundation, Max Mason, den er kurz nach seiner Ankunft zum Mittagessen traf, hatte bei Hilbert promoviert. Maria Goeppert-Mayer, die Courant mit dem Englisch seiner ersten Vorlesung an der Columbia University half, stammte aus Göttingen und war mit einem Amerikaner verheiratet. An der Cornell University begegnete er Virgil Snyder, einem Schüler Kleins, der mit einem Mädchen aus Göttingen verheiratet war. In Princeton begegnete er mehreren Physikern, die im Verlauf der zwanziger Jahre in Göttingen gewesen waren, und traf auch Solomon Lefschetz wieder, der im Vorjahr dort Vorlesungen gehalten hatte. Einar Hille in Yale hatte erst kürzlich einige Monate in Göttingen verbracht. An der Harvard University erneuerte er seine Bekanntschaft mit Birkhoff, mit Kellogg, der bei Hilbert studiert hatte, und mit William Fogg Osgood, einem Studenten Kleins. In Brown sah er R. G. D. Richardson, der noch während seiner eigenen Studentenzeit in Göttingen gewesen war sowie R. C. Archibald, der regelmäßig jeden Sommer nach Göttingen kam, um Vorlesungsmaterial und Bücher einzukaufen. Der Dekan in Chicago war G. A. Bliss, der zur Zeit von Hilbert und Minkowski in Göttingen studiert hatte. An der Westküste tauschte

Courant mit von Kármán am California Institute of Technology alte Erinnerungen aus, und bei einer Besichtigung des Teleskops auf dem Mount Wilson fand er da Walter Baade, der Kleins Assistent und Direktor des Göttinger Observatoriums gewesen war. Der Dekan der Abteilung für Mathematik in Berkeley war M. W. Haskell, der bei Klein promoviert und dessen Erlanger Programm ins Englische übersetzt hatte. Offensichtlich konnte Courant gar nicht anders, als sich überall zu Hause zu fühlen.

»Die Leute sind außerordentlich nett, gastfreundlich, hilfsbereit«, schrieb er an Neugebauer. »Ich erschrecke manchmal, wenn ich hier von Leuten mit Aufmerksamkeiten überhäuft werde, obwohl ich dieselben Leute in Göttingen kaum oder gar nicht beachtet hatte.«

Auch im Hinblick auf die Millionäre wurden seine Erwartungen, die er in Amerika gesetzt hatte, nicht enttäuscht. Seine Briefe sind voll von den großen Leuten, – »the big people« – wie er sie in seinen sonst deutsch abgefaßten Briefen unweigerlich nannte, deren Bekanntschaft er gemacht hat. Auf dem Schiff reiste er mit einem amerikanischen Bankier, der, wie sich herausstellte, mit Busemann Senior befreundet war. Bei einem Mittagessen, das Flexner für ihn gab, lernte er den Präsidenten von Macy's (»dem größten Warenhaus Amerikas«) kennen. Er wurde einem Mitglied des Hauses Morgan vorgestellt (»der größten Bank Amerikas«), und versuchte auch – allerdings erfolglos – ihm Geld für das Mathematische Institut abzuknöpfen. In San Francisco machte er durch einen Freund Carl Stills die Bekanntschaft von A. P. Giannini, dem Präsidenten der »Bank of America«, die bis vor kurzem noch die »Bank of Italy« gewesen war. Dieser Sohn eines italienischen Einwanderers, der als Laufbursche in einem Früchte- und Gemüsehandel begonnen hatte, beeindruckte ihn sehr. Er unterhielt sich lange mit ihm über die Lage in Deutschland.

». . . und es war einfach striking [sic], wie optimistisch für Deutschland und relativ ungünstig für Amerika dieser Mann – und ähnlich andere der hiesigen Geschäftsleute – die Lage á la longue beurteilte.«

Courant selber verfolgte während seiner ganzen Reise nervös die politische Entwicklung in Deutschland. In Princeton hörte er mit Lefschetz zusammen die Resultate des zweiten Wahlgangs, in dem 19 359 642 Stimmen auf Hindenburg fielen und 13 417 460 auf Hitler. Mit Lefschetz diskutierte er auch über den Antisemitismus in Amerika. Nach dem Sturz des Kabinetts Brüning kurz nach den Wahlen bat er Nina, alle Zeitungsberichte für ihn aufzubewahren. Drei Wochen später bemerkte er: »Die Politik in Deutschland verstehe ich immer noch nicht.«

Von den amerikanischen Colleges und Universitäten, die er besucht hatte, beeindruckte ihn vor allem das traditionell hohe intellektuelle Niveau an der Harvard University. Aber die Lokalitäten, die der Mathematik dort zur Verfügung standen, waren entsetzlich. Eine unzulängliche Bibliothek. Schlechte Hörsäle. Unmögliche Wandtafeln. Die Räumlichkeiten überall verstreut. Überhaupt keine angewandte Mathematik. Es war offensichtlich, daß »dort eben nie jemand wie Klein [war], der sich um die Verbesserung der Zustände bekümmert hat«.

In Princeton beeindruckte ihn der Luxus der Ausstattung. »Wir ›amerikanisch‹, Princeton verwirklicht die Deutsche Gemütlichkeit. In dem Professorenclubraum ... gibt es sogar Zeitungen und Magazine zur Unterhaltung«, schrieb er an Neugebauer.

Doch die amerikanische Universität, die die größte Anziehungskraft auf ihn ausübte, war Berkeley. Er berichtete Nina ausführlich darüber, wie »nett und freundlich« die Menschen seien, wie groß ihr Interesse an der Musik, »wobei merkwürdigerweise Debussy und Tschaikowsky eine große Rolle spielen ...« Dagegen erschienen ihm die intellektuellen Anforderungen nicht anspruchsvoll genug. Obwohl seine Vorlesungen mit großem Interesse aufgenommen wurden, vermißte er das »Echo«, das er in Princeton und Harvard gespürt hatte.

Ich fragte ihn einmal, ob er auf dieser Reise je mit dem Gedanken gespielt habe, in Amerika zu bleiben. »Ja«, sagte er, »flüchtig« – in Berkeley.

Auch auf seinen Reisen verlor Courant seine Absicht, nach Stellen für Neugebauer und Lewy Ausschau zu halten, nicht aus den Augen. Trotz der »wirklich ungeheuerlich wachsenden wirtschaftlichen Bedrängnis« in Amerika fand er, daß sich für Neugebauer, dessen Werk bekannt und bewundert war, ohne große Schwierigkeiten eine geeignete Position finden würde. Den jungen Lewy unterzubringen war dagegen nicht ganz so leicht, obwohl auch das nicht unmöglich schien. Die wirtschaftliche Lage Amerikas erschien ihm damals noch verzweifelter als die Situation in Deutschland.

»Der Hauptunterschied ist wohl das Vorhandensein großer materieller Reserven überall ... und die durchschnittlich wesentlich besseren Nerven der Bevölkerung, die eine lange Periode des Wohlstandes hinter sich hat ... Im übrigen Phänomene wie bei uns.«

Dreihundert Mathematiker und Physiker, »zum Teil gute Leute«, würden im nächsten Jahre ohne Anstellung sein.

Als er in Chicago war, wo er den bedeutenden Analytiker Bliss kennenlernte, hörte Courant von einem jungen Mann, der kürzlich in Chicago promoviert hatte und nun für ein Jahr als National Research Fellow in Deutschland arbeiten wollte. Sofort bot er Edward J. McShane an, seinen Aufenthalt in Göttingen zu finanzieren, falls McShane sich bereit fand, Courants Bücher über Differential- und Integralrechnung ins Englische zu übersetzen. McShanes Deutschkenntnisse beschränkten sich auf einen »halben Sommerkurs«, den er zur Vorbereitung auf seine Doktorprüfung absolviert hatte. Doch die Zeiten waren hart. In dem Jahr seit McShanes Examen hatte der Dekan der Abteilung für Mathematik in Chicago von nur einer offenen Stelle gehört.

»Und die war an einem obskuren Teachers' College – einer Schule für angehende Lehrer – irgendwo in der hintersten Provinz, wo das Gehalt sogar für jene Zeit miserabel war. Bliss erklärte, daß er mir den Dienst erweisen wolle, mich nicht dahin zu empfehlen. Unter diesen Umständen hatte ich dann die Stirn, Courants Angebot anzunehmen.«

Courant war voller Neugierde auf das neue Institute for Advanced Study, das Abraham Flexner in Princeton aufbaute, nach Amerika gekommen. Eine der ersten Professuren des neuen Institutes war bereits Weyl angeboten worden. Courant wußte, daß auf Weyls Schreibtisch in Göttingen zwei Telegramme bereit lagen – eine Zusage und eine Ablehnung – und daß Weyl jeden Morgen von neuem mit Hella das Für und Wider abwog.

»Mein erster Eindruck von der Nachricht war, daß man Weyl durchaus positiv raten sollte. Jetzt aber bin ich doch etwas mehr zweifelhaft geworden trotz aller Schwierigkeiten in Deutschland.«

Courant kehrte im Spätsommer 1932 nach Göttingen zurück, während in Amerika der Wahlkampf um die Präsidentschaft tobte, in dem Franklin D. Roosevelt dem amtierenden Präsidenten Herbert Hoover gegenüberstand. Weyl lehnte Flexners Angebot ab, und als in Göttingen das Wintersemester 1932/33 am 1. November 1932 begann, war die berühmte Fakultät noch intakt.

McShane erinnerte sich, daß im Herbst und Winter 1932–33 im Göttinger Bahnhofsrestaurant, wo er regelmäßig mit den Privatdozenten zusammen aß, Politik ein beliebtes Gesprächsthema war. Er erinnerte sich auch, daß er 1933 über Neujahr mit seiner Frau in Berlin war, ohne etwas von den nationalsozialistischen Ausschreitungen zu bemerken, die damals die Hauptstadt erschütterten, bis sie von ihren besorgten Familien Zeitungsausschnitte darüber erhielten.

Im Dezember stürzte die Regierung Papen, im Januar das Kabinett Schleicher. Darauf wandte sich Präsident von Hindenburg erneut an Papen und instruierte ihn, die Möglichkeiten einer Regierungsbildung unter Hitler »im

Rahmen der Verfassung« zu prüfen. Am 30. Januar 1933 wurde Hitler deutscher Reichskanzler.

Ich fragte Courant und viele andere nach ihren Reaktionen, ihren Empfindungen, ihren Erwartungen, die sie zu der Zeit in die Zukunft Deutschlands setzten. Die meisten konnten sich, wie sie sagten, einfach nicht mehr erinnern, sie hatten versucht, zu vergessen – und außerdem war »seither so vieles geschehen«. Sogar MacLane, ein Amerikaner, gestand, daß er die Erinnerungen an jene Zeit wohl verdrängt haben müsse. Er wußte noch, daß die allgemeine Stimmung nach dem Reichstagsbrand und nach den Neuwahlen sehr angespannt und nervös wurde. »Unmittelbar darauf gab es alle möglichen Vorschriften, Gerüchte über das, was an den Universitäten geschehen werde. Und dann wurde es ausgesprochen unerfreulich. Ungefähr zur gleichen Zeit wurde mir auch Courants Sonderstellung bewußt; denn so weit ich mich erinnern kann, hatten es die Nazis vor allem auf ihn abgesehen, jedenfalls im Vergleich zu den anderen Professoren.«

Nun tauchten plötzlich Braunhemden und Hakenkreuze in den Hörsälen des Mathematischen Institutes auf. Diejenigen, die so auftraten, gehörten zwar nicht zum »inneren Kreis«, aber es waren verschiedene gute Mathematiker darunter. Werner Weber, einer der aktivsten unter den nationalsozialistischen Studenten, war seit 1931 Privatdozent. Der zwanzigjährige Oswald Teichmüller war hochbegabt. Daß diese und andere Studenten nationalsozialistische Sympathien hegten, war für Courant und die Gruppe junger Mathematiker um ihn ein völlig unerwarteter Schock.

Von nun an stand beim Mittagessen im Bahnhofsrestaurant eine kleine Kasse auf dem Tisch und jeder, der von Politik zu sprechen anfing, mußte eine Buße bezahlen.

Im Frühling 1933, inmitten der nervösen Atmosphäre jener ungewissen Zeit, wurde Courant plötzlich von der Idee gepackt, den zweiten Band von Courant-Hilbert abschließen zu müssen. Seit 1925 hatte er immer wieder versucht, mit Friedrichs zusammen an dem Buch zu arbeiten, vor allem als dieser noch in Göttingen war. Aber er hatte sich nie dazu bringen können, das Projekt konsequent zu verfolgen, er schob es dauern vor sich her. Dann ging Friedrichs 1930 als Professor nach Braunschweig, kam aber auch weiterhin häufig zu Besuchen nach Göttingen. Bei diesen Gelegenheiten pflegte ihn Courant in ein winziges Zimmer im dritten Stock des Institutes zu führen, sein Refugium, von dem er vorgab, daß niemand sonst davon wisse. Dort zog er dann einen neu entstandenen Abschnitt hervor – meist irgendeine Idee, die ihn gerade interessierte – und diskutierte ihn mit Friedrichs.

»Er wollte immer, daß ich mit ihm zusammenarbeitete; das, was er aufgeschrieben hatte, durchlas; es mit ihm diskutierte; Vorschläge dazu machte. Er schien unfähig, alleine zu arbeiten. Aber in allen den Jahren, seit 1925, war eigentlich nichts geschehen.«

Bei dem Gedanken daran lächelte Friedrichs. »Wenn etwas an dem Gerücht wäre, daß Courants Bücher von seinen Assistenten geschrieben wurden, so wäre ich der Verfasser des zweiten Bandes von Courant-Hilbert.«

Anfang März 1933 traf Courant Vorkehrungen, daß Friedrichs und Franz Rellich ihn und seine Familie während der Frühlingsferien nach Arosa begleiten sollten. Dort wollten sie skifahren und arbeiten und den zweiten Band des Courant-Hilbert abschließen.

Courant kannte die Gerüchte, nach denen er vorhatte, sich in die Schweiz abzusetzen. Er erwog daher, die Ski- und Arbeitsferien abzusagen, »weil es mir natürlich in einem solchen Moment unsympatisch schien, ruhig und friedlich im Ausland zu sitzen«, erklärte er Franck. Aber seine Kinder brauchten die Sonne und die frische Bergluft; Friedrichs und Rellich erwarteten ihn bereits in Arosa, und so entschloß er sich, bei seinen Reiseplänen zu bleiben.

Die Folge der Ereignisse, die Empfindungen und Argumente, welche die Handlungsweise Courants und vieler anderer in den nächsten Monaten bestimmten, sind in den darauf folgenden Jahren oft verblasst; was man damals schon wußte, vermischte sich mit dem, was erst später bekannt wurde; was hätte geschehen sollen mit dem, was wirklich war. Aus diesem Grund habe ich versucht, meinen Bericht auf jene Dokumente zu beschränken, die Courant 1934 mit in die Vereinigten Staaten brachte, und die er mir 1971, wenige Monate vor seinem Tod, zur Verfügung stellte. Er brachte es nicht fertig, sie im Einzelnen noch einmal durchzugehen, sondern warf nur einen flüchtigen Blick hinein und bemerkte, daß es ihm fast unmöglich sei zu glauben, daß er das, was da stand, tatsächlich geschrieben habe.

Während Courant in Arosa war, setzte Hitler das Ermächtigungsgesetz durch, das der Regierung die Vollmacht gab, unabhängig vom Reichstag und vom Reichspräsidenten Verordnungen zu erlassen. Für den 1. April wurde ein landesweiter Boykott jüdischer Unternehmen und Geschäftsleute angekündigt.

Am 30. März schrieb Courant an Franck und fragte ihn, ob er sofort nach Göttingen zurückkehren sollte. Er war überzeugt davon, daß es ihm gelingen würde, den zweiten Band des Courant-Hilbert wenigstens bis zur Hälfte abzuschließen, falls er, wie geplant, in Arosa bleiben könne. Was ihn jedoch beunruhigte, war, daß er am Vortage durch die Dienstboten erfahren hatte, daß in Göttingen das Gerücht umging, er werde nicht zurückkehren.

»Im übrigen hatte ich aus den Zeitungsnachrichten den Eindruck, daß doch bis jetzt in Deutschland alles verhältnismäßig friedlich und ruhig vor sich gegangen war«, schrieb er an Franck, »und ich war vom ersten Augenblicke an entsetzt darüber, in welcher Art – Zeitungsnachrichten zufolge – Leute wie Einstein sich äußerten und auch sonst die inneren Verhältnisse bei uns mit Lügen und Latrinenparolen zum Anlaß einer allgemeinen politischen Agitation gegen Deutschland im Ausland mißbraucht wurden. Wenn ich Einsteins Adresse gekannt hätte, würde ich ihm geschrieben haben . . .«

Einstein, der seit ein paar Monaten in Amerika war, hatte einige stark beachtete Erklärungen abgegeben, in denen er »die brutalen Gewaltakte und die Unterdrückung liberal denkender Personen und der Juden in Deutschland« bedauerte, »die das Gewissen aller Länder, die den Idealen der Menschlichkeit und der politischen Freiheit treu geblieben sind, aufgeschreckt haben«. Er hoffte, daß die weltweite Empörung stark genug sein werde, »Europa vor einem Rückfall in die Barbarei vergangener Epochen zu bewahren«. Am 29. März, einen Tag bevor Courant seinen Brief an Franck verfasste, hatte die Regierung in Berlin bekanntgegeben, daß Einstein Schritte unternommen habe, um auf seine preußische Staatsangehörigkeit zu verzichten.

»Wenn auch Einstein sich nicht als Deutscher fühlt«, fuhr Courant fort, »so hat er doch so viel Gutes in Deutschland erfahren, daß er zum mindesten die Pflicht hätte, die von ihm gestiftete Unruhe wieder nach Kräften gut zu machen. Leider ist, wie ich eben in den Zeitungen lese, die Reaktion auf diese Dinge in Deutschland nicht ausgeblieben. Wie immer in der Welt wird der Gegenschlag in erster Linie Unschuldige und Harmlose treffen. Ich hoffe sehr, daß es gelingen wird, die Boykottbewegung [gegen die Juden] noch im letzten Augenblick abzuwenden oder wenigstens bald zu beendigen. Sonst sehe ich sehr schwarz.

Was mich besonders kränkt und bekümmert, ist, daß der jetzt wieder in Bewegung geratende Anti-semitismus sich nicht nur gegen unsympatische literarische und sonstige Zersetzungserscheinungen richtet, die ich und Du ebenso und vielleicht mehr verurteilen als mancher »völkische« Mann, sondern unterschiedslos gegen jeden Menschen jüdischer Abstammung, mag er innerlich ein noch so guter Deutscher sein, mag er und seine Familie im Kriege geblutet haben oder sonst sein Bestes für die Gesamtheit leisten. Ich kann auch nicht glauben, daß auf die Dauer eine solche ungerechte Einstellung bestehen bleiben wird; wenigstens nicht, so weit es sich um die Führer, insbesondere Hitler handelt, dessen letzte Reden mir persönlich durchaus einen positiven Eindruck machten.«

Francks Antwort ist undatiert, scheint aber am 31. März geschrieben zu sein. Er riet Courant, die Gerüchte, die über ihn im Umlauf waren, zu erstikken, indem er umgehend nach Göttingen zurückkehrte.

»Es ist auch jeden Tag möglich, daß irgendwelche Entschlüsse notwendig sind, die man nur an Ort und Stelle fassen kann.«

Der April begann mit dem »gewaltlosen« Boykott gegen die Juden, obwohl die Regierung ihn offiziell abgesagt hatte. Hilbert, nach wie vor ein passionierter Gärtner, pflückte einen Blumenstrauß und schickte ihn an seinen jüdischen Hausarzt.

»Es wird nicht lange dauern, bis das deutsche Volk Hitler durchschaut hat«, bemerkte er, »und dann wird man seinen Kopf ins Klosett stecken.«

Am 7. April schrieb Courant, der ohne seine Familie nach Göttingen zurückgekehrt war, einen beruhigenden Brief an Nina. Am gleichen Tag verkündete die Regierung eine Reihe von Reichsgesetzen zur »Wiederherstellung« des Berufsbeamtentums. Zweck der neuen Gesetze war es, alle Personen nicht-arischer Abstammung aus dem Staatsdienst zu entfernen und auch alle politisch unzuverlässigen Elemente auszuschalten. Lediglich beim militärischen Personal wurden gewiße Ausnahmen gemacht. Da die Universitätsprofessoren Staatsangestellte waren, fielen sie, ebenso wie die Richter, die Beamten und die Angestellten der unzähligen öffentlichen und halböffentlichen Körperschaften unter die neue Gesetzgebung.

In Göttingen trösteten sich Courant und Franck damit, daß jene Nicht-Arier, die für Deutschland oder seine Allierten gekämpft hatten, ausdrücklich von den neuen Gesetzen ausgenommen waren; leider genoß Born, der an kriegsbedingten Forschungsprojekten mitgearbeitet hatte, keinen solchen Sonderschutz. Die Frage war nun, wie weit die Regierung bei der Durchsetzung dieser Reichsgesetze gehen würde. Im April 1933 schien es noch, als ob der heftige Antisemitismus unmöglich von Dauer sein könne.

Doch – fragte James Franck seine Freunde – erforderte nicht die bloße Tatsache der neuen Gesetze, welche vielen deutschen Juden die deutsche Staatsbürgerschaft absprachen und ihren Kindern die deutsche Identität versagten, eine Reaktion, einen Protest der Juden?

Frühling 1933

Die Tradition des politischen Protestes an der Universität Göttingen ist so alt wie ihre mathematisch-physikalische Tradition. Schon zu Gauß' Zeiten hatten sieben berühmte Professoren, darunter auch der Physiker Wilhelm Weber, gegen die Aufhebung der liberalen Hannoveranischen Verfassung protestiert. Gauß selber hatte sich an dem Protest nicht beteiligt. Die Sieben wurden prompt entlassen, was damals in ganz Europa einen Sturm der Empörung auslöste.

Fast hundert Jahre später erwogen nun Courant, Born und Franck einen gemeinsamen Protest im Sinne der Göttinger Sieben. Während Courant und Born fürchteten, daß ein solches Vorgehen Reaktionen der Regierung auslösen könnte, die sonst unterbleiben würden, bestand Franck darauf, zurückzutreten. Darauf überlegten sie, ob Courant und Born nicht moralisch verpflichtet seien, Francks Entschluß zu folgen. Doch obwohl Born von den Reichsgesetzen mehr zu fürchten hatte als Franck, zögerte er. Courant und er kamen überein, auf ihren Posten zu bleiben und alles in ihrer Macht stehende zu tun, um das, was sie in Göttingen geschaffen hatten, vor der Zerstörung zu retten. Courant empfand es – noch ausgeprägter als Born – als seine persönliche Pflicht auszuharren, da das Mathematische Institut erst vor kurzer Zeit auf Grund seiner Vermittlerrolle zwischen der amerikanischen und der deutschen Regierung entstanden war. Dazu kam, daß es ohnehin in seiner Natur lag, Unwiderrufliches hinauszuschieben.

Eine Woche lang berieten die drei Professoren und Neugebauer über ihr weiteres Vorgehen. Dann, am 13. April, wurden mehrere Professoren an verschiedenen deutschen Universitäten ohne weitere Begründung beurlaubt. Am Ostersonntag, dem 16. April, faßte Franck seinen Entschluß. Er schrieb an den Minister und bat, ihn von seinen Pflichten zu entbinden. In einem Brief an den Rektor der Universität begründete er seine Handlungsweise:

»Wir Deutsche jüdischer Abstammung werden als Fremde und Feinde des Vaterlandes behandelt. Man fordert, daß unsere Kinder in dem Bewußtsein aufwachsen, sich nie als Deutsche bewähren zu dürfen. Wer im Krieg war, soll die Erlaubnis erhalten, weiter dem Staat zu dienen. Ich lehne es ab, weiter von dieser Vergünstigung Gebrauch zu machen, wenn ich auch Verständnis für den Standpunkt derer habe, die es heute für Ihre Pflicht halten, auf ihrem Posten auszuharren.«

Er wollte versuchen, sagte er, weiter in Deutschland wissenschaftlich zu arbeiten.

Die erste, empörte Reaktion auf den Rücktritt des Nobelpreisträgers Franck kam von zweiundvierzig Mitgliedern der Fakultät, die eine Erklärung veröffentlichten, in der sie Franck heftig angriffen, weil er der ausländischen Presse Material für anti-deutsche Propaganda liefere. Zu den Unterzeichnern gehörten vor allem auch die Vertreter der Agronomen und Forstwirtschaftler, die sich seinerzeit dem Vorschlag, daß die Professoren die Gehälter der jüngeren Assistenten aus der eigenen Tasche bezahlen sollten, so entschieden widersetzt hatten. Gerüchte machten die Runde daß »Francks Rücktritt das Ergebnis eines gemeinsamen Sabotagebeschlußes gewesen wäre und daß wir aus rein taktischen Gründen lediglich Franck vorgeschickt hatten«.

Zwei Tage nach dieser Fakultätserklärung erschien am 26. April in der Lokalzeitung eine Ankündigung, daß sechs Göttinger Professoren in Übereinstimmung mit den neuen Reichsgesetzen bis auf weiteres beurlaubt seien. Von den sechs Betroffenen gehörten vier zur naturwissenschaftlichen Fakultät: Felix Bernstein (der damals gerade in den Vereinigten Staaten war), Max Born, Richard Courant und Emmy Noether. Der Überschrift über der kleinen Notiz war zu entnehmen, daß mehr darüber folgen werde. . .

Courant hörte die Neuigkeit von einem Freund, der die Zeitung gesehen hatte und ihn anrief.

Er schrieb sofort an Harald Bohr. Der Optimismus der ersten Aprilwochen war verflogen. Wie jedermann in Göttingen – einschließlich der lokalen Behörden – rechnete er damit, daß die »Beurlaubungen« schon bald und unwiderruflich in »Entlassungen« umgewandelt werden würden.

»Mich hat dieser Schlag innerlich schwerer und weniger vorbereitet getroffen, als ich hätte denken sollen«, gestand er Bohr. »Ich fühle mich mit meiner hiesigen Tätigkeit, der Landschaft, vielen Menschen und mit Deutschland überhaupt so verbunden, daß diese ›Ausmerzung‹ mir innerlich fast unerträglich ist.«

Seine persönliche Absicht war es, weiterhin zurückgezogen in Göttingen zu leben – was finanziell noch einige Monate möglich war – und sein Bestes zu tun, den zweiten Band von Courant-Hilbert abzuschließen. »Nur so kann ich die nötige Spannkraft und die moralische Berechtigung zu einem weiteren Bleiben in der wissenschaftlichen Bahn gewinnen.« Was die Zukunft betraf, so galt es, Stellungen für ihn selber und für die übrigen »beurlaubten« Professoren zu finden. Dabei schienen ihm die Aussichten in Amerika, bei Flexner und seinen vielen Verbindungen, am hoffnungsvollsten, allerdings hielt er es nicht für richtig, sich selbst an Flexner zu wenden.

Abb. 20. Harald Bohr

»Wie schwer es uns fällt, Deine Freundschaftsdienste so weitgehend in Anspruch zu nehmen, brauchen wir Dir nicht zu sagen«, schrieb er an Bohr. »Ich hoffe, es wird nie nötig, Dir zu zeigen, daß wir jeden Moment Dir gegenüber dieselbe Bereitschaft hätten.«

Möglicherweise war es dieser Brief Courants an Bohr, den Neugebauer nach Hamburg brachte, um ihn persönlich dem dänischen Konsulat zu übergeben.

»Die erste Zeit war physisch außerordentlich gefährlich; es war nicht vorauszusehen, wie die SA reagieren würde. Sobald die Nazis an der Macht waren, nahmen die Brutalitäten zu«, erzählte mir Neugebauer über seine Mission.

Unterstützung für Courant kam sofort von den verschiedensten Seiten, von vielen Freunden und ehemaligen Studenten, aber auch von Leuten, von denen er keine Unterstützung erwartet hatte, darunter Hellmuth Kneser, seinem ersten Assistenten in Göttingen. Inzwischen war Kneser Professor in Greifswald geworden und stand in dem Rufe, von der neuen Regierung beeindruckt zu sein, die seiner Ansicht nach »trotz allem« eine Revolution mit ganz unrevolutionärer Ruhe und Ordnung fertig gebracht und das Reich geeinigt hatte, was bisher weder Bismarck noch der Weimarer Republik gelungen war. Kneser erwog, der Nationalsozialistischen Partei beizutreten, »nicht« – wie er sagte – »Einflusses oder Vorteile halber – dann hätte ich es früher getan – sondern einfach um nicht äußerlich ferner zu stehen als innerlich«. An dem Tage als die Beurlaubungen publik wurden, schrieb er »voller Bestürzung« an Courant. »Ich verstehe überhaupt nicht, was vorgegangen ist, außer man beabsichtigt in Zukunft Störungen [an der Universität] zu verhindern.«

Courant antwortete in einem langen Brief. Bis jetzt hatte er noch keine offizielle Erklärung zu seinem Status erhalten. Was ihn vor allem beschäftigte war »die Ursache« seiner Entlassung, da er, seiner Kriegsverdienste wegen, eigentlich nicht unter die Reichsgesetze fiel. Er grübelte über die Einzelheiten seiner kurzen politischen Karriere nach, konnte darin aber keinen ausreichenden Grund für seine Beurlaubung finden. Er wußte wohl, daß »Unsere Fakultät und insbesondere unser Mathematisches Institut . . . rein instinktiv vielen Gruppen hier nicht sympathisch (ist)«. Dabei spielte wahrscheinlich ein gewisses Maß an unterbewußtem Neid mit. Über das Mathematische Institut waren wilde Gerüchte und Vermutungen im Umlauf, »welche in dem Schlagwort ›Hochburg des Marxismus‹ gipfelten«. Ein großer Teil dieser Feindseligkeit konzentrierte sich auf seine Person, da er für die Entstehung des Institutes verantwortlich war. »Hierzu kommt der Fall Franck . . . Ich könnte mir denken, daß die geschilderte Sachlage das Vorgehen des Ministeriums ausgelöst hat.«

Die Situation am Mathematischen Institut wurde indessen immer ungewisser. Courant wußte, daß Kneser persönliche Beziehungen zu einem einflußreichen Parteimitglied im Ministerium unterhielt, von dem vielleicht Hilfe zu erwarten war. Daher wandte er sich einen Tag nach seinem ersten, in einem zweiten Brief an seinen ehemaligen Assistenten.

»Die Aktion der Studentenschaft scheint nicht nur die Folge zu haben, daß auch Landau und Bernays usw. nicht lesen können, sondern auch Neugebauer ist angegriffen. Unter dem Motto: politisch nicht zuverlässig, nämlich kommunistisch eingestellt zu sein. Der Dekan setzt sich für Neugebauer ein, aber Neugebauers Nerven werden anscheinend nicht durchhalten. Ich fürchte, daß Neugebauer die geschäftsführende Leitung des Institutes, die er jetzt als mein Vertreter hatte, niederlegen wird, auch wenn die Studenten ihre Boykottandrohung zurückziehen. Da Weyl ebenfalls keineswegs seelisch stabil ist und Herglotz erst recht für die Leitung des Instituts ausfällt, so sehe ich hinsichtlich des Göttinger Mathematischen Institutes sehr schwarz . . .«

»Es ist ein Jammer, welche Werte auf diese Weise nach mehr als zehnjähriger Aufbauarbeit zerstört werden. Am meisten schmerzt es mich zu sehen,

Abb. 21. Abraham Flexner

welcher ganz sinnlose Schaden für Deutschland entsteht. Man braucht nur an die Amerikaner und anderen Ausländer hier zu denken, die jetzt praktisch alle sich innerlich auf den Abbruch ihrer Studien und ihre Abreise einstellen. In jedem Falle aber ist der Geist unseres Institutes schon jetzt zerstört; häßliche

Strebereierscheinungen haben sich schon bemerkbar gemacht. Jedenfalls fürchte ich sehr, daß – auch abgesehen von meiner Person, – Irreversibles geschieht ... Wenn es hier gelingen sollte, die Angelegenheit Neugebauer in Ordnung zu bringen, so wäre ich sehr froh.«

Nachdem Courant am 28. und 29. April an Kneser geschrieben hatte, plagte er sich unaufhörlich damit, wie den Gerüchten, die über ihn verbreitet wurden, entgegenzuwirken wäre. Es wurde erzählt, daß er während der Revolution von 1918 eine rote Fahne getragen und von der Front zurückkehrende Truppen entwaffnet habe. Courant war überzeugt davon, daß solche aus der Luft gegriffene Geschichten, oder zumindest die feindselige Haltung, die sie gegen ihn erzeugten, für seine Beurlaubung verantwortlich waren. Obwohl er noch nichts Offizielles zu seinem Status gehört hatte, beschloß er, sich selbst an die Behörden zu wenden.

Dazu brauchte er einen Kollegen, der, von den Reichsgesetzen selber nicht betroffen, Courants Version der Ereignisse vor der Universitätsverwaltung vertreten konnte. Seine Wahl fiel auf Prandtl. Der Mechanik-Professor hatte allgemein als etwas naiv gegolten, aber während der hektischen Woche, die auf die Zeitungsnotiz über die Beurlaubungen gefolgt war, hatte er mutig und entschlossen gehandelt und einen seiner Assistenten, der sich als Spion der nationalsozialistischen Kräfte an der Universität entpuppt hatte, kurzerhand entlassen. Die beiden kamen überein, daß Courant einen Brief an Prandtl schreiben sollte, in dem er die Fakten über seine politische Betätigung nach dem Krieg darlegen sollte. Dieses Schreiben wollte Prandtl dann an den Kurator weiterleiten.

Dieser Brief, der vom 1. Mai datiert ist, enthält ungefähr dieselben Punkte, auf die Courant bereits in seinem ersten Brief an Kneser eingegangen war, mit einer Ausnahme: Hier griff er auch den Vorwurf auf, daß er für die »Verjudung« des Mathematischen Institutes verantwortlich sei. In diesem Zusammenhang wies Courant darauf hin, daß Lewy (der Göttingen – als erster – schon verlassen hatte), der einzige Jude war, dem er persönlich eine Assistentenstelle verschafft hatte.

»Über meine allgemeine Einstellung brauche ich Ihnen nichts zu sagen«, bemerkte er abschließend. »Sie ergibt sich wohl besser als aus Worten aus der Tatsache, daß ich meine Tätigkeit hier restlos in den Dienst der allgemeinen Interessen gestellt habe, wobei doch wohl einiges für die Universität herausgekommen ist.«

Seit am vorigen Donnerstag seine Beurlaubung in der Zeitung stand, hatte Courant das Mathematische Institut nicht mehr betreten. In praktischer Hinsicht ging alles mehr oder weniger seinen gewohnten Gang, da er immer eng mit Neugebauer zusammengearbeitet hatte. Aber Courant fragte sich besorgt, wie lange Neugebauer seine zunehmend schwieriger werdende Funktion noch erfüllen konnte.

Am Wochenende wurde Neugebauer aufgefordert, den vorgeschriebenen Amtseid auf die neue Regierung abzulegen. Er weigerte sich und wurde prompt als »untragbar« suspendiert. Er erhielt zwar weiterhin sein Gehalt als Oberassistent, doch das Betreten des Institutes wurde ihm offiziell verboten.

Damit war – als Anfang Mai das neue Semester begann – das Mathematische Institut zum zweiten Mal innerhalb einer Woche ohne geschäftsführenden Direktor.

Obwohl Courant ursprünglich der Ansicht gewesen war, daß er Flexner nicht selber um Hilfe bei der Suche nach einer neuen Stellung bitten sollte, schrieb er ihm jetzt einen langen Brief.

Darin erklärte er, daß es wohl noch eine kleine, aber stetig abnehmende Anzahl von Menschen gebe, die den neuen nationalistischen Ideen und Schwärmereien ablehnend gegenüberstehe. Aber die »Regierung verfügt innenpolitisch über eine Macht und Aktionsfähigkeit, wie sie wahrscheinlich in der Welt noch kaum dagewesen ist«. Auf die deutschen Universitäten traf das Bild, das Flexner in seinem berühmten Buch gegeben hatte, nicht mehr zu; denn »es besteht zu meinem großen Schmerz die Wahrscheinlichkeit, daß die Blüte unserer wissenschaftlichen Gruppe hier vorbei ist«.

Weder Courant noch Neugebauer waren bisher zu einem Entschluß über ihre persönliche Zukunft gekommen. Courant versuchte weiterhin, den zweiten Band des Courant-Hilbert abzuschließen und Neugebauer arbeitete an seinen historischen Studien.

»Ich schreibe deswegen ganz offen an Sie mit der Frage, ob Sie uns ... irgendwie helfen können. Daß ich z. B. nicht eine der glänzenden Positionen an Ihrem Institut anstrebe, sondern mich durchaus mit einer bescheideneren Stellung begnügen würde, brauche ich nicht zu sagen. Auf der anderen Seite glaube ich rein sachlich, in einer neuen Umgebung doch wieder etwas leisten und nützen zu können. Natürlich gilt dasselbe für Neugebauer.«

Am 5. Mai endlich, neun Tage nachdem sie ihre Beurlaubung in der Zeitung gelesen hatten, wurden die sechs betroffenen Professoren über ihren Status informiert.

Courant erneuerte seine Anstrengungen, sich persönlich zu rechtfertigen. Seine Antwort auf die offizielle Verlautbarung war ein längerer Bericht über seine Tätigkeit, den er mit der Bitte, ihn an das Ministerium weiterzuleiten, an den Kurator schickte. In einem Begleitbrief schrieb er: »Ich wiederhole nochmals, daß ich mit meinem Brief nicht den Eindruck erwecken möchte, als ob ich gewissermaßen ein Gnadengesuch einreiche. Mir liegt nur daran, nicht als schlechter Deutscher oder als pflichtvergessener Beamter stigmatisiert zu werden.«

Max Born reiste kurz nach der offiziellen Bestätigung seiner Beurlaubung mit seiner Familie in die Dolomiten, wo sie den Sommer verbringen wollten. Am 24. Mai teilte er dem Ministerium seinen Rücktritt mit und erklärte, grundsätzlich den Standpunkt Francks, wie dieser ihn in seinem Rücktrittsschreiben formuliert hatte, zu teilen.

Franck selber blieb in Göttingen, hielt in seinem Haus ein Physikseminar ab und versuchte, seinen Assistenten und Studenten zu helfen, im Ausland unterzukommen.

Courants Verhalten und seine Äußerungen wirken in dieser Zeit oft widersprüchlich.

Am gleichen Tag, an dem er von seiner Beurlaubung gehört hatte, hatte er an Harald Bohr geschrieben und seiner Überzeugung Ausdruck gegeben, daß das unweigerlich zu seiner Entlassung führen werde. Dessen ungeachtet kämpfte er nun drei Monate lang – April, Mai und Juni – erbittert um die Aufhebung dieser Beurlaubung.

Max Born, der damals aus der Ruhe der Dolomiten an Einstein schrieb, verstand vielleicht am klarsten, was Franck und Courant damals bewegte:

»Franck ist fest entschlossen, nicht ins Ausland zu gehen, solange er die geringste Chance hat, in Deutschland Arbeit zu finden (wenn auch nicht als Beamter). Obwohl darauf nicht die geringste Aussicht besteht, harrt er in Göttingen aus und wartet ab. Ich hätte dazu nicht den Mut, und ich kann auch den Nutzen nicht einsehen. Aber beide, er und Courant sind ungeachtet ihrer jüdischen Herkunft, die so viel ausgeprägter ist als in meinem Falle, im Grunde ihres Herzens Deutsche.«

Nachdem Neugebauer »untragbar« geworden war, wurde Hermann Weyl geschäftsführender Direktor des Institutes und bemühte sich ebenfalls darum, die Beurlaubung Courants und Emmy Noethers zu annulieren.

Im Falle von Courant hielt Weyl es für die beste Taktik, eine offizielle Dokumentation über seine militärischen Verdienste zusammenzustellen. Mitte Mai trafen dazu die ersten Briefe von ehemaligen Kameraden und Mitarbeitern ein. Manche wollten offensichtlich nichts mit der Sache zu tun haben, aber viele äußerten sich offen dazu.

Besonders tröstlich war der Brief eines Majors, unter dem Courant 1914 gedient und dem Ernst Courant in den Argonnen einmal das Leben gerettet hatte. Er lebte nun als Anwalt in einer Kleinstadt und legte seinem ausführlichen Bericht über die militärische Führung der beiden Brüder unter seinem Kommando auch ein paar mitfühlende persönliche Zeilen bei. Ernst schilderte er als »unerschrockenen und tapferen Soldaten«, über Richard schrieb er: »Herr Professor Dr. Courant hat sich . . . als treuer Kamerad und unbedingt zuverlässiger Soldat ausgezeichnet bewährt; . . . Er war durch seinen stillen Pflichteifer ein Vorbild für Offiziere, Unteroffiziere und Mannschaften.«

Diese Briefe, zusammen mit maschinengeschriebenen Kopien der Zeitungsberichte über Courants politische Betätigung nach dem Krieg und einer Notiz über seine Mitarbeit bei der Mobilisierung der Stimmbürger bei der Volksabstimmung von 1921, schickte Weyl am 18. Mai an das Ministerium.

Ungefähr zur gleichen Zeit hatte Hellmuth Kneser Gelegenheit, den Beauftragten des Ministeriums, Theodor Vahlen, auf den Fall Courants anzusprechen.

Vahlen war Mathematiker und der Verfasser des ersten deutschen Lehrbuches über Ballistik und hatte bei Klein studiert. Als er Dekan in Greifswald war, hatte er einmal an einem Nationalfeiertag höchstpersönlich die schwarzrot-goldene Fahne der Republik heruntergerissen und die alte schwarz-weißrote des Kaiserreiches gehißt. Kneser war von Göttingen weg auf eine Professur in Greifswald berufen worden, und hinter seinen späteren politischen Ansichten hatte Courant immer den Einfluß Vahlens vermutet.

»Kneser war noch unerfahren und dieser Dekan setzte ihm Ideen in den Kopf«, erklärte mir Courant. »Ich glaube nicht, daß er je etwas wirklich Schlimmes getan hat. Er ist ein guter Mensch und ein sehr guter Mathematiker.«

Trotz seiner neuen Position in der Regierung kam Vahlen regelmäßig jeden Samstag nach Greifswald, um eine Vorlesung zu halten. Den größten Teil des Tages war er dann mit der lokalen SA-Führung beschäftigt, aber er nahm sich eine Stunde Zeit, um mit Kneser über Courant und die anderen beurlaubten Professoren zu sprechen. Kneser berichtete Courant, daß Vahlen ihm versichert habe, daß nur erwiesene Tatsachen berücksichtigt würden, und daß jeder Betroffene darüber informiert werde, welche Punkte der Reichsgesetze auf ihn zuträfen, und dann Gelegenheit erhalten werde, diese zu widerlegen. Vahlen hatte nur Gerüchte über Courant gehört, »z. B. daß Sie Zionist seien, was ich natürlich gebührend zurückwies«. Vahlen überzeugte Kneser von seinem »ernsten Willen zur Gewissenhaftigkeit«. Die wichtigste Entwicklung des Gesprächs schien die Tatsache zu sein, daß Vahlen auf Knesers Ausruf,

»Ich kenne ihn doch, bin doch vier Jahre sein Assistent gewesen!«, erwiderte, »Dann könnten Sie ja auch gehört werden«.

»Wenn also bei Ihnen irgend eine Frage auftaucht, zu der ich etwas zu sagen weiß, nennen Sie mich oder sonst geeignet erscheinende Leute als Zeugen«, schloß Kneser seinen Bericht.

Während sich Kneser bei Vahlen für Courant verwandte, kam Friedrichs nach Göttingen, um sich mit Neugebauer zu besprechen. Die beiden kamen überein, etwas zur Unterstützung Courants unternehmen zu müssen. Sie entschlossen sich für eine öffentliche Erklärung über seine Tätigkeit als Professor und Direktor des Mathematischen Institutes. Diese wollten sie mit den Unterschriften ehemaliger Studenten und Kollegen versehen, die Verbindungen zu Göttingen hatten, an den neuen Bildungsminister, Bernhard Rust, schicken.

Die fertige Erklärung war ein fast vier Seiten langes maschinengeschriebenes Dokument. Verehrte arische Namen beschwörend, begannen sie mit einer Schilderung der großen wissenschaftlichen Tradition, die Klein und Hilbert aus dem Werk von Gauß, Dirichlet und Riemann geschmiedet, und der sie »eine prinzipiell neue Wendung« gegeben hatten. Klein und Hilbert hatten den jungen Professor aus Münster nach Göttingen geholt, wo er nach dem Krieg ihr Werk weiterführte. Dieser Aufgabe hatte sich Courant, »Hilberts Schüler«, »mit nie ermüdender Ausdauer« gewidmet. Seine wissenschaftlichen Werke, vor allem das wichtige Buch, das er gemeinsam mit Hilbert über die Methoden der mathematischen Physik geschrieben hatte, waren inzwischen klassische Hilfsmittel der Analysis. In Übereinstimmung mit Kleins pädagogischen Ideen hatte Courant den Lehrbetrieb in Göttingen so umstrukturiert, daß er dem unerwartet großen Ansturm der Studenten nach dem Krieg gewachsen war. »So wie man Klein seinerzeit die Einrichtung des allen Studenten zugänglichen mathematischen Lesezimmers verdankt, so hat Courant die Einrichtung der großen mathematischen Anfängerpraktiken gegründet und in jahrelanger Arbeit ausgebaut.« Es war nur Courants Initiative und Energie zu danken, daß Kleins Traum von einem mathematischen Institut schließlich Wirklichkeit wurde, und »jahrein, jahraus zahlreichen in- und ausländischen Gelehrten Arbeitsmöglichkeiten geboten hat, wie sie sonst kaum irgendwo gegeben werden«. Seine »stete Sorge« hatte nicht nur der Mathematik gegolten, sie erwähnten auch den Ausbau des Physik-Institutes, die Errichtung des Mineralogischen Instituts, die Vergrößerung des Instituts für organische Chemie. Im letzten Teil ihrer Erklärung kamen sie auf jene Aspekte von Courants Tätigkeit zu sprechen, die ihnen persönlich am besten vertraut waren – sein Auge für junge Talente, die finanziellen Hilfen, mit denen er den Studenten den Weg ebnete, seine Rolle als Ratgeber und Freund der jüngeren Generation.

»Selten hat ein Mann seine Leistungen nach außen so wenig zur Geltung zu bringen versucht, wie Herr Courant. Nie hat er die ihm gebotenen Gelegenheiten, ins Ausland zu gehen, ausgenützt, weil er viel zu sehr mit seinem Göttinger Lebenswerk innerlich verbunden ist, weil ihm viel zu sehr Göttingen zur wissenschaftlichen und menschlichen Heimat geworden ist. Daß vielen von uns ihre Göttinger Zeit wie ein Leben in einer wissenschaftlichen Heimat in Erinnerung geblieben ist, das hängt ganz stark an Courants Persönlichkeit.«

Bei einem unserer Gespräche zog Friedrichs einen vergilbten Ordner hervor, in dem er eine ziemlich abgegriffene Kopie dieser Petition, die endgültige Liste der Unterschriften und die Briefe, die manche, die ihre Unterschrift verweigerten, geschrieben hatten, aufbewahrte.

Auf verschiedenen Notizblättern werden siebenundachtzig Namen als mögliche Unterzeichner der Petition vorgeschlagen. Davon wurden zweiundzwanzig aus verschiedenen Gründen gleich zu Beginn ausgeschieden, meist weil sie im Ausland lehrten und alles, was nach einer »Einmischung« von außen aussah, eine gegenteilige Wirkung auf die Regierung hatte. Von den verbleibenden fünfundsechzig antworteten sechzehn überhaupt nicht, darunter auch ein Mann, der mehrere Jahre Assistent bei Courant gewesen war. Von den restlichen neunundvierzig verweigerten einundzwanzig ihre Unterschrift, erklärten aber ihre Beweggründe in einem Begleitbrief.

Es wurden verschiedene Gründe angegeben – die einen fühlten sich nicht mehr eng genug mit Göttingen verbunden, oder sie kannten Courant zu wenig, um die Vorwürfe gegen ihn beurteilen zu können. Ein Briefschreiber erklärte, daß er mit einem Kollegen zusammen sofort unterschrieben habe und dann weiter Unterschriften unter die Petition sammeln wollte. Dabei seien sie jedoch auf so viele negative Reaktionen gestoßen und von den Kollegen so »dringend ersucht worden«, von ihrem Vorhaben Abstand zu nehmen, daß sie schließlich gezögert und »nach zweitägigen Beratungen« beschlossen hätten, die Angelegenheit noch einmal zu überdenken. Persönlich sei ihnen durchaus daran gelegen, Courant zu unterstützen, anderseits möchten sie aber auf keinen Fall die Aufmerksamkeit der Regierung erregen. Weiter wollten sie wissen, ob der Kurator der Universität Göttingen hinter der Petition stehe, und ob auch ein Mathematiker, »dessen positive Einstellung zur heutigen Regierung unzweifelhaft ist«, unterschrieben habe. In diesem Falle, und falls sich mindestens zwölf Unterschriften fänden, und falls Friedrichs und Neugebauer das für unbedingt notwendig hielten, wären sie bereit, ihre Unterschriften telegraphisch zu übermitteln. Sie schämten sich, gestand der Schreibende am Schluß, doch sie fürchteten die Konsequenzen, falls sie ihre Unterschrift unter die Petition setzten.

Wieder andere bezweifelten, daß eine Petition das richtige Mittel war, um an das Ministerium zu gelangen. Einer fand sie zum Teil »respektlos und ungehörig«. Ein Zweiter vertraute ganz darauf, »daß unser Herr Minister Rust schon das Richtige treffen wird«. Andernorts war man der Ansicht, daß die Petition hinausgezögert oder abgeändert werden sollte.

»Ich sehe mich außerstande zu unterschreiben«, schrieb ein ehemaliger Göttinger Student, »weil ich mit dem allgemeinen Tenor der Petition nicht einverstanden bin . . . Courants mathematisches Format steht nicht zur Diskussion und ist allgemein bekannt . . . Was der Klärung bedarf ist seine politische Haltung. Es müßten Beweise dafür gefunden werden, daß seine diesbezügliche Tätigkeit dem Nutzen und der Sicherheit der Universität gedient hat.«

Ein anderer Professor bemerkte, daß er sich an eine Äußerung Kleins erinnere, wonach dieser »für Courants politische Ansichten nichts übrig hatte und marxistische Tendenzen bei ihm vermutete. Ich möchte jeden davor warnen, diese Petition zu unterschreiben, die Courant nicht helfen wird, und den Unterzeichnern großen Schaden zufügen kann.«

Einige, die nicht unterschreiben wollten, erklärten sich bereit, Courant dem Ministerium gegenüber persönlich zu unterstützen. Dazu gehörte auch Carl Ludwig Siegel, inzwischen Professor in Frankfurt, der die Petition so umformulierte, daß sie ihm präziser und sachdienlicher erschien und seine Version als persönlichen Brief zur Unterstützung Courants direkt an das Ministerium schickte.

Kneser, der ebenfalls nicht unterschrieb, hielt es für wirksamer, wenn eine kleine Gruppe von Kollegen, ehemaligen Studenten und Assistenten (»bevorzugt Parteimitglieder vor dem 30. Januar – aber die werden sich kaum finden lassen!«), direkt an den Minister gelangte und darum bat, zu Courants Charakter und Tätigkeit, die ihnen aus persönlicher Erfahrung bekannt waren, angehört zu werden.

Dieser Brief, der von Friedrichs, Kneser und Prandtl unterschrieben war, begann folgendermaßen:

»Von uns Unterzeichneten kennt jeder Prof. Courant aus mehrjähriger, enger Zusammenarbeit. Nach dieser unserer Kenntnis hat sich Prof. Courant in seinem gesamten Wirken als deutscher Staatsbürger und Vertreter der deutschen Wissenschaft gefühlt und bewußt als solcher gehandelt . . . Die seit 1921 wesentlich von ihm geschaffenen heutigen mathematischen Unterrichtseinrichtungen in Göttingen stellen ein Werk dar, das für die Wissenschaftspflege in Deutschland und für Deutschlands wissenschaftliche Weltgeltung von hoher Bedeutung und von seiner Person nicht ohne wesentliche Schädigung zu trennen ist.«

Das Schreiben schloß mit der Bitte, daß man die drei »Unterzeichneten« persönlich anhören und, falls das nicht möglich sei, ihnen gestatten möge, ihre Aussagen schriftlich einzureichen.

Zwei Wochen später lagen achtundzwanzig Unterschriften – mehr als ein Drittel davon von Physikern – unter die Friedrichs-Neugebauer-Petition vor. Darunter befanden sich die Namen bekannter Wissenschaftler wie Artin, Blaschke, Carathéodory, Hasse, Heisenberg, Herglotz, Hilbert, von Laue, Mie, Planck, Prandtl, Schrödinger, Sommerfeld, van der Waerden und Weyl.

Neugebauer fand »diese Liste doch recht schön«, als er sie am 8. Juni an Friedrichs weitergab – »obwohl ich viele sehe, die nicht zu sehen sind . . «.

»Verschiedene Namen, die sich auf der Liste finden, galten später als Nazis – oder jedenfalls nahe dabei«, erklärte mir Friedrichs, »und einige waren schon damals als Sympathisanten des Regimes bekannt.«

Heute erscheint es ihm schwieriger als damals, ein Urteil über Motive und Handlungen zu fällen, denn »sehen Sie, es ist nicht klar, gar nicht klar«.

Zu denjenigen, die sich weigerten, die Petition für Courant zu unterschreiben, gehörte auch Hecke, der ihn seit der gemeinsamen Studentenzeit in Breslau gekannt hatte, der auf Courants Rat und Empfehlung nach Göttingen gekommen und Hilberts Assistent geworden war. Obwohl Hecke mit der Absicht der Petition übereinstimmte, war er überzeugt davon, daß sie gar keine, oder eine gegenteilige Wirkung erzeugen würde, da dieser Weg an der politischen Mentalität der Regierung vorbeiging.

»Und natürlich hat Hecke recht behalten«, bemerkte Friedrichs, während er die alten Briefe in den Ordner zurücklegte.

1933 / 1934

Das Ministerium reagierte nicht auf die Petitionen. Courant saß voller Unruhe zu Hause und wartete. Er versuchte, sich auf den zweiten Band des Courant-Hilbert zu konzentrieren; aber vergeblich, die Arbeit kam nicht weiter. Sein psychischer Zustand war schlechter, als er das je seit dem Krieg gewesen war. Er stützte sich vor allem auf die Gebrüder Bohr und den Kontakt mit der Außenwelt, den sie ihm bedeuteten. Einmal kamen sie nach Deutschland, und er traf sie, zusammen mit Neugebauer, an einem Nordseestrand, wo sie einen ganzen Nachmittag lang offen und frei miteinander reden konnten.

Weyl versah immer noch das Amt des geschäftsführenden Direktors des Mathematischen Institutes, doch Hella Weyl war Jüdin und sein Verbleiben in diesem Amt daher ungewiß. Dennoch arbeitete er unermüdlich, schrieb Briefe, konferierte mit Regierungsstellen und versuchte, wenigstens eine gewisse Kontinuität zu sichern.

Busemann, nur zu einem Viertel jüdischer Abstammung, und von den Rassengesetzen noch nicht betroffen, erzählte, daß Weyl ihn damals bat, an der Universität zu bleiben. »Aber ich hatte schon mit einer Diktatur Bekanntschaft gemacht, als ich in Italien war und war daher entschlossen, Deutschland zu verlassen und das Ende des tausendjährigen Reiches in Kopenhagen abzuwarten.«

Während Weyl darum kämpfte, von Göttingen zu retten, was noch zu retten war, machte er sich bittere Vorwürfe, weil er Flexners Angebot abgelehnt und seine Familie dazu verdammt hatte, im nationalsozialistischen Deutschland zu leben. Courant war besorgt darüber, wer die Tradition Kleins und Hilberts weiterführen würde, falls Weyl weggehen sollte. Er setzte seine Hoffnungen auf Rellich, der zwar noch nicht Professor war, aber immerhin Fritz Johns Doktorprüfung abgenommen hatte; allerdings fürchtete er, daß Rellich, gegen den persönlich nichts einzuwenden war, zu eng mit der Göttinger »Juden-Fakultät« verknüpft war, um dem Ministerium genehm zu sein.

Eine weitere Sorge für Courant war die Zukunft Fritz Johns. Bei Johns Doktorprüfung hatte es im letzten Moment noch eine Krise gegeben, weil ungewiß war, ob er die Prüfungsgebühren aufbringen konnte. Was seine

Lage noch verschlimmerte war, daß er zehn Tage später die ebenso mittellose Charlotte Woellmer geheiratet hatte, die nicht jüdisch war. Zwar waren damals Verbindungen zwischen Ariern und Nicht-Ariern noch nicht offiziell verboten, aber so ungern gesehen, daß Fritz und Charlotte es nicht gewagt hatten, jemandem von ihren Plänen zu erzählen. Den Sommer über lebten sie von kleinen Summen, die Courant ihnen aus unbestimmten Mitteln, über die er noch verfügen konnte, ausbezahlte. Ein bißchen Geld brachte ihnen auch der Verkauf von Johns Vorlesungsausarbeitungen ein, die seine Frau getippt hatte. Der Käufer war ein amerikanischer Professor einer Universität in Rhode Island, die sich Brown nannte und von der die beiden, der Adresse nach, annahmen, daß sie auf einer Insel vor der Küste der Vereinigten Staaten liegen müsse.

Courant hielt John für einen vielversprechenden Mathematiker und inmitten seiner eigenen Schwierigkeiten, sorgte er sich, wie er ihm eine Stelle außerhalb von Deutschland verschaffen könnte.

Gegen Ende des Sommersemesters schickten sich MacLane und McShane mit ihren Frauen an, Göttingen zu verlassen. Vor ihrer Abreise übergab Courant McShane einen an Harald Bohr adressierten Briefumschlag und bat ihn, diesen außerhalb von Deutschland abzuschicken. Wie McShane mir erzählte, enthielt der Umschlag Geld, das Bohr zur Unterstützung junger jüdischer Mathematiker aus Deutschland verwendete, die sich damals bereits nach Kopenhagen abgesetzt hatten.

Zur selben Zeit erhielt Courant einen Brief von einem ehemaligen türkischen Studenten, der vernommen hatte, daß Courant und Franck möglicherweise einen Ruf an die neu organisierte Staatliche Universität von Konstantinopel annehmen würden. Als die beiden Professoren zehn Tage später an einem Kongreß in Zürich teilnahmen, wurden sie zu ihrer Überraschung von einem offiziellen Vertreter der türkischen Regierung aufgesucht. Courant verhielt sich sehr reserviert.

»Ich bin – wenn auch beurlaubt – preußischer Beamter und würde es als eine innere und äußere Unmöglichkeit empfinden – auch in der gegenwärtigen Lage – Verhandlungen zwecks Übertritten in die Dienste einer fremden Regierung bis nahe an den Abschluß zu führen, ohne daß meine vorgesetzte Behörde etwas davon weiß«, erklärte er danach in einem Brief an seinen türkischen Gesprächspartner. »Am wesentlichsten aber ist, daß, auch wenn die allgemeinen Verhältnisse mich dazu zwingen, ins Ausland zu gehen, ich dies nicht als verbitterter Emigrant tun will, sondern als bewußter Vertreter deutscher Kultur, der weder innerlich, noch äußerlich den Zusammenhang mit der Heimat aufgibt.«

Trotzdem »interessierte« ihn »der Plan, ein wissenschaftliches Zentrum von europäischem Niveau in Konstantinopel aufzubauen . . . lebhaft«, und er war »gerne bereit . . ., nach Kräften und Möglichkeiten zu helfen«. Nachdem er sich offenbar versichert hatte, daß das für seinen momentanen Status keine nachteiligen Folgen haben werde, reiste er im Spätsommer mit Franck nach Konstantinopel. Unterwegs – möglicherweise aber auch schon bei seinem früheren Besuch in Zürich – ließ er Flexner wissen, daß Weyl nun bereit sei, einem Ruf an das Institute for Advanced Study zu folgen.

In Konstantinopel fanden sich Courant und Franck in einer schönen aber fremdartigen Stadt. Dem Ehrgeiz Atatürks (der diesen Namen allerdings erst im folgenden Jahr annahm) seiner neugegründeten Staatsuniversität die beste Fakultät der ganzen Welt zu geben, eröffneten sich unerwartete Realisierungschancen, als Hitler damit begann, so viele hervorragende Gelehrte zu vertreiben. Der Gedanke, in die Türkei zu gehen, hatte Courant anfänglich gereizt, und Nina war begeistert von der Aussicht; doch nachdem er die politischen Bedingungen im Lande selbst gesehen hatte, entschied er, daß die nationalistische Türkei nichts für ihn war.

»Aber wieso haben Sie die Türkei überhaupt in Betracht gezogen?« fragte ich ihn. »Wieso nicht die Vereinigten Staaten?« »Weil sie näher bei Deutschland liegt«, entgegnete er einfach.

Noch bevor der Sommer 1933 zu Ende ging, erhielt Courant eine Einladung, das kommende akademische Jahr in England als Gastprofessor in Cambridge zu verbringen. Offiziell war er immer noch ein deutscher Beamter, wenn auch »zwangsweise beurlaubt«, und er benötigte eine offizielle Erlaubnis, um die englische Einladung annehmen zu können. Diese zu erhalten war ein etwas delikates Unternehmen, da über die Aufhebung seiner Beurlaubung noch nicht entschieden war. Zehn Tage vor Semesterbeginn erhielt er dann endlich die Mitteilung, daß – in Anbetracht der Tatsache, daß er das kommende akademische Jahr nicht in Göttingen verbringen wolle – seine zwangsweise Beurlaubung aufgehoben sei; damit war er regulär für einen Aufenthalt an einer anderen Universität beurlaubt.

Courants Familie blieb in Göttingen. Die Kinder gingen weiterhin zur Schule – es gab nur einige wenige Zwischenfälle, nach Courants Meinung eher komischer als tragischer Art. Was ihn mehr besorgte war die unvermeidliche Indoktrination im Klassenzimmer, auf dem Schulhof und dem Spielplatz – und das natürliche Bedürfnis Halbwüchsiger, es den anderen gleich zu tun. Kurz nach seiner Ankunft in England, während er noch bei Born wohnte, der ebenfalls für einige Zeit in Cambridge lehrte, ergriff Courant die Gelegenheit, offen an Flexner zu schreiben und ihn auf die Notwendigkeit hinzuweisen, junge Wissenschaftler so rasch wie möglich aus Deutschland herauszuholen:

»Konsequent dieselbe Linie haben die Nazis im wesentlichen nur in der sogenannten Judenfrage beibehalten ... Es wird mit allen Mitteln versucht, eine lächerliche Rassentheorie (deren wesentlicher Bestandteil Antisemitismus ist) durch Propaganda jeder Art (zu verbreiten) ... und es kann leicht passieren, daß durch diese irrsinnige Giftsaat, wenn sie erst aufgegangen ist, eine noch viel schlimmere Atmosphäre entsteht als jetzt.«

Eine Woche später wandte sich Courant erneut an Flexner und wies darauf hin, daß – ungeachtet der Tatsache, daß die Regierung im Falle von bekannten Professoren, wie Schrödinger, oder ihm selber, zur Zeit eine gewisse Zurückhaltung zeige –, die Lage der jüdischen Professoren in Deutschland völlig hoffungslos sei.

»Folgendes Ereignis ist charakteristisch dafür: Prof. Landau, der in seinem Amte formal völlig unangetastet ist, wollte vorige Woche seine Vorlesung anfangen. Er fand etwa 70 Studenten, zum Teil in Sturmtruppenuniform vor dem Hörsaal versammelt, innen aber keinen Menschen. Jeder Student, der hatte hineingehen wollen, war von dem Boykottkommando gehindert worden. Landau ging in sein Zimmer zurück, wurde alsbald von einem Sprecher der Nazistudenten aufgesucht und darüber belehrt, daß die arischen Studenten arische Mathematik und keine jüdische hören wollten, und daher Landau um Verzicht auf die Abhaltung der Vorlesung bäten. Landau, der ja glücklicherweise finanziell sehr unabhängig ist, will daraufhin gänzlich zurücktreten. Der Sprecher der Studenten ist ein ganz junger, wissenschaftlich begabter, aber völlig unklarer und notorisch verrückter Bursche. [Nach dieser Beschreibung erkannte Friedrichs Teichmüller.] Es scheint sicher, daß im Hintergrund zumindest sympathisierend mehr autoritative Leute stehen, welche die Zerstörung der Göttinger mathematisch-naturwissenschaftlichen Institutionen ziemlich offen proklamieren.«

Courants Anstellung in Cambridge war ausdrücklich auf ein Jahr beschränkt, und er erkannte schon bald, daß er – trotz der Freundlichkeit, mit der ihm die englischen Mathematiker begegneten, – auf die Dauer nicht in England leben konnte.

»Mit den Engländern I get along very well«, schrieb er in einer Mischung aus Deutsch und Englisch an Franck, der bereits in Amerika war. »Alle Deine Einwände in bezug auf mein nicht immer einfaches Temperament haben sich als unberechtigt erwiesen, weil ich den Umgebungswechsel nutzbringend dazu verwendet habe, auch mein Verhalten Menschen gegenüber, die ich nicht so gut kenne wie Dich, zu ändern. Ich glaube deshalb, daß ich hier nicht weiter unangenehm auffalle. Trotzdem – falls sich in Amerika etwas Ernstzunehmendes bietet – so wäre das auf die Dauer vorzuziehen.«

Nachdem Courant die Einladung aus Cambridge bereits erhalten hatte, war er auch noch für ein Semester nach Berkeley eingeladen worden. Er mußte ablehnen, weil der Zeitraum kürzer war, aber das Angebot weckte in ihm die Hoffnung, daß sich für ihn vielleicht eine Position an der University of California finden könnte.

Flexner schrieb, daß er »aktiv verschiedenen Möglichkeiten« für ihn nachgehe, und auch Veblen, der nun am neuen »Institute for Advanced Study« war, ließ ihn wissen, daß seine Freunde in Amerika »bemüht sind, eine angemessene Stellung« zu finden.

Courants Enthusiasmus, mit dem er sein Buch abschließen wollte, verflüchtigte sich in Cambridge sehr rasch. Schuldgefühle quälten ihn, weil er, trotz der Freiheit von administrativen Pflichten, mit denen er seinen Mißerfolg so lange entschuldigt hatte, nicht arbeiten konnte. Auf jene, die ihn früher gekannt hatten, wirkte er in Cambridge »verloren«.

Zu Weihnachten kehrte er in ein »leeres« Göttingen zurück. Von den Mathematikern war nur noch Herglotz an der Universität, der einzige Physikprofessor war Robert Pohl. Weyl war mit seiner Familie nach Amerika gegangen.

Weyls Sohn Joachim erzählte mir, wie sein Vater während der Umzugsvorbereitungen durch das Haus ging und passende Verszeilen vor sich hinsprach – wie das überhaupt seine Gewohnheit war. »Ich kann mich nicht genau an den Wortlaut erinnern«, sagte Joachim, »aber es war etwas in dem Sinne, ›Wenn das Ungeheuer der Tyrannei sein Land überfällt, so legt er mit eigener Hand Feuer an sein Haus und geht‹. Jedenfalls lautete der letzte Vers, ›zu dienen im Dunkel dem fremden Mann‹.«

Die traurigen Zustände im Hause Hilberts – Käthe Hilbert war fast erblindet – ließen Courant die Ferien noch trostloser erscheinen. Dazu kam, daß Martha Meyer, die Haushälterin, die nach der Geburt des dritten Kindes zur Entlastung Ninas ins Haus gekommen war und seither wie eine zweite Mutter für die Kinder gesorgt hatte, plötzlich erklärte, daß sie es für besser halte, nicht länger in einem jüdischen Haus zu bleiben. In Göttingen gingen Gerüchte um, daß Heisenberg möglicherweise Borns Stelle übernehmen werde, während Francks Lehrstuhl ganz gestrichen werden sollte. Was ihn jedoch am meisten bestürzte war, daß Werner Weber, der Assistent, der die Demonstration gegen Landau angeführt hatte, nun als neuer geschäftsführender Direktor des Institutes amtierte.

Als Courant nach Weihnachten nach Cambridge zurückkehrte, begleiteten ihn Nina und sein ältester Sohn Ernst, sowie Fritz John, für den er ein kleines Stipendium aufgetrieben hatte. Aber er fühlte sich immer noch todunglücklich.

»Tag und Nacht quält mich der Gedanke, was mit der Familie jetzt im Sommer werden soll . . .« schrieb er an Franck. »Bitte sei mir nicht böse, daß ich undankbar bin, und nicht erleichtert aufatme, sondern angesichts der Schwierigkeiten jeder Art tief bedrückt bin. Ich weiß ja sehr gut, wie Ehrenfest, daß in Wahrheit alle Schwierigkeiten von innen kommen . . . Ich weiß, daß ich es trotz allem muß.«

Weyl schrieb zufriedene Briefe aus Princeton. In Fine Hall, wo Flexners Institut provisorisch untergebracht war, wurde ebenso viel Deutsch wie Englisch gesprochen. Er hatte regen Kontakt mit Emmy Noether, die in Bryn Mawr, einem in der Nähe gelegenen College für Frauen, unterrichtete. Er erklärte, daß er »von dem Institute, von dem Geist, der hier herrscht, von der Arbeit, die hier geleistet wird, restlos befriedigt« sei.

Endlich, Ende Januar, erhielt Courant ein lange angekündigtes Angebot der New York University. Man bot ihm einen zweijährigen Vertrag an, mit der Aussicht auf Umwandlung in eine Dauerstelle. Das Gehalt war 4000 Dollar pro Jahr und sollte je zur Hälfte vom »Committee in Aid of Displaced German Scholers« und von der Rockefeller Foundation aufgebracht werden.

Courant war enttäuscht. Sogar zu Beginn der dreißiger Jahre waren 4000 Dollar für einen deutschen Professor, der bisher ein Salär von umgerechnet 12 000 Dollar erhalten hatte, nicht gerade großartig. Tatsächlich waren das 1000 Dollar weniger als man 1883 Klein für die Nachfolge Sylvesters an der Johns-Hopkins-University geboten hatte – und Klein hatte das als ungenügend abgelehnt und war statt dessen ein paar Jahre später nach Göttingen gegangen.

Courants Enttäuschung wurde noch durch die Tatsache verstärkt, daß er, gleichzeitig mit dem Angebot aus New York, erneut für ein Semester nach Berkeley eingeladen worden war, wobei man ihm von Mitte August bis Ende Dezember 3000 Dollar bezahlen wollte. Wieder konnte er sich nicht entschließen. Veblen schrieb aus Italien, Franck aus Baltimore und Weyl aus Princeton, und alle drängten ihn, das Angebot aus New York anzunehmen. »Ich glaube, Sie müssen das Angebot annehmen«, ermahnte ihn Weyl streng. Aber Courant zauderte. Er überlegte, ob er vielleicht zuerst nach Berkeley, und dann nach New York gehen könnte – aber seine Freunde winkten entschieden ab.

Courant hatte keine Ahnung, wo – in New York – die New York University lag. Bei seinem Besuch in der Stadt im Jahre 1932 hatte er nur Columbia besucht. Ratlos – wieder ins Deutsche zurückfallend – schrieb er an Veblen: »Wer sind dort die Mathematiker?« – während er sich sonst im Umgang mit den Amerikanern inzwischen des Englischen bediente.

Veblen antwortete, daß ihm an der New York University nur ein Assistenzprofessor namens Donald Flanders bekannt war,

». . . der aber für Sie von ganz besonderem Interesse sein dürfte, weil er in ihrer Geschichte eine Rolle gespielt hat. Flanders hatte an der Universität von Pennsylvania promoviert und ein oder zwei Jahre in Princeton als »National Research Fellow« gearbeitet. Er ist Topologe und mit großem Eifer um die Forschung bemüht – allerdings blieb ihm bis jetzt ein entsprechender Erfolg versagt. Zu Beginn des akademischen Jahres kam er zu mir und fragte mich um Rat, wie die Lage der Mathematik an der New York University zu verbessern wäre. Es lag ihm sehr daran, die Berufung einiger hochqualifizierter Mathematiker durchzusetzen. Seine Selbstlosigkeit in dieser Sache hat mich sehr beeindruckt, denn damit war von Anfang an klar, daß Leute berufen werden müßten, die ihn in jeder Beziehung in den Schatten stellen würden – und er macht sich darüber auch keine Illusionen.«

Courant schrieb sofort an Professor Flanders: »Alles was Sie mir über das allgemeine Niveau der Vorlesungen, den Studententyp und seine Vorbildung, die Einrichtungen, die für die mathematische Ausbildung zur Verfügung stehen, sagen können, wäre für mich sehr wertvoll.«

Trotz seiner eigenen schwierigen Lage wandten sich auch in Cambridge viele seiner zwangsbeurlaubten Kollegen an Courant mit der Bitte um Rat und Hilfe. Ihre Bitten und Fragen und die Kopien seiner Antworten füllen einen umfangreichen Korrespondenzordner mit dem Vermerk »1933–34«, den er später mit nach Amerika brachte. Viele seiner Briefe wurden von Charlotte John, die im März ihrem Mann nach England gefolgt war, getippt. Courant finanzierte ihren Lebensunterhalt aus Mitteln, die er in Göttingen noch hatte; denn Carl Still hatte darauf bestanden, Courant die Summe, die er ihm für das ganze Jahr zur Verfügung gestellt hatte, zu überlassen.

Im Frühling drangen aus Deutschland beunruhigende Gerüchte über eine Rede Bieberbachs herüber, in welcher der Berliner Mathematikprofessor die aktuelle Rassentheorie auf die Vertreter seiner Wissenschaft angewendet hatte. Dabei wurde der eine Typus durch die »echten Deutschen« – Hilbert und Klein waren Beispiele dafür – verkörpert, der andere durch Franzosen und Juden.

Zur Untermauerung seiner These von der »deutschen Art« im mathematischen Schaffensprozeß hatte Bieberbach eine Äußerung Kleins zitiert, die dieser 1893 auf seiner Amerika-Reise gemacht hatte: »Es scheint, als ob eine starke, naive Raum-Intuition vor allem eine Eigenart der teutonischen Rasse ist, während die kritische, reine Logik in der romanischen und der semitischen Rasse höher entwickelt ist.«

Eine der großen Leistungen der wahren deutschen Mathematik war – nach Bieberbach – Hilberts Arbeit über Axiomatik, und es war sehr bedauerlich, daß es »abstrakten jüdischen Denkern« gelungen war, »die Axiomatik so umzubiegen, daß man sie als intellektuelles Varieté brauchen kann«.

»In dem Unbehagen, das fremde Art hervorruft, wird sich die eigene Art ihrer selbst bewußt«, erklärte Bieberbach. Ein Beispiel für diesen Prozeß war die »mannhafte Ablehnung« mit der die Göttinger Studenten Edmund Landau vertrieben hatten. »Der undeutsche Stil dieses Mannes in Forschung und Lehre« war »deutschem Empfinden unerträglich«. Bieberbach faßte seinen Standpunkt folgendermaßen zusammen: »Eine wesentliche Aufgabe nationalsozialistischer Wissenschaft scheint es mir zu sein, in den Werken der Wissenschaft die deutsche Art zu erkennen und dann von der Besinnung zur Tat zu schreiten.«

Zur gleichen Zeit als Bieberbach mit seiner Rede Aufsehen erregte, begann Courant die ersten Vorbereitungen für seine Übersiedlung in die Vereinigten Staaten zu treffen. Dabei waren verschiedene Schwierigkeiten zu überwinden. Einmal brauchte er eine Genehmigung, um mehr als die gesetzlich vorgeschriebene Devisenmenge ausführen zu können. Weiter mußte er die Dispensation von der Steuer erwirken, die allen Emigranten auferlegt wurde und die allein schon ein Viertel seiner Geldmittel verschluckt hätte. Am leichtesten ließen sich diese beiden Probleme umgehen, wenn man ihn einfach für längere Zeit beurlaubte. Um seiner Bitte um eine Verlängerung seiner Beurlaubung Nachdruck zu geben, versuchte Courant den Beweis zu erbringen, daß seine Anwesenheit in den Vereinigten Staaten den deutschen Interessen zum Vorteil gereichen könnte und belegte das mit Gutachten, darunter auch einem Schreiben von Ferdinand Springer, der betonte, daß es dem deutschen wissenschaftlichen Verlagswesen nur nützen könne, wenn Courant der amerikanischen Einladung folgte.

»Als im Jahre 1932 die Boykottbestrebungen gegen die deutsche wissenschaftliche Literatur in den Vereinigten Staaten gefährlich zu werden drohten, hat Professor Courant gelegentlich eines Aufenthaltes in Amerika sich durch mannigfache, aufklärende Verhandlungen mit den drüben maßgebenden Persönlichkeiten erfolgreich um die Besserung der Atmosphäre bemüht«, erklärte Springer. »Es ist daher schon aus diesem Grunde äußerst erwünscht, daß sich drüben eine vermittelnde Persönlichkeit wie Professor Courant befindet, welche die Situation auf beiden Seiten genau kennt und bereit ist, nach wie vor im Interesse des deutschen Schrifttums drüben sich einzusetzen.«

Der Dekan der Göttinger Fakultät machte darauf aufmerksam, daß Courant beträchtliche Summen amerikanischen Geldes nach Deutschland gebracht habe, und daß es unklug wäre, die Verbindung zu diesen Finanzquellen, die er darstellte, abzubrechen.

Trotz seiner schwierigen persönlichen Lage sorgte sich Courant weiterhin um die Zukunft des mathematischen Institutes.

Weyl hatte noch vor seiner Abreise nach Amerika mit Helmut Hasse, der damals Professor in Marburg war, Kontakt aufgenommen und ihn dringend gebeten, einen Ruf nach Göttingen – falls er einen solchen erhalten sollte – unbedingt anzunehmen. Hasse war ein hervorragender Mathematiker, wenn auch nicht in der breiten mathematisch-physikalischen Tradition, wie sie während ihrer Glanzzeit an der Göttinger Universität geblüht hatte. Politisch galt er als konservativ. Unter den herrschenden Umständen hielten ihn Courant und Weyl für den bestmöglichen Direktor des mathematischen Institutes. Sobald Courant das Angebot aus New York erhalten hatte, schrieb er an Hasse und empfahl ihm Rellich, der damals Privatdozent in Göttingen war.

»Wenn Sie wirklich hingehen«, erklärte er Hasse, »so wird Rellich Ihnen bei der Verwaltung und auch sonst enorm viel helfen können.«

An Ostern hatte Hasse den erwarteten Ruf nach Göttingen erhalten und verhandelte mit dem Ministerium über die Bedingungen seiner Zusage. Gleichzeitig versuchte er, mit etwas Nachhilfe von Courant, dessen Gesuch um eine verlängerte Beurlaubung zu unterstützen, so daß Courant in New York hätte zusagen können, ohne auf seine offizielle Stellung in Göttingen verzichten zu müssen. Aber der Minister bevorzugte die »Emeritierung« und gab Hasse zu verstehen, daß man es höheren Ortes vorzöge, wenn das Gesuch um Emeritierung von Courant gestellt würde.

Courant hatte Hasse schon früher einmal erklärt, daß seine Beweggründe nicht nur finanzieller Art seien: »Genau ebenso entscheidend ist für mich meine innere Einstellung und mein Zugehörigkeitsgefühl zu Deutschland, zu dem Göttinger Institut, das ich ja schließlich geschaffen habe. Es ist mir klar, daß auch eine Beurlaubung, soweit man das heute beurteilen kann, eine spätere Rückkehr aus inneren und äußeren Gründen nicht sehr wahrscheinlich machen würde. Aber meine innere Einstellung ging dahin, auch eine geringe Möglichkeit in dieser Hinsicht nicht ohne Not aufzugeben.«

Im Sommer 1934 waren die Zustände am Mathematischen Institut chaotisch. Ein Nazi-Parteimitglied namens Tornier wurde auf den Lehrstuhl Landaus berufen und sollte auch das Amt des geschäftsführenden Direktors verwalten, bis Hasse es offiziell übernehmen konnte. Tornier entließ darauf in eigener Kompetenz Rellich. Bestürzt und entsetzt schrieb Courant an Hasse:

»Ich teile Ihnen dies mit, weil ich finde, daß die anscheinend erwogene Verschweigung dieser Handlung Ihnen gegenüber ein schlechter Dienst wäre ... Ich hoffe und wünsche Ihnen sehr, daß die Situation hier sich bald so ändert, daß Sie gern und ohne Bedenken hierherkommen können.«

Aber im Grunde seines Herzens hatte Courant wenig Hoffnung, wie sich in einem Brief vom 19. Juni 1934 an Carl Still zeigt. Still war damals bemüht, qualitativ hochstehende Berufungen an die naturwissenschaftliche Fakultät zu unterstützen, um wieder aufzubauen, was durch die Vertreibung der jüdischen Professoren zerstört worden war. Dabei bat er Courant um seine Hilfe. Doch Courant sah keine Wahl als abzulehnen. Er war zur Überzeugung gelangt, schrieb er an Still, daß die Göttinger Mathematik, wie Klein und er selber sie aufgebaut hatten, nicht wieder gut zu machenden Schaden genommen hatte. Nicht Deutschland – das Ausland hatte Nutzen daraus gezogen. In Amerika war man zur Zeit fieberhaft beschäftigt, wissenschaftliche Zentren nach dem Vorbild Göttingens aufzubauen.

»Die Berufung einiger guter Leute hierher kann zwar den gegenwärtigen Zustand der Anarchie beendigen ... doch nicht das Ansehen Göttingens in der Welt wieder herstellen.«

Einen Tag nach Courants Brief an Still, erschien die erste offizielle Zusammenfassung der Äußerungen Bieberbachs im Druck. Inzwischen war die Rede bereits zu einer cause célèbre geworden. Harald Bohr hatte darauf mit einer Entgegnung in einer dänischen Zeitung geantwortet, die – wie Bieberbach zornig erklärte – auf einer »boshaften Karikatur meines Vortrages« beruhte. Auf Grund der von Bieberbach publizierten Zusammenfassung rekapitulierte Hardy die dargelegten Ideen mit großer Sorgfalt in der Zeitschrift *Nature* und kam dann zu dem »unbarmherzigen Schluß«, daß der Berliner Professor tatsächlich glaubte, was er da gesagt hatte. Darauf reagierte Bieberbach – über die Köpfe seiner Mitherausgeber Hasse und Konrad Knopp – im *Jahresbericht* der deutschen Mathematischen Gesellschaft mit einem scharf formulierten, »offenen Brief an Harald Bohr«.

Im Juli kam Hasse nach Göttingen, um Einzelheiten seiner Berufung mit dem Dekan der naturwissenschaftlichen Fakultät zu besprechen. Als er am Mathematischen Institut vorbeikam, wurde er dort von einer so unerfreulichen Demonstration der nationalsozialistischen Studenten unter der Führung von Teichmüller begrüßt, daß er angewidert nach Marburg zurückfuhr.

Das Ministerium beschied Courants Gesuch um eine verlängerte Beurlaubung weiterhin abschlägig. Courant erkannte die versteckte Drohung und bat um seine Emeritierung – auf den 1. April 1935, erklärte sich aber bereit, auch einem früheren Datum zuzustimmen, falls die Regierung das vorziehen sollte, um Neuberufungen an das mathematische Institut vornehmen zu können. Am 30. Juli erhielt er einen Brief von Theodor Vahlen, der ihm »meine Anerkennung und meinen besonderen Dank für Ihre verdienstvolle akademische Wirksamkeit« aussprach. . .«

Daß Vahlen sich die Mühe nahm, an Courant zu schreiben, überraschte und beeindruckte Friedrichs.

»Ich habe das lediglich für eine Formalität gehalten«, sagte ich.

»Oh nein«, entgegnete er, »die Nazis kümmerten sich nicht um Formalitäten.«

In finanzieller Hinsicht war Courant ganz gut gefahren. Während der ganzen Zeit, von seiner Rückkehr aus Cambridge bis er Göttingen verließ, erhielt er sein volles Gehalt ausbezahlt. Die Reichsfluchtsteuer wurde ihm erlassen – in Anbetracht seiner Verdienste um die deutschen Interessen in den Vereinigten Staaten. Überdies erhielt er die Erlaubnis, einen größeren Geldbetrag als normalerweise gestattet auszuführen.

Nachdem der Entschluß, Deutschland zu verlassen, gefaßt war, begann ihm das nun plötzlich reichlich vorhandene »play money« – wie sie es alle nannten – Spaß zu machen, das Geld, das er nicht mehr nach Amerika mitnehmen, aber beliebig in Deutschland ausgeben konnte.

Eines Morgens, noch vor dem Frühstück, stürzte Ilse Benfey, eine junge Nachbarin der Courants mit der Nachricht ins Haus, daß Ehen zwischen Ariern und Nicht-Ariern in Deutschland verboten werden sollten. Die Familie von Ilse Benfeys jüdischem Vater hatte seit über zweihundert Jahren in Göttingen gelebt. Doch nun schlug Courant ihr vor, mit ihm und seiner Familie nach Amerika zu kommen.

»Aber dafür habe ich doch kein Geld«, wandte die junge Frau ein, die früher einmal die Courant Kinder in Gymnastik unterrichtet hatte.

»Ja, ja,« winkte Courant ab, »deswegen brauchst Du Dir keine Sorgen zu machen«, und murmelte etwas von wie sie Nina ein wenig mit den Kindern helfen könne und er dafür ihre Überfahrt bezahlen würde.

Die älteren Benfeys konnten zwar keine Notwendigkeit für die Abreise ihrer Tochter sehen, doch Ilse begann, Nina bei den Umzugsvorbereitungen zu helfen. Alles sollte mit, da die Transportkosten aus dem »play money« bezahlt wurden. Schwere Möbel aus dem Besitz der Runges. Zwei Flügel – den einen hatte Hans Lewy zurückgelassen, den zweiten hatte Courant als junger Artillerieoffizier in Berlin gekauft. Unzählige andere Musikinstrumente, Bilder, Bücher, die gesammelten Werke von Gauß, Riemann, Klein, Hilbert und Minkowski. Die inzwischen auf 43 Bände angewachsene gelbe Reihe. Mathematische Sonderdrucke. Briefe und Tagebücher. Und in alle nur denkbaren Verstecke wurden Banknoten geschoben.

Als die Umzugsmänner dann kamen, war Courant überall, spaßte mit den Männern, sorgte sich nervös um die Verpackung der Musikinstrumente, verteilte Zigarren und großzügige Trinkgelder.

Von Göttingen reisten sie mit der Eisenbahn nach Bremen, wo sie über Nacht blieben. »Was haben Sie an ihrem letzten Abend in Deutschland gemacht?« fragte ich Nina. Ihr Gesicht leuchtete auf. »Wir haben mit ein paar Freunden musiziert.«

Am nächsten Morgen gingen sie an Bord.

Abb. 22. New York.

1934 — 1935

Es war am Abend des zehnten Tages – dem 21. August 1934 – als Courant und seine Familie die ersten Lichter am Horizont auftauchen sahen. Früh am nächsten Morgen eilten sie mit den übrigen Passagieren, darunter auch anderen Emigranten, an Deck. Für europäische Verhältnisse war der Tag schon drückend schwül. Wie ein gewaltiges Gebirgsmassiv tauchten aus dem hellen Morgendunst die legendären Wolkenkratzer auf. Während die *Stuttgart* langsam in den New Yorker Hafen einfuhr, begrüßte ein kleiner jüdischer Junge – auch er ging in die Emigration – die »Tante Liberty« mit einer so kindlichen Aufrichtigkeit, daß alle gerührt waren.

Sobald das Schiff angelegt hatte, sahen sie Hilde Pick am Pier stehen, Courants Cousine, die in Göttingen als seine Sekretärin gearbeitet hatte. Während sie die Zollformalitäten erledigten, trafen weitere Freunde zu ihrer Begrüßung ein: Franz Hirschland, ein amerikanischer Industrieller deutscher Herkunft, den Courant auf seiner ersten Amerikareise durch die Busemanns kennengelernt hatte; Donald Flanders, der junge Mathematik-Professor, dessen Vorstoß zu Courants neuer Stellung an der New York University geführt hatte; ein Student, den ihnen Gregory Breit, ein Physikprofessor an der New York University, freundlicherweise geschickt hatte, um ihnen mit dem Gepäck zu helfen. Dann tauchte plötzlich noch Dolli Schoenberg auf, eine der Töchter Landaus; und als sie schließlich die Sperren passierten, stand da Hans Lewy, der seit einem Jahr Dozent an der Brown University war. War es ein Wunder, schrieb Nina später nach Deutschland, daß sie sich unter diesen Umständen nicht wie Fremde fühlten?

Man war übereingekommen, daß Ilse Benfey mit den beiden Mädchen in Flanders Stadtwohnung ziehen sollte, bis die Familie wieder eine feste Bleibe hatte, während Courant, Nina und die beiden Knaben Gäste auf dem Landgut Hirschlands in Rye waren. Sie wurden alle in zwei Autos gepackt – Hirschlands Wagen mit livriertem Chauffeur – und durch Manhattan gefahren – zuerst zum Mittagessen, dann zu Flanders Wohnung, um Ilse und die Mädchen abzusetzen.

Courant hatte seine Reise in die neue Welt mit dem festen Vorsatz angetreten, das Beste aus einer, wie er wohl wußte, bescheidenen Situation zu machen – trotzdem war die Wohnung des jungen Professors ein unerwarteter

Schlag. Später begriff er, daß der selbstlose Flanders und seine Frau intellektuelle Individualisten waren, die die Ausbildung ihrer Kinder in einer teuren, fortschrittlichen Schule über materiellen Besitz und ein angenehmes Leben stellten. Den Sommer verbrachten sie auf einer Farm im Norden des Staates New York, von wo Flanders jetzt auch gekommen war, um Courant zu begrüßen. Das Schuljahr über lebten sie in der Stadt in einer sogenannten »railroad flat« – einer »Eisenbahnwohnung«.

Während die Neuankömmlinge Treppe um Treppe hochstiegen, wurde ihnen immer beklommener zumute. Die Wohnung war einfach »schrecklich«, berichtete Nina. Fünf Zimmer, Küche und Bad lagen hintereinander, wie die Abteile in einem Eisenbahnwagen, daher der Name. Nur das erste Zimmer hatte ein richtiges Fenster, das auf die Straße hinausblickte. Wie jemand in einer solchen Behausung mit zwei Erwachsenen und drei Kindern auch nur kurze Zeit existieren konnte, überstieg das Fassungsvermögen der Familie aus dem großen Runge-Haus in der Wilhelm-Weber-Straße. Courant schaute sich vergeblich nach einem Studierzimmer um. Vor dem Fenster donnerte eine Art Hochbahn vorbei. Courant wechselte bestürzte Blicke mit Nina.

War das das Leben eines Professors in New York?

Der Schock der Flanders Wohnung – die nicht einmal ein Studierzimmer gehabt hatte – blieb allen Familienmitgliedern als lebhafteste Erinnerung an ihre Ankunft in Amerika im Gedächtnis. Im Gegensatz dazu entsprach das Landgut Hirschlands in Rye allem, was von einem solchen Wohnsitz im Land der Millionäre zu erwarten war. Eine lange, gewundene Zufahrt führte durch einen unkultivierten Teil des Grundstücks in einen gepflegten Park. Unterwegs sahen sie Tennisplätze, einen See mit Booten, Stallungen für Reitpferde, Garagen. Das Haus selber war »hochelegant«. In einem einzigen Raum bemerkten sie einen Cranach, einen Corot und einen El Greco.

Da Courant nicht zu bewegen war, mir irgend etwas im Detail zu beschreiben, hoffte ich, in Ninas Briefen etwas über seine ersten Eindrücke von der Universität, die sein neuer Wirkungskreis sein sollte, zu finden. Aber darin wurde ich enttäuscht. Sie beschreibt zwar Flanders: »ein junger, blonder etwas unscheinbarer, aber ungeheuer freundlicher und bescheidener Mann; gewiß kein ›typischer‹ Amerikaner«, aber über die New Yorker Universität – kein Wort. Tatsächlich erwähnte sie in ihren Briefen die Arbeit ihres Mannes überhaupt nicht, bis schließlich im Februar jemand sie nach Richard fragte. Sie war – wie sie mir erzählte – von Anfang an absolut überzeugt davon, daß Richard Courant sich in New York genauso erfolgreich durchsetzen würde, wie er das in Göttingen getan hatte. Ihr privater Spitzname für ihn war dafür symptomatisch – »der gestiefelte Kater« – der schlaue Kater, der den König

Abb. 23. Donald Flanders

beeindruckt, den bösen Zauberer überlistet und seinem jungen Herrn die Hand der schönen Prinzessin gewinnt.

Als ich Courant einmal fragte, wie ihm zumute war, als er im August 1934 die New York University zum ersten Mal sah, sagte er bloß: »Es war sehr verschieden von dem, was ich in Göttingen gewohnt war.«

Zu der Zeit waren zwar einzelne Universitätsgebäude über die ganze Stadt verstreut, doch der Universitätsbetrieb konzentrierte sich im wesentlichen auf zwei Zentren.

Das eine – ganz in der Art der Campusuniversität einer amerikanischen Kleinstadt – lag in der Bronx über dem Harlem River und wurde University Heights genannt. Das zweite bestand aus einem Gebäudekomplex am unteren Ende der 5. Avenue, direkt neben dem Washington Square. Hier wurden die Kurse für Graduierte abgehalten. Courants Büro war auf dem University Heights Campus in der Bronx, während seine Vorlesungen in einem der Gebäude am Washington Square stattfinden sollten, so daß er mit der Untergrundbahn zwischen den beiden Stadtteilen hin- und herpendeln mußte. Die Sommerferien waren noch nicht vorbei und nur wenige Kollegen und Studenten an der Universität anzutreffen. Einer davon war Morris Kline, ein junger Dozent, der mit seiner Doktorarbeit beschäftigt war. Als ich 1971 am

Courant Institut mit Kline sprach, war er kurz zuvor als Direktor der Abteilung für Elektromagnetik in den Ruhestand getreten; er erzählte mir, daß er sich gut an jenen Tag erinnern konnte, als Courant zum ersten Mal auf dem University Heights Campus auftauchte. Damals wollte er wissen, wie man ein Auto kauft – denn er schien überzeugt davon, daß in Amerika kein Mensch ohne Auto existieren kann. Kline trieb einen Studenten auf, der mit ihm auf die Suche nach einem Wagen ging.

In den folgenden zwei Wochen trugen das Tempo und die gigantischen Dimensionen des amerikanischen Lebens viel dazu bei, die ersten Befürchtungen über das trostlose Schicksal eines Professors in New York zu mildern. Als er einem alten Freund wieder begegnete, fragte ihn dieser: »Nun Courant, wie steht es, wirst Du auch hier wieder Quartett spielen?« – »In diesem Land«, entgegnete Courant »spielt man nicht Quartett, hier spielt man Oktett.« Er fand, daß sich viele seiner alten Freunde und Bekannten in der Stadt oder im nahen Princeton niedergelassen hatten, das Nina als »sehr göttingisch« beschrieb. In New York selber bestand die Fakultät der New School of Social Research fast ausschließlich aus Emigranten, was ihr den Spitznamen »Exil-Universität« eintrug. Dasselbe galt auch vom Kunstgeschichtlichen Institut der New York University. Überhaupt waren Courant und seine Familie von so vielen Emigranten und deutschen Juden, die schon früher eingewandert waren, umgeben, daß Nina sich in ihren Briefen die Mühe nahm, jeden einzelnen »richtigen« Amerikaner, dem sie begegnete, im Detail zu beschreiben. Auch identifizierte sie neue Bekannte unweigerlich als »arisch« oder »jüdisch«, wobei sie jeweils den exakte Grad der jüdischen Abstammung anzugeben pflegte – für Nina ein ganz erstaunliches Phänomen, das mich überraschte, bis mir bewußt wurde, daß dies die Folge ihrer jüngsten Erfahrung in Deutschland war –, wo die Zukunft eines Menschen von der exakten Menge jüdischen Blutes in seinen Adern abhing.

Courant verfolgte zwar die Ereignisse im nationalsozialistischen Deutschland in der Presse, fühlte sich aber von allen diesen Problemen weit entfernt. Dennoch – »Die hiesige Situation ist sicherlich auch voller Unklarheiten und Spannungen«, schrieb er an Max Born. »Aber erstens versteht und fühlt man sie nicht so und zweitens sind sie doch an Ernsthaftigkeit und Gefährlichkeit mit denen in Europa nicht zu vergleichen. Ich glaube allerdings, daß auch in Amerika eine ganz tiefgreifende Umwandlung des ganzen sozialen Organismus vor sich geht.«

Während die Kinder unter ihren Freunden herumgereicht wurden, nahmen Courant und Nina – mit Hilfe Ilse Benfeys – die Probleme in Angriff, die die Verpflanzung der Familie in ein fremdes Land mit sich brachte. Nach knapp zwei Wochen in ihrer neuen Umgebung hatten sie ein Haus gemietet, und Nina konnte an ihre Mutter schreiben, »Also endlich haben wir jetzt eine richtige Adresse: 142 Calton Road, New Rochelle, N.Y., U.S.A.« Das sollte Courants Adresse für den Rest seines Lebens bleiben, und Nina lebt noch heute in dem Haus, zusammen mit Ilse Benfey, die eine lange, aktive Karriere als Fürsorgerin hinter sich hat.

New Rochelle liegt am Long Island Sound, nordöstlich von New York, ungefähr 25 Meilen vom Washington Square entfernt, wo Courant unterrichten sollte. Die Stadt war ihnen von Freunden der guten Schulen wegen empfohlen worden. Nina, die auch Hugenotten unter ihre Vorfahren zählte, freute sich, daß der Name und die Architektur in manchen Stadtteilen an die französischen Protestanten erinnerten, die Europa auf der Flucht vor religiösen Verfolgungen verlassen hatten. Nur wenige Straßen von ihrem neuen Haus entfernt stand ein Denkmal für Jacob Leisler, der in Frankfurt am Main geboren war, und der den Hugenotten die Ansiedlung in New Rochelle ermöglicht hatte.

Das Haus selber, das Courant gemietet hatte, war groß und bequem, aber sehr einfach und stand in einer Gruppe ähnlicher Häuser auf einer kleinen Anhöhe. Es überraschte sie, daß man in Amerika solche Holzhäuser oft das ganze Jahr über und nicht nur im Sommer bewohnte, und daß die Gärten nicht durch Gartenzäune voneinander abgetrennt waren. Eine ruhige, baumbestandene Straße führte zur High School – der höheren Schule des Ortes – hinunter, vor der ein kleiner Park und See lagen. Zum Haus gehörte eine Garage, die zu Courants Erstaunen »gleich an der Straße« lag; und schon in der Woche nach ihrem Einzug hatte Courant auch einen gebrauchten Chevrolet gekauft – die Vermittlung besorgte ein Cousin, der im Versicherungsgeschäft tätig war, einer der vier Courants seiner Generation, die neben Hilde Pick und ihm selbst schon in Amerika lebten.

Hilde Pick war bereit, wieder als seine Sekretärin zu arbeiten und wohnte auch – wie schon in Göttingen – wieder bei der Familie in New Rochelle. Ilse Benfey übernahm das Kommando über Haushalt und Kinder. Nina beschäftigte sich sofort wieder mit ihrer Musik. Am schwersten schien der Wechsel die beiden älteren Kinder, Ernst und Gertrude, zu treffen, aber auch den zehnjährigen Hans konnte seine Mutter jeden Abend hören, wie er im Bett lag und *Deutschland, Deutschland über alles* vor sich hinsang, »in den sanftesten Tönen, deren er fähig war«. Die sechsjährige Lori wunderte sich vor allem, daß sie in der Schule keiner fragte, ob sie jüdisch sei.

Ich fragte Courant einmal, was es für ihn damals bedeutet hatte, mit fast sechsundvierzig Jahren seine Heimat zu verlassen und in finanzieller wie in beruflicher Hinsicht wieder fast bei Null anzufangen.

»Es war hart«, sagte er einfach. »Das Geld war so knapp, ich fühlte mich für so viele verantwortlich. In wissenschaftlicher Hinsicht hatte die New York University eigentlich nichts zu bieten. Und dann« – seine Stimme verlor sich, wie das seine Art war, »ich hing so sehr an Göttingen.«

Als ich Nina die gleiche Frage stellte, antwortete sie: »Natürlich hätten wir es nie aus eigenem Antrieb gewagt, aber nachdem es uns aufgezwungen wurde, und es keinen anderen Ausweg gab, war es wundervoll – wie eine zweite Jugend!«

Bei der Feier zu ihrem fünfzigsten Hochzeitstag nannte Courant seine Frau in einer kleinen Tischrede eine »Heldin«, die mutig Familie und Freunde verließ, und ihrem Mann in ein fremdes Land und eine ungewisse Zukunft folgte. Da stand Nina auf, schlug an ihr Glas und bat, nun ihrerseits ein paar Worte sagen zu dürfen, denn für sie war es gar nicht so gewesen, wie Richard das beschrieben hatte. In Wirklichkeit hatte sie Göttingen fast mit einem Gefühl der Erleichterung verlassen, die kleine Universitätsstadt, wo sie als eine der vier Töchter von Professor Runge aufgewachsen war und nach dem Tode ihres Vaters mit ihrer Familie in dem alten Haus ihrer Eltern gelebt hatte. Sie war, beharrte sie, keine Heldin. Sie hatte die alte Welt freudig für die neue aufgegeben.

Einige der Gäste beobachteten Courants Gesicht, während Nina sprach und hatten das Gefühl, daß ihre Worte ihm mißfielen – denn er hatte das alles ganz anders erlebt.

Auch in Amerika versuchte Courant, Nachrichten über das Göttinger Institut zu erhalten, und bat seine Freunde, ihm aus Europa darüber zu berichten. Im September erhielt er einen Brief des englischen Mathematikers Harold Davenport, der kurz zuvor Hasse besucht hatte und aus erster Hand berichten konnte.

Im Spätsommer 1934 war Hasse dem Drängen verschiedener deutscher Mathematiker, die über die Zustände in der Göttinger Mathematik besorgt waren, gefolgt und hatte den Ruf nach Göttingen angenommen, doch Tornier und die nationalsozialistischen Studenten unter der Führung Teichmüllers machten ihm das Leben weiterhin schwer.

Davenports Brief enthielt auch einen Bericht über den Jahreskongreß der *Deutschen Mathematiker Vereinigung,* auf dem Tornier in Begleitung seines SA-Mannes in Zivil (der allerdings später zum Verlassen des Saales aufgefordert wurde) erschien. Obwohl die Wahl Blaschkes zum Präsidenten allgemein als ein Sieg der Gemäßigten gewertet wurde, hatten die Mitglieder der *Deutschen Mathematiker Vereinigung* eine Resolution verabschiedet, in der Harald Bohr wegen seiner Attacke auf Bieberbach »aufs Schärfste« verurteilt wurde, »soweit darin ein Angriff auf den Deutschen Staat und auf den Nationalsozialismus zu sehen ist«. Daß Bieberbach seine Entgegnung an Harald Bohr gegen den Widerstand seiner Mitherausgeber publiziert hatte, wurde zwar bedauert, gleichzeitig wurde ihm aber in aller Form bestätigt, daß er sich nur von seinem Bemühen, »die Belange des Dritten Reiches zu wahren«, habe leiten lassen.

Courant war voller Zorn über diesen Affront gegen Bohr. Er hätte auch gerne ein paar mitfühlende Zeilen an Hasse geschrieben, »aber ich fürchte, daß ein solcher Briefwechsel bei der Wachsamkeit der Tornier-Truppen mehr Schaden stiften als Trost bringen würde.«

Die Studenten, denen Courant am Washington Square gegenüberstand, waren von seinen Göttinger Studenten völlig verschieden. Seiner Ansicht nach waren sie »nicht unbegabt, aber ungewöhnlich schlecht vorbereitet«, meist jüdischer Abstammung, die Söhne und Töchter osteuropäischer Immigranten. Meist hatten sie am City College of New York studiert, weil dort keine Gebühren erhoben wurden. Nach der Graduierung bestand ihr weiteres Studium aus ein oder zwei Kursen an der New York University, da dort die fortgeschrittenen Kurse regelmäßig am späten Nachmittag oder am Abend stattfanden.

Flexner hatte diese jungen Amerikaner, die Kinder von Einwanderern, in der größten Stadt der Nation als »ein großes Begabungsreservoir« beschrieben, eine Formulierung, die Courant übernahm und in den nächsten Jahren immer wieder gebrauchte. Das Bild traf bei ihm auf eine dafür empfängliche Überzeugung. »Potentiell gibt es überall, zu jeder Zeit viele hervorragende Talente«, erklärte er mir, »aber die äußeren Umstände erlauben ihre Entwicklung nicht immer.«

»Das ist etwas, woran Sie wirklich glauben«, stellte ich fest. Er nickte: »Ich bin überzeugt davon.«

Wie sehr Abraham Flexner Courant in den ersten Jahren an der New York University beistand, ist nicht allgemein bekannt, und im Vergleich zu den vielen anderen Unternehmungen Flexners auch so unbedeutend, daß dieser in seiner Autobiographie gar nicht darauf zu sprechen kommt. Seine Briefe verraten aber ein echtes Interesse, sowohl an dem Projekt, wie an Courant, den er als einen »idealistischen, energischen und selbstlosen« Menschen beschreibt.

Zwischen 1934 und 1939, als Flexner als Direktor zurücktrat, arbeitete das »Institute for Advanced Study« auf praktischem Gebiet in vielfältiger Weise mit Courant zusammen. Flexner machte ihn auch mit verschiedenen wohlhabenden New Yorkern bekannt, bei denen möglicherweise Interesse für eine Verbesserung des Mathematik-Programms für Graduierte an der New York University zu wecken war.

»Wie war das Mathematik-Angebot an der New York University als Courant kam?« fragte ich Morris Kline. »Nicht besser als mittelmäßig, vielleicht auch etwas schlechter«, antwortete er sofort. »Nur wenige Fakultätsmitglieder konnten Doktoranden betreuen, da die übrigen selbst nicht promoviert hatten. Als Courant kam, hätte ich gerne bei ihm weitergearbeitet, wenn das nicht den Wechsel auf ein ganz neues mathematisches Gebiet bedeutet hätte. Ich war damals an Topologie interessiert, wie die meisten jungen amerikanischen Mathematiker jener Zeit.«

Das Urteil, das Kline über das Studienprogramm für Graduierte an der New York University im Jahre 1934 fällte, wurde durch eine Untersuchung bestätigt, die R. G. D. Richardson im gleichen Jahr abschloß, in der Hoffnung – wie er darin bemerkte – daß »jene, die sich um eine Förderung der mathematischen Theorie und Praxis in Amerika bemühen, darin Hinweise auf den einzuschlagenden Weg finden können«. Eines seiner Kriterien, an dem er die Leistungsfähigkeit eines bestimmten Universitätsprogramms maß, war die Anzahl der daraus hervorgegangenen Promotionen, ein zweites die Produktivität, die er an der Anzahl dort entstandener Publikationen ablas. In seinem Überblick fand Richardson, daß seit 1862, als Yale den ersten Doktortitel in Mathematik verliehen hatte, mehr als ein Sechstel der insgesamt 1286 Doktorate von der Universität von Chicago vergeben worden waren. Sechs Universitäten waren für mehr als die Hälfte der in diesem Zeitraum vergebenen Promotionen verantwortlich. Im letzten Jahrzehnt (1924–34) hatten nur 29 Universitäten fünf oder mehr Doktoren der Mathematik zu verzeichnen und konnten von daher als wichtiger Faktor der mathematischen Ausbildung in Amerika bezeichnet werden.

Die New York University gehörte nicht dazu.

Harry Woodburn Chase, seit 1933 Kanzler der New York University, war entschieden an einer Verbesserung des Mathematik-Programms für Graduierte an der Universität interessiert. Im Gegensatz zu Flexner, dessen Vater in seiner ersten Zeit in Amerika mit Hüten hausiert hatte, stammte Chase aus ganz anderen Verhältnissen als die meisten Studenten der New York University. Er kam aus einer alten, amerikanischen Familie, war in einer kleinen Stadt in Neuengland aufgewachsen und ein Absolvent des Dartmouth College. Er hatte Courant auf die Zusicherung hin eingestellt, daß Flexner, der zuvor das Amt des Kanzlers abgelehnt hatte, weiterhin ein praktisches Interesse für die Entwicklung der Mathematik an der New York University zeigen werde.

»Die Organisation und das innere Räder- und Reibungswerk der Riesenuniversität ist sehr kompliziert und es wird eine ganze Zeit dauern, bis ich die Dinge wirklich verstanden habe«, schrieb Courant an Born, nachdem er Chase kennengelernt hatte; »aber es ist klar, daß im Prinzip hier eine wirklich lohnende Aufgabe vorliegt, über deren Lösbarkeit ich mir allerdings noch nicht klar bin. Es ist auch noch keineswegs zu sehen, ob diese Aufgabe wirklich an mich herantreten wird.«

Die Verbindung zu Göttingen, um die er noch im Vorjahr so hart gekämpft hatte, riß fast sofort ab. Aus Deutschland erhielt er die Nachricht, daß seine Emeritierung – ursprünglich auf den 1. April 1935 angesetzt –, auf den 1. Oktober vorverschoben worden war. Unter normalen Umständen wäre sie erst 1956 erfolgt; so schrieb Courant am 1. Oktober 1934 trocken an Franck: »Ich feiere heute meinen 68. Geburtstag.«

Noch bevor das Jahr um war, brach eine weitere Verbindung ab; Courant trat aus Protest gegen die Resolution, in der Bohr »wegen Äußerungen, die er als Privatperson gemacht hatte« verurteilt worden war, aus der *Deutschen Mathematiker Vereinigung* aus, die in glücklicheren Zeiten von Klein, Hilbert und anderen gegründet worden war.

Von Franck, der sich über die Zukunft seines Freundes in einem unbekannten Land sorgte, wo man seine Fähigkeiten möglicherweise nicht richtig einschätzen und verstehen würde, kamen Ermahnungen zu Vorsicht und Zurückhaltung. »Lieber Courant, das Einzige, was Du wirklich thun mußt, ist, Deine Vorlesungen musterhaft vorzubereiten. Fange nur nicht an gleich anfangs zu organisieren . . .«

Courant beabsichtigte, diesem Rat zu folgen und, wie er es formulierte, »die gegenwärtigen Umstände mit der größtmöglichen Passivität zu betrachten und gute Vorlesungen zu geben, von denen die Hörer wirklich profitieren können«.

Er ließ sich Englischstunden geben und trug immer ein kleines Notizbuch mit sich herum, in das er dauernd Redewendungen notierte, denen er im Gespräch oder in Büchern begegnete.

Seine sorgfältig vorbereiteten Vorlesungen diktierte er auf Deutsch und übersetzte sie dann in ein – wie er hoffte – »gutes Englisch«. Er diktierte zwar unzählige deutsche Briefe an seine Freunde überall in Europa und an alle seine deutschen Freunde und Bekannten in Amerika, daneben versuchte er sich aber auch an englischen Briefen, wann immer sich eine Gelegenheit dazu bot. Sogar die Zweigstelle der American Cancer Society in New Rochelle, (der amerikanischen Krebshilfe), erhielt einen langen, entschuldigenden Brief über seine schwierige finanzielle Lage als emigrierter, deutscher Professor – und einen Scheck über fünf Dollar.

Seit der mit Friedrichs und Lewy gemeinsam publizierten Arbeit hatte er sich nicht mehr intensiv mit Mathematik beschäftigt. Er wußte, daß er wieder veröffentlichen sollte, war aber unfähig, sich auf mathematische Probleme oder den immer noch unvollendeten Band des Courant-Hilbert zu konzentrieren. Die Stille um ihn, das Fehlen von Menschen, das stumme Telephon, alles war ihm unerträglich. In seinem kleinen Büro auf den University Heights ertappte er sich manchmal dabei, daß er den Hörer von der Gabel hob – in der Hoffnung, daß der Apparat nicht richtig funktionierte und daher nicht läutete.

Trotz seiner guten Vorsätze, dem Rat des bewunderten Franck zu folgen, war Courant eifrig bemüht, sich an der New York University »echt nützlich« zu machen. Er sah, daß viel zu tun war. Das Schlimmste war das Fehlen einer allgemein zugänglichen, mathematischen Bibliothek, ein Zustand, der den Studenten unabhängige, mathematische Arbeit praktisch verunmöglichte. Auch die Notwendigkeit, einzelne Studenten finanziell zu unterstützen, um ihnen eine konzentrierte Ausbildung zu ermöglichen, wurde ihm schnell bewußt. Er begann, Hirschland und andere wohlhabende Deutsch-Amerikaner seines Bekanntenkreises auf »das große Begabungsreservoir« an der New York University aufmerksam zu machen, erklärte ihnen das dringende Bedürfnis nach einem »Lesezimmer«, nach »Assistentenstellen« – noch waren ihm die deutschen Bezeichnungen geläufiger. Von einigen erhielt er kleinere Dollarbeträge, andere boten ihm ihre gesperrten Mark an, die auf deutschen Konten lagen und nicht ins Ausland zu bringen waren.

Während seines ganzen ersten Jahres brütete er über dem Problem dieser so frustrierend gesperrten Gelder. Selbst deutsche Bücher und Zeitschriften ließen sich damit nur kaufen, wenn auch ein dem Markbetrag entsprechender Dollarbetrag ausgegeben wurde. Er arbeitete an einem Kooperationsplan zwischen der New York University und anderen Universitäten, gab ihn aber als zu kompliziert wieder auf. Er wandte sich an die »American Library Association« mit dem Vorschlag, die Organisation der amerikanischen Bibliotheken möge von den deutschen Behörden das Recht erwirken, einen beträchtlichen Teil ihrer Bestellungen in Deutschland mit gesperrten Mark bezahlen zu dürfen, was eine erhebliche Kostensenkung bedeuten würde. Dieser Vorschlag trug später wirklich Früchte, allerdings hielt es die Assoziation für diplomatisch klüger, Courant bei dieser Transaktion nicht zu erwähnen.

Unauffällig, so glaubte Courant wenigstens, versuchte er, Kontakte herzustellen, die sich später einmal als Finanzquellen nutzen ließen. Kurz nach Semesteranfang war er schon zu Warren Weaver vorgedrungen, dem Direktor der Abteilung für Naturwissenschaften der Rockefeller Foundation. Er brachte sich auch Henry Goldman wieder in Erinnerung, einem reichen, deutsch-amerikanischen Juden, der mit Born und Franck befreundet war und einmal einen Betrag – »keinen sehr großen« – für das Göttinger Physikinstitut gestiftet hatte. (Reiche Leute, pflegte Courant immer zu sagen, haben keine rechte Vorstellung vom Geld.) Mit Flexners Hilfe lernte er auch verschiedene reiche Juden in der Stadt kennen.

Courant war sich wohl bewußt, daß es letzten Endes von *entscheidender Bedeutung* sein würde, die mathematische und naturwissenschaftliche Fakultät der New York University aufzuwerten. Breit hatte das Physik-Department verlassen, und den selbstlosen Flanders ausgenommen, den Courant immer »einen Heiligen« nannte, fühlte er sich in seiner neuen Stellung sehr einsam. Wenige Monate nach seiner Ankunft hörte er, daß die Rockefeller Stiftung bereit war, die Kosten für einen Aufenthalt Siegels in den Vereinigten Staaten zu übernehmen. Er versuchte, die Verwaltung der New York University zu bewegen, dem deutschen Mathematiker einen Arbeitsplatz zur Verfügung zu stellen, aber dann erhielt Siegel eine Einladung an das »Institute for Advanced Study.«

Als Siegel im Januar 1935 in New York ankam, erwartete ihn Courant freudig am Pier und brachte ihn nach New Rochelle, wo Siegel blieb, bis er sich in Princeton einzufinden hatte.

»Die wichtigste Neuigkeit ist«, schrieb Nina an ihre Familie in Deutschland, »daß Freitag d. 18. Siegel mit der ›Deutschland‹ hier ankam . . . Briefträgersohn, groß, sehr ›arisch‹ . . . Nach Richards Meinung ein Mathematiker von Hilbert Format.«

Knapp einen Monat später war Siegel wieder in New York und gab vor Courants Studenten und geladenen Gästen einen Vortrag. Das war einer von mehreren Gastvorträgen bekannter Mathematiker, die Courant im Verlauf seines zweiten Semesters an der New York University veranstaltete, meist um seinen Studenten Einblicke in Aspekte der Mathematik zu vermitteln, die außerhalb seiner eigenen Spezialgebiete lagen. In einem Falle allerdings befaßte sich ein Vortrag mit einem Thema, das ihn selbst brennend interessierte, und das ihn, im Verlauf des kommenden Jahres, schließlich wieder zur Mathematik zurückbringen sollte.

Das war die Vorlesung, die Jesse Douglas vom Massachusetts Institute of Technology im März 1935 hielt. Douglas hatte mit seiner Lösung des Plateau-Problems weltweites Aufsehen erregt, einem der ältesten und berühmtesten Probleme der Variationsrechnung.

Courants Einladung an Douglas, an der New York University zu sprechen, war bis zu einem gewissen Grad auch eine versöhnliche Geste. Seit seiner Ankunft in Amerika hatte sich Courant entschlossen darum bemüht, »Mißklänge« in seinen Beziehungen zu amerikanischen Mathematikern auszuräumen, die in früheren Jahren Göttingen etwas gekränkt über die Behandlung, die ihnen dort widerfahren war, verlassen hatten. Douglas war einer von ihnen. Er war Ende 1929/30 am Ende einer Europareise als National Research Fellow einige Zeit in Göttingen und sprach bei einer der wöchentlichen Zusammenkünfte der mathematischen Gesellschaft über seine noch unveröffentlichte Arbeit über das Plateau-Problem. Das war ein schon lange bekanntes Problem, an dem sich viele hervorragende Mathematiker, darunter auch Riemann, versucht hatten. Daß dieses Problem nun von einem Amerikaner gelöst sein sollte, war mehr als die Mitglieder der Gesellschaft zu glauben bereit waren. Douglas' höchst originelle Lösung war noch nicht absolut exakt formuliert, und als er mit seinen Darlegungen zu Ende war, fielen einige der Anwesenden über seinen Beweis her und zerrissen ihn bis in die Einzelheiten. Darauf verließ Douglas Göttingen tief gekränkt, aber entschlossen, den Leuten dort die Richtigkeit seiner Argumentation zu beweisen. Als die Arbeit schließlich 1931 im Druck erschien, war die Beweiskette in einer unanfechtbar exakten Weise dargelegt.

Courant erinnerte sich an diesen Vorfall und bemühte sich daher nach Kräften, für den Vortrag von Douglas an der New York University den richtigen Rahmen zu schaffen. Alle Colleges und Universitäten der Umgebung erhielten Einladungen. Courant sorgte dafür, daß die ehemaligen Lehrer des Redners an der Columbia Universität und dem City College of New York persönlich eingeladen wurden. Allerdings ersuchte er Douglas, seine Ausführungen in Anbetracht des Ausbildungsstandes der Studenten »so elementar wie möglich« zu halten. All das hatte wenig mit einem Treffen der mathematischen Gesellschaft gemein, aber zumindest gab es anschließend Kaffee und Diskussion wie in den alten Tagen. Überdies bat Courant seinen Gast, ihm genügend Sonderdrucke der berühmten Arbeit zu schicken, damit jedes Mitglied seines nächsten Seminars ein Exemplar bekommen könne.

Nachdem ich so einiges über Courants erstes Jahr in Amerika erfahren hatte, fragte ich mich, was er sich damals wohl für Vorstellungen von der Zukunft machte. Ich fragte ihn, ob er von Anfang an gehofft habe, an der

New York University ein ähnliches Institut aufbauen zu können, wie das, das er in Göttingen zurücklassen mußte.

»Das ist schwer zu sagen«, antwortete er. »Aus der Perspektive so vieler Jahre sieht alles ganz anders aus. Als ich in dieses Land kam, empfand ich so etwas wie ein *patriotisches* Bedürfnis – so unangenehm mir das Wort ist – etwas für das Land zu tun. Ich war tief beeindruckt von Amerika und von den Leistungen der Roosevelt-Administration in ihren ersten Jahren. Ich war voller Enthusiasmus und Loyalität und dachte viel über das nach, was noch zu tun war. Dabei schien mir das Beste, was ich beisteuern konnte, die Anwendung meiner Göttinger Erfahrungen auf die Situation hier zu sein.«

1935 / 1936

Wer die Gelegenheit erhalten sollte, die »wirklich lohnende Aufgabe« an der New York University zu realisieren, blieb nicht lange ungewiß, denn schon im Juni 1935 teilte Kanzler Chase Courant mit, daß die Universität nach Ablauf seines Zweijahresvertrages bereit sein werde, ihm eine Dauerstelle anzubieten. In seinem Schreiben wies Chase darauf hin, daß sich Courant an der New York University eine Gelegenheit biete, in Zusammenarbeit mit dem »Institute for Advanced Study« ein leistungsfähiges, seinen Interessen entsprechendes Mathematik-Department für Graduierte aufzubauen.

»Ich erwähne das alles schon zu diesem Zeitpunkt«, erklärte Chase weiter, »weil ich Ihnen auf keinen Fall das Gefühl der Sicherheit, das dieses Wissen mit sich bringen mag, vorenthalten möchte.«

Das war der Moment, um – nach Courants Überzeugung – mit einer »kontinuierlichen Aufbauarbeit« zu beginnen. In den Universitätsgebäuden am Washington Square fand sich zwar weiterhin kein Platz für eine Bibliothek oder ein Büro, daneben waren aber auch ermutigende Entwicklungen zu verzeichnen. Goldman hatte ihm die Summe von 500 Dollar versprochen, falls Courant unabhängig davon 2500 Dollar auftreiben konnte. Der immer hilfsbereite Flexner hatte einem Plan zugestimmt, nach dem die Mitglieder seines Institutes in Princeton im bevorstehenden akademischen Jahr an der New York University Vorträge geben und ganze Vorlesungen abhalten sollten, falls Courant die Fahrtkosten übernehmen konnte. George Blumenthal, ein Bankier, und Courants Tischnachbar bei einem offiziellen Universitätsbankett, hatte 1500 Dollar für Stipendien auf Courants mathematischen Interessengebieten zur Verfügung gestellt.

Das war das erste Geld, das Courant in Amerika verteilen konnte, und er widmete sich der Aufgabe mit Begeisterung. Ein Stipendium ging an Irving Ritter, in Deutschland geboren, aber amerikanischer Staatsbürger, der im Vorjahr als Graduierter an der New York University studiert hatte. Er war älter als die anderen Studenten, verheiratet und schlug sich als Nachtwächter durch. In späteren Jahren wurde er Professor auf dem University Heights Campus der Universität und lebt heute im Ruhestand. Ein weiteres Stipendium wurde Max Shiffman zugesprochen, dem herausragenden Mathematik-studenten seiner Abschlußklasse am City College of New York – der später an der California State University in Hayward lehrte.

Nachdem so ein Stipendium an einen Deutsch-Amerikaner, das andere an einen amerikanischen Juden gegangen waren, beschloß Courant – und andere bestärkten ihn in seiner Absicht –, das dritte Stipendium einem »richtigen hundertprozentigen Amerikaner« zukommen zu lassen. Anfangs 1935 wandte er sich an verschiedene Mathematiker und bat um Empfehlungen. Als sich im August 1936 noch immer kein geeigneter Kandidat gefunden hatte, schlug er Flanders vor, das dritte Stipendium Rudolf Lüneburg zu geben, einem seiner Göttinger Studenten, der, obwohl kein Jude, schon sehr früh aus Deutschland emigriert war. Im allerletzten Moment meldete sich J. D. Tamarkin von der Brown University, selber ein Jude russischer Abstammung, der mit einer der früheren Einwandererwellen ins Land gekommen war, und schlug einen jungen Mann mit dem allen Erwartungen entsprechenden Namen Tom Confort vor. Courant fand eine andere Möglichkeit, Lüneburg zu unterstützen, der nach einem Jahr an der New York University in die Industrie abwanderte und auf dem Gebiet der Optik Hervorragendes leistete. Was aus Confort wurde, konnte mir niemand, den ich fragte, sagen.

Trotz der Anstrengungen, die Courant zur Entwicklung eines Mathematik-Programms für Graduierte an der New York University unternahm, und ungeachtet seiner aktiven Bemühungen, Freunde und ehemalige Schüler aus Deutschland zu plazieren, hatte die Vollendung des zweiten Bandes des Courant-Hilbert im Sommer 1935 noch immer die allerhöchste Priorität. In vielen seiner englischen Briefe aus jener Zeit findet sich bereits eine Formulierung, die später bei ihm zur Regel werden sollte, ». . .ich habe ein sehr schlechtes Gewissen, daß ich Ihren Brief nicht beantwortet habe, der . . . wie ich zugeben muß . . . zwischen die übrige Post auf meinem Schreibtisch geraten ist, und eine Weile verschollen war . . . aber . . .« Während seines ersten Jahres in Amerika leitete dieses »aber« regelmäßig die Erklärung ein, daß er durch die Arbeit am Courant-Hilbert II sehr »unter Druck« stehe. In den Monaten seit seiner Ankunft hatte er kaum Fortschritte gemacht, doch im August 1935 – nachdem das Sommersemester in Deutschland zu Ende war – erwartete er den Besuch Friedrichs'. Und wieder war er der optimistischen Überzeugung, daß es ihm, mit Friedrichs' Hilfe gelingen werde, das Buch endlich abzuschließen.

Aber Friedrichs kam noch aus einem anderen Grund als der Arbeit am Courant-Hilbert nach Amerika. Er hatte sich in ein jüdisches Mädchen verliebt, das er vier Tage nach der Machtergreifung Hitlers kennengelernt hatte.

Die Nürnberger Rassengesetze, die Ehen zwischen Ariern und Nicht-Ariern verboten, waren zwar noch nicht in Kraft, aber alle offiziellen nationalsozialistischen Zeitungen druckten regelmäßig die Namen aller Nicht-Juden, denen Beziehungen zu Juden nachgesagt wurden. In einigen Städten hatten solche Beschuldigungen die Verschickung in ein Konzentrationslager zur Folge. Um Familien und Freunde und auch sich selbst zu schützen, hatten sich Friedrichs und Nelly Bruell im vergangenen Jahr nur im Geheimen getroffen. Nun überlegten sie, ob sie vielleicht emigrieren könnten.

Courant war hochbeglückt, seinen ehemaligen Schüler und Assistenten in New York zu haben, mit ihm zu reden, ihm die Stadt zu zeigen, ihn den wichtigen Leuten vorzustellen, deren Bekanntschaft er inzwischen gemacht hatte, ihm Amerika zu erklären. Er zog verschiedene neue Manuskriptfragmente hervor, sowie die beiden ersten Kapitel, die schon existiert hatten – als Friedrichs – vor zehn Jahren – zum ersten Mal mit dem Projekt in Berührung gekommen war. »Diesmal werden wir es schaffen«, beharrte Courant, aber auch dieser Sommer ging vorbei, ohne daß viel geschah, außer daß die beiden ersten Kapitel endlich »richtig aufgeschrieben« wurden.

Am Tag vor Friedrichs' Abreise nach Deutschland, unternahmen die beiden einen langen Spaziergang, auf dem Friedrichs erklärte, daß er zu einem Entschluß gekommen sei und gerne in Amerika leben und arbeiten würde. Courant riet ihm, so rasch wie möglich zu emigrieren – und sich auch durch die Tatsache, daß vorläufig keine akademische Position für ihn bereit stand, nicht aufhalten zu lassen.

»Die traditionelle Art nach Amerika zu kommen ist ohnehin als Tellerwäscher«, murmelte er.

Friedrichs wies milde darauf hin, daß er – vorläufig – noch nicht bereit sei, die Mathematik mit dem Tellerwaschen zu vertauschen.

Als Friedrichs damals abreiste, hatte in New York das Semester bereits begonnen, und er erinnerte sich daran, daß Courant von seinem damaligen Seminar über konforme Abbildungen, Minimalflächen und das Plateausche Problem ganz begeistert war. Die Studenten waren intelligent, interessiert und arbeitswillig und einer von ihnen, der junge Shiffman, war nach Courants Ansicht, ungewöhnlich begabt. Das Plateausche Problem reizte Courant, und noch bevor Friedrichs abgereist war gab es Anzeichen dafür, daß Courant versucht war, selber daran zu arbeiten.

»Aber er *wollte* sich nicht darauf einlassen«, erklärte mir Friedrichs, »was er *wollte* war, den zweiten Band des Courant-Hilbert abzuschließen.«

Neben seinen Anstrengungen, Courant-Hilbert II abzuschließen, neben seinem Seminar und neben seiner Suche nach Finanzquellen für seine Projekte an der New York University, beschäftigte ihn eine Vielzahl menschlicher und beruflicher Probleme, die sich aus der nationalsozialistischen Politik den deutschen Juden gegenüber ergaben. Seine Eltern waren inzwischen gestorben. Sein einziger Bruder, der noch am Leben war, lebte mit seiner Familie in Italien, wo Mussolini Hitlers antisemitische Politik noch nicht mitmachte. An seiner restlichen Familie, seinen Tanten, Onkel, Cousins, die noch in Deutschland lebten, war er im allgemeinen wenig interessiert und kümmerte sich kaum um sie, aber er sorgte sich um seine Freunde. So startete er eine massive Kampagne um Ilse Benfey, die ursprünglich als Besucherin eingereist war, zu einem Visum zu verhelfen, was durch die Tatsache erschwert wurde, daß sie keine Verwandte war. Aber Courant veranlaßte Flexner, Flanders, Hirschland, Goldman und einige andere wichtige Leute, schriftlich zu bestätigen, daß – wie Nina das beschrieb – ». . . Richard ein ganz famoser Kerl ist und wohl imstande, für das Versprechen, für Ilse aufzukommen, einzustehen, . . . daß Ilse selbst so tüchtig ist, daß es nicht möglich ist, daß aus ihr eine ›public charge‹ würde.« Unter diesem Dauerbeschuß und Ilses häufigen Anrufen streckte der amerikanische Konsul in Hamburg schließlich die Waffen, so mitgenommen von der Geschichte, daß er auf dem Visum mit Ilses Namen anstatt mit seinem eigenen unterschrieb.

Aus Deutschland trafen dutzendweise Briefe von Mathematikern mit Bitten um Hilfe oder Rat ein. Wer Courant dort gekannt hatte, war überzeugt, daß er in New York genau so wohl informiert und tüchtig sein müsse wie in Göttingen. Die größte Sorge bereitete Courant die Zukunft seiner ehemaligen Schüler. Seit März war er in großer Sorge über das Schicksal von Fritz John gewesen, dessen Stipendium vom »Academic Assistence Council« in England zum Juni auslief, so daß er mit seiner kränklichen, jungen Frau praktisch mittellos dastand. Doch im Herbst 1935 erhielt Fritz John völlig unerwartet einen Ruf an die Universität von Kentucky. Courant war hocherfreut, es war eine ausgezeichnete Position für einen so jungen Mann mit wenig Erfahrung.

In Göttingen schien sich die Lage inzwischen ein wenig beruhigt zu haben.

Nachdem die Studenten das mathematische Institut mit Plakaten bepflastert hatten, auf denen sie verkündeten, daß Hasse, der Schatzmeister der *Deutschen Mathematischen Vereinigung,* »Juden in der mathematischen Gesellschaft duldete«, wurde Hasse bei Theodor Vahlen in Berlin vorstellig und forderte mit aller Entschiedenheit, daß etwas gegen die Situation in Göttingen unternommen werde.

Als ich mit Hasse in San Diego sprach, erzählte er mir von diesem Gespräch:

Abb. 24. Fritz John

»Ich versuchte, an sein mathematisches Gewissen zu appellieren, nicht an sein politisches Gefühl. Da sagte er zu mir – ich kann ihn noch dasitzen sehen – ein gebrochener Mann: ›Ja, ja, ich sehe das alles wohl, aber ich kann nichts dagegen tun, ich bin ein schwacher Mann.‹«

Trotzdem wurde Tornier kurze Zeit später nach Berlin versetzt, wo er die mathematische Fakultät in Verlegenheit brachte, weil sein Bild in der Zeitung erschien, wie er auf einer der eleganten Geschäftsstraßen flanierte – mit einer stadtbekannten Prostituierten am Arm und einer zahmen Schildkröte an der Leine.

Im Herbst 1935 berichtete Davenport Courant über einen zweiten Besuch bei Hasse:

»Die Anzahl der Studenten ist gewaltig zurückgegangen . . . Hasses persönlicher Assistent ist Witt, bestimmt ein guter Mathematiker . . . Ich habe gehört, daß Teichmüller, der der Anführer der studentischen Opposition gegen Hasse war, sich nun mit ihm arrangiert hat. Hasse hält ihn für einen ganz guten Mathematiker, doch das kann ich nicht beurteilen . . . Kaluza aus Kiel ist auf einen der Lehrstühle in Göttingen berufen worden (den Ihren, so viel ich weiß), und fängt in diesem Semester dort an . . . Hasse versucht, Deuring nach Göttingen zu holen . . . aber alles was er unternimmt, wird im

Ministerium verschleppt. Überhaupt scheinen die Universitätsgeschäfte im Ganzen stark vernachlässigt. . . .«

In den Dörfern und Städten waren am Ortseingang – und Ausgang Schilder mit der Aufschrift *Juden sind nicht erwünscht* angebracht. Daneben gab es einen Kasten, in den die Bürger Anzeigen gegen jene deponieren konnten, denen Umgang mit Juden nachgesagt wurde.

»Wie anständige Menschen so etwas dulden können, ist mir völlig unbegreiflich«, schrieb Davenport. »Wenn nicht meine Freundschaft für Hasse wäre und unsere gemeinsamen mathematischen Interessen, würde ich nicht mehr im Traum daran danken, nach Deutschland zu gehen . . . Man hat wirklich das Gefühl, daß ein großer Teil der Bevölkerung den Verstand verloren hat – ein bezeichnendes Merkmal dieses Zustandes ist es, daß die Betroffenen meist ganz normale und häufig sogar reizende Menschen sind – bis auf einen oder zwei Punkte.«

Warum Courant ausgerechnet zu dieser Zeit eine Deutschland-Reise ins Auge faßte, ist schwer zu verstehen, selbst wenn er dabei an die gesperrten Mark dachte, die Freunde für die Mathematik an der New York University gestiftet hatten; zwischen seinen Papieren findet sich jedoch ein Brief an Alwin Walther, einen seiner ehemaligen Assistenten, der nun Professor in Darmstadt war, dem er über Reisepläne für den November oder Dezember 1935 berichtete. Quer über den Brief steht – mit rotem Bleistift hingekritzelt – das Wort *Nicht.*

Im November, der Zeit, die er für seine Reise vorgesehen hatte, erhielt er die Nachricht vom Tode Julius Stenzels, seines Freundes und Mentors der Breslauer Tage.

»Ich war ganz betroffen«, schrieb Nina an ihre Mutter, »daß Richard in dem Kondolenzbrief an Frau Stenzel schreibt: »Die Freundschaft mit Julius . . . war ein Glanzpunkt meines Lebens.«

Obwohl Stenzel kein Jude war, verlor er 1933 seine Stelle als Professor für Philosophie in Kiel, weil er während seiner Amtszeit als Rektor disziplinarisch gegen nationalsozialistische Studenten vorgegangen war. Später war er dann an die Universität von Halle versetzt worden. Seine Witwe war Bertha Mugdan, die Courant damals in Breslau in Mathematik und Physik unterrichtet hatte. Nach den nationalsozialistischen Rassengesetzen war sie jüdisch, obwohl sie noch vor ihrer Ehe mit Stenzel zum Christentum übergetreten war. In seinem Kondolenzbrief drängte Courant, daß sie so schnell wie möglich mit ihren Kindern in die Vereinigten Staaten emigrieren sollte und erbot sich, ihr die notwendigen eidesstattlichen Erklärungen, mit denen er ihren Unterhalt garantieren wollte, zu besorgen.

Abb. 25. Oswald Veblen

Siegel war inzwischen nach Frankfurt zurückgekehrt, nachdem er gehört hatte, daß Werner Weber, der seinerzeit in Göttingen Landau aus dem Hörsaal verdrängt hatte, an die Frankfurter Universität geschickt worden war. Laut Courant hielt er es für seine Pflicht, zurückzugehen und sich für seine Kollegen, vor allem für Max Dehn und Ernst Hellinger, einzusetzen. Doch als er in Frankfurt ankam, hatten beide ihre Stellungen schon verloren.

Zusammen mit Oswald Veblen, der sich an die Spitze der amerikanischen Bemühungen, emigrierte Mathematiker unterzubringen, stellte, und mit Harald Bohr als europäischem Kontaktmann, begann Courant nun auch die Notwendigkeit ins Auge zu fassen, seinen nichtjüdischen Freunden zur Ausreise aus Deutschland zu verhelfen. Er sorgte sich besonders um Artin, dessen Frau zur Hälfte jüdischer Abstammung war.

Trotz der steten Sorge um seine Freunde im Hintergrund, konnte sich Courant der Anziehungskraft des Plateauschen Problems auf die Dauer nicht entziehen. Das Problem verdankt seinen Namen einem belgischen Physiker des 19. Jahrhunderts, dessen Experimente damit in Verbindung standen. Es ist mathematisch ein sehr tiefes Problem. Trotzdem läßt es sich auf eine Weise formulieren, die auch dem Laien intuitiv verständlich ist. In seiner einfachsten Form besteht es darin, die Oberfläche mit dem kleinsten Flächeninhalt zu finden, welche in einen gegebenen, geschlossenen Rahmen im Raum eingespannt ist. Trotz dieser leichtverständlichen Formulierung ist es gar nicht offensichtlich, wie die Lösung analytisch zu bestimmen ist, und mit Ausnahme der Fälle mit sehr einfachen Rändern ist es nicht einmal intuitiv klar, wie diese Oberfläche aussehen sollte.

Die Leistung Douglas', dem die erste vollständige Lösung des Plateau Problems für einfache und doppelte Ränder gelungen war, hatte Courant damals sehr beeindruckt. Der Amerikaner hatte sich geschickt eines bestimmten Minimalproblems bedient, auf das ihn die Transformation eines weiteren Minimalproblems gebracht hatte, das seinerseits mit dem Dirichletschen Minimalproblem verwandt war. Es war eine sehr originelle Arbeit gewesen, mit der Douglas zu Recht weltweit Aufsehen erregt hatte. Doch so sehr Courant von dieser Leistung beeindruckt war, so wenig sagte ihm die Methode des Amerikaners zu. Sie erschien ihm bei weitem nicht so direkt und einfach, wie das die Natur des Problems erfordert hätte. Wie ein Jahrzehnt zuvor Weyl im Falle der Lorentzschen Vermutung, so ging Douglas nun bei diesem Problem seiner Meinung nach »um den Brei herum«.

»Courant nahm nie ein Problem in Angriff einfach nur um es zu lösen«, erklärte mir Friedrichs. »Er mußte auch an den Hilfsmitteln, die er zur Lösung des Problems benützte, Gefallen finden. Er sah sie nie unabhängig vom Problem, für ihn waren sie immer Teil des Ganzen. Ein schönes Problem verdiente demanch auch schöne Mittel – sonst konnte ihn das alles nicht begeistern.«

Courant wußte wohl, daß der Zusammenhang zwischen dem Plateauschen Problem, den harmonischen Funktionen und dem Dirichletschen Problem den Mathematikern schon lange bekannt war. Mit seiner an Klein gemahnenden Begabung, Verbindungen in der Mathematik herzustellen, blitzte ihm in seinem Seminar im Herbst 1935 plötzlich die Erkenntnis auf, daß das mit dem Dirichletschen Problem verknüpfte Minimalproblem auf direkte Weise für die Lösung des Plateau-Problems verwendet werden konnte. Wieder griff er zu seinem bewährten Hilfsmittel, dem implizit schon in seiner Dissertation von 1910 vorhandenen Lemma, das er 1914 explizit formuliert und in seiner Arbeit über Differenzengleichungen so erfolgreich angewendet hatte. Im Februar 1936 – knapp ein Jahr nachdem Douglas seinen Vortrag an der New York University gegeben hatte – konnte Courant begeistert an Siegel schreiben, daß es ihm gelungen war, »die Lösung des Plateauschen Problems von Douglas und Rado ganz erheblich zu vereinfachen und auch zu erweitern, so daß die ganze Angelegenheit jetzt in keiner Weise mehr schwieriger ist, als der Fundamentalsatz der Konformen Abbildung.«

Zu Hause spielte er vor allem Bach-Fugen.

»Von hier ist nur Günstiges zu berichten«, schrieb Nina nach Deutschland, »Richard kommt jetzt mehr zum wissenschaftlich arbeiten als seit langem, Göttinger Zeit mitgerechnet und ist gerade begeistert von etwas, was er gefunden hat.«

Obwohl Nina die Tochter eines Mathematikers war und auf diesem Gebiet eine durchaus überdurchschnittliche Begabung zeigte, hatte sie alle Versuche, die Mathematik ihres Mannes zu verstehen, längst aufgegeben.

»In seinem eigenen Fach mit seinem Mann arbeiten zu können muß etwas besonders Schönes sein«, schrieb sie an ihre Mutter. »Wäre ich energischer (– und ärmer!) gewesen, so hätte ich ja für Richard Sekretärarbeit lernen können, aber ich fürchte, daß ich das doch immer nur sehr schlecht gemacht haben würde. Dies Zusammenarbeiten von Mann und Frau ist doch jetzt sehr modern geworden. Ich denke es mir prachtvoll.«

»Mein Verhältnis zur Mathematik«, erklärte sie mir, »ist eher das eines kleinen Kindes, das seine ersten Entdeckungen macht, für das alles ein *Spielzeug* ist, und das mit immer neuem Staunen und großem Entzücken feststellt, daß eine Marmel rollt, daß die Teile eines Puzzles zusammenpassen. So war mir zumute, als ich begriff, daß in Formeln und Gleichungen Zahlen oder geometrische Einheiten durch Buchstaben dargestellt werden. Und wenn ich dann einige mathematische Tatschen eingesehen hatte, war ich nicht zufrieden damit, sondern wollte wissen, wieso das so ist, was dahintersteckt und was daraus folgt. Die Resultate habe ich allerdings immer sofort vergessen, geblieben ist mir nur die Erinnerung an das Hochgefühl, das sie in mir erweckten. Da ich ein fauler Mensch bin, war ich nie versucht, mich in die höhere Mathematik einzuarbeiten.

Was mir wirklich Spaß machte war dabei zu sein, wenn Richard sich mit Friedrichs oder mit Fritz John über mathematische Fragen unterhielt, ich verstand zwar kein Wort von dem was sie sagten – bemühte mich auch gar nicht darum – aber ich konnte den Eifer spüren, mit dem sie von einander lernten – ein gegenseitiges Einverständnis, ein Respekt, wie ich das bei Vertretern anderer Wissenschaften selten erlebt habe.«

In beruflicher wie in persönlicher Hinsicht hatte Courant seit seiner Ankunft in Amerika große Anstrengungen unternommen, im Hintergrund zu bleiben und nicht aufzufallen. Er wußte, wie sehr den Amerikanern alles mißfiel, was als »Einmischung« von Ausländern, besonders wenn diese auch noch jüdischer Abstammung waren, interpretiert werden konnte. Er hatte auch beobachtet, daß Immigranten, die schon länger im Land waren, sich durch die jüngste Einwandererwelle immer besonders bedroht fühlten. Während seiner ersten Jahre an der New York University brachte er seine Vorschläge fast immer durch Flanders vor, »einen echten, hundertprozentigen Amerikaner«, dessen Vorfahren schon vor der *Mayflower* in Amerika gewesen waren.

Trotz seiner Bemühungen, »nicht unangenehm aufzufallen«, erhielt er im Winter 1935–36 einen beunruhigenden Brief von Franck, der »von einwandfreier und Dir gut gesinnter Seite« vernommen hatte, »daß in New Haven und Princeton und vielleicht auch anderswo die Mathematiker etwas aufgebracht gegen Dich sind, daß Du Leute in Stellungen brächtest, kurz gesagt regiertest und Dich nicht als Fremder zurückhieltest.

Ich weiß, daß Deine Güte und Hilfsbereitschaft Dich veranlaßt haben, für Menschen zu sorgen«, versicherte Franck, »und ich habe ja oft genug im Falle meiner Kinder Dir vorgeklagt, ob Du keine Hilfe wüßtest. Trotzdem bitte ich Dich herzlich, nimm Dir diese Nachricht zu Herzen und halte Dich 100% zurück.«

Es schien Franck, daß allgemein die Fremdenfeindlichkeit zunahm, er – und auch andere – hielten den Antisemitismus in Amerika für ausgeprägter, als er das in Deutschland vor Hitler gewesen war. Deshalb sollte Courant es in Zukunft auch vermeiden, andere Stellen, als die New York University anzuschreiben, es sei denn, er werde ausdrücklich dazu aufgefordert.

»Vielleicht kannst Du, wenn Du nicht auf diesen Rat hörst, dem einen oder anderen helfen, dem Du nicht helfen kannst, wenn Du den Rat annimmst, aber der Schaden, den Du Dir, bzw. den Freunden insgesamt tun würdest, wäre größer.«

Franck räumte ein, daß sich möglicherweise eine vergleichbare Animosität auch gegen ihn selbst richte.

»Der Zufall ließ mich dieses Gerede erfahren und er muß für uns beide eine Warnung bedeuten, ungeheuer vorsichtig zu sein. Wir dürfen nicht vergessen, daß wir schon einmal uns über die Sicherheit des Bodens auf dem wir lebten, getäuscht haben.«

Courant ging in sich und überdachte sein Verhalten seit seiner Ankunft in Amerika sorgfältig. Dennoch kam er zu dem Schluß, daß es für die Kritik, die Franck zu Ohren gekommen war, wirklich keine *objektive* Grundlage geben konnte.

»Daß es ›die‹ Mathematiker in Princeton oder in Yale sind, kann ich mir nur schwer vorstellen. In Princeton stehe ich mit Weyl, Veblen und Neumann auf *absolut* freundschaftlichem und aufrichtigem Fuße, auch mit Lefschetz stehe ich gut. Mit anderen habe ich niemals Fragen von deutschen

Immigranten besprochen. Aber es gibt natürlich in Princeton eine andere Gruppe, mit der viel weniger Konnex besteht und die im Gegensatz zu der Veblengruppe steht; diese Leute sind anscheinend sehr gegen Siegels appointment gewesen und mögen mich damit in Verbindung gebracht haben. In Yale bin ich nie gewesen und kenne dort nahe nur Hille, der immer ein aufrichtiger Freund war und mit mir oft im allgemeinen über Fremdenfeindlichkeit gesprochen hat.«

Courants Gewissen war also rein.

»Trotzdem ... verstehe ich vollkommen, daß auch jede unbedeutende Äußerung gefährlich ist. Ich werde also noch vorsichtiger zu sein suchen.«

Courants Vorsatz war kaum gefaßt, da war er auf Grund seiner Arbeit über das Plateausche Problem auch schon in eine unangenehme Konfrontation mit einem amerikanischen Mathematiker verwickelt.

Courants Methode, die, wie schon diejenige von Douglas, Lösungen für Probleme mit einfachem und doppeltem Rand ergab, ließ sich einfacher auf kompliziertere Fälle anwenden, bei denen der Rand aus einer beliebigen Anzahl verschiedener Randkurven besteht. Als Courant diese Resultate veröffentlichte, setzte sich Douglas zur Wehr und beharrte darauf, daß sich mit seiner Methode die gleichen Resultate erzielen ließen, daß sie implizit in seiner Arbeit bereits angelegt seien. Er verwies auf eine Arbeit, die er einer Zeitschrift eingereicht hatte, in der er seine Methode auf den Fall mit mehreren Rändern angewendet hatte.

Der Vorfall erzeugte einige Mißstimmung. Douglas befand sich damals psychisch in einem sehr angegriffenen Zustand, der kurz darauf einen Klinikaufenthalt erforderte. Von 1936–1938 war er ohne akademische Anstellung.

Das Verdienst für die Lösung des allgemeinen Falles sprach Courant 1937 ohne Einschränkung Douglas zu und betonte, daß er mit seinen Veröffentlichungen dessen Prioritätsanspruch in keiner Weise in Frage stellen wollte.

In den ersten sechs Monaten des Jahres 1936 veröffentlichte Courant drei Arbeiten über das Plateausche Problem und damit begann für den fast Fünfzigjährigen eine der großen produktiven Schaffensperioden seiner mathematischen Karriere, die erste, echte, mathematische Leistung seit seiner Arbeit über die Differenzenmethode.

»Sehen Sie, in den letzten Jahren in Göttingen hatte ich ein wenig den Kontakt zur Mathematik verloren«, erklärte er mir, »aber hier in Amerika mußte ich wieder ganz auf eigenen Füßen stehen, und daß ich wieder mathematisch arbeiten konnte, beglückte mich sehr. Es war befriedigend festzustellen, daß ich meine Fähigkeiten noch nicht verloren hatte und noch etwas leisten konnte.«

Wenige Monate vor seinem Tod fragte ich Courant nach dem mathematisch faszinierendsten Ereignis seines Lebens. Da gab er diesem Zurückfinden zur Mathematik in den dreißiger Jahren denselben Stellenwert wie der Begegnung mit Hilbert in seiner Jugend.

»Auf gewisse Weise war ich dafür wirklich dankbar und hielt mich für einen Nutznießer Hitlers.«

Die Arbeit am zweiten Band des Courant-Hilbert ging auch weiterhin nur langsam vorwärts, aber die Entwicklung an der New York University war sehr befriedigend. Seit seiner Ankunft in der Stadt war die Anzahl der graduierten Studenten gestiegen. An seinen Kursen nahmen viele teil, die schon praktische Erfahrung in Anwendungsgebieten der Mathematik hatten. Aus Europa emigrierende Wissenschaftler und ausländische Besucher unterbrachen ihre Reise in New York und besuchten seine Vorlesungen. Seine Übereinkunft mit dem »Institute for Advanced Study« hatte eine Reihe anregender Gastvorträge und eine Erweiterung des Kursangebotes für Graduierte zur Folge. Das wichtigste aber war, daß ihm Kanzler Chase versprochen hatte, ihm im September 1936 am Washington Square Räumlichkeiten für eine Bibliothek und Büros zur Verfügung zu stellen.

Zu dieser Zeit, seinem zweiten Frühling in Amerika, begann Courant, Persönlichkeiten mit Zugang zu bedeutenden Finanzquellen auf seine Pläne für ein »Graduate Center« für Mathematik – ein Fortbildungszentrum für Graduierte – an der New York University anzusprechen. Mit Hilfe Flexners machte er die Bekanntschaft von Dr. Frederick Keppel, durch den er die Carnegie Foundation zu interessieren hoffte. Keppel war entgegenkommend, erklärte ihm aber, daß der *bloße* Aufbau eines Mathematik Departments an der New York University die Zuständigen der Carnegie-Stiftung kaum locken könnte.

»Er schlug daher vor, den Angriff ein wenig mehr nach taktischen Gesichtspunkten aufzubauen«, berichtete Courant an Flexner, »nämlich daß wir, sozusagen, mit neuen Ausbildungsmethoden für Graduierte experimentieren möchten . . . und die Gründe wieso ausgerechnet an der New York University und wieso in Mathematik. Zum Glück kann das, was uns vorschwebt, ohne künstliche Anstrengungen auf diese Weise formuliert werden.«

»Was mir vorschwebte war etwas in der Art wie Flexner es in seinem Buch über die Universität vorgezeichnet hatte, ein Buch von dem ich sehr beeindruckt war«, erklärte mir Courant, »das war an seinem ›Institute for Advanced Study‹ nicht verwirklicht worden, da dort nicht gelehrt wurde und kein Kontakt zu den Anwendungen bestand.«

Mit Flexners Ideen mischten sich Courants eigene Vorstellungen, die ganz von Göttingen geprägt waren, wo es keinen Unterschied zwischen der Mathematik und ihren Anwendungen gegeben hatte und wo die fortgeschrittenen Studenten und die Fakultät wie eine große Familie waren. Der eigentliche »Dreh« seines Planes war es nun, diese im wesentlichen elitäre Institution mit ihrer vornehmen wissenschaftlichen Tradition an eine mittelmäßige, geschäftsorientierte, amerikanische Universität zu verpflanzen, die überhaupt keine Tradition hatte und deren Studentenschaft sich zum größten Teil aus Arbeiterkindern, den Söhnen und Töchtern jüdischer Einwanderer zusammensetzte.

Im Juli 1936 erhielt Courant die feste Position, die Chase ihm zugesagt hatte, zusammen mit einer Gehaltserhöhung von 1000 Dollar im Jahr. In seinem Jahresbericht vor dem Board of Trustees – dem Aufsichtsrat – der Universität, legte Chase auch die Absicht der Universität dar, eine »Graduate Center« für Mathematik unter der Leitung von Professor Courant einzurichten.

Raum für das neue Projekt wurde in einem kurz zuvor erworbenen Gebäude an der Nordseite des Washington Square bereitgestellt. Dabei handelte es sich um drei kleine Zimmer im oberen Stockwerk eines etwa fünfzigjährigen Hauses, aber Courant war beglückt. Nun hatte die Mathematik an der New York University eine eigene Adresse und da er die Macht eines Briefkopfes noch aus seiner Göttinger Zeit in guter Erinnerung hatte, bestellte er noch vor seiner Abreise zum internationalen Mathematiker Kongreß, der in diesem Sommer in Oslo stattfand, Briefpapier mit dem Aufdruck:

NEW YORK UNIVERSITY
The Graduate Center for Mathematics

1936
1937

Die Fakultät des neuen »Graduate Center for Mathematics« bestand aus einer Person – Courant selbst. Doch schon im Sommer 1936, als er sich zu seiner Europareise anschickte, hatte die seltsame Verkettung der Umstände begonnen, denen er letzten Endes zwei junge, seinen Vorstellungen in geradezu idealer Weise entsprechende Kollegen verdankte.

Im Vorjahr hatte ihm Heinz Hopf, sein Freund aus Göttinger Tagen – nun Professor in Zürich – von einem jungen, amerikanischen Ingenieur berichtet, der Assistenzprofessor für Mechanik am Carnegie Institute of Technology war und mit einer Arbeit aus der Differentialtopologie bei Hopf promoviert hatte. Diese Kombination hatte Seltenheitswert: ein Amerikaner, der Ingenieur war und sich für reine Mathematik interessierte! Courant schrieb sofort an J. J. Stoker: »Falls Sie irgendwann gegen Ende dieses, oder im Verlauf des nächsten Jahres nach New York kommen sollten, so würde ich mich sehr freuen, Sie kennenzulernen.«

Im gleichen Frühling hatte sich Courant auch darum bemüht, eine Übergangsposition für Friedrichs einzurichten, um diesem einen zweiten Besuch in New York zu ermöglichen. Obwohl er nur gerade genügend Geld aufgetrieben hatte, um den Lebensunterhalt seines jüngeren Kollegen zu finanzieren, schickte er Friedrichs eine offizielle Einladung in englischer Sprache und lud ihn ein, an der New York University einige Gastvorlesungen zu geben. Zu seiner Überraschung telegraphierte Friedrichs auf Deutsch zurück, »Leider bin ich zur Zeit nicht in der Lage, die freundliche Einladung anzunehmen.« Verwirrt über diese ihm unbegreifliche Absage hoffte Courant, auf dem Internationalen Kongreß in Oslo von Friedrichs Aufschluß darüber zu erhalten.

Als Courant in Kopenhagen ankam, erwartete Friedrichs ihn schon dort und berichtete, daß Courants in englischer Sprache abgefaßte Einladung ihm einen Verweis des Ministerialbeamten eingetragen habe, bei dem er seinen Urlaub beantragt hatte.

»Ich finde keine Erklärung dafür«, hatte dieser zornig nach Braunschweig geschrieben, »aus welchem Grunde Herr Prof. Friedrichs die Einladung von Prof. Courant, einem jüdischen Emigranten, die dieser auch noch in englischer Sprache schreibt, obwohl er Deutsch spricht, nicht von sich aus ohne

Zögern ablehnt. Ich ersuche, mir umgehend über die erfolgte Ablehnung durch Prof. Friedrichs zu berichten und mir einen Durchschlag des ablehnenden Antwortschreibens vorzulegen.«

Unter diesen Umständen hielt Friedrichs es für klüger, Courant in Kopenhagen zu treffen, und nicht während des Kongresses in Oslo, wo ihre Begegnung Aufmerksamkeit erregen könnte. Er war nun entschlossen zu emigrieren, falls Courant ihm irgendeine Position an einer Universität besorgen konnte. Dieser war jedoch nicht optimistisch. Es gab so viele jüdische Mathematiker, die emigrieren *mußten,* und die Stellen waren äußerst knapp. Er wies abermals auf den traditionellen Immigrantenjob des Tellerwäschers hin, aber Friedrichs hielt von dieser Alternative immer noch nichts.

Der Kongreß in Oslo wurde für Courant, Weyl und die übrigen deutschen Emigranten dadurch getrübt, daß einige ihrer deutschen Kollegen dem Kongreß fernblieben. Auch auf amerikanischer Seite gab es eine aufsehenerregende Lücke. Jesse Douglas und L. V. Ahlfors waren die ersten Fields-Medal-Preisträger, doch Douglas hatte sich die Reise nicht leisten können und Norbert Wiener nahm den Preis in seinem Namen entgegen.

Obwohl Courant Nina »tausend Gründe« genannt hatte, wieso es unklug wäre, zu diesem Zeitpunkt Deutschland zu besuchen, beabsichtigte er selber über Deutschland nach Karlsbad zu fahren. Es war ein seltsames, etwas ungemütliches Gefühl für ihn, wieder auf deutschem Boden zu sein. Doch es war der Sommer der Olympischen Spiele in Berlin, und Hitler demonstrierte der Welt die Erfolge von drei Jahren nationalsozialistischer Herrschaft. So hatte Courant, wie er sagte, »keine Schwierigkeiten«.

In Hamburg besuchte er Artin, dem die Teilnahme am Kongreß in Oslo verweigert worden war, und der nun mit seiner Familie eine Amerika-Reise plante, um sich ein Bild dessen, was ihn dort erwartete, machen zu können, bevor er sich zur Auswanderung entschloß.

Von Hamburg reiste Courant nach Berlin, wo er Vorkehrungen traf, um Anna Stenzel, der Tochter seines Freundes, mit dem Geld auf seinem Sperrkonto zur Emigration zu verhelfen. Er traf sich mit Springer, der offenbar noch immer ungestört seine Geschäfte betrieb. Obwohl sein Vetter Julius, der mehr als zur Hälfte jüdischer Abstammung war, zum Rücktritt aus der Firmenleitung gezwungen worden war, hatte es keine weiteren Einmischungen in die Tätigkeit des Verlags gegeben. Courant war immer noch Hauptherausgeber der gelben Reihe, Springer wollte auch den zweiten Band des Courant-Hilbert herausbringen. Auf den Titelblättern der Springer-Zeitschriften tauchten immer noch jüdische Namen auf. Die *Mathematischen Annalen* brachten einen Nachruf auf Emmy Noether, die im Frühling 1935 in den Vereinigten Staaten gestorben war.

Ich fragte Courant, ob er auf dieser Reise auch Göttingen besucht hatte.

Nein – er hatte Hilbert von Oslo aus angerufen, aber nach Göttingen war er nicht gefahren.

Als Courant in Karlsbad in seinem Hotel ankam, erfuhr er, daß ein Mann angerufen habe, um Courants Ankunftszeit zu erfahren und dann, ohne seinen Namen zu nennen, wieder auflegte. Courant war überzeugt, daß es sich bei dem anonymen Anrufer um Friedrichs handelte – der dann auch prompt am nächsten Morgen vor ihm stand und erklärte: »Ich komme sogar als Tellerwäscher.«

Das war Courants Version. »Ich kann mich nicht daran erinnern«, bemerkte Friedrichs lächelnd, »aber das war eben Courants Version.«

Im September 1936 kehrte Courant voller Zukunftspläne nach Amerika zurück. In Karlsbad hatte er unter anderem die Bekanntschaft von David Sarnoff, dem Präsidenten von RCI (Radio Corporation of America) gemacht. »Einer der interessantesten Männer, die ich kennengelernt habe«, schrieb er an Franck, ein Kontakt der – im eigenen wie im Interesse Francks – gepflegt werden mußte. Dann mußte eine Einladung für Artin organisiert werden; er mußte Vorbereitungen für Friedrichs' Ankunft treffen, ihm irgendeine Anstellung besorgen. Im weiteren hatte Courant beschlossen, daß Flanders, der den mathematischen wie den persönlichen Schwung etwas verloren hatte, eine Luftveränderung brauchte und am besten einen Teil seines bevorstehenden Freisemesters in Kopenhagen bei Harald Bohr verbringen würde – und auch das mußte arrangiert werden. Dann war da Anna Stenzel, die Unterstützung brauchen würde. Und die neuen Räumlichkeiten seines »Graduate Center« am Washington Square mußten eingerichtet werden.

Courant war kaum wieder an der New York University, noch in seinem alten Büro auf dem University Heights Campus, da meldete sich bei ihm ein junges Mädchen mit einem Empfehlungsschreiben Flexners. Courant betrachtete die kleine Jüdin etwas zweifelnd und fragte, ob sie maschinenschreiben und stenographieren könne.

»Ich konnte zwar maschinenschreiben, stenographieren dagegen nicht sehr gut«, erzählte mir Bella Kotkin, geborene Manel. »Aber da Courant nur sehr stockend Englisch sprach, und ich mich nicht genierte zu fragen, wenn ich etwas nicht verstand, ging es irgendwie. Nach meinem ersten Seminarvortrag schlug seine Einstellung zu mir plötzlich um – ich war akzeptiert und wurde eingeladen, mit ihm und anderen Studenten zum Mittagessen zu gehen.«

Sie konnte sich noch gut an die erste Zeit in den kleinen Büros im oberen Stockwerk des Hauses Nr. 20 Washington Square North erinnern. Sie war Sekretärin und Empfangsdame, bediente das Telephon, beriet die Studenten, überwachte die kleine Bibliothek – die zur Hauptsache aus Courants Büchern und Zeitschriften und seiner persönlichen Sammlung von Sonderdrucken bestand. Besucher aus allen Gesellschaftskreisen fanden sich in dem bescheidenen Büro ein, »berühmte Wissenschaftler und sogar Fürstlichkeiten«. Für die junge Studentin war das alles sehr aufregend. Trotzdem war sie erleichtert, als Courant ihr ein Blumenthal-Stipendium verschaffte und sie sich auf ihre Dissertation konzentrieren konnte.

Manchmal wurde sie am Wochenende zusammen mit anderen Studenten, darunter auch Max Shiffman, den sie später heiratete, nach New Rochelle eingeladen, wo sie meist zur Gartenarbeit angestellt wurden.

»Daß Courant die Leute benützte, sie für seine Zwecke gebrauchte, da ist wohl was Wahres dran«, gestand sie zu, »aber nie, ohne selber etwas beizutragen. Wir wurden von ihm und von Nina in die Familie mit einbezogen, und das war sehr wertvoll für uns.«

Nachdem er nun eine feste Position hatte, intensivierten sich seine Bemühungen, seine Göttinger Erfahrungen für die Situation an der New York University zu verwerten. Im Herbstsemester 1936/37 kündigte er eine allgemeine Vorlesung an, »Elementarmathematik vom höheren Standpunkt«, die sich sowohl an angehende Mathematiklehrer wie an Graduierte richtete. Die Vorlesungen, die Felix Klein unter eben diesem Titel gegeben hatte, hatten seiner Ansicht nach viel zur Verbesserung der mathematischen Ausbildung an den höheren Schulen Deutschlands beigetragen. Überdies war den Studenten dadurch ein breiteres Verständnis für die Zusammenhänge zwischen höherer Mathematik und elementaren Problemen, sowie für die Verbindungen zwischen den verschiedenen Zweigen ihrer Wissenschaft erwachsen. Er hoffte, daß eine Vorlesung dieser Art in Amerika ähnliche Früchte tragen würde.

In diesem Herbst gab G. H. Hardy, der damals in Princeton zu Besuch war, einige Vorträge an der New York University. Die Aufnahmebereitschaft seines Publikums beeindruckte ihn sehr, und er vermerkte das auch in einem Schreiben an Courant. Dieser war überaus erfreut und ermutigt und verschickte sofort Kopien des Briefes an eine Reihe von potentiellen Gönnern, die er für sein »Graduate Center« zu interessieren suchte.

Daneben faszinierte ihn das Plateausche Problem weiterhin und er begann, sich mit Seifenfilm-Experimenten zu beschäftigen, die komplizierter waren als die seinerzeit von Plateau durchgeführten.

Bei solchen Experimenten wird ein dünnes Drahtgestell zu einem geschlossenen Rand geformt und in eine viskose Flüssigkeit von der Art einer Seifenlauge getaucht und vorsichtig wieder herausgezogen. Ignoriert man nun die Schwerkraft und andere Kräfte, die das natürliche Bestreben dieses Seifenfilms, einen Zustand des stabilen Gleichgewichts durch Erreichen der kleinstmöglichen Fläche anzunehmen, beeinträchtigen, dann ist der Seifenfilm, der sich in dem Rahmen spannt die physikalische Darstellung der Minimalfläche für den vorgegebenen Rand.

Obwohl die physikalische Existenz einer Lösung eines physikalischen Problems nicht unbedingt auf die Existenz einer Lösung für das entsprechende mathematische Problem schließen läßt – wie schon Weierstraß für das Dirichletsche Prinzip gezeigt hatte – hatten die jüngsten Arbeiten von Douglas und Courant mathematisch bewiesen, daß eine solche Fläche für jeden geschlossenen Rand im Raum existiert. Daneben waren jedoch viele interessante mathematische Fragen über Minimalflächen noch unbeantwortet, darunter auch Fragen, die die Eindeutigkeit und die Stetigkeit der Lösungen betrafen.

Courant begann, einige dieser Fragen mit Hilfe von Seifenfilm-Experimenten zu untersuchen. Sich diese ohne experimentelle Demonstration vorzustellen ist meist nicht einfach, aber die Beschreibung einiger weniger Beispiele kann einen Eindruck von der Art und Weise vermitteln, in der die physikalische Lösung eine Antwort auf mathematische Fragen andeuten und manchmal auch geben kann. Man stellt sich zum Beispiel die Frage, ob es für jeden gegebenen geschlossenen Rand nur eine Minimalfläche geben kann und entdeckt, daß ein Gestell in der Form von Kopfhörern (runde Ohrmuscheln, die durch eine abgerundete Spange verbunden sind) nicht nur eine, sondern drei Minimalflächen zuläßt. Eine weitere Frage betrifft die Auswirkung von Verformungen auf den Rand. Diese Art von Experimenten erfordert das Anbringen von kleinen Henkeln. Dadurch kann man dann einen kreisförmigen Rahmen, der in eine viskose Flüssigkeit getaucht wurde, behutsam ein wenig verbiegen, und plötzlich wird die Oberfläche des Seifenfilms zu einem einseitigen Möbiusband. Weitere Deformation verwandelt ihn genau so plötzlich in ein zweiseitiges Band. Um weitere Fragen über die Auswirkung freier Ränder zu untersuchen, verwendete Courant Rahmen, die teilweise flexibel waren.

Seiner Ansicht nach waren »Ansatz und Informationswert dieser Seifenfilm-Experimente den ursprünglichen Demonstrationen Plateaus überlegen«. In den nun folgenden vier oder fünf Jahren spielte Courant – mit der Besessenheit eines Kindes – überall mit seinen Experimenten, in den Seminarien und Hörsälen, im Büro und zu Hause.

Diese Seifenfilm-Experimente waren nur ein Beispiel für eine charakteristische Verspieltheit, die Courant eigen war, und die Friedrichs als »die Fähigkeit, sich faszinieren zu lassen« beschrieb. Das leidenschaftliche Interesse seines Freundes Hardy für Cricket, den englischen Nationalsport, konnte er nie verstehen, er selber kaufte sich jedoch ein Spielzeug nach dem anderen – Kameras, Autos, Plattenspieler, Radios. In späteren Jahren hatte er die raffiniertesten Hi-Fi- und Tonband-Anlagen.

Autos, angefangen mit dem »rassigen« Röhr der Göttinger Zeit, waren ein besonderes Vergnügen.

»Courant neigte zu komischen und etwas sonderbaren Unfällen«, erinnerte sich Friedrichs. »Einmal blieb er mit seinem Wagen auf einer Bergstraße, die vormittags nur bergaufwärts und nachmittags nur abwärts befahrbar war, mit einer Panne für den größten Teil des Tages liegen – auf halber Höhe.«

Hans Lewy vermutete immer, daß Courant so intensiv mit seinem Spielzeug spielte, weil er es in seiner Kindheit vermissen mußte.

Auch im Verlauf des Jahres 1936–37, während Courant an verschiedenen Colleges an der Ostküste Vorlesungen mit Seifenfilm-Demonstrationen gab, trafen von Zeit zu Zeit immer noch Berichte und Nachrichten aus Göttingen ein. Otto Toeplitz – der, wie andere jüdische Professoren, die in Deutschland geblieben waren, kurze Zeit zuvor willkürlich in den Ruhestand versetzt worden war, hatte eine »sentimentale Reise« – wie er es Courant gegenüber nannte, – angetreten und zu Neujahr den alten Hilbert besucht. Hilberts Gedächtnis, das von seiner Krankheit sehr beeinträchtigt gewesen war, erschien Toeplitz wieder viel besser.

»Entschieden am lebhaftesten wurde er, als ich von Ihrer Tätigkeit erzählte. Er wollte alles ganz genau wissen und ich konnte ihm nicht genug davon erzählen. Auch meine Bedenken fragte er eingehend aus mir heraus und wußte, daß Franck ähnliche Bedenken habe. Und doch war seine Freude über Ihre Leistung außerordentlich. Die Lebhaftigkeit seines Anteils an diesem Teil meiner Erzählungen, der Sie betraf, war der schönste Beweis, wie sehr er Ihnen stets zugetan war. – Als ich ganz flüchtig erwähnte, Sie hätten jetzt schöne Sachen in der Variationsrechnung gemacht, lenkte er sofort ab: damit habe ich mich jetzt gar nicht beschäftigt.«

Abschließend erinnerte Toeplitz Courant an Hilberts 75. Geburtstag am 23. Januar, und fügte hinzu: »Über das, was aus seinem Göttinger Werk geworden ist, ist er sich völlig im klaren.«

Aber 1937 erschien ihnen Göttingen schon zum größten Teil nach New Rochelle verpflanzt. »Wir fühlen uns jetzt mehr mit einem richtigen Zuhause«, hatte Nina schon vor einiger Zeit an ihre Mutter geschrieben, »und denken an Euch als Leute in der Verbannung.« Das Haus war immer wieder voll von alten Freunden, Kollegen, ehemaligen Schülern – Anlässe, die Nina immer als sehr *göttingisch* beschrieb.

In der Familie hatte inzwischen Anna Stenzel den Platz von Hilde Pick eingenommen, die ihrerseits eine »richtige« Stelle gefunden hatte. Courant ließ Anna das dritte Kapitel des Courant-Hilbert in die Maschine schreiben, und plötzlich – nach dreizehn Jahren – begann das Buch wieder Fortschritte zu machen. Im Dezember war die erste Hälfte des Manuskripts unterwegs zu Springer. Im Frühling fühlte sich Stenzels Tochter ihres »amerikanischen Englisch« sicher genug, um Bella Manel als Sekretärin im »Graduate Center« abzulösen.

Obwohl sein Buch und seine mathematische Arbeit auf gutem Wege waren, fühlte sich Courant darüber hinaus verpflichtet, noch mehr für die Mathematik an der New York University zu tun. Im Gegensatz zu vielen privaten Universitäten besaß die New York University keine nennenswerten Stiftungen. Der größte Teil der Kosten mußte durch die Studiengebühren der Studenten gedeckt werden. Unter diesen Umständen war jede neue Entwicklung auf finanzielle Hilfe von außen angewiesen.

Für Courant gab es damals bereits ein Modell, das zeigte, was auf diesem Gebiet möglich war. Walter S. Cook hatte nämlich das Kunstinteresse gemeinnützig engagierter New Yorker dafür gewinnen können, dem Institut für Kunstgeschichte der New York University die finanziellen Mittel für die Berufung einer hervorragenden Gruppe von Kunstgeschichtlern, die aus Deutschland vertrieben worden waren, zur Verfügung zu stellen. Courant war der optimistischen Überzeugung, daß die New Yorker – wenn sie die Kunst unterstützten – auch für die Mathematik zu gewinnen sein mußten, umso mehr als diese nicht nur eine Kunst, sondern überdies von unbestreitbar praktischem Wert war. Wann immer sich die Gelegenheit bot, versuchte er, Kontakte zu wohlhabenden und einflußreichen Persönlichkeiten zu knüpfen. Er besorgte sich Empfehlungen, schlug aus einer Bekanntschaft Kapital für die nächste, machte sich unter einem dürftigen Vorwand an ihm praktisch Unbekannte heran. Typisch für seine Taktik in diesen ersten Jahren sind seine Briefe an Mr. Henry Gaisman, die er »auf Anraten« von Percy Straus, dem Präsidenten des Warenhauses »Macy's«, geschrieben hatte.

Nach Courants Beschreibung war Mr. Gaisman etwas über sechzig Jahre alt, »ein wenig menschenscheu, sehr reich und manchmal großzügig«. Er hatte als Zeitungsjunge begonnen und war ein erfolgreicher Erfinder und Geschäftsmann geworden.

»Ich brauche nicht besonders hervorzuheben, wie sehr es mich freuen würde, wenn ich gewisse Pläne mit Ihnen persönlich besprechen dürfte«, schrieb Courant an Gaisman. An der New York University gab es eine ganze Reihe begabter Studenten – »darunter viele Juden, die sich ihren Lebensunterhalt nebenbei mit harter Arbeit selber verdienen müssen, einige von ihnen sind sehr originelle und bemerkenswerte Persönlichkeiten«. Einer seiner Studenten war ein geschickter Erfinder. Die Lage an der Universität war so, daß »eine relativ bescheidene finanzielle Unterstützung von außen einen gewaltigen Fortschritt von großem öffentlichem Nutzen bewirken könnte«.

Als Gaisman nach zwei Wochen nicht reagiert hatte, schrieb Courant den zweiten Brief:

»Ich bin mir wohl bewußt, daß ein Mann wie Sie von allen Seiten unter Druck gesetzt wird, Unternehmungen von unterschiedlichstem Wert zu unterstützen. Ich möchte Ihnen daher versichern, daß ich zwar Ihr Interesse zu gewinnen hoffe, aber keinerlei aktive Unterstützung von Ihnen erbitten werde, die Sie nach Ihrem eigenen, spontanen Urteil nicht für angemessen halten. Daß ich Sie um eine Gelegenheit ersuche, die Angelegenheit persönlich mit Ihnen zu besprechen, mag bei Ihnen den Eindruck der Aufdringlichkeit erwecken, doch der Anlaß erscheint mir in mancher Hinsicht gewichtig genug – nicht zuletzt auch in Anbetracht der jüdischen Komponente. Diese Überlegungen haben mich auch veranlaßt, meine natürliche Zurückhaltung zu überwinden und Sie noch einmal um die Gunst einer persönlichen Unterredung zu bitten.«

Über ein halbes Jahr lang versuchte Courant beharrlich, Gaismans Interesse zu wecken, und alles was er in dieser ganzen Zeit erreichte waren ein paar Zeilen von Gaismans Sekretär, der ihm mitteilte, daß sein Brotherr den Winter über verreist sei.

Nach seinem Gespräch mit dem freundlichen Keppel im Vorjahr versprach sich Courant eine Zeitlang auch Unterstützung von der Carnegie-Foundation, aber auch diese Hoffnung verlief im Sande. Etwas zögernd wandte er sich schließlich an Warren Weaver.

»Es ist bestimmt nicht mein persönlicher Ehrgeiz, der mich treibt, noch einmal eine organisatorische Aufgabe von der Dimension des Göttinger Institutes in Angriff zu nehmen. . .«, versicherte er Warren Weaver im Dezember 1936. »Aber in Anbetracht der Notwendigkeit und der Möglichkeiten des vorgeschlagenen Entwicklungsplanes und im Hinblick auf mein Gefühl tiefer Verpflichtung kann ich nicht anders als es zu versuchen. . .«

Was er letztlich an der New York University anstrebte, war »eine starke und vielseitige Institution, . . . in der sowohl Forschung wie Lehre vertreten sein sollten, und zwar nicht nur in der reinen und abstrakten Mathematik, sondern auch im Hinblick auf die Verbindung zwischen der Mathematik und den ihr verwandten Gebieten, wie der Physik, den Ingenieurwissenschaften, vielleicht auch der Biologie und Ökonomie, und die auch einen Beitrag zur Verbesserung der höheren Schulbildung leisten sollte«.

Jede auch noch so kleine finanzielle Zuwendung konnte »nutzbringend« angelegt werden. Mit 4000 Dollar ließe sich die Bibliothek ausreichend ausstatten, mit 6000 Dollar sogar sehr gut, aber »auch ein kleinerer Betrag wäre schon eine große Hilfe«.

Von seiner Vorbildung her war Weaver Courants Ideen durchaus gewogen. Er war diplomierter Ingenieur und hatte dann in Mathematik promoviert. In seiner letzten Position als akademischer Lehrer war er Dekan der Mathematik-Abteilung der Universität von Wisconsin gewesen. Als Max Mason, den er mehr als jeden anderen Wissenschaftler bewunderte, ihn 1932 bat, zur Rockefeller-Foundation zu kommen, war er – seine eigenen Möglichkeiten kühl abschätzend – zu dem Schluß gekommen, daß ihm »jener besondere und wunderbare schöpferische Funke, der erst den guten Forscher ausmacht, fehlte, ... Meine Möglichkeiten als Mathematikprofessor stießen an ganz entschiedene Grenzen.« Darauf hatte er Masons Angebot angenommen.

Weaver war überzeugt davon, daß Courant einen »soliden und wichtigen« Plan hatte:

»Es gibt wenige Stellen im Land, wo die angewandte Mathematik in einer adäquaten und sachkundigen Weise vertreten ist und eine erfolgversprechende Entwicklung dieser Art im Raum New York erscheint eindeutig angezeigt.«

Allerdings lag ein Projekt von dieser Größenordnung »völlig außerhalb des Programms und der Möglichkeiten der Rockefeller-Foundation«, was Courant wohl selber wußte. Trotzdem wurde der New York University in den folgenden Jahren regelmäßig ein bescheidener Subventionsbetrag zur Verfügung gestellt. Weaver wies Courant in diesem Zusammenhang immer wieder darauf hin, »daß wir solche Ausnahmen nur in Fällen machen, die wir auf Grund zuverlässigen Beweismaterials für außerordentlich verdienstvoll und bedeutend halten. Es ist daher durchaus berechtigt, daß Sie diese Unterstützung – ungeachtet ihrer bescheidenen Form – als echten Beweis unseres wohlwollenden Interesses betrachten.«

Courants größte Sorge in seinen Gesprächen mit Warren Weaver war, daß man aus Mangel an finanziellen Mitteln die Chance, eine hervorragende Fakultät aufzubauen, verpassen könnte. Bei solchen Überlegungen hatte er auch

J. J. Stoker, Assistenzprofessor am Carnegie Institute of Technology, im Sinn.

Im Dezember 1936 hatte Courant Stoker endlich kennengelernt, als dieser nach New York gekommen war und einen Vortrag in Courants Seminar gegeben hatte. Das durch Hopf geweckte Interesse war sofort bestätigt worden. Stoker war der Sohn eines englischen Immigranten, der sich vom Kumpel zum Grubeninspektor sämtlicher Bergwerke der Bethlehem Steel Corporation hochgearbeitet hatte, und schließlich Grubeninspektor des Staates Pennsylvania war. Der junge Stoker hatte ursprünglich Bergbauingenieur studiert und nach seinem Diplom ein Jahr in diesem Beruf gearbeitet, bevor er an das Carnegie Institute of Technology zurückkehrte, wo er Mathematik unterrichtete. Dabei wurde ihm schon bald eine ernste Bildungslücke bewußt, denn in seinen vier College-Jahren hatte er außer etwas elementarer Differential- und Integralrechnung kaum Mathematik gelernt. Er beschloß also, nochmals die Schulbank zu drücken und Mathematik, vor allem in Bezug auf Mechanik und Physik, zu studieren.

Zu der Zeit war diese Fächerkombination, die ihm vorschwebte, an keiner amerikanischen Universität zu belegen; dies erklärte mir Stoker in seinem Büro am Courant Institute, das, hätte es damals bereits existiert, Stokers Vorstellungen genau entsprochen hätte. Vereinzelt kombinierten einige wenige Mathematik mit Anwendungen, einer davon war T. L. Smith in Pittsburgh, bei dem er einige Kurse besucht hatte. Smith hatte nach seinem Studienabschluß an der Harvard Universität in Göttingen studiert, und dorthin verwies er auch Stoker.

»Und ich wäre dem Rat bestimmt gefolgt, wenn inzwischen – wir hatten den Sommer 1932 – nicht offensichtlich geworden wäre, daß die Lage in Deutschland nicht gut war.«

Als Alternative zu Göttingen hatte Smith die Eidgenössische Technische Hochschule in Zürich vorgeschlagen, und im wahrscheinlich schlimmsten Depressionsjahr nahm Stoker seine schwangere Frau Nancy und seine zwei Jahre alte Tochter und machte sich auf nach Zürich, wo er bei Ernst Meissner angewandte Mathematik studieren wollte. Meissner war einer der ersten neuen Freunde gewesen, die Courant in seiner Göttinger Studentenzeit kennengelernt hatte.

Stoker beabsichtigte, unter Meissner auf dem ihm bereits vertrauten Gebiet der Elastizitätstheorie zu arbeiten. Nachdem er jedoch bei verschiedenen Züricher Professoren Vorlesungen gehört hatte, entschloß er sich statt dessen für Heinz Hopf. »Hopfs Vorlesungen und seine ganze Einstellung zur Mathematik wirkten auf mich ungemein attraktiv.« In diesem Jahr las Hopf unter anderem über Differentialgeometrie, ein Gebiet auf dem Vorstellungen aus

Abb. 26. Warren Weaver

der Elastizitätstheorie eine Rolle spielen. »Ich hatte nie Differentialgeometrie studiert, aber ich fand das so schön – er machte es so gut, daß ich ihn bat, mir auf diesem Gebiet ein Dissertationsthema zu geben.«

Nach ihrer Begegnung im Dezember 1936 brachte Courant es irgendwie fertig – wie war Stoker nie ganz klar – ihm eine Stelle als Assistenzprofessor im Mathematik-Department der Ingenieurschule auf dem University Heights Campus zu verschaffen. Überdies wurde verabredet, daß Stoker auch eine reguläre Vorlesung im »Graduate Center« am Washington Square geben sollte.

»Und, sind Sie je nach Göttingen gekommen?« fragte ich ihn.

»Nein, ich war überhaupt nie in Deutschland«, entgegnete er. »Ich war zwar oft in Europa, aber nach dem Krieg hatte ich keine Lust mehr, nach Deutschland zu gehen. Zwar hatte niemand in meiner Familie je unter den Deutschen zu leiden, ich bin auch kein Jude, aber ich hatte einen solchen Zorn und sah deshalb auch keinen Grund mehr, ein solches Land zu besuchen. Andererseits hatte ich deswegen immer ein schlechtes Gewissen, denn der einzelne Deutsche ist schließlich ein Mensch wie jeder andere, und einige habe ich sehr geschätzt – wie dem auch sei, ich konnte mich nie dazu aufraffen, nach Deutschland zu gehen, und war deshalb auch nie in Göttingen.«

Während Courant Stokers Anstellung in die Wege leitete, war er gleichzeitig auch damit beschäftigt, Friedrichs unterzubringen, der nun in Deutschland ernsthaft seine »Flucht« – wie er das empfand – vorbereitete.

Friedrichs war damals im wehrpflichtigen Alter und brauchte deshalb eine Erlaubnis der Militärbehörde, um das Land – selbst für kurze Zeit – zu verlassen. Glücklicherweise hatte er eine Schwester in Paris und konnte so ganz legitim für die Osterferien eine Besuchserlaubnis beantragen. Überdies war für die Einreise in die Vereinigten Staaten ein Besuchervisum des amerikanischen Konsulates erforderlich, für das wiederum eidesstattliche Erklärungen über Wohnsitz und Arbeitsplatz in Deutschland notwendig waren. Er war überzeugt, daß sowohl seine Vermieterin wie der Verwaltungsbeamte der Technischen Hochschule (der gut sichtbar ein Hakenkreuz am Rockaufschlag stekken hatte) seine Pläne ahnten, aber sie unterschrieben die benötigten Papiere ohne Fragen zu stellen. Alles, was Geld kostete, mußte vor seiner Abreise erledigt werden, da er nur zehn Mark ausführen durfte. So unauffällig wie möglich besorgte er sich eine Schiffskarte für einen Dampfer, der von Frankreich aus nach Amerika fuhr.

Er hatte mit Nellie Bruell, die als Französin einen französischen Paß hatte, verabredet, daß sie, bis er das Land verlassen hatte, in Deutschland bleiben sollte. Dann wollte sie nach Frankreich gehen und bei ihrem Vater in Lyon auf Nachricht von Friedrichs warten, dem sie, sobald er eine Anstellung gefunden hatte, nachreisen würde.

Von Paris telegraphierte Friedrichs an Courant, daß er unterwegs sei. Am 4. März 1937 traf er völlig mittellos in New York ein. Freunde borgten ihm Geld. Wenige Tage nach seiner Ankunft schickte er ein offizielles Schreiben nach Deutschland, in dem er von seiner Professur zurücktrat. Damit der Brief nicht den Poststempel von New Rochelle trug, brachte er ihn in Princeton auf die Post. Courant besorgte ihm ein Zimmer und bezahlte ihn für seine Mitarbeit am zweiten Band des Courant-Hilbert, der inzwischen – mit Ausnahme des letzten Kapitels – fertig geworden war.

»Und so war ich wieder sein Assistent, was mir ganz recht war. Die meisten Immigranten müssen in Amerika noch einmal ganz von vorne beginnen und mir erschien das alles völlig natürlich.«

Courant ließ alle seine Bekannten, die ein Interesse an angewandter Mathematik hatten, wissen, daß Friedrichs im Lande und verfügbar war. Er betonte besonders die zwei Jahre, die Friedrichs am Institut für Aerodynamik in Aachen verbracht hatte und rühmte ihn als »einen Mathematiker von der Art C. Runges«. Er entwickelte eine solche Betriebsamkeit für Friedrichs, daß sogar Hans Lewy etwas besorgt war, daß Courant auf diese Weise seine eigene Stellung an der New York University gefährden könnte.

Abb. 27. Hans Lewy

»Aber deswegen brauchst Du Dir keine Sorgen zu machen«, beruhigte Courant Lewy zwei Monate nachdem Friedrichs in die Vereinigten Staaten eingetroffen war. »In Tat und Wahrheit verhält es sich so, daß der Dekan der Ingenieurschule, der Dekan der Abteilung für Graduierte, der Vorsteher des Aerodynamikinstitutes etc. alle einer Meinung sind, daß man sich diese großartige Gelegenheit, die angewandte Mathematik zu pflegen, nicht entgehen lassen darf.«

Im Juni 1937 erhielt Friedrichs eine zeitlich befristete Anstellung als »Professor für Angewandte Mathematik« in der Abteilung für Graduierte der New York University. Die eine Hälfte seines bescheidenen Gehaltes von 3000 Dollar kam von der Rockefeller-Stiftung, die andere wurde von Privatpersonen aufgebracht, den »Freunden des Graduate Center«, wie Courant sie zu nennen pflegte. Sobald die Frage seiner Anstellung geklärt war, telegraphierte Friedrichs an Nellie Bruell – und ließ seine zukünftige Frau nachkommen.

So kam es, daß Courant am Ende seines dritten akademischen Jahres in den Vereinigten Staaten zwei Kollegen zur Seite standen, die beide bis zu seiner Pensionierung mit ihm zusammenarbeiten sollten, und die beide durch die Göttinger Verbindung zu ihm gekommen waren.

1937 / 1938

1937 erschien in Deutschland Courants letztes, in deutscher Sprache verfaßtes Buch, während in den Vereinigten Staaten das erste seiner Werke in englischer Übersetzung herauskam. Beide Publikationen haben – wie bei Courant üblich – ihre Geschichte.

Als Friedrichs im März 1937 in New York ankam, fand er zu seinem Erstaunen schon die Korrekturfahnen zum zweiten Band des Courant-Hilbert vor, nur das letzte Kapitel fehlte noch.

»Es war wie ein Wunder«, staunte er immer noch. »Courant hatte sich natürlich die ganze Zeit auf irgendeine Weise mit dem Buch beschäftigt. Was jedoch den Ausschlag gab war, daß meine Ankunft bevorstand, daß wir das Manuskript durchgehen und verbessern und das letzte Kapitel zusammen schreiben könnten.«

Ich hatte gehört, wie in der Familie Courants verschiedentlich auf dieses siebente und letzte Kapitel angespielt wurde, wie die kleine Lori einmal auf den Boden gestampft und geschrieen hatte, »Ich will kein Wort mehr über dieses siebente Kapitel hören, das hat mir ein Jahr lang das Leben ruiniert!« – und so fragte ich Friedrichs interessiert, was es denn damit auf sich hatte.

Anscheinend hatten sie von Anfang an vorgehabt, im letzten Kapitel eine allgemeine Existenztheorie elliptischer partieller Differentialgleichungen zu entwickeln. Als dieses Kapitel zum ersten Mal zur Diskussion stand, war Friedrichs noch Courants Assistent gewesen und ihre Betrachtungsweise stimmte weitgehend überein. Seither war Friedrichs' Standpunkt zunehmend abstrakter geworden. Als er 1930 eine seiner älteren Arbeiten auf dem Gebiet der Hilbertschen Spektraltheorie überarbeitete, stieß er auf die fundamentale Arbeit von Neumanns über Hilbert-Räume, in der die Hilbertsche Spektraltheorie ein Spezialfall einer allgemeinen Theorie wird. Diese Arbeit wirkte auf ihn wie eine Erleuchtung, und er machte sich sofort daran, seinen eigenen Artikel in von Neumanns Hilbert-Raum-Sprache umzusetzen. Als er dann nach seinem Besuch bei Courant im Jahre 1935 nach Deutschland zurückgekehrt war, eröffnete sich ihm noch ein weiterer Zugang zu dem ganzen Problemkomplex, der ebenfalls im Zusammenhang mit Hilbert-Raum-Methoden stand, aber wesentlich weiterging, als er das in seiner früheren Arbeit getan hatte.

»Daher befand ich mich dann 1937, als ich nach Amerika kam und mit Courant am letzten Kapitel des Courant-Hilbert II zu arbeiten begann, in einem Konflikt; denn meiner Ansicht nach konnte man das Kapitel nun nicht mehr so schreiben, wie Courant es sah – d. h. in einem Stil, der 1925 oder 1926 angemessen gewesen wäre. Anderseits wußte ich, daß die Art, wie ich es schreiben wollte, für Courant unnatürlich war, also nicht die seine sein konnte. Wir diskutierten hin und her. Courant beharrte darauf, daß er es doch bereits in meinem Sinne aufgeschrieben habe, was jedoch nicht wirklich zutraf. Er war zwar grundsätzlich mit dem Begriff des Hilbertraums vertraut und erkannte die Bedeutung, die von Neumanns Arbeit zukam. Doch das Ganze lag ihm nicht.«

Im Sommer 1937 kämpften die beiden immer noch mit dem Kapitel, ihr Arbeitsplatz war die Veranda des Hauses in New Rochelle. Courant hatte immer große Mühe, sich in seine Arbeit zu vertiefen, doch einmal in Fahrt konnte er lange nachdem Friedrichs schon erschöpft war, weiterarbeiten.

»Richard . . . seufzt und stöhnt und ist sehr reizbar«, berichtete Nina, »Von Woche zu Woche heißt es: jetzt muß es diese Woche fertig werden und dann wird es das doch gar nicht.«

Im Juli kam plötzlich der Vermieter und wollte das Haus verkaufen. Bei der entsetzlichen Vorstellung, mit seinem Manuskript, seinen Korrekturfahnen und Notizen umziehen zu müssen, kaufte Courant das Haus kurzerhand.

Endlich, mitten im Sommer, verkündete Courant seiner Familie, daß er mit dem siebenten Kapitel fertig sei, und lud alle zur Feier des Tages in die Radio City Music Hall ein, was große Begeisterung auslöste; doch dann, mitten in der Nacht hörte Nina ihn wieder vor sich hin murmelnd durch das Haus wandern. Es war alles falsch; es war hoffnungslos; so würde es nie gehen.

Das fertige Kapitel entpuppte sich letzten Endes als seltsamer Kompromiß.

»Die Leute haben immer den Kopf darüber geschüttelt«, sagte Friedrichs. »Es war weder richtig Courant, noch ganz ich.«

Als das Buch schließlich herauskam, wurde Friedrichs darin trotz seiner langjährigen Mitarbeit eigenartigerweise nicht erwähnt.

»Das geschah mit Absicht«, erklärte er dazu. »Das Buch erschien in Deutschland, und da ich damals dort noch Familienangehörige hatte, hielten wir es für klüger, wenn mein Name nicht mit demjenigen Courants in Verbindung gebracht wurde. Diese Vorsicht war wahrscheinlich übertrieben, aber wir neigten damals alle etwas zu Überreaktionen.«

Obwohl Courant also einerseits die Mithilfe Friedrichs' mit vorsichtiger Zurückhaltung behandelte, beabsichtigte er andererseits kühn, den zweiten

Band des Courant-Hilbert Harald Bohr zu widmen, der sich mit seiner Entgegnung auf Bieberbachs Rede über »Persönlichkeitsstruktur und mathematisches Schaffen« den Haß aller nationalsozialistisch gesinnten Mathematiker zugezogen hatte. Er verzichtete erst im letzten Moment auf die Widmung, weil sie Springer Schwierigkeiten bereiten könnte.

Das zweite Buch Courants, das 1937 erschien, war die englische Übersetzung seiner Differential- und Integralrechnung. Dies war die erste seiner Publikationen, die nicht mehr in direkter Zusammenarbeit mit Ferdinand Springer herauskam.

Springer hatte die Verlagsrechte für englischsprachige Editionen an Courant abgetreten, als dieser 1933 nach Cambridge gegangen war. Courant seinerseits hatte sie dann in jenem unglücklichen Jahr an einen englischen Verlag, Blackie, abgetreten, an dem einer seiner Kollegen in Cambridge, der ihm besonders freundlich begegnet war, ein Interesse hatte. Blackie besaß keinen amerikanischen Partner-Verlag, und Courant hatte es daher in Übereinkunft mit dem englischen Verlagshaus übernommen, mit amerikanischen Verlegern über eine amerikanische Ausgabe zu verhandeln. Er erwog auch, McShane, inzwischen einer der bekannteren unter den jungen amerikanischen Mathematikern, zu seinem Koautor zu machen, ließ aber die Idee wieder fallen.

Ich fragte McShane nach den Tantiemen für die englische Übersetzung der *Differential- und Integralrechnung,* doch offenbar hatte er solche nie bekommen; denn er hatte sich damals mit Courant auf ein festes Übersetzerhonorar geeinigt. »Courant hat mir nie irgendetwas geschuldet«, erklärte er. »Aber zu Beginn meiner mathematischen Laufbahn hat er mich sehr unterstützt.«

Während Courant 1936 noch immer mit verschiedenen amerikanischen Verlegern über die Publikationsbedingungen verhandelte, lernte er Erich Proskauer kennen, den Berater eines deutschen Verlagsunternehmens. Proskauer war in den Vereinigten Staaten, um sich ein Bild von den Möglichkeiten eines europäisch orientierten, wissenschaftlichen Verlages in diesem Land zu machen. Darauf wurde 1937 die Nordeman Company gegründet, die 1940 in Interscience Publishers umbenannt wurde. Obwohl Courant kurz zuvor mit einem bekannten amerikanischen Verlag erfolgreich über die Publikation seiner *Differential- und Integralrechnung* verhandelt hatte, entschloß er sich, Nordeman den Vorzug zu geben.

Proskauer, mit dem ich 1975 in New York sprach, äußerte sich noch immer verblüfft über die »Mischung aus Naivität und Gerissenheit« mit der Courant sein Buch dem neuen Verlag überließ. Ein Anreiz dabei war seiner

Ansicht nach möglicherweise die europäische Art, mit der Nordeman das Verlagsgeschäft betrieb. »In Europa dreht sich alles um den Autor, in Amerika dagegen um den Leser«.

Dieser europäische Standpunkt mag Courant damals besonders verlockend erschienen sein, denn mit der Publikation seines ersten, längeren Artikels in einer amerikanischen Zeitschrift machte er zur selben Zeit gerade unerfreuliche Erfahrungen. Solomon Lefschetz, einer der Herausgeber der *Annals of Mathematics,* hatte ihm die Korrekturfahnen entrüstet über die »ungewöhnlich« zahlreichen Korrekturen zurückgeschickt. Überdies hatte Courant auch noch die Stirn gehabt, Probeabzüge zu verlangen. Probeabzüge! »In Anbetracht der Verzögerung, die all das verursacht, sehen wir uns unter Umständen gezwungen, ihre Arbeit zurückzustellen. . . .«

Proskauer lächelte ironisch, als ich ihm von Lefschetz' Reaktion erzählte und erinnerte sich daran, wie – viel später einmal – die schon gesetzten ersten fünf Kapitel der englischen Übersetzung des Courant-Hilbert wieder vernichtet werden mußten.

Sein Vertrag mit Nordeman bedeutete einen entscheidenden Einschnitt in Courants Beziehungen zu seinem Verleger. Nach seinen Erfahrungen mit Blackie war er, so Proskauer, »äußerst vorsichtig«. Neben der Vereinbarung, die sich auf die Rechte Blackies bezog, unterzeichneten Courant und Proskauer auch eine Übereinkunft, derzufolge Autor und Verleger sich zu gleichen Teilen in die Gewinne teilen wollten. Unter diesen Bedingungen erschien 1937 der erste Band von Courants *Differential- und Integralrechnung* in den Vereinigten Staaten.

Inzwischen hatte das »Graduate Center« eine ganze Reihe hervorragender Studenten angezogen, die kleine Bibliothek war um einige Bände aus dem Nachlaß Emmy Noethers angewachsen. Flanders, der das Jahr in Kopenhagen verbrachte, hatte eine Lücke hinterlassen, doch Friedrichs und Stoker gewährleisteten den menschlichen Kontakt und die Unterstützung, die Courant brauchte.

Stoker und Friedrichs – beide in ihren Dreißigern – waren ganz anders als Courant, aber auch völlig verschieden voneinander. Stoker war direkt und unverblümt – »ein Moralist«, wie seine Studenten und Kollegen später sagten. Er teilte Courants erzieherische und mathematische Philosophie und sein Sendungsbewußtsein, während er sich von Anfang an gegen Courants Hang zu undurchsichtigen Operationen zur Wehr setzte. Friedrichs, der aus einer Juristenfamilie stammte, war ein sehr vorsichtiger Mann, der – so Courants häufige Klage – dazu neigte, allzu legalistisch zu sein. In mathematischer Hinsicht hatten sich die beiden auseinander entwickelt, aber Friedrichs verstand »Courants Art« und akzeptierte sie. Doch selbst Friedrichs hielt es für notwendig, sich abzuschirmen, um zu überleben. Als er nach seiner Heirat, nicht weit von Courant entfernt ebenfalls in New Rochelle wohnte, führte er feste Sprechzeiten ein, in denen er zur Verfügung stand.

»Meine Art, dieses Problem zu handhaben, war Courant so fremd, daß es für ihn ein dauerndes Ärgernis war«, erklärte mir Friedrichs, »aber er spürte irgendwie, daß es für mich notwendig war.«

Es war bezeichnend für die flexible, organische Entwicklung, die Courant damals für sein »Graduate Center« anstrebte, daß der angewandte Mathematiker Stoker »Professor für Mathematik« war, während Friedrichs – ungeachtet seiner zwei Jahre bei Kármán im Grunde ein reiner Mathematiker – einen Lehrstuhl für »angewandte Mathematik« hatte. Beide stimmen mit Courant darin überein, daß es zwischen der »reinen« und der »angewandten« Mathematik keine Grenze gibt; trotzdem verwendeten sie häufig im Gespräch den einen oder anderen Begriff in einem ganz spezifischen Sinn. Ich fragte Friedrichs einmal nach dem Unterschied.

Er entgegnete, daß dieser Unterschied von verschiedenen Leuten an verschiedenen Orten auf verschiedene Weise definiert werde. Als Beispiel dafür erwähnte er zwei Vorlesungen, die Courant und er selber in diesen ersten Jahren gegeben hatten.

In seiner Vorlesung über mathematische Physik besprach Courant mathematische Probleme, die sich ursprünglich aus der Physik ergeben hatten. Doch er behandelte diese Probleme auf rein mathematische Weise und befaßte sich vor allem mit den allgemeinen Theorien, mit der Existenz und Eindeutigkeit, und weniger mit speziellen Methoden zur konkreten Bestimmung von Lösungen. Sein Vorgehen war also das eines »reinen« Mathematiker, obwohl er im Verlauf der Vorlesung die Mathematik immer wieder auf die Anwendungen bezog.

»Ein Mathematiker mit einer sehr strengen Auffassung der reinen Mathematik wird mathematische Physik angewandte Mathematik nennen, egal wie sie behandelt wird, und in diesem Sinn wäre Courants Vorlesung angewandte Mathematik gewesen, während wir, die wir auf diesem Gebiet arbeiteten, sie als reine Mathematik einstuften.«

Andererseits formulierte Friedrichs in seiner Vorlesung über Strömungslehre zwar die Probleme mathematisch, besprach aber eine Anzahl von speziellen Lösungen – »technische Methoden um die Lösung zu bekommen« –, gab nur selten einen strengen Beweis und verwies einfach von Zeit zu Zeit auf die mathematische Theorie.

»Meiner Ansicht nach behandelte ich die Strömungslehre als angewandte Mathematik, einem Ingenieur dagegen wäre meine Betrachtungsweise als reine Mathematik erschienen. Sie sehen was ich meine – es kommt ganz auf den Standpunkt an.«

Im gleichen Herbst 1937, als Stoker und Friedrichs ihre Zusammenarbeit mit Courant an der New York University begannen, kam auch Artin mit seiner Familie in die Vereinigten Staaten.

Das mysteriöse Schweigen, mit dem Artin auf verschiedene amerikanische Einladungen reagiert hatte, war inzwischen durch Flanders aufgeklärt worden, der in Kopenhagen mit einem eben aus Hamburg zurückgekehrten, dänischen Mathematiker gesprochen hatte. Artins Gesuch um eine Beurlaubung für den Sommer 1937 war vom deutschen Erziehungsministerium mit der Begründung, daß Artin unentbehrlich sei, abgewiesen worden. Verschiedene deutsche Mathematiker hatten ihn gedrängt, in Deutschland zu bleiben, darunter auch Hasse, der sich kurz zuvor um die Aufnahme in die nationalsozialistische Partei bemüht hatte.

»Mein ganzes Streben war damals darauf ausgerichtet, den mathematischen Ruhm Göttingens zu bewahren«, erklärte mir Hasse einmal. »Dazu brauchte ich aber die Unterstützung der Parteifunktionäre an der Universität, um gute Mathematiker nach Göttingen holen zu können.

Unter diesen Funktionären hatte ich einen engen Freund und ein zweiter war nicht abgeneigt, mir behilflich zu sein. Die beiden forderten mich auf, der Partei beizutreten, damit sie mich wirkungsvoller unterstützen könnten. Ich bestreite nicht, daß ich diesem Drängen nachgab und um Aufnahme in die Partei ersuchte. Doch auf meinem Bewerbungsschreiben vermerkte ich auch, daß es in der Familie meines Vaters einen jüdischen Zweig gab; denn ich war fast sicher, deswegen zurückgewiesen zu werden. Das traf dann auch zu. Die Antwort, die erst nach Kriegsausbruch kam, war, daß man meine Bewerbung erst nachdem der Krieg vorbei sei, erwägen wolle. In der Zwischenzeit hatte es mir dieser Schritt jedoch ermöglicht, verschiedenen Mathematikern, die an anderen Universitäten in politische Schwierigkeiten geraten waren, zu helfen, indem ich ihnen Positionen in Göttingen anbot.«

Bei einem Besuch in Hamburg im Jahre 1937 wies Hasse Artin auf die Möglichkeit hin, seine Kinder, die nur zu einem Viertel jüdischer Abstammung waren, zu Ariern erklären zu lassen.

Die Familie Artin wohnte damals am Ende einer Sackgasse und wann immer Natascha Artin, die Halbjüdin war, nachts ein Auto hörte, erwartete sie die Gestapo. Doch Artin, der immer noch Professor in Hamburg war, konnte sich nicht dazu entschließen, die einzige feste amerikanische Position, die ihm angeboten worden war, anzunehmen – eine Professur an der Notre

Abb. 28. Emil Artin

Dame University. Er war katholisch erzogen worden und fürchtete, daß die Patres in South Bend dahinter kommen könnten und dann versuchen würden, seine Kinder in den Schoß der Kirche zurückzuführen. So standen die Dinge, als er – wenige Monate nachdem sein Urlaubsgesuch auf Grund seiner Unentbehrlichkeit abgelehnt worden war – seiner Professur enthoben wurde.

Sobald Courant diese Einzelheiten von Flanders gehört hatte, ersuchte er diesen, doch umgehend bei Kanzler Chase vorstellig zu werden und darauf hinzuweisen, wie »wünschenswert« eine »konfessionsunabhängige« Position für Artin wäre. Doch Chase, der im gleichen Jahr schon Friedrichs eingestellt hatte, konnte es nicht verantworten, noch einen Emigranten unterzubringen, und so blieb Artin nichts anderes übrig, als an die Notre Dame University zu gehen.

Als das Schiff mit Artin und seiner Familie an Bord am 1. Oktober 1937 in New York anlegte, standen Courant und Hermann Weyl am Pier.

»Ich werde die Begrüßung durch Courant und Weyl nie vergessen«, sagte Natascha Artin Brunswick und lächelte bei der Erinnerung. »Sie können sich keinen größeren Kontrast vorstellen, der kleingewachsene Courant – ein Mann, nach dem man sich kein zweites Mal umdrehen würde – sein Gesicht wurde erst durch Alter und wohl auch Leiden interessanter – und Weyl, eine imponierende Erscheinung, ein ungemein interessant wirkender Mann.«

Artin und seine Familie blieben einige Zeit bei Courant in New Rochelle, und ein paar Tage später beschloß Courant, eine Einladung zu geben und seine Freunde einigen wichtigen Persönlichkeiten aus der Verwaltung der New York University vorzustellen. Als er an dem besagten Tag gegen vier Uhr nachmittags mit den Artins aus der Stadt zurückkam, fanden sie das Haus leer. Es war nichts vorbereitet, nicht geputzt, nicht einmal aufgeräumt, zu essen war praktisch gar nichts da. Courant war außer sich. Schließlich erschien Nina, die Ruhe selbst, die ihn als er aufgebracht loslegen wollte, gelassen unterbrach: »Aber Richard, Du weißt doch, daß ich heute Probe habe.«

Alle, auch die Artins, legten Hand an, und als schließlich die ersten Gäste eintrafen, war das Haus aufgeräumt, Essen eingekauft und zubereitet, und die Einladung war ein Erfolg.

Kurz darauf reiste Artin mit seiner Familie nach Princeton weiter, wo auch Weyl eine Party für ihn gab. Der Weylsche Haushalt war »äußerst gepflegt« und sein Fest eine sehr elegante Angelegenheit mit literarischen Berühmtheiten, bekannten Philosophen und Naturwissenschaftlern unter den Gästen. Der Junge vom Land, den Courant in seiner Studentenzeit kennengelernt hatte, war ein anspruchsvoller, kultivierter Mann von Welt geworden.

Für Courant war es eine große Befriedigung, nun auch Artin in Amerika zu wissen, und wann immer sich dieser an der Ostküste aufhielt, hielt er auch am »Graduate Center« an der New York University Vorträge.

»Die reizende Artin-Familie war hier«, schrieb Nina an Ostern 1938. »Er lehrt an einer Universität im Mittleren Westen . . . doch Richard hat die Absicht, ihn so bald wie möglich nach Princeton – oder einen vergleichbaren Ort zu holen.«

Courant verbrachte den Sommer 1938 damit, »ein kleines, für Lehrer bestimmtes Buch über höhere Mathematik vom elementaren Standpunkt zu schreiben; nicht eigentlich populärwissenschaftlich«, wie er Max Born berichtete, »und ganz anders als Kleins Buch, jedoch, wie ich glaube, sehr notwendig«.

Im September begann Courants fünftes Jahr an der New York University, und die Aktivitäten des »Graduate Center of Mathematics« hatten inzwischen ein solches Ausmaß angenommen, daß die winzigen Zimmer am Washington Square North zu eng wurden. Dann, ausgerechnet zu Semesterbeginn, erfuhr Courant, daß er selbst diese bescheidenen Räumlichkeiten räumen mußte – schließlich brauchten Mathematiker außer Hörsälen doch keinen Raum! Courant war außer sich – fühlte sich der Riesenuniversität gegenüber aber völlig hilflos. Einem verständnisvollen, jungen Juraprofessor, der seinen Fall vor der Administration vertrat, verdankte er es, daß man ihm an-

Abb. 29. Hermann Weyl (älteres Foto)

dere Räumlichkeiten zur Verfügung stellte – eine »Suite« in einem Studentinnenheim neben der Judson Kirche auf der Südseite des Washington Square – unter der Bedingung, daß sich die Professoren und Studenten der Mathematik auf dem Weg vom Eingang zu ihren Büros eines angemessenen Betragens befleißigten.

So wurden denn aus Schlafzimmern Arbeitszimmer, das Wohnzimmer diente als Bibliothek und Versammlungsraum des mathematischen Klubs. Das Badezimmer war gleichzeitig Küche. Im Korridor war vor dem Aufzug ein Ping-Pong-Tisch aufgestellt.

Einer der ersten, der Courant in dieser neuen Umgebung kennenlernte, war Charles De Prima, heute Professor am California Institute of Technology. Im Herbst 1938 war De Prima zwanzig Jahre alt, der Sohn eines italienischen Emigranten, auf der anderen Seite des Hudson, in New Jersey aufgewachsen. Er kam mit etwas College und einigen praktischen Erfahrungen an die New York University, wo er vage Pläne hatte, Journalismus zu studieren. Unter anderem belegte er auch ein paar Kurse in Mathematik und Physik, Gebiete, an denen er schon immer interessiert gewesen war. Auf Anregung eines seiner Lehrer besuchte er einen Seminarvortrag im »Graduate Center«, wo Courant den Vortragenden vorstellte. De Prima hatte schon von Courant gehört, nach dessen Lehrbuch er Differential- und Integralrechnung studiert hatte, doch dies war der erste persönliche Kontakt. Trotzdem war ihm Courant irgendwie vertraut.

»*Woher* kannte ich ihn? Mitten im Vortrag ging mir plötzlich auf, daß er ganz dem Typ des Kurzwarenhändlers entsprach, der in dem gemischt jüdisch-italienischen Quartier, in dem ich aufgewachsen war, von Haus zu Haus ging. Dies war Bestandteil meiner Kindheit gewesen – und Courant *war* dieser Mann.«

Nach dem Vortrag wurde De Prima von seinem Lehrer vorgestellt, und Courant murmelte etwas in dem Sinn, daß der junge Mann ihn gelegentlich besuchen sollte. De Prima nahm das wörtlich und tauchte ein paar Tage später in Courants Büro im Judson Studentinnenheim auf.

»Er konnte sich zwar nicht mehr an mich erinnern, aber wir begannen, miteinander zu reden. Schließlich sagte er so etwas wie, ›Gut, kennen Sie New Rochelle?‹ Darauf kamen wir vage überein, daß ich ihn ungefähr zwei Wochen später in seinem Haus dort besuchen sollte, und ich tat auch das.«

Bei dieser Gelegenheit las Courant in seinem Garten hier und dort ein paar Äste auf und redete, während De Prima Holz hackte, den Rasen mähte, die Veranda vor und hinter dem Haus kehrte und im übrigen von der Art, in der Courant über die Mathematik und über Göttingen sprach, »ganz einfach fasziniert« war.

»Es war alles so ungeheuer menschlich. Ich hatte mir unter Mathematik immer etwas vorgestellt, bei dem man sich an einen Schreibtisch setzt und fleißig arbeitet, und nun entdeckte ich, daß man dabei auch den Rasen mähen konnte.«

De Prima, der die New York University verhältnismäßig früh in seiner mathematischen Karriere verließ, die Verbindung aber nie abreißen ließ, sah Courant aus einem ganz besonderen Blickwinkel. Im Verlaufe unseres Gesprächs im Faculty Club des California Institute of Technology sprach er auch über den Einfluß des zweiten Bandes des Courant-Hilbert, der gerade erschienen war, als er studierte. Mehr als fünfunddreißig Jahre später war er nun der Ansicht, daß dieser zweite Band eine ähnliche Geschichte hatte, wie seinerzeit der erste: »Nur daß es sich diesmal eher auf die Mathematiker als auf die Physiker auswirkte.«

In der Mathematik machte sich damals eine wachsende, weltweite Entwicklung bemerkbar, die Abstraktion, Verallgemeinerung und Axiomatisierung besonders betonte. Dieser Entwicklung widersetzte sich der Mathematiker Courant sein Leben lang, nicht weil er die mathematischen Aspekte, die dahinter standen, ablehnte, sondern weil, seiner Ansicht nach, eine Seite des

Gegenstandes immer mehr auf Kosten der anderen, ebenso wesentlichen Seite überbetont wurde.

»Lebendige Mathematik beruht auf dem Wechselspiel zwischen den antithetischen Kräften der Intuition und der Logik, der Individualität ›erdgebundener‹ Probleme und der durchsichtigen Allgemeinheit umfassender Abstraktionen«, sagte Courant bei der Feier zu Hilberts hundertstem Geburtstag. »Man muß sich dagegen wehren, daß die Entwicklung einseitig zu dem einen Pol der lebenspendenden Antithese gedrängt wird.«

Auf Courants eigentlichem Interessengebiet schlug sich diese Tendenz, gegen die er sich zur Wehr setzte, in der Funktionalanalysis nieder, einer Richtung, die einen ihrer frühen Anstöße einigen Arbeiten Hilberts verdankt, die während Courants Studentenzeit in Göttingen entstanden waren. Courant mißfiel schon der Name, Funktionalanalysis. »Was soll das heißen?« pflegte er zu fragen. »Analysis ist Analysis. In der Analysis hat man immer mit Funktionen zu tun. Was heißt hier *Funktionalanalysis?*« und dann »Ich spezialisiere mich nicht auf Verallgemeinerungen.«

»Vermutlich glaubte er, daß man durch die Axiomatisierung der Mathematik Beweglichkeit verliert«, sagte De Prima. »Meiner Meinung nach irrte er sich da in gewisser Hinsicht, denn da wo man anfänglich die Beweglichkeit in einer Hinsicht zu verlieren schien, gewann man oft Spielraum, der vorher nicht bestand. Doch wie dem auch sei – irgendwie ist ein solcher Mechanismus im zweiten Band des Courant-Hilbert wirksam.« Er musterte vorsichtig mein Tonband. »Kann man das vielleicht abstellen? Ich möchte nämlich versuchen, etwas zu formulieren, was ich noch nie in Worte gefaßt habe.«

Aber dann redete er doch weiter.

»Sehen Sie, der Courant-Hilbert II war eine der ganz wenigen ›fast verständlichen und klaren‹ Abhandlungen über partielle Differentialgleichungen, die es Ende der dreißiger und in den vierziger Jahren gab. Es existierten noch ein paar andere, aber im wesentlichen war es, glaube ich, wirklich Courant, der auf dem Gebiet so etwas wie die Anfänge einer Theorie sah. Es war ein weites, lose zusammenhängendes Gebiet, aber gewisse Aspekte ragten heraus. Überdies hatte Friedrichs ebenfalls für den Courant-Hilbert II ein Kapitel geschrieben, das gewisse Ansätze einer funktionalanalytischen Betrachtungsweise verriet.«

»Das berüchtigte siebente Kapitel?« fragte ich.

»Eben dieses. Allerdings wirkte es zehn Jahre später vom Standpunkt eines Funktionalanalytikers eher schwerfällig. Was nun aber Ende der vierziger Jahre geschah war das folgende; manchen Leuten, denen dieser Courantsche Standpunkt ganz fremd war, ging plötzlich ein Licht auf und sie sagten sich, hier haben wir doch alle Hilfsmittel, um diesen Problemen zu Leibe zu rükken und das Ganze in einen gewissen Zusammenhang zu stellen. In dieser Zeit kam es zu verschiedenen, wichtigen Entwicklungen, einige Fortschritte waren dann auch später am Courant-Institut zu verzeichnen. Allerdings hatte die Entwicklung inzwischen Courant und möglicherweise auch Friedrichs überholt.«

De Primas Überlegungen kommt seine über fünfunddreißigjährige, rückblickende Erfahrung zugute. Bei seinem Erscheinen begrüßte Hermann Weyl den zweiten Band des Courant-Hilbert als ein »tröstliches« Buch:

»Wenn man sich in den Blumengärten der abstrakten Algebra und Topologie verloren hat – wie das bei manchem von uns heute der Fall ist, so wird einem hier wieder und möglicherweise mit einiger Überraschung bewußt, was für ein kräftiger und fruchtbarer Baumgarten die klassische Analysis doch ist.«

Kurz nachdem der zweite Band des Courant-Hilbert in Deutschland erschienen war, begann Courant Verhandlungen mit verschiedenen amerikanischen Verlegern über die Publikation seines kleinen, im Hinblick auf die Lehrerausbildung geschriebenen Buches, das auf seinen Vorlesungen über elementare Mathematik beruhte. Als Titel erwog er inzwischen *What is Mathematics? (Was ist Mathematik?)* anstelle von Felix Kleins *Elementarmathematik vom höheren Standpunkt,* überdies hatte er das Buch inzwischen für ein weiteres Publikum von »gebildeten Laien« konzipiert.

Während sich Courant so mit seinen Publikationsplänen in Amerika beschäftigte, verfiel das wissenschaftliche Verlagswesen in Deutschland rapide. Im Oktober 1938 richtete Ferdinand Springer ein Schreiben an Neugebauer in Kopenhagen, wo dieser immer noch als Mitherausgeber mehrerer Springer-Zeitschriften fungierte, und wies ihn an, den Namen Tullio Levi- Cività aus dem Impressum des *Zentralblattes* zu streichen, weil Levi-Cività auf Grund der im gleichen Jahr verabschiedeten italienischen Rassengesetze seine Position als Hochschullehrer verloren hatte. Darauf trat Neugebauer prompt als Herausgeber zurück.

Das warf auch in Amerika viele Fragen auf. Sollten auch die amerikanischen Herausgeber, Courant, Tamarkin und Veblen zurücktreten? Oder sollten sie nicht eher versuchen, Springers Position solchen Anordnungen gegenüber, hinter denen, wie sie wohl wußten, die deutsche Regierung stand, zu stärken, indem sie lediglich mit ihrem Rücktritt drohten? Was sollte aus Neugebauers beruflicher Zukunft, was aus dem *Zentralblatt,* der wichtigsten internationalen Rezensionszeitschrift, werden? War nun der Zeitpunkt gekommen, den seit einiger Zeit diskutierten Plan, eine vergleichbare Zeitschrift in Amerika aufzuziehen, in die Tat umzusetzen?

»Ich habe die Idee, daß Du doch ziemlich bald zu einer Besprechung und einigen Vorträgen herüberkommen solltest«, schrieb Courant eilig an Neugebauer. »Das läßt sich sicherlich leicht arrangieren; ich habe schon etwas Geld hier verfügbar dafür, welches zusammen mit anderen Einladungen die Reise glatt finanzieren würde... Ende Dezember ist ein großes meeting [sic] der Americ. Math. Society. Es könnte sehr gut sein, daß dort Deine Anwesenheit eine rasche Lösung der Probleme herbeiführen würde...«

Nach langem Hin und Her schickten die drei amerikanischen Herausgeber ein gemeinsames Rücktrittschreiben an Springer. Sie entschieden gegen ein Telegramm, das, nach Veblens Ansicht, der ganzen Angelegenheit eine etwas zu dringliche Note gegeben hätte.

Courant kam zu dem Schluß, daß dies auch der Zeitpunkt war, als Hauptherausgeber der gelben Reihe zurückzutreten. Das Jahr zuvor hatte er in Übereinstimmung mit Neugebauer, Bohr und Hardy alles in seiner Macht stehende getan, um die – wie er wohl wußte – »schwierige Lage« Springers zu erleichtern, doch inzwischen waren in zunehmendem Maße Verträge aufgekündigt und Pläne für Publikationen einiger amerikanischer Autoren fallengelassen worden. Die Grenze des Tragbaren schien erreicht. Courant setzte seine amerikanischen Mitherausgeber, George Birkhoff und Marston Morse von seinen Rücktrittsabsichten in Kenntnis, verlangte jedoch nicht, daß sie sich seinem Schritt anschließen sollten.

Es lagen fast genau zwanzig Jahre zwischen dem Schreiben, mit dem sich Courant von Springer trennte und jenem Augenblick in dem von Nachkriegswirren geschüttelten Berlin, als die beiden Männer den Vertrag für die gelbe Reihe unterzeichnet hatten. (Als Max Dehn zwei Jahre später vor den Nazis quer durch Rußland flüchten mußte, benutzte er einen kurzen Aufenthalt in Wladiwostok dazu, die Bibliothek aufzusuchen. In der ganzen Bibliothek fand er nur ein Bücherbord mit mathematischen Büchern – denen der gelben Reihe.)

»Wie tief mich diese Entwicklung berührt, welche ja außerhalb Ihrer und meiner Einflußsphäre liegt, brauche ich Ihnen nicht zu sagen«, schrieb Courant am 20. November 1938 an Ferdinand Springer. »Ich möchte aber betonen, daß meine persönliche Loyalität und Freundschaft für Sie, und meine Bereitschaft, Ihnen mit meinem Rat zur Verfügung zu stehen, unverändert bleiben... Wie auch immer die Dinge sich gestalten mögen, ich werde stets an unsere lange Zusammenarbeit mit Freude zurückdenken.«

1938 / 1940

Das akademische Jahr 1938–39 begann mit dem Münchener Abkommen. Es war Courants fünftes Jahr an der New York University, und er erfüllte weiterhin seine Lehrverpflichtungen, gab Vorlesungen und leitete sein Seminar. In seiner wissenschaftlichen Arbeit standen immer noch das Plateausche Problem und andere Minimalflächenprobleme im Mittelpunkt. Er zog verschiedene Studenten zur Mitarbeit an *Was ist Mathematik?* heran und bezahlte sie aus den 1500 $, die ihm von der Rockefeller-Foundation für diesen Zweck zur Verfügung gestellt worden waren. Er versuchte auch, von der »Philosophical Society« einen Beitrag zu erhalten, um ein Projekt über das Dirichletsche Prinzip zu finanzieren. Er führte seine Seifenfilm-Experimente vor und hielt im Rundfunk einen Vortrag über »Unendlichkeit«. Er spielte in den ersten Phasen der Verhandlungen eine Rolle, aufgrund derer Neugebauer dann schließlich als Herausgeber der neuen, unter dem Patronat der American Mathematical Society stehenden wissenschaftlichen Rezensionszeitschrift, *Mathematical Reviews,* nach Amerika kam. Daneben bemühte er sich unablässig um finanzielle Unterstützung für die Bibliothek und um Stipendien für die Studenten am »Graduate Center«. Er organisierte Vorträge mit bekannten Mathematikern und versuchte ganz allgemein, in New York eine breitere Interessengrundlage zu schaffen.

Ungefähr zu dieser Zeit kehrte Morris Kline als Dozent an die Mathematikabteilung am Washington Square zurück. Er war drei Jahre lang Assistent bei dem Topologen J. W. Alexander in Princeton gewesen.

»Als ich nach meinem Aufenthalt am ›Institute for Advanced Study‹ 1938 zurückkam, machte Courant mir unmißverständlich klar, daß er sich eine Auffächerung in verschiedene Gebiete nicht leisten könne«, erzählte mir Kline. »Und so begann ich mich durch Selbststudium immer mehr der angewandten Mathematik zuzuwenden, ein Prozeß, der bereits zwischen 1938 und 1942 einsetzte.«

Ich fragte Kline, woher es, seiner Ansicht nach, kam, daß die Amerikaner immer so sehr zur reinen Mathematik neigten.

»Zu Beginn, als sich die Amerikaner der Möglichkeiten der wissenschaftlichen Forschung bewußt wurden, wandten sie sich, glaube ich, eher neueren Gebieten zu, die keine so ausgedehnten Vorkenntnisse erforderten, zum Beispiel der abstrakten Algebra und der Topologie, beides Gebiete, die anfangs des 20. Jahrhunderts ohne langes Einarbeiten verständlich waren und jede Menge offene Probleme boten. Hätten sie sich dagegen für die Analysis entschieden, wären wesentlich ausgedehntere Vorkenntnisse notwendig gewesen, bevor sie eigene, originelle Beiträge hätten leisten können. Bei uns ging man damals vermutlich einfach den leichtesten Weg.«

(Dieser enge Purismus ist allerdings für viele der hervorragenden amerikanischen Mathematiker nicht charakteristisch. Als Birkhoff 1938 über Benjamin Peirce – »eine Art Vater der reinen Mathematik in diesem Lande« – sprach, sprach er auch für sich selbst: »Sein tiefes Verständnis für das Elegante und Abstrakte ist Ausdruck eines charakteristischen Wesenszuges der amerikanischen Mathematik, während in dem Interesse, mit dem er ihre zahlreichen Anwendungen verfolgte, eine Tugend liegt, deren Verwirklichung uns schwerer fällt, da wir eher zum fachlichen Spezialistentum neigen. Ohne Zweifel besteht jedoch heute die geistige Notwendigkeit, zu einer Betrachtungsweise von vergleichbarer Weite zurückzufinden.«)

Courants vielfältige Aktivitäten, die das akademische Jahr 1938–39 ausfüllten, spielten sich alle vor dem Hintergrund seiner regen und tätigen Anteilnahme am Geschick seiner Freunde, der noch in Deutschland ausharrenden, wie der bereits emigrierten, ab.

Um seine Verwandten kümmerte er sich auch weiterhin nicht, die einzige Ausnahme war sein Bruder Fritz. Doch für Marianne Landau, die nach dem Tode ihres Mannes Anfang 1938 emigriert war, bemühte er sich um rasche Hilfe und verfaßte eilig eine Reihe von Bittbriefen für sie; einen davon schickte er auch an Paul Muni, der seinerzeit in einem Film die Rolle ihres Vaters, des Entdeckers der Syphilisbehandlung, Paul Ehrlich, gespielt hatte. Für Otto Toeplitz, der sich um ein amerikanisches Besuchervisum beworben hatte, um Kontakte zwischen deutschen und amerikanischen jüdischen Wohltätigkeitsorganisationen herzustellen, erbot sich Courant in einem Brief an den amerikanischen Konsul, »die persönliche Verantwortung für Toeplitz zu übernehmen, sowie, falls nötig, eine Kaution zu stellen, und Prof. Toeplitz meine persönliche Gastfreundschaft anzubieten.«

Viele jüdische Professoren, wie Toeplitz, hatten sich bis Anfang November 1938 der Illusion hingegeben, daß sie, obwohl »emeritiert«, in Deutschland weiterhin leben und arbeiten könnten, da ihre Renten bisher immer ausbezahlt worden waren. Da gab die Regierung plötzlich bekannt, daß am 9.–10. November alle Juden männlichen Geschlechts, die unter sechzig Jahre alt waren, verhaftet und für einige Zeit inhaftiert werden sollten. In dieser Nacht, der sogenannten »Kristallnacht«, war im ganzen Land das Klirren der

Abb. 30. George D. Birkhoff

eingeschlagenen Fensterscheiben jüdischer Wohnungen und Geschäfte zu hören. Ein paar Tage später erhielt Courant ein Telegramm von Siegel; Hellinger war in einem Konzentrationslager, das Schicksal von Toeplitz war ungewiß.

Zwei Wochen später feierte die American Mathematical Society, die am 24. November 1888 als New York Mathematical Society gegründet worden war, ihr fünfzigjähriges Bestehen. Die Feierlichkeiten hatten bereits anläßlich einer Tagung im September stattgefunden. Bei dieser Gelegenheit hatte Birkhoff, der führende Vertreter der einheimischen amerikanischen Mathematik, einen Überblick über die Geschichte seiner Wissenschaft in den Vereinigten Staaten und in Kanada gegeben.

Er verwies auf den ungeheuren Kontrast zwischen 1888 und 1938, der sich in einem breiten Zuwachs an kompetenten Mathematikern manifestierte. Dabei lenkte er die Aufmerksamkeit seiner Zuhörer vor allem auf zwei Gruppen: einerseits die Mathematiker, die durch ihre engagierte Arbeit für die mathematische Gesellschaft »die seltene Gabe der Menschenführung« unter Beweis gestellt hatten; andererseits jene, »die im Laufe der letzten zwanzig Jahre Europa meist aufgrund ungünstiger Umstände verlassen hatten«.

Dieser Zustrom war besonders in den letzten Jahren gewaltig angewachsen.

»Und wir haben dadurch ungeheuer gewonnen; denn die meisten dieser Neuankömmlinge sind äußerst fähige Mathematiker, und einige zählten mit Recht zu den bedeutendsten Europas.«

Ihre Anwesenheit gereichte der amerikanischen Mathematik im allgemeinen zweifellos zum Vorteil. Doch in seiner Funktion als Lehrer angehender amerikanischer Mathematiker sah Birkhoff in dieser Einwanderungswelle auch eine Gefahr, vor der er seine Landsleute warnen mußte.

»Angesichts dieser glänzenden Gruppe in unserer Mitte erwächst uns unweigerlich eine stärkere Verpflichtung gegenüber unserem eigenen vielversprechenden mathematischen Nachwuchs. Denn die meisten dieser Neuankömmlinge besetzen Forschungsstellen, manchmal bescheiden dotiert, doch dessen ungeachtet mit vielfältigen Möglichkeiten, ihre eigenen wissenschaftlichen Untersuchungen unbelastet vom normalen Lehrbetrieb voranzutreiben. Das bedeutet, daß unseren jungen amerikanischen Mathematikern weniger Positionen dieser Art zur Verfügung stehen, und das läßt es als wahrscheinlich erscheinen, daß einige von ihnen in die Rolle von ›Holzhauern und Wasserträgern‹ gezwungen werden. Mir scheint, daß wir nun einen Sättigungsgrad erreicht haben, und dieser Gefahr entschieden begegnen müssen.«

Im Gedächtnis der emigrierten Mathematiker unter Birkhoffs Zuhörern prägten sich diese Sätze besonders ein. Viele waren überzeugt davon, daß er mit »Ausländern« eigentlich »Juden« meinte. Eine Reihe von Amerikanern, darunter auch viele, die kein jüdisches Blut in ihren Adern hatten, waren über die Unterscheidung zwischen »amerikanischen« Mathematikern und jenen, die, genauso amerikanisch, lediglich anderswo geboren waren, verärgert. Schließlich lagen selbst zwischen Birkhoff und Europa nur zwei Generationen. Doch viele stimmten ihm im Stillen zu.

Zu Birkhoffs Verteidigung muß gesagt werden, daß die Lage der begabten amerikanischen Nachwuchsmathematiker 1938 in der Tat verzweifelt war. Viele waren verheiratet, hatten bereits Kinder. Wer Glück hatte, war ein National Research Fellow und erhielt ein Stipendium von 2400 $ pro Jahr. Jene Unglücklichen, die seinerzeit, als es noch Stellen gab, ein Stipendium einer festen Anstellung vorgezogen hatten, darbten nun mit 1000 $ im Jahr am »Institute for Advanced Study«. Ein paar Colleges hatten »Assistentenstellen mit Lehrverpflichtung« zu vergeben, die 750 $ im Jahr abwarfen. Wer weniger begabt war, hatte überhaupt keine Chance.

Ich fragte Courant einmal, ob Birkhoffs Bemerkungen über ausländische Mathematiker seiner Ansicht nach auf die Tatsache zurückzuführen seien, daß Birkhoff nicht gerade »pro-semitisch« war, – wie es in einer Biographie nach seinem Tode einmal taktvoll ausgedrückt wurde.

»Er war, glaube ich, keineswegs antisemitischer als das in der guten Gesellschaft von Cambridge, Mass., üblich war«, entgegnete Courant. »Seine Einstellung war damals in Amerika weit verbreitet. Birkhoff fehlte es an Weitblick und er hatte sicherlich unrecht – doch er war ein ausgezeichneter Mathematiker.«

Einen Eindruck von der Lage, in der sich die jüdischen Mathematiker in Deutschland nach dem 10. November befanden, vermittelt die Korrespondenz Hermann Weyls, der Vorsitzender des Hilfsfonds für deutsche Mathematiker war, den er 1934 zusammen mit Emmy Noether gegründet hatte.

»Einem besorgniserregenden Telegramm zufolge scheint sich Alfred Brauer (Berlin) im Zusammenhang mit dem jüngsten Pogrom in ernster Gefahr zu befinden«, teilte er den übrigen Mitgliedern mit. »Ich habe versucht, ihm zur Ausreise nach Amerika zu verhelfen, und habe eine Unterstützung von 300 $ aus dem Hilfsfonds zugesagt; ich bitte Sie, dem zuzustimmen.«

Damit war noch ein Restbetrag von $ 43.75 in der Kasse. Nach knapp einem Monat hatten sie für Brauer eine Assistentenstelle am »Institute for Advanced Study« organisiert.

»Überdies haben wir Hellinger, Hamburger und Arthur Rosenthal eingeladen, die Vereinigten Staaten zu besuchen, obwohl noch keine finanziellen Mittel bereitstehen«, berichtet Weyl etwas später. »Man hatte eidesstattliche Erklärungen für sie – und auch für Dehn – vorbereitet. Dehn will offenbar zuerst einmal versuchen, nach England oder Skandinavien zu gelangen. Rosenthal und Hellinger befinden sich mit Sicherheit im Konzentrationslager, das gleiche gilt vermutlich für Hamburger. Wir stehen mit Hellingers Schwester, Siegel und Frau Dehn in Verbindung. Über Toeplitz ist nichts bekannt, für ihn wurde noch nichts unternommen. Remak ist in einem Konzentrationslager, wir sahen jedoch keine Möglichkeit, ihm zu helfen; wie ich gehört habe, wollen das aber die Engländer versuchen . . .«

Einen Monat später erhielt Courant eine Nachricht von Toeplitz, ohne daß dieser allerdings etwas von seinen Erfahrungen am 10. November erwähnte. Er schrieb bloß, daß er auf die Reise in die Vereinigten Staaten verzichten müsse. Der amerikanische Konsul stellte immer neue Bedingungen, »und hatte doch nicht den Mut nein zu sagen«.

»Als Richard als einer der ersten Professoren entlassen wurde, hielten wir das für ein Unglück«, sagte Nina einmal zu mir. »Doch in Wirklichkeit waren wir die Glücklichen.«

Nach der »Kristallnacht« zeigte sich die Notwendigkeit, daß auch älteren Mathematikern wie Dehn die Ausreise aus Deutschland ermöglicht werden mußte, während die jüngeren, noch nicht etablierten Kollegen weiterhin Hilfe brauchten. Hilferufe kamen inzwischen nicht mehr nur aus Deutschland, sondern auch aus anderen Ländern, vor allem aus Italien. Sogar unter den Emigranten, denen die Einreise in die Vereinigten Staaten geglückt war, gab es solche, die mittellos dastanden, nachdem ihre zeitlich befristeten Anstellungen nicht mehr erneuert worden waren.

Darunter befanden sich einige besonders verzweifelte Fälle, wie zum Beispiel Eduard Helly; derselbe Helly, der damals im Hilbert-Minkowski-Seminar von 1907 Courants Vortrag so rücksichtslos unterbrochen hatte. Helly war als Versicherungsmathematiker in seiner Heimat Österreich tätig gewesen und stieß daher bei der Stellensuche in Amerika auf noch größere Schwierigkeiten als selbst die jungen Wissenschaftler. Jemand verwies ihn an Friedrichs, der vorübergehend einige Nachhilfestunden zu vergeben hatte.

»Ich weiß nicht mehr genau, ob es wirklich Courant war, der Helly damals zu mir schickte«, sagte Friedrichs, »aber höchstwahrscheinlich war er es, es hätte ihm jedenfalls ähnlich gesehen!«

Dann gab es aber auch Probleme, schrieb Courant bedrückt an Harald Bohr, »die nichts mit Mathematik zu tun hatten«, wie den Fall seines Bruders, der mit seiner Familie immer noch in Italien lebte. Courant hoffte, daß eine liberalere Handhabung der Einwanderungsbestimmungen es auch Wissenschaftlern ohne fest zugesagte Beschäftigung erlauben würde, in die Vereinigten Staaten einzureisen, aber er fürchtete sehr, daß es für die große Masse der europäischen Juden keine Rettung gäbe. »Man wagt sich die weitere Entwicklung der gegenwärtigen Situation kaum vorzustellen.«

Weihnachten 1938 war in New Rochelle kein fröhliches Fest. Die Kinder beschwerten sich, weil ihr Vater so knauserig war.

»Richard ist ängstlich mit Geld jetzt aus zwei Gründen«, erklärte Nina ihrer Mutter. »Es kann gut sein, daß sein Bruder Fritz seine Stellung und Heimat in Rom aufgeben muß und dann mindestens für ein paar Jahre auf seine Unterstützung angewiesen sein wird . . . Und die Verantwortung für die Leute, für die Richard gebürgt hat, und wo er täglich angefleht wird, für noch weitere zu bürgen oder ihnen sonst zu helfen, belastet ihn auch. Er gönnt sich kein Konzert, Theater – wäre wohl auch kaum in Stimmung dafür; er ist überhaupt oft in schlechter Laune.«

Das neue Jahr begann mit einem Besuch Niels Bohrs und das heiterte Courant etwas auf, denn er schätzte die beiden Brüder Bohr über alles.

Im Verlauf dieses Besuches stellte Bohr Courant auch seinem Freund, Lewis L. Strauss vor, einem wissenschaftlich interessierten Bankier. In einem Brief an Strauss schrieb Bohr später, daß seiner Ansicht nach die Amerikaner das Flüchtlingsproblem im großen und ganzen auf eine Weise behandelten, die für die Organisation und Entwicklung der wissenschaftlichen Forschung in Amerika nützlich war: »In diesem Zusammenhang ist es natürlich von größter Bedeutung, daß alle soliden Anstrengungen auf diesem Gebiet auch angemessen unterstützt werden, und ich möchte diese Gelegenheit benützen, meine Übereinstimmung mit den Bestrebungen Professor Courants zum Ausdruck zu bringen, seine einzigartige Erfahrung und die Tradition der ehemaligen großen deutschen Mathematik-Zentren zur Förderung einer optimalen Zusammenarbeit zwischen der reinen und der angewandten Mathematik in Amerika nutzbringend anzuwenden.«

Ungefähr zur gleichen Zeit als Courant die Bekanntschaft des Bankiers Strauss machte, bat Flexner ihn um einen zusammenfassenden Bericht, inwiefern sich die Situation der mathematisch-physikalischen Fakultät in Göttingen in der Zeit seit der Unterstützung durch die Rockefeller-Foundation, verändert habe.

Courant berichtete, daß Siegel neben Hasse und Kaluza in Göttingen tätig war. Die Lehrstühle in der Physik waren mit zwei »recht guten« Leuten, Becker und Joos, besetzt worden, von denen sich aber keiner mit Franck oder Born messen konnte. Prandtls Institut für Aerodynamik war ganz von der Universität abgetrennt und militärischer Kontrolle unterstellt worden – die Expansion dort war gewaltig. Die Zuwendungen der Rockefeller-Foundation an die Mineralogie und an die physikalische Chemie waren durch die später von den Nazis verfügten Entlassungen zunichte gemacht worden.

»Bei der Beurteilung der Auswirkungen dieser Veränderungen darf man sich nicht durch die Tatsache irreführen lassen, daß es in Göttingen immer noch eine Reihe ausgezeichneter Wissenschaftler gibt«, warnte Courant. »Denn diese sind nun isoliert, meist unglücklich und unzufrieden; von dem alten Geist der kameradschaftlichen Zusammenarbeit, in die auch die jüngeren Mitarbeiter und die fortgeschrittenen Studenten miteinbezogen wurden, scheint kaum mehr etwas übrig zu sein.«

Gegen Ende 1938 hatte man für Neugebauer neben seiner Aufgabe als Herausgeber der *Mathematical Reviews* auch eine Stelle an der Brown University gefunden. Courant war überglücklich, als er im Februar 1939 am Pier stand, um Neugebauer abzuholen und ihn nach New Rochelle zu bringen. Neugebauer war nicht nur einer seiner Helden, er war überdies ein alter, vertrauter Freund und Gefährte, von dem ihn in Zukunft nur noch vier Eisenbahnstunden trennen würden.

»Es ist schön, daß immer mehr Freunde von Richard hier in die Nähe kommen«, schrieb Nina damals. »Das tut ihm sichtlich wohl und streichelt den gestiefelten Kater!«

Dieses Hochgefühl nahm noch zu, als sich ihm ungefähr zur gleichen Zeit die Möglichkeit bot, den Sommer als Gastdozent an der University of California in Berkeley zu verbringen, wie er es sich schon lange gewünscht hatte. Im Frühling 1939 – Hitler marschierte in die Tschechoslowakei ein – plante Courant *un grand voyage d'instruction* quer durch die Vereinigten Staaten für seine Familie, einen Weg auf der südlichen, den anderen auf der nördlichen Route.

Ende April erklärte Hitler das deutsch-polnische Verständigungsabkommen und das deutsch-englische Flottenabkommen für hinfällig. Im Mai schloß er ein Schutz- und Trutzbündnis mit Italien, den »Stahlpakt«.

Courant hatte alles Erdenkliche versucht, um seinem Bruder Fritz eine Stelle in den Vereinigten Staaten zu verschaffen. Unter anderen hatte er sich auch an Donald Flanders älteren Bruder Ralph gewandt, der damals Präsident der Federal Reserve Bank in Boston war. Courant beschrieb seinen Bruder als »einen ungewöhnlich erfolgreichen Geschäftsmann mit vielfältigen Erfahrungen und Kenntnissen auf dem Gebiet des Ingenieurswesens«. (Bis vor kurzem war er im Eisenbahnbau in Äthiopien und Lybien tätig gewesen.) Doch selbst mit solchen Verbindungen und Empfehlungen gelang es Courant nicht, in Amerika eine Stellung für seinen Bruder zu finden. Im Frühjahr 1939 emigrierte Fritz Courant mit seiner Familie nach Brasilien.

Trotz der politischen Entwicklungen dieses Frühlings war Courant nicht auf einen Krieg in Europa vorbereitet, als er im Juni mit seiner Frau und den drei älteren Kindern nach Berkeley aufbrach.

Doch die Probleme der Emigranten verfolgten ihn auch in das »Zauberland« Kalifornien – wie Nina es einmal nannte. Einer der schwierigsten Fälle war derjenige seines Klassenkameraden Wolfgang Sternberg, dem zwar die Emigration nach Amerika gelungen war, der aber an der Ostküste keine Arbeit finden konnte. Courant sah Sternberg als einen äußerst begabten Mann, der jedoch aufgrund seiner tiefverwurzelten psychologischen Schwierigkeiten seine Möglichkeiten nicht verwirklichen konnte. Sternberg hatte ihn seit 1933 dauernd mit seinen Bitten um Rat und Hilfe verfolgt. Für Courant war alles, was ihn an seine Jugend in Breslau erinnerte, widerwärtig, doch er erinnerte sich immer noch dankbar daran, daß die Familie Sternberg ihn regelmäßig zu einem Freitisch geladen hatte, der Mahlzeit, die orthodoxe jüdische Familien einmal pro Woche mit den Armen teilten. Gleichzeitig war ihm aber der Gedanke, einmal Empfänger eines solchen Freitisches gewesen zu sein, sehr peinlich.

Aufgrund von Sternbergs persönlichen Schwierigkeiten hielt Courant ihn für ungeeignet, als Lehrer tätig zu sein; doch noch vor seiner Abreise aus Berkeley schrieb er einen langen, freundschaftlichen Brief an Sternberg und schlug ihm vor, nach Kalifornien zu kommen, »wo das Wetter besser ist«, und bei Jerzy Neyman angewandte Statistik zu studieren, »in der Hoffnung, daß sich in der Statistik und ihren Anwendungen eine Alternative zur Unterrichtstätigkeit finden würde«.

Zeitweise ging er Sternberg auch aus dem Weg und ließ seine Telephonanrufe und Briefe unbeantwortet.

Gewissen Emigranten war schwer zu helfen, weil sie kritisch auf alles Amerikanische reagierten und überzeugt davon waren, daß eine glänzende Position nur ihr gutes Recht sei.

»Sie scheinen keine Ahnung zu haben, um was es hier geht«, schrieb Courant unwirsch an einen solchen Fall. »Die einzige sichere Methode für Sie ist den Mund zu halten, nie über ihre Person und ihr trauriges Geschick zu klagen, nie zu jammern, nie etwas zu kritisieren, weder das Wetter noch das Klima, weder die Untergrundbahn, noch die Frauen, noch die Administration, schließlich befinden Sie sich in einem Land, das Sie nicht hergebeten hat . . . Vergessen Sie Ihren deutsch-europäischen Dünkel, daß wissenschaftliches Ansehen zu einem Anspruch an die Gesellschaft berechtigt . . . Diese Warnung ist durchaus gut gemeint und kommt besser jetzt als später, wenn es leicht zu spät sein könnte . . . Sie können meine Ratschläge akzeptieren oder nicht, weitere Diskussionen sind auf jeden Fall nutzlos und ich habe weder Lust noch Zeit dazu . . . Sie sind in einer ziemlich hoffnunglosen Lage und es hängt ausschließlich von ihrem Takt und ihrer Einsicht ab, ob die Chance, die sich Ihnen hier bietet, Ihnen letzten Endes die Möglichkeit geben wird, Ihr Können nutzbringend für die Gesellschaft einzusetzen, oder ob Sie endgültig scheitern werden.«

Am 5. August 1939 vermerkte Nina unter dem Datum eines Briefes, den sie unter einem riesigen Redwood-Baum in den Muir Woods an ihre Mutter schrieb, »Vor 25 Jahren Kriegsausbruch!« Ein paar Wochen später wurde der deutsch-sowjetische Nichtangriffspakt bekanntgegeben. Courant und seine Familie befanden sich auf der Rückreise nach New Rochelle, als sie vom Einmarsch der deutschen Truppen in Polen hörten. Zwei Tage später erklärten Großbritannien und Frankreich Deutschland den Krieg.

Ernst Courant erinnerte sich noch gut daran, wie sein Vater die Seinen zusammentrommelte und ihnen verbot, in der Öffentlichkeit deutsch zu sprechen.

Kurz darauf aßen sie in einer Imbißstube und Courant stand auf, um sich eine zweite Tasse Kaffee zu holen. Nina bat ihn – auf deutsch – ihr auch eine Tasse mitzubringen.

»I do not understand you«, entgegnete Courant leise aber deutlich.

Nina wiederholte ihre Bitte, abermals auf deutsch.

»I do not understand you«, zischte Courant zornig. Nina bat ihn zum dritten Mal, wieder auf deutsch, doch diesmal laut und deutlich.

»I do not understand you«, schrie Courant außer sich. »Du weißt ganz genau, was ich meine!«

Bei Kriegsausbruch erfüllte Courant noch nicht alle Voraussetzungen, um amerikanischer Staatsbürger zu werden. Doch er fühlte sich trotzdem als solcher. Er war überzeugt davon, daß letzten Endes auch die Vereinigten Staaten in den Krieg eingreifen müßten und wollte alles in seiner Macht stehende tun, um das Land vorzubereiten. Er war sich sicher, daß die Mathematik, die er an der New York University zu entwickeln versuchte, ebenso wie die Mathematiker, die er ausbildete, gebraucht würden.

Kurz nachdem sie an die New York University gekommen waren, begannen Friedrichs und Stoker miteinander zu arbeiten. Diese Zusammenarbeit entsprach genau dem, was sich Courant von der mathematischen Atmosphäre, die er zu schaffen versuchte, erhofft hatte. Die Arbeit entsprang einer Diskussion, in deren Verlauf Stoker ein Problem aus seinem Lieblingsgebiet, der Elastizitätstheorie, mit Friedrichs besprochen hatte.

»Stoker wußte sehr viel besser als ich, was für eine Bedeutung dieses Problem für die Ingenieure hatte«, erklärte mir Friedrichs. »Es hatte mit der Biegung von Platten zu tun. Doch wir arbeiteten gemeinsam daran weiter, arbeiteten sogar sehr hart, erhielten einige Resultate und entwickelten eine ziemlich abgerundete Theorie für einen Spezialfall. Dieser entsprach zwar nicht gerade dem realistischen Fall, bei dem es sich um die Biegung rechteckiger Platten handelte – wir hatten dagegen eine kreisförmige benützt – mathematisch war das einfacher, aber die Situation ließ sich damit klären. Ich wußte mehr über den mathematischen Hintergrund, Stoker kannte sich in den technischen Aspekten besser aus, so arbeiteten wir ausgezeichnet zusammen.«

Als an der New York University Ende September 1939 die Vorlesungen begannen, war Polen praktisch besiegt. Ein deutscher Triumph folgte dem

Abb. 31. Courant und J. J. Stoker

anderen. Courant sorgte sich um Siegel, der immer noch in Göttingen war. Im März erhielt er plötzlich ein Telegramm von Harald Bohr, der ihm mitteilte, daß Siegel in Kopenhagen sei und gerne nach Princeton zurückkehren würde. Darauf bot ihm das »Institute for Advanced Study« als Notlösung eine auf ein Jahr befristete Position an, und Siegel verließ Skandinavien drei Tage vor dem deutschen Einmarsch.

Nun war es das Schicksal der Brüder Bohr, dem die Sorge Courants und ihrer anderen Freunde galt. Die Rockefeller-Foundation stellte die finanziellen Mittel bereit, um die beiden nach Amerika einzuladen, doch sie lehnten dankbar ab, sie wollten ihre Institute und ihre Freunde in Dänemark nicht im Stich lassen.

Toeplitz war es noch vor Kriegsausbruch gelungen, nach Palästina zu flüchten, wo er Anfang 1940 starb. Auch Hellinger hatte Deutschland noch verlassen können und war nun in Amerika.

Am 14. Mai dieses Jahres schrieb Courant einen langen Brief an Born in England, in dem er über allerlei Neuigkeiten berichtete. Vor dem Krieg hatten die beiden ihren Briefwechsel auf Deutsch geführt, nun bedienten sie sich – immer noch ein wenig ungelenk – der englischen Sprache.

Courant erzählte, daß die Ostküste der Vereinigten Staaten buchstäblich mit europäischen Wissenschaftlern überflutet sei. Hellinger hatte endlich eine »winzige, unsichere Stelle« an der Northwestern University bekommen.

»Manchmal scheint mir, daß Toeplitz' Schicksal vielleicht doch nicht so tragisch war. Er hätte leicht überall furchtbare Enttäuschungen erfahren können und keiner von uns darf im Ernst darauf hoffen, jemals eine nicht völlig verrückte Welt zu erleben.«

Während Courants Brief an Born unterwegs war, kapitulierten Holland und Belgien vor den Deutschen. Als der Brief ankam, wollte Born ihn trotzdem noch am gleichen Tag »ungeachtet der ernsten Lage« auf die ihm eigene, fröhliche Art beantworten. Einen Tag später kapitulierte Frankreich.

»Nun besteht kein Anlaß mehr, fröhlich zu sein, denn selbst wenn Amerika augenblicklich eingreifen würde, bestünde wenig Hoffnung . . . Ich will so lange wie möglich zu den Briten stehen. Aber ich muß mit der anderen Möglichkeit rechnen, daß uns ein bestimmtes Schicksal – Lublin oder etwas ähnliches – bevorsteht . . . Doch da niemand kampflos untergehen will, frage ich mich, ob Du und unsere Freunde, Einstein, Franck, etc. einen Ausweg für uns finden könnten . . . Du schreibst, daß wir in einer verrückten Welt leben; das ist, fürchte ich, eine Untertreibung – wenn wir überhaupt überleben.«

Während in Europa dieses verheerende erste Kriegsjahr seinen Lauf nahm, entwickelte sich der mathematische Betrieb im Judson Studentinnenheim immer lebhafter. Die Mathematiker erhielten noch ein paar zusätzliche Räume. Seit Courant an der New York University lehrte, hatte es in der Mathematik mehr Promotionen gegeben, als die Universität im ganzen ersten Jahrhundert ihres Bestehens erlebt hatte. Obwohl Friedrichs und Stoker und einige andere regelmäßig am »Graduate Center« Vorlesungen gaben, so war es doch Courant, der immer da war, mit den Studenten sprach, sich für ihre Arbeit interessierte, sie nach New Rochelle einlud; er nahm Anteil an ihrem Leben und wußte, daß persönliche Probleme manchmal dringender sein konnten als mathematische.

Mit besonderem Vergnügen erzählte er von Göttingen. Er erzählte so viele Geschichten über Hilbert (der damals noch am Leben war), daß, als ein Witzbold einmal auf Richard Courants *Complete and Unexpurgated Book of Hilbert Stories* verwies, viele an die Existenz eines solchen Werkes glaubten.

»Jedes Mathematische Institut hat vermutlich seine Mythen«, sagte De Prima nachdenklich. »Doch Courants Geschichten waren ein Teil der Faszination, die die New York University für mich hatte. Ich schloß meine Studien 1940 ab und wußte angesichts des Krieges nicht so recht, was ich mit mir anfangen sollte. Ich bewarb mich an verschiedenen Orten und erhielt auch ein paar Angebote, darunter sogar ein Stipendium nach Princeton. Zu diesem Zeitpunkt hatte ich ein langes Gespräch mit Courant und das zeigt, wie gut er es verstand, die Leute ›einzuwickeln‹.«

»Wie hat er Sie denn ›eingewickelt‹«, fragte ich.

»In solchen Situationen war er gleichzeitig kraß und subtil. Er wies immer wieder auf die Entwicklungsmöglichkeiten an der New York University hin. Der Grund wieso er in New York war – darauf kam er immer wieder zurück – wieso sollte ausgerechnet er in New York bleiben? Wo sich keine Schule um ihn scharte, wo er außer Friedrichs und Stoker keine Mitarbeiter hatte, und selbst diese arbeiteten meist auf dem University Heights Campus. Das Ganze war wirklich keine Schule, so vieles erschien unwirklich – und trotzdem glaubte Courant daran. Sein Glaube war so stark, weil er der Überzeugung war, daß die Stadt – die ganze Agglomeration – eine gewaltige Menge natürlicher Begabung bereithielt.«

»Ein Begabungsreservoir?«

»Ja, so nannte er das. Ein *Reservoir.* Dieses gewaltige Begabungsreservoir. Rundherum gab es talentierte Menschen, möglicherweise gingen sie irgendeiner Arbeit nach, taten etwas ganz anderes, aber das Reservoir war vorhanden und mußte nur angezapft werden. Überdies sah Courant deutlich, daß der Krieg bevorstand, daß wir eingreifen mußten. Selbst wenn wir nicht direkt betroffen sein sollten, so blieb doch auf wissenschaftlichem Gebiet ungeheuer viel zu tun. Und dann seine Göttinger Geschichten. All das beeindruckte mich ungemein. Ich fühlte mich Courant sehr verbunden, empfand mich als Teil der Familie. Und so blieb ich an der New York University«, sagte De Prima abschließend, »und hatte die Kühnheit, Princeton fallenzulassen.«

Im Frühling 1941 wurde Courant amerikanischer Staatsbürger. Nun war er kein »Ausländer« mehr, der keine Meinung haben durfte. Er begann offen über die seiner Ansicht nach notwendigen wissenschaftlichen Maßnahmen und Entwicklungen zu sprechen, um das Land auf den unvermeidlichen Krieg mit Deutschland vorzubereiten.

1940 / 1941

In den Jahren 1940 bis 1941 war Courant intensiv mit zwei Projekten beschäftigt, die er als Beitrag zur akademischen Bildung in Amerika verstand und als Ausdruck seiner »tiefen Dankbarkeit« für die Möglichkeiten, die dieses Land ihm bot. Das erste war der Plan eines *Nationalen Institutes für Grundlagenforschung und angewandte Wissenschaft,* das zweite sein Buch, das er vorläufig, *What Is Mathematics? – Was ist Mathematik?* nannte.

Courant hatte sich seit seiner Ankunft im Jahre 1934 Gedanken gemacht über die wissenschaftlichen Bedürfnisse seiner neuen Heimat, die allerdings, davon war er überzeugt, die Möglichkeiten einer einzelnen Universität bei weitem überstiegen. Was die Vereinigten Staaten brauchten war ein nationales wissenschaftliches Zentrum – von der Art der École Polytechnique in Frankreich, aus dem eine verantwortungsbewußte, hochqualifizierte Elite hervorgehen würde, was im Hinblick auf den bevorstehenden Krieg und die schwierigen Jahre danach von besonderer Bedeutung war.

Seine ersten beiden Entwürfe für ein Memorandum mit dem Titel »Ein Nationales Institut für das fortgeschrittene Studium der Grundlagenforschung und der angewandten Wissenschaften« sind undatiert, über dem dritten steht »Winter 1940–41«.

In allen drei Versionen dringt vom ersten Abschnitt an die Stimme Felix Kleins durch, der ein leidenschaftlicher Bewunderer der Bildungsphilosophie und des Programmes war, die hinter der École Polytechnique standen. Er hatte es immer bedauert, daß die darin verkörperten Ideale, die enge Verbindung zwischen reiner und angewandter Wissenschaft, die Kombination von Lehre und Forschung, der persönliche Kontakt zwischen Fakultät und Studenten, »auf deutschem Boden nie richtig Wurzeln geschlagen hatten«. Während seiner ganzen Göttinger Zeit hatte er sich bemüht, diese Ideale dort zu verwirklichen.

In seinem Memorandum verwies Courant besonders auf die nationale Situation, aus der sich damals die École Polytechnique entwickelt hatte. Nach der Revolution war Frankreich »wirtschaftlich zerrüttet, in einem Zustand geistiger und moralischer Unsicherheit, im Konflikt mit allen europäischen Großmächten, das Bildungswesen befand sich in einem Zustand der Auflösung«. In dieser Situation entwickelten Wissenschaftler »mit Weitblick und

Tatkraft« einen Plan für eine höhere Lehranstalt von »beispiellosem Anspruch«. Die Studenten sollten nach einem demokratischen Verfahren mit größter Sorgfalt ausgewählt werden, als Lehrer sollte man die besten Wissenschaftler des Landes verpflichten. Diese neue Institution erfüllte schon bald »die kühnsten Erwartungen« ihrer Initianten, und nach knapp zwei Jahren konnten die Armee, die Flotte, die Industrie und die Regierung auf Männer zurückgreifen, deren Qualifikation jeder vergleichbaren Ausbildung überlegen war, »Männer, die für produktive Arbeit geschult und nicht durch eine tote Ausbildungsroutine abgestumpft waren«.

Das Konzept, das Courant von einem solchen Nationalen Institut hatte, war sehr weitgespannt – »etwas ganz Universales«, erklärte er mir, »nicht bloß Mathematik, sondern auch Physik und andere Wissenschaften, und auch Geschichte und Philosophie«. Er sah es nicht als Konkurrenzunternehmen zum »Institute for Advanced Study« oder zu einer anderen bereits bestehenden Institution. Vielmehr sollten sie sich alle durch »enge Zusammenarbeit« ergänzen.

Nachdem er 1940 seine Ideen mehrmals überarbeitet hatte – wobei die Korrekturen vor allem sprachlicher und weniger inhaltlicher Natur waren – beschloß er Anfang 1941, nachdem er die amerikanische Staatsbürgerschaft erhalten hatte, seine Vorschläge unter die Leute zu bringen. Sein Projekt ließ sich, davon war er überzeugt, sehr schnell in die Tat umsetzen, wenn man es anfänglich einfach auf ein Mathematik- und Physikprogramm beschränkte. In seinem Memorandum vom Winter 1940–41 nannte er abschließend als Eröffnungsdatum optimistisch den September 1941.

Das zweite Projekt, mit dem sich Courant im Verlauf des akademischen Jahres 1940–41 intensiv beschäftigte, und das er ebenfalls als patriotische Pflicht verstand, war sein Buch *Was ist Mathematik?*. Die Arbeit an dem Buch hatte sich über fast fünf Jahre hingezogen, mehrere Studenten waren an dem Projekt beteiligt. Neben David Gilbarg, der die Skripten der ursprünglichen Vorlesungen gemacht hatte, wird sieben jungen Männern, darunter auch Courants Sohn Ernst, im Vorwort für ihre Mithilfe »bei der endlosen Mühe des Aufschreibens und Überarbeitens des Manuskriptes« gedankt.

Im Frühling 1939 war Courant offenbar zu der Überzeugung gelangt, daß die Thematik des Buches etwas zu eng gefaßt und zu sehr nur auf seine eigenen Interessen beschränkt war. Als er zur gleichen Zeit in Princeton einen Besuch machte, fragte er verschiedene Kollegen nach möglichen Kandidaten für eine Dozentenstelle, die auf dem University Heights Campus zu besetzen war. Marston Morse empfahl seinen eigenen Assistenten, Herbert Robbins, einen jungen Topologen von der Harvard University.

Im Jahre 1975 sprach ich mit Robbins in dessen New Yorker Wohnung in der Nähe der Columbia University. Er konnte sich nicht mehr daran erinnern, ob es bei ihrer ersten Besprechung oder kurze Zeit später war, daß Courant ihn auf die Möglichkeit einer Mitarbeit an *Was ist Mathematik?* ansprach. Robbins erzählte mir, daß er im Herbst 1939 seine Arbeit an der New York University aufnahm – am Tage hielt er Anfängervorlesungen auf dem University Heights Campus, abends gab er Kurse für Graduierte am Washington Square. Courant drückte ihm das gesammelte Material zu *Was ist Mathematik?* in die Hand, diskutierte das Konzept des Buches und bat ihn, das Manuskript durchzusehen, zu verbessern und zu erweitern.

Ich fragte Robbins, wie die Zusammenarbeit zwischen Courant und ihm funktioniert hatte.

»Das ist schwer zu sagen«, entgegnete er, »Courant hatte die vervielfältigten Aufzeichnungen einer Vorlesung, die er vor Jahren gehalten hatte und die ein Hörer damals mitgeschrieben hatte. Dieses Skript machte ungefähr ein Viertel oder ein Drittel des Materials aus, das letzten Endes in dem Buch Verwendung fand. Einige Kapitel waren schon in ihrer endgültigen Form vorhanden, andere existierten noch gar nicht.

Es ergab sich so, daß ich zum Beispiel vorschlug, ein Kapitel über Topologie einzufügen, dann diskutierten wir den Inhalt. In manchem hatte er sehr präzise Vorstellungen, in manchem wiederum ich. In den nächsten zwei Jahren arbeitete ich daran, zeigte ihm, was ich aufgeschrieben hatte, er kommentierte und kritisierte es, und ich schrieb es dementsprechend wieder um ... Manchmal hatte er eine gute Idee, wie etwas anzugehen war, manchmal ich ... An unserer Zusammenarbeit war nichts besonders Auffallendes. Wir arbeiteten ziemlich eng zusammen, obwohl wir uns nie zusammen an einen Tisch setzten, um an dem Manuskript zu schreiben.«

Robbins unterbrach sich kurz und erklärte, daß er diese Vorlesung nie von Courant selber gehört hatte, und auch sonst nie eine Vorlesung Courants besucht hatte.

Laut Courant war der junge Robbins zu Beginn keine große Hilfe, »er war eher hinderlich, weil er nicht gerade intensiv arbeitete und ein wenig in eine andere Richtung zog«. Doch nach einer offenen Aussprache begann Robbins wirklich zu arbeiten und war dann »recht nützlich«.

Letzten Endes erklärte sich Courant mit Robbins bisher geleisteter Arbeit sehr zufrieden – so Robbins in seinen Erinnerungen. Die 1500 $ der Rockefeller-Foundation waren inzwischen aufgebraucht, aus denen Courant Robbins Mitarbeit finanziert hatte, der außerdem 2500 $ pro Jahr als Dozent an der New York University verdiente. Courant trat nun – laut Robbins – mit dem Vorschlag an ihn heran, daß sie das Buch als Koautoren zu einem größeren und umfassenderen Werk als ursprünglich vorgesehen, ausarbeiten sollten.

»Sind Sie ganz sicher, daß er das wirklich gesagt hat?« fragte ich, denn ich hatte oft gehört, daß seine Gesprächspartner Courants Arbeitszimmer verließen, ohne daß sie seinem unbestimmten Gemurmel hatten entnehmen können, was nun eigentlich beschlossen worden war.

»Ich hatte nie den geringsten Zweifel«, sagte er bestimmt. »Ursprünglich hatte ich die Arbeit an dem Projekt nur angenommen, weil ich etwas Geld dabei verdienen wollte. Der Grund, wieso ich anfänglich von der Sache nicht so begeistert war, war der folgende. Das Buch beanspruchte einen großen Teil meiner Zeit, und wie Sie ja selber wissen beruht der zukünftige Ruf eines jungen Wissenschaftlers auf seiner Forschungsarbeit und nicht auf irgendwelchen populärwissenschaftlichen Darstellungen. Daher zögerte ich zuerst etwas, noch einmal eineinhalb Jahre oder mehr in etwas zu investieren, das ich eigentlich als Ablenkung von meinen wirklichen Interessen verstand. Ursprünglich hatte ich meine Aufgabe lediglich darin gesehen, jemandem mit seinem Buch weiterzuhelfen. Ich zielte keineswegs darauf, Koautor zu werden. Doch als Courant vorschlug, das Buch gemeinsam zu publizieren, stimmte ich zu. Denn inzwischen hatte es mich doch irgendwie gepackt.«

Mit dieser neuen Konstellation ging es plötzlich vorwärts mit dem Buch. Proskauer riet Courant in Anbetracht des angepeilten Publikums, das Buch einem weniger spezialisierten Verlag als Interscience zu überlassen. Aus diesem Grund trat Courant Anfang 1941 mit McGraw-Hill in Verhandlungen, wo man schon vor einiger Zeit Interesse an *Was ist Mathematik?* bekundet hatte. Er hoffte, mit diesem Buch erste Kontakte zu einem der großen etablierten amerikanischen Verlagshäuser knüpfen zu können, um dort Interesse für weitere Projekte zu wecken. Das Vertragsangebot nahm er kaum zur Kenntnis und begann sofort, ein Konzept für eine Reihe mathematischer Texte für Fortgeschrittene nach dem Vorbild der Gelben Reihe zu entwerfen.

In der Zeit, in der Courant und Robbins gemeinsam an dem Buch arbeiteten, kümmerte sich Courant auch um die mathematische Zukunft des jungen Mannes. Robbins war zwar sehr begabt, machte jedoch auf seinem Spezialgebiet, der Topologie, nicht die Fortschritte, die man von ihm erwartete. (Robbins erklärte dazu, daß seine Dissertation erst im März 1941 erscheinen konnte, weil er sowohl an der New York University, wie in New Rochelle einer dauernden Überbelastung ausgesetzt war.) Im Vorjahr war zum Beispiel vorgesehen gewesen, daß Will Feller, der inzwischen an der Brown University unterrichtete, an der New York University eine Vorlesung über Wahrscheinlichkeitsrechnung und Statistik geben sollte; dieser Plan zerschlug sich kurz vor Semesterbeginn und Courant verpflichtete statt dessen Robbins für die Vorlesung.

»Mir blieben nur ein paar Wochen, bis die Vorlesungen begannen«, erinnerte sich Robbins, »und ich hatte mich noch nie mit Wahrscheinlichkeitsrechnung oder Statistik befaßt, beides Gebiete, die mich nie interessiert hatten.«

Courant war beeindruckt von der Art, in der Robbins diese Aufgabe löste. Er hielt es deshalb für wünschenswert, den jungen Mann Wahrscheinlichkeitsrechnung und Statistik sozusagen »an der Quelle« studieren zu lassen – und diese Quelle war für ihn der polnische Mathematiker Jerzy Neyman, die berühmte Autorität auf diesem Gebiet, der kurz zuvor nach Berkeley gekommen war. Im Frühjahr 1941 schrieb Courant an Griffith Evans, den Dekan der Abteilung für Mathematik an der University of California, und machte ihm »einen Vorschlag, der Ihnen möglicherweise etwas seltsam vorkommen wird, den Sie aber – so hoffe ich – angesichts der ungewöhnlichen Umstände für berechtigt halten werden«.

Courant schlug Evans vor, Robbins, der wenig Geld hatte und für seine Mutter und seine jüngere Schwester sorgen mußte, eine »bescheidene« finanzielle Unterstützung zu gewähren und es damit dem jungen Mann zu ermöglichen, im Sommer 1941 mit Neyman zu arbeiten.

»Ich bin sicher, daß das für Robbins – und möglicherweise auch für die Statistik – von größtmöglichem Nutzen sein dürfte.«

Wohl wissend, daß Robbins heute zu den bedeutenden Repräsentanten der Statistik und Wahrscheinlichkeitsrechnung zählt, fragte ich ihn, ob er damals im Sommer 1941 wirklich die Gelegenheit erhalten hatte, nach Berkeley zu gehen und mit Neyman zu arbeiten.

Robbins verneinte, er hatte damals nicht einmal von diesem Plan gehört. »Wenn damals etwas daraus geworden wäre, so wäre mein Leben bestimmt ganz anders verlaufen, davon bin ich überzeugt. So habe ich Neyman erst viele Jahre später kennengelernt.«

Im Frühling 1941 war Courant überaus beschäftigt. Er war dabei, sein Buch abzuschließen, bemühte sich, seine Idee eines nationalen wissenschaftlichen Zentrums zu propagieren und versuchte, an der New York University ein Sommerprogramm militärisch orientierter Mathematikkurse zu organisieren. In diesem angespannten Zustand reagierte er sehr heftig, als McGraw-Hill sich leicht skeptisch über die finanziellen Aussichten von *Was ist Mathematik?* äußerte, obwohl sich an der Bereitschaft des Verlages, das Buch herauszubringen, nichts geändert hatte. Er war zu keinen Konzessionen bereit und beharrte darauf, daß es bis spätestens Herbst 1941 im Druck zu erscheinen habe.

Schon als er seinen Gewinnbeteiligungsvertrag mit Interscience abschloß, hatte Courant angefangen, Geschmack am Verlagsgeschäft zu bekommen. Nun beschloß er, sein Buch im Selbstverlag herauszubringen. Im Sommer 1941 lieh er sich von einem reichen Freund das Geld und beauftragte die Waverly Press, das Manuskript zu drucken. Den Vertrieb regelte er vertraglich mit der Oxford Press.

Unterdessen verlor er aber auch seinen Plan eines nationalen wissenschaftlichen Instituts nie aus den Augen, und je weiter das Jahr 1941 fortschritt – der Balkan besetzt, die Engländer in Nordafrika zurückgeworfen, der Einmarsch in die Sowjetunion – desto mehr wurde es in seinen Vorstellungen zu einem nationalen *Notstands*institut.

Seine Bemühungen galten nicht in erster Linie der Beschaffung der finanziellen Mittel, er versuchte vor allem, bekannte Persönlichkeiten des öffentlichen Lebens für sein Projekt zu gewinnen, durch die er sich Zugang zu Kreisen außerhalb seiner akademischen Welt versprach. Er wandte sich an Felix Frankfurter, einen der Richter am Obersten Gerichtshof, dessen Bekanntschaft er kurz zuvor durch Flexner gemacht hatte. Er schrieb an die Journalistin Dorothy Thompson, der er »vor ungefähr zwei Jahren . . . im Speisesaal des Savoy-Plaza« durch Donald Flanders' Bruder Ralph vorgestellt worden war. Er bat auch sie um eine Gelegenheit, in einem persönlichen Gespräch »Ihren Rat in einer bildungspolitischen Angelegenheit einholen zu dürfen, die im Hinblick auf die dringlichen Probleme der Gegenwart und die bevorstehenden Schwierigkeiten des Wiederaufbaus von nicht zu unterschätzender Bedeutung sein dürfte«.

Frankfurter lehnte bedauernd ab. Dorothy Parkers Sekretärin gab ihm einen Termin, den sie später wieder absagte.

Was Courant jedoch am meisten enttäuschte, war die fehlende Begeisterung und Kooperationsbereitschaft seiner Kollegen – mit deren Unterstützung er besonders gerechnet hatte, von Kármáns zum Beispiel, der – wie Courant mir erzählte – die Idee eines solchen Institutes bloß für »eine billige Imitation Felix Kleins« hielt.

»Kármán kannte Courant sehr gut und wußte wohl, daß Courant in Wirklichkeit kein angewandter Mathematiker war«, erklärte mir Friedrichs. »Mathematische Physik – ja, Courant-Hilbert – schön und gut; aber all das war doch im Grunde keine angewandte Mathematik. Kármán war schon vor Courant nach Amerika gekommen. Er war ein großer Ingenieur und verstand sich ausgezeichnet auf die *Anwendung* der Mathematik auf die Ingenieurswissenschaften, wobei er nicht von ›reiner‹ sondern eher von ›gelehrter‹ Mathematik gesprochen hätte. Er war aufgrund aller dieser Überlegungen der Überzeugung, daß *er* selbst und nicht Courant der geeignete Mann sei, die angewandte Mathematik in den Vereinigten Staaten voranzutreiben, und äußerte sich manchmal in nicht gerade schmeichelhafter Weise über Courant. Doch wie man Kármáns Autobiographie entnehmen kann, und wie er selbst in späteren Jahren – wenn auch zögernd – zugestand, hätte er das, was Courant tat, selber nie tun können.«

Der entschiedenste Widerstand gegen Courants Projekt kam seiner Ansicht nach jedoch von R. G. D. Richardson, dem Dekan der Abteilung für Graduierte der Brown University. Er war einer der wenigen Amerikaner, die sich aktiv für die Einstellung emigrierter Mathematiker eingesetzt hatten. Seit 1933 hatte er an der Brown University Positionen für verschiedene ehemalige Göttinger geschaffen, darunter Lewy, Neugebauer, Feller, sowie Willy Prager, der von 1929–1933 in Göttingen Privatdozent für angewandte Mechanik gewesen war.

Richardson besaß auch eine Schlüsselstellung innerhalb einer Gruppe von Mathematikern, die durch ihre Mitarbeit in der American Mathematical Society ihre Führungsqualitäten unter Beweis gestellt hatten. Mit ungewöhnlicher Tatkraft und Umsicht hatten diese Männer, und andere vor ihnen, die mathematische Gesellschaft organisiert, Mitglieder geworben, sich um die Unterstützung der Industrie und Privatwirtschaft bemüht, Bibliotheken zusammengetragen, Zeitschriften herausgegeben, und die amerikanische Mathematik so weit entwickelt, daß 1933, als der Flüchtlingsstrom einsetzte, alles Notwendige vorhanden war.

Nach seinem College-Abschluß in Nova Scotia und einigen Jahren als Direktor einer High School – einer amerikanischen Mittelschule – hatte Richardson in Yale mit dem Studium der Mathematik begonnen und mit der Promotion abgeschlossen. Anschließend war er zur Vervollständigung seiner Studien ins Ausland gegangen und 1908 auch nach Göttingen gekommen. Das war kurze Zeit nachdem der zehn Jahre jüngere Courant Hilberts Assistent geworden war. Im Verlauf dieses Aufenthaltes hatte Richardson Courant eine Arbeit gegeben, und ihn gebeten, sie zur Veröffentlichung in den *Mathematischen Annalen* an Hilbert weiterzuleiten.

Niemand, mit dem ich sprach, wußte, was damals wirklich geschah. Courant bemerkte bloß, daß er sehr jung und wenig sorgfältig war. Als Tamarkin, ein Kollege Richardsons an der Brown University, 1931 die zweite Auflage des Courant-Hilbert I rezensierte, vermerkte er spitz: »Die bibliographischen Referenzen der vorliegenden Auflage [1930] sind etwas vollständiger als in der ersten. In diesem Zusammenhang ist der Hinweis auf eine unveröffentlichte Arbeit R. G. D. Richardsons besonders erwähnenswert . . . die zahlreiche Berührungspunkte mit den Resultaten des VI. Kapitels aufweist ...«

Sobald Courant nach Amerika kam, versuchte er, diese »Unstimmigkeiten« in seinem Verhältnis zu Richardson aus dem Weg zu räumen. Oberflächlich gesehen gelang ihm das mehr oder weniger. Die beiden tauschten höfliche Briefe aus, arbeiteten bei der Plazierung von Flüchtlingen zusammen und diskutierten das Bedürfnis nach einer angewandten Mathematik. Sie fühlten sich beide als Vorkämpfer dieser in Amerika so lange vernachlässigten Richtung – und eben das brachte die beiden 1941 auf Kollisionskurs.

Seit Kriegsausbruch war auch in Amerika das Interesse an der angewandten Mathematik sprunghaft angestiegen. Anläßlich einer gemeinsamen Tagung der American Mathematical Society und der Mathematical Association of America im September 1940 hatte Marston Morse als Vorsitzender des »War Preparedness Committee« (des Kriegsbereitschaftskomitees) verschiedene Empfehlungen gemacht: »die Ausbildungszentren für Graduierte sollten ihr Vorlesungsangebot in angewandter Mathematik erweitern ... fortgeschrittene Studenten sollten angeregt werden, sich auf einem oder mehreren Gebieten der angewandten Mathematik besonders zu qualifizieren.« 1941 wurde im »Office of Education« (Erziehungsministerium) bereits ein militärisch orientiertes Sommerprogramm geplant. Courant hielt die Stadt New York für ein solches Programm besonders geeignet, informierte Richardson in diesem Sinne und begann mit den Vorbereitungen an der New York University. Indessen betrieb Richardson seinen eigenen Plan, ein solches Programm an der Brown University aufzuziehen. Kurze Zeit später erfolgte die öffentliche Ankündigung, daß an dieser Universität »das erste nationale Zentrum für Ingenieure, Mathematiker, Techniker und andere Experten der Rüstungsproduktion [geschaffen worden sei], wo sich diese Experten mit ganzer Kraft uneingeschränkt den Problemen der höheren Mathematik in bezug auf ihre industrielle Anwendbarkeit widmen können«.

Das Sommerprogramm von 1941 an der Brown University spielte sich auf einem »sehr hohen Niveau« ab, erinnerte sich Friedrichs, der dort eine der Vorlesungen hielt. Die Mitglieder der Fakultät stammten größtenteils ursprünglich aus Europa. Richardsons besonderer Stolz galt der Tatsache, daß es ihm gelungen war, den ehemaligen Direktor des Institutes für Angewandte Mathematik an der Universität Berlin, von Mises, der kurz zuvor über die Türkei in die Vereinigten Staaten emigriert war, als Berater und Lehrer für sein Programm zu gewinnen.

Das war auch der Sommer, in dem Courant sein Memorandum über ein nationales Wissenschaftsinstitut zirkulieren ließ, und er schickte auch seinem Kollegen Richardson eine Kopie. Dieser antwortete höflich, erklärte, daß er zwar einem solchen Institut größte Bedeutung beimesse, gleichzeitig aber absolut überzeugt sei, daß ein solches Institut im Rahmen einer bereits bestehenden Institution ausgebaut werden sollte. Trotzdem war er »lebhaft interessiert ... jederzeit bereit, in dieser Angelegenheit seine Zeit und seinen Rat zur Verfügung zu stellen, unabhängig davon, für welchen Plan man sich letzten Endes entscheiden werde«.

Kurz nachdem Courant Richardsons Brief erhalten hatte, traf es sich, daß er sich mit einem Freund in dessen Arbeitszimmer unterhielt und dabei zufällig auf dem Schreibtisch, zwischen anderen Papieren einen Brief entdeckte, der obwohl er ihn nur verkehrt herum sehen konnte, offensichtlich vom Dekan an der Brown University stammte.

»Wir unterhielten uns längere Zeit, dieser Mann und ich, dabei wurden auch einige Papiere herumgeschoben«, erinnerte sich Courant. »Anschließend fuhr ich für ein paar Ferientage in die Adirondacks, und als ich dort meine Mappe auspackte, fanden sich darin einige Schriftstücke, die mir unbekannt waren, darunter auch ein Schreiben von Richardson, in dem sich dieser sehr ablehnend über mein Projekt äußerte. Er war absolut dagegen – nicht gegen das Projekt, aber dagegen, daß ich derjenige sein sollte, der es verwirklichte. Seiner Ansicht nach ging es nicht an, daß Ausländer einfach daherkommen, und solche Vorschläge machen.«

Ich fragte, ob sich dieser Brief vielleicht unter Courants Papieren am Institut befand.

»Oh nein«, antwortete er, »denn sehen Sie, ich hatte ihn doch gestohlen.«

Im Sommer 1941 war der größte Teil von *Was ist Mathematik?* im Druck, und Courant begann, das Vorwort zu schreiben. Er glaubte, ein Buch verfaßt zu haben, das anders war, als die anderen populärwissenschaftlichen Bücher. In den dreißiger Jahren waren eine ganze Reihe solcher Werke in englischer Sprache erschienen, die aber nach Courants Überzeugung alle einen schwerwiegenden Mangel aufwiesen, denn sie gingen von einer falschen Voraussetzung aus. So wie sich Musikverständnis selbst durch brillanteste Beschreibungen nicht wecken läßt, wenn jemand noch nie intensiv Musik gehört hat, so läßt sich auch Mathematik nicht als spielerische Unterhaltung vermitteln. Mathematik läßt sich nur verstehen, wenn man sie auch betreibt. Und so versprach Courant seinem Leser, ihn in »ernsten Kontakt mit dem Inhalt der lebendigen Mathematik« zu bringen.

Was ist Mathematik? setzte lediglich die mathematischen Kenntnisse einer guten Mittelschule voraus. Technische Spitzfindigkeiten wurden vermieden, ebenso die Betonung von Routine und »dogmatische Darstellungsform, welche Wurzeln, Motive und Ziele der Mathematik verschleiert«. Andererseits

»kann dem Leser nicht jede Anstrengung erspart bleiben: ein gewisser Grad von intellektueller Reife und Bereitschaft zum eigenen Nachdenken ist erforderlich«. Courant versuchte, »den Leser von einem durchaus elementaren Niveau ohne Umwege zu Aussichtspunkten zu führen, von denen man einen Einblick in die Substanz der neueren Mathematik gewinnt«.

Was Courant noch einige Sorge bereitete, war der Titel des Buches, der ihm »ein klein wenig unehrlich« erschien. Bei einer Abendgesellschaft im Hause Weyls konsultierte er deshalb Thomas Mann. Wie sollte der Titel lauten, *Was ist Mathematik?* oder etwas in der Art von »Mathematische Untersuchungen grundlegender elementarer Probleme für das allgemeine Publikum«, was sicher zutreffender, aber auch »ein wenig langweilig« war?

»Darauf entgegnete Thomas Mann, daß er mir da nicht raten könne, mir aber von seiner eigenen Erfahrung berichten wolle«, erzählte Courant. »Unter seinen in englischer Sprache erschienen Werken war auch *Lotte in Weimar.* Kurz bevor das Buch erscheinen sollte, kam sein Verleger, Mr. Knopf, zu ihm und sagte, ›Wir sollten uns noch über den Titel klar werden und meine Frau, die in solchen Dingen ein ausgezeichnetes Gespür hat, meint, wir sollten das Buch *The Beloved Returns* nennen! ›Mann fühlte sich etwas unbehaglich bei dem Gedanken, um so mehr als *Lotte in Weimar* doch auf Englisch genau so gut klang wie auf Deutsch. Knopf stimmte dem zu, gab aber zu bedenken, ›Wenn wir das Buch unter dem Titel *Lotte in Weimar* herausbringen, werden wir 10 000, vielleicht auch 20 000 Exemplare verkaufen. Wenn wir es *The Beloved Returns* nennen, werden es 100 000 sein. Und dem entsprechen dann natürlich auch die Tantiemen!‹ ›Darauf‹, sagte Mann, ›habe ich mich entschieden, für *The Beloved Returns.*‹«

Courant dankte Thomas Mann, ging zum nächsten Telephon und rief seinen Drucker an.

Obwohl Robbins die Korrekturfahnen gelesen hatte und mehrmals nach Baltimore in die Druckerei gefahren war, wußte er noch nicht, wie das Titelblatt aussehen würde. Erst Anfang August 1941 hielt er einen Abzug in der Hand, und da stand es schwarz auf weiß: »*Was ist Mathematik?* von Richard Courant.«

»Als ich dieses Titelblatt sah, schoß es mir durch den Kopf: ›Mein Gott, der Mann ist ein Gauner!‹ Es war wie eine kalte Dusche. Was mich schmerzte war nicht in erster Linie, daß mein Name nicht dort stand – daß er letzten Endes dort stehen würde, war mir sofort klar. Was mich niederschmetterte war, daß ich nun Courant nicht mehr für einen anständigen, ehrenhaften Menschen halten konnte, der die Arbeit junger Mathematiker fördern wollte, ohne dabei an sein eigenes Prestige zu denken ... Später hörte ich dann immer wieder ›Dirty Dick‹! Man glaubte mir meine Geschichte ohne weiteres, weil andere über ihn im Umlauf waren. Ich hatte nie so etwas über ihn gehört, wußte nur Gutes über ihn ... und ich hatte ihn irgendwie gern.«

Robbins fragte seine Kollegen am Washington Square um Rat.

»Sie erklärten mir, daß Courants Vorgehen für deutsche Verhältnisse nicht ungewöhnlich sei, daß dort viele Bücher unter dem Namen eines bekannten Professors erschienen, während sie in Wirklichkeit von einem seiner Studenten als Teil des Ausbildungsprozesses geschrieben wurden. Darauf erwiderte ich, daß ich, erstens, nicht Courants Student war; daß wir, zweitens, hier nicht in Deutschland sind; und daß mir, drittens, die ganze Sache sehr mißfällt.«

Heute ist es nicht mehr möglich, die genaue Chronologie der Ereignisse, die nicht in dem Briefwechsel zwischen Courant und Robbins festgehalten sind, zu rekonstruieren, doch irgendwann sprach Robbins auch mit Hassler Whitney, bei dem er an der Harvard University promoviert hatte.

»Als ich Whitney von der Sache erzählte, war er sehr entrüstet und sagte: ›Sie können Courant ruhig ausrichten, daß ich – falls er bei seinem Entschluß bleibt, die Angelegenheit an der nächsten Tagung der American Mathematical Society zur Sprache bringen und dafür sorgen werde, daß er aus der Gesellschaft ausgeschlossen wird.‹«

Robbins hatte Courant »versprochen, vielleicht auch gedroht«, wie er am 17. August 1941 in einem Brief bemerkte, ihm eine schriftliche Stellungnahme zu dieser Version des Titelblattes zukommen zu lassen. Diesen Brief hatte Robbins immer wieder hinausgezögert, weil er so aufgebracht war, daß ein ruhiger Meinungsaustausch unmöglich schien und »eine hitzige Diskussion sich möglicherweise schlecht auf das Buch, oder zumindest auf dessen Publikationstermin ausgewirkt hätte«. In seinem Brief vom 17. August betonte Robbins, daß er wohl wisse, daß das Buch in allen wesentlichen Aspekten Courants Werk sei, andererseits habe er aber so intensiv daran gearbeitet und sich emotionell so sehr engagiert, daß es für ihn sehr wichtig geworden sei, seinen Namen neben demjenigen Courants auf dem Titelblatt zu sehen. In Europa mögen solche Fragen vielleicht anders gehandhabt werden, doch entspricht es durchaus der in solchen Fällen üblichen amerikanischen Praxis. Es war hier allgemein bekannt, daß der erstgenannte Name den eigentlichen Autor des Buches bezeichnete, während der zweite dem jüngeren Kollegen gehörte, der an dem Buch mitgearbeitet hatte. Was die finanzielle Seite betraf, so war er gerne bereit, diese ganz Courant zu überlassen. Alles was er verlangte war, seinen Namen neben demjenigen Courants auf dem Titelblatt zu sehen.

Weder Whitneys Drohung noch die Entschlossenheit Robbins, nötigenfalls gerichtlich vorzugehen, werden in dem Brief auch nur andeutungsweise erwähnt. Robbins war überzeugt, daß Courant davon über Dritte erfahren hatte.

Doch wie dem auch sei, nachdem er Robbins' Brief erhalten hatte, erklärte sich Courant bereit, das Titelblatt entsprechend abändern zu lassen.

Robbins erklärte mir, daß er seinen Brief vom 17. August absichtlich so formuliert habe, um Courant den Gedanken einer gemeinsamen Autorschaft schmackhafter zu machen – was ihm offensichtlich auch gelungen war. Als Courant mir nämlich seinerseits den Brief zeigte, bemerkte er, daß darin die Situation, die zwischen ihm selber und Robbins bestanden habe, sehr genau umrissen sei.

In den nun folgenden Wochen im Herbst 1941 wurde Courant aber offenbar bewußt, daß Robbins sich tatsächlich für seinen Koautor hielt. Darauf wies er am 28. September den jungen Mann in einem langen Brief streng zurecht.

»Ich habe den Eindruck, daß Sie sich in eine psychologisch ungeschickte Situation treiben – oder manövrieren lassen, und halte es deshalb für unbedingt notwendig, Ihnen die wirkliche Situation klar vor Augen zu führen. Die Frage ist nicht, wieviel Zeit, Energie und Hingabe Sie auf Ihre Mitarbeit verwendet haben. Nach Konzept und Planung, nach Inhalt und originellem mathematischem Ideengehalt ist dieses Buch mein Kind, und darin drücken sich mehr als in jedem anderen meine ganz persönlichen Gedanken und Vorstellungen aus. Sie sind ein eigenständiger Mensch mit einer eigenen Betrachtungsweise, die keineswegs völlig mit der meinen übereinstimmen muß, und es wäre nur natürlich, sollte sich in Zukunft einmal eine ausgeprägte Abweichung entwickeln. Aus diesem Grunde war und ist mir daran gelegen, die Frage der Autorschaft der Allgemeinheit und, in erster Linie, Ihnen gegenüber klarzustellen. Das hat nichts mit Ehrgeiz zu tun, es ist eine Sache der wissenschaftlichen Verantwortung. Selbstverständlich war ich auf Unterstützung angewiesen . . . Und Ihre Mitarbeit überstieg bei weitem das Maß, das ich von einem so kompetenten und angesehenen Mathematiker erwarten konnte. Ich habe keineswegs die Absicht, Ihnen Lob oder öffentliche Anerkennung vorzuenthalten. Als Sie in Ihrem Brief vom 17. August darauf beharrten, diese Anerkennung auch auf dem Titelblatt ausgedrückt zu sehen, war ich sofort dazu bereit. Ihr Brief beruhigte mich damals, daß es zwischen uns nie ein entscheidendes Mißverständnis über die grundlegende Frage der Autorschaft gab oder je geben wird, und daß keine Irreführung der Öffentlichkeit beabsichtigt sei . . .«

Daß *Was ist Mathematik?* – von Richard Courant und Herbert Robbins – ein solcher Erfolg werden würde, hatte – vielleicht mit Ausnahme von Courant – niemand erwartet. Das Buch wurde in mehrere Sprachen übersetzt und hat bis heute über 100 000 verkaufte Exemplare. Es wird oft bewundernd ein »mathematischer Bestseller« genannt. Robbins erzählte mir, daß er nie eine Abrechnung über den Verkaufserlös erhalten habe. Von Zeit zu Zeit kam ein Scheck mit ein paar Zeilen von Courant: »Lieber Robbins, beiliegend ein Scheck über Ihren Anteil an dem Erlös von *Was ist Mathematik?* für das Jahr 19—.«

Er ist, wie er sagte, die ganze Angelegenheit herzlich leid und wenn er gefragt wird, wer nun eigentlich *Was ist Mathematik?* geschrieben habe, antwortet er manchmal bissig, »Courant – und damit es sich besser verkauft, hat er meinen Namen dazugesetzt!«

»Was wirklich zählt«, sagte er, »ist, daß es ein gutes Buch ist und einen guten Einfluß gehabt hat.«

Courant selber war immer »ein klein wenig enttäuscht« über das Buch, denn trotz seines Erfolges hat es nie in erwähnenswertem Ausmaß jenen großen Kreis »gebildeter Laien« erreicht, denen er die Schönheiten der Mathematik näherbringen wollte.

So hatte Courant zu Beginn des akademischen Jahres 1941–42 eines seiner Ziele erreicht – *Was ist Mathematik?* war erschienen. Dagegen war es ihm nicht gelungen, seinen zweiten Plan, ein nationales Institut für Grundlagenforschung, zu verwirklichen. Dabei schrieb er immer der Gegnerschaft Richardsons entscheidende Bedeutung zu. Rückblickend war er sich allerdings auch bewußt, daß es »natürlich kindisch und unrealistisch« war, auch nur im Traum daran gedacht zu haben, ein solches Projekt durchsetzen zu können, nachdem er erst kurze Zeit im Lande war und noch nicht begriffen hatte, mit was für Widerständen die Idee einer staatlichen Wissenschaftsförderung damals in den Vereinigten Staaten zu kämpfen hatte.

»Und so gaben Sie die Idee auf?« fragte ich.

»Aufgegeben habe ich sie nicht«, widersprach er, »ich beschloß einfach, es auf einem anderen Weg zu versuchen.«

1941 – 1945

Der Betrieb, den Courant bis zum September 1941 an der New York University aufgezogen hatte, war, ungeachtet seiner siebenjährigen Bemühungen, ein sehr bescheidenes Unternehmen. In einem mit diesem Datum versehenen Aktenordner wird zwar die Gründung eines dem »Graduate Center« angeschlossenen »Institutes für angewandte Mathematik« vermerkt und ein beachtliches Angebot regulärer und außerplanmäßiger Vorlesungen aufgeführt; doch bei näherem Hinsehen war das neue »Institut« einfach eine andere Bezeichnung für Courant, Friedrichs und Stoker.

Ende November 1941 hatte die deutsche Armee praktisch den ganzen europäischen Kontinent besetzt. Das Komitee zur Unterstützung vertriebener deutscher Wissenschaftler hatte das Wort »deutscher« in seinem Namen längst durch »ausländischer« ersetzt. Seit 1933 hatten ungefähr 130 Mathematiker, mathematische Physiker und Statistiker Europa verlassen und waren nach Amerika emigriert. Nicht eingeschlossen in dieser Zahl waren die vielen Kinder und Jugendlichen, die in jenen Jahren mit ihren Familien mitkamen, und die später einen Beitrag zum mathematischen Leben Amerikas leisteten. Zu dieser Gruppe gehört auch Peter Lax, der heute Direktor des Courant Institutes ist. Er emigrierte als fünfzehnjähriger Junge mit seinen Eltern aus Ungarn in die Vereinigten Staaten – sie befanden sich am 7. Dezember 1941 auf hoher See.

An diesem 7. Dezember – einem Sonntag – unterbrach der Rundfunk plötzlich die Übertragung eines Konzertes der New Yorker Philharmoniker – die Japaner hatten Pearl Harbor angegriffen. Am Montag erklärten die Vereinigten Staaten Deutschland den Krieg. Ein paar Tage später, an einem Donnerstag, befanden sich auch Deutschland und seine europäischen Alliierten im Krieg mit den Vereinigten Staaten.

Obwohl Courant das amerikanische Eingreifen schon lange erwartet, ja erhofft hatte, war die vollendete Tatsache für ihn, wie übrigens für die meisten Emigranten, eine traumatische Erfahrung. Mitten in diesem abrupten, psychischen Anpassungsprozeß schrieb Courant an Heinz Hopf in der neutralen Schweiz und bat ihn, dafür zu sorgen, daß Hilbert in Göttingen am 23. Januar einen »schönen Blumenstrauß« erhielt – auf der Begleitkarte sollte stehen, daß die Blumen ein Gruß zu Hilberts achtzigstem Geburtstag waren, »von seinen amerikanischen Schülern und Freunden als Ausdruck ihrer Liebe und Hochachtung«.

Nach dem Angriff auf Pearl Harbor ging Courant tagelang auf dem langen Korridor zwischen seinen Büros auf und ab. Als De Prima Vorlesungsnotizen zur Vervielfältigung in das Büro der Sekretärin brachte, hielt Courant ihn fest, und er mußte mit ihm auf und ab gehen.

»Das passierte sicher auch anderen. Er war in einem Zustand dauernder Angespanntheit. Die Büros am Washington Square waren sehr laut und wenn das Telephon läutete, war nur ein schwaches Klingeln zu vernehmen. Doch Courant hörte es jedesmal sofort und sprang auf, um zu antworten, obwohl dafür eigentlich die Sekretärin da war. ›Courant speaking! Courant am Apparat!‹ rief er aufgeregt in die Sprechmuschel. Er äußerte sich zwar nie dazu – aber ich kam trotzdem zu dem Schluß, daß er auf einen Anruf aus Washington wartete – er hatte den Leuten dort seine Dienste angeboten.«

Sobald die Vereinigten Staaten in den Krieg eingetreten waren, begann Courant Talente zu sammeln, die er – davon war er überzeugt – bald dringend brauchen würde. Eleazer Bromberg erinnerte sich daran, wie er im Frühling 1942 zu Courant kam, weil er einen Kurs an der New York University nicht abgeschlossen hatte, und das nun nachholen wollte. Zuvor hatte er sich bereits an der Brown University umgesehen, wo der lange etablierte und einflußreiche Richardson ein Programm für angewandte Mathematik entwickelt hatte, das wesentlich umfangreicher war, als dasjenige der New York University. Bromberg hatte sich schon fast für Brown entschieden. »Wieso kommen Sie eigentlich nicht zu uns?« fragte Courant, und verschaffte Bromberg sofort eine Dozentenstelle in der Abteilung für Physik.

Anfang 1942 häuften sich die Anzeichen dafür, daß die Amerikaner im Pazifik einen Gegenschlag gegen die Japaner planten. Zur gleichen Zeit stellte die Carnegie-Foundation dem hocherfreuten Courant eine Summe von 3500 $ zur Verfügung, die es ihm erlaubte, noch einige Leute zu unterstützen. Stolz teilte er diese Neuigkeit Flexner, Warren Weaver und ein paar anderen mit.

Weaver war als einer der ersten in den von Vannevar Bush im Juni 1940 einberufenen »National Defense Research Council« (NDRC) gewählt worden. Als in Europa der Luftkrieg gegen England begann, wurde ihm als erstes der Vorsitz der Abteilung für »Feuerleitung« des NDRC übertragen, deren Aufgabe die Entwicklung von Vorrichtungen und Verfahren zur Erhöhung der Treffsicherheit von Geschossen war. Später wechselte er mit Bush in das »Office of Scientific Research and Development« (OSRD) hinüber, das im

Juni 1941 auf ausdrückliche Anordnung von Präsident Roosevelt geschaffen worden war, um die Rüstungsforschung »überall, in allen ihren Aspekten« – so Bush – zu koordinieren.

Schon 1942 ließ der Druck, mit dem neues Rüstungsmaterial entwickelt und produziert wurde, nach, da – wie Weaver erklärte – neue Geräte nicht mehr so rechtzeitig, daß sie den Ausgang des Krieges noch zu beeinflussen vermochten, entworfen, gebaut, erprobt, verbessert, standardisiert und bei der Truppe eingesetzt werden konnten. Andererseits stieg die Nachfrage nach analytischen Studien, und im Sommer 1942 begann Weaver, Mathematiker anzuwerben.

Unter anderem nahm er auch Stokers Dienste in Anspruch, der zusammen mit seinem Studenten Bromberg einer Gruppe an der Columbia University zugeteilt worden war, die zur Hauptsache aus Statistikern bestand, und sich in direktem Kontakt mit Weaver mit Problemen der Flugabwehr beschäftigte. Die Ansammlung von Talenten, die Weaver zusammengebracht hatte, beeindruckte Stoker sehr, trotzdem fühlte er sich in seiner neuen Umgebung gar nicht wohl.

»Wie kamen Sie überhaupt dazu, die New York University zu verlassen?« fragte ich ihn.

»Ach, das war so ein Tauschhandel, wie Courant sie mit Weaver abzuschließen pflegte«, erklärte Stoker offenherzig. Als Gegenleistung für Stoker sagte Weaver Courant seine Unterstützung zu, der damals bereits mit Friedrichs an einem Marine-Projekt über die Verbreitung des Schalls unter Wasser arbeitete. »Damals gab es einfach nicht sehr viele angewandte Mathematiker im Lande«, was nicht weiter erstaunlich ist, wenn man bedenkt, daß ein 1941 erstellter Bericht zu dem Schluß gekommen war, daß die amerikanische Industrie nicht mehr als zehn angewandte Mathematiker pro Jahr absorbieren könne.

Im Herbst 1942 leitete Courant an der New York University ein Seminar über die aerodynamisch wichtige Theorie der stationären Schocks. Die Theorie interessierte ihn besonders aufgrund der bahnbrechenden Arbeit Riemanns auf diesem Gebiet. Im Dezember des gleichen Jahres begegnete er in Washington zufällig John von Neumann. Von Neumann hatte sich mit den in der Explosionstheorie wichtigen nichtstationären Schockwellen befaßt. Da er im Begriff stand, im Zusammenhang mit einem neuen Geheimprojekt abzureisen, bot er an, Raymond Seeger, einen Mitarbeiter der Forschungsgruppe der Marine für Explosions-Grundlagenforschung zu veranlassen, die Gruppe an der New York University über seine Resultate zu informieren. Damit begannen an der New York University ausgedehnte Untersuchungen über Schockwellen, in denen vor allem Friedrichs führend war. Diese frühe Begegnung mit Seeger, als dieser für die Marine arbeitete, und später, als er bei der »National Science Foundation« tätig war, sollte für Courant und seine Unternehmungen von unschätzbarem Wert sein.

Inzwischen war das OSRD neu organisiert worden; die Feuerleitungsprobleme waren einer neugeschaffenen Abteilung 7 zugeteilt, und eine weitere OSRD-Institution geschaffen worden, der sogenannte Ausschuß für Angewandte Mathematik (Applied Mathematics Panel). In die Zuständigkeit dieses Ausschusses sollten ganz allgemein die sich rasch entwickelnden analytischen und mathematischen Probleme fallen, und zwar nicht nur für die Abteilung 7, sondern auch für alle anderen Abteilungen des OSRD und – in noch größerem Umfang – für alle militärischen Dienststellen und den gesamten Kriegsapparat. Weaver wurde zum verantwortlichen wissenschaftlichen Offizier dieses Ausschusses ernannt, und kurze Zeit später erhielt Courant auch den lange erwarteten Anruf aus Washington. Weaver bat ihn, als eines der sechs Mitglieder in dem neuen Ausschuß mitzuarbeiten.

Der Ausschuß für Angewandte Mathematik ging quer durch alle Abteilungen des OSRD und war als eine Organisation ziviler Mathematiker geplant, die den mit militärischen Aufgaben betrauten Wissenschaftlern in allen mathematischen Fragen behilflich sein sollte, ebenso auch allen militärischen Gruppen, die solcher Hilfe bedurften. Auf diese Weise hoffte man, alle führenden Mathematiker des Landes, so weit sie nicht schon im Dienste der Armee standen, in die Kriegsanstrengung miteinzubeziehen.

In seinen Ausschuß mit der offiziellen Bezeichnung »Committee Advisory to the Scientific Officer« (Beratendes Komitee des wissenschaftlichen Offiziers), berief Weaver neben Courant T. C. Fry, L. M. Graves, Marston Morse, Oswald Veblen und Samuel S. Wilks. Jahre später erinnerte sich Weaver an die ernsten Beratungen, die der Berufung Courants vorausgegangen waren – ob es »in Anbetracht des geheimen Charakters vieler Projekte zu verantworten sei, in diesen höchsten Regierungsausschuß einen Mann zu wählen, der – ungeachtet seiner hervorragenden Fähigkeiten – im ersten Weltkrieg in der deutschen kaiserlichen Armee gekämpft hatte«.

Bei der ersten Sitzung des Ausschusses – Courant war noch nicht da – sagte Fry von den Bell Laboratorien, »Wir müssen Courant von Anfang an zu verstehen geben, daß wir ihn – ohne jede Einschränkung – als einen der Unseren akzeptieren.«

Während Fry noch sprach, klopfte es ganz leise an die Türe.

Fry, der ihn, wie alle anderen auch, immer als »Professor Courant« angeredet hatte, suchte nach Worten, um ihn – sozusagen von Amerikaner zu Amerikaner – in ihrem Kreis willkommen zu heißen.

»Komm doch herein, Dick!« rief er.

Courant genoß seine neue Wichtigkeit, seinen Einfluß als Mitglied des Ausschusses für Angewandte Mathematik mit naiver Begeisterung. Er reiste geschäftig zwischen New York und Washington hin und her, bekannte Namen fielen ihm – nicht ganz unhörbar – von den Lippen, er murmelte vage von wichtigen Geheimsachen, blickte dauernd nach der Uhr und klagte entschuldigend über »die fast unmenschliche Arbeitslast, unter der wir zur Zeit alle leiden«.

Er sprühte nur so von Ideen. Von seinem Schreibtisch ergoß sich ein Strom von Zetteln – alle überschrieben mit »Memorandum an WW«.

Viele der Vorschläge, mit denen Courant Weaver geradezu überschwemmte, hingen mit Personalfragen zusammen. Sofort empfahl er Griffith Evans von der University of California für den Ausschuß. Ebenso eifrig bemühte er sich, von Kármán zu propagieren, »einen der erstklassigsten Repräsentanten der angewandten Mathematik und der angewandten Wissenschaft in diesem Land«. In diesem Zusammenhang ging auch ein längeres Memorandum über den »psychologischen Hintergrund«, der im Umgang mit Kármán in Betracht zu ziehen war, an Warren Weaver.

Evans wurde denn auch in den Ausschuß für Angewandte Mathematik gewählt. Kármán, der wissenschaftlicher Berater der Luftstreitkräfte des Heeres war, zeigte sich interessiert. Letzten Endes kam seine Mitarbeit wegen einer Erkrankung und dem inzwischen absehbaren Ende des Krieges nicht zustande.

Einige Zeit später empfahl Courant Weaver eine junge Frau namens Mina Rees, eine Mathematikprofessorin am Hunter College, für die Position einer technischen Assistentin. Diese Aufgabe erhielt größeres Gewicht als ursprünglich angenommen, weil Weaver während des Krieges eine Zeitlang an einer Ohreninfektion litt, die seinen Gleichgewichtssinn beeinträchtigte. Dadurch ergab es sich, daß Mina Rees, je nachdem die Lage dies erforderte, ihn dem Ausschuß gegenüber vertrat und in zunehmendem Maße auch den Ausschuß in Verbindung mit seinen Unternehmungen repräsentierte. Mit dieser Aufgabe begann für sie eine sehr erfolgreiche Karriere in der Regierungs- und Universitäts-Administration.

»Wieso Courant ausgerechnet auf mich verfiel, weiß ich wirklich nicht«, sagte sie, als ich sie in ihrem Büro in dem eleganten, neuen Gebäude der »Graduate School« der City University of New York besuchte. »Wir kannten uns – mit Ausnahme flüchtiger Begegnungen an mathematischen Tagungen und ähnlichen Veranstaltungen – kaum. Ich habe es immer der Tatsache zugeschrieben, daß eine sehr gute Studentin von mir später an die New York University ging – sie hieß Bella Manel. Sie war mir damals durch einen Zufall zugeteilt worden und studierte bis zu ihrem Diplom fast ausschließlich bei mir Mathematik.«

Ich erzählte von Friedrichs Vermutung, wonach Courants Empfehlung ganz einfach darauf beruhte, daß er in ihr eine ausgeprägte administrative Begabung »spürte«.

Sie überlegte kurz und stimmte dann zu, »Wahrscheinlich hat Friedrichs recht. Das Geschick, mit dem Courant die Möglichkeiten anderer erkannte, war wirklich genial. Er wußte, was man wollte, was einen interessierte, manchmal noch bevor man es selber wußte.«

Der Ausschuß für Angewandte Mathematik arbeitete an Hand von »Kontrakten«, die mit verschiedenen Universitäten abgeschlossen wurden. Die Idee, wissenschaftliche Arbeiten durch solche Kontrakte zu fördern war neu für Amerika – »und eine der großen Erfindungen, die der Krieg mit sich brachte«, erklärte Mina Rees. Im Ganzen wurden 194 wissenschaftliche Studien durchgeführt, die nach dem Krieg in zusammengefaßter Form in einem vierbändigen Werk erschienen. Schon mit einer solchen Untersuchung – der Entwicklung kraftvoller neuer statistischer Techniken, die es ermöglichten, Kriegsmaterial effizienter und kostensparender zu testen – sparte die Armee in wenigen Monaten mehr ein, als der Ausschuß während seines ganzen Bestehens kostete. Die Gruppe an der New York University war nur eine unter vielen, die an verschiedenen Institutionen überall im Lande geschaffen worden waren, trotzdem war für Courant und seine Mitarbeiter die Zeit der Zusammenarbeit mit dem Ausschuß wichtiger als für die meisten. Sie bedeutete den Wendepunkt auf dem langen Weg zu einem wissenschaftlichen Institut an der New York University.

Mit der Aussicht auf einen Kontrakt des Ausschusses für Angewandte Mathematik und damit auf großzügige finanzielle Unterstützung begann Courant, Talente anzuwerben, die er schon seit einiger Zeit für seine Gruppe im Auge gehabt hatte. Als ersten zog er Max Shiffman heran, der seit seiner Promotion Mathematik am City College of New York unterrichtet hatte. Courant hielt Shiffman für den besten Studenten, den er in Amerika je gehabt hatte – und für einen seiner besten überhaupt. Er hatte schon lange versucht, ihn wieder am »Graduate Center« zu beschäftigen. Als nächster stieß J. K. L. MacDonald zu der Gruppe, den er leihweise von der nahen Cooper Union übernehmen konnte. In MacDonald sah er »einen sowohl analytisch wie kreativ« begabten Kopf, der »eine einzigartige Kombination von Mathematik und theoretischer und experimenteller Physik verkörperte, dazu kam noch ein ausgeprägter Sinn für die Anwendungen«.

Neben diesen jungen Leuten, die bereits mit dem »Graduate Center« in Verbindung standen, sammelte Courant auch anderweitig junge Mathematiker, darunter Bernard Friedman – »ein erstklassiger Wissenschaftler von ungeheuerer Vielseitigkeit und Kraft«. Sämtliche Mitarbeiter Courants rekrutierten Freunde und Bekannte. Gegen Ende des Krieges zählte die Gruppe für Angewandte Mathematik an der New York University über dreißig Mitglieder.

Die erste Arbeit der AMP-Gruppe an der New York University bestand in der Weiterführung von zwei besonderen, zu Beginn des Krieges erteilten, Marine-Aufträgen auf den Gebieten der Unterwasserakustik und der Explosionstheorie.

»Automatisch«, so jedenfalls sah es Courant, »entwickelte sich die Arbeit in einem ziemlich weiten Rahmen.« Zum Beispiel wurde das ganze Gebiet der Störungen nichtlinearer Wellen studiert, die Phänomene der Druckschwankung nach Unterwasserexplosionen untersucht, ihr Zusammenhang mit Oberflächenphänomenen betrachtet, was Fortschritte bei dem Problem des Luft-Wasser-Einschlages brachte. Die Explosionstheorie führte zu allgemeinen Studien auf dem Gebiet der Überschall-Strömungslehre, was die Gruppe dann zu Arbeiten über Düsenmaschinen, Raketen und den Düsenantrieb im allgemeinen veranlaßte.

Was Courant besonders befriedigte war, daß sich auf diese Weise »eine Situation ergab, in der Wissen und Erfahrung der Gruppe als Team für ganz verschiedene Auftraggeber eingesetzt werden konnten«. Das wäre nie der Fall gewesen, behauptete er immer wieder, wenn die Gruppe auseinandergerissen oder in Unterabteilungen aufgeteilt, jede mit ihrer fest umrissenen Aufgabe beschäftigt gewesen wäre. Die *Gruppe* war entscheidend.

Wie auch an den anderen amerikanischen Colleges und Universitäten, sank die Anzahl der ganztägig an der New York University während des Krieges studierenden Graduierten – selbst in normalen Zeiten nur eine geringe Zahl – drastisch. Es fanden sich jedoch einige Teilzeit-Studenten, die tagsüber in New York für die Regierung oder die Rüstungsindustrie arbeiteten.

Ungeachtet der wachsenden Belastung durch die kriegsbedingte Forschungsarbeit und der geringen Studentenzahlen bestand Courant darauf, auch weiterhin zu unterrichten. Im Verlauf des Krieges wurden seine Vorlesungen immer improvisierter – schließlich erschien er überhaupt unvorbereitet. Die Bezeichnungen änderten sich während einer einzigen Vorlesung zehn bis zwölf Mal. Einmal unterrichtete er jeden Dienstagabend eine Klasse in Variationsrechnung und jeden Donnerstagabend in partiellen Differentialgleichungen. Die beiden Gebiete sind miteinander verwandt, und als er an einem Dienstag ein bestimmtes Theorem nicht beweisen konnte, murmelte er undeutlich, »Na ja, den Beweis dieses Theorems gebe ich am Donnerstag.« Zwei Tage später, als er das Theorem wieder brauchte und beweisen sollte, erklärte er seinen Studenten, »Na ja, gut, ich werde das Theorem am Dienstag beweisen.«

»Seine Vorlesungen war unglaublich zerstreut und kompliziert«, erzählte Harald Grad, der heute Direktor der Abteilung für Plasmaphysik am Courant Institut ist und damals einer der wenigen regulären Studenten war. »So etwas hatte ich noch nie erlebt. Trotzdem waren sie schön. Es ist schwer zu sagen wieso. Man lernte etwas dabei. Was man lernte, war vielleicht interessanter als das, worüber er ursprünglich sprechen wollte. Ich habe ihm immer gerne zugehört.«

Die Kriegsjahre waren eine aufregende Zeit, an die sich sämtliche Mitarbeiter Courants, mit denen ich darüber sprach, wehmütig erinnerten. Plötzlich, nach über sieben Jahren begann sich das winzige Unternehmen im zweiten Stockwerk des Judson-Wohnheims für Studentinnen zu entwickeln, Suite um Suite wurden die Studentinnen zurückgedrängt. Schließlich füllten die Mathematiker drei Etagen des vierstöckigen Hauses.

Selbst in den Kriegsjahren war Courant der Ansicht, daß die wissenschaftlichen Veröffentlichungen nicht vernachläßigt werden durften. Einer der wichtigsten Beiträge der Gruppe an die Rüstungsanstrengungen war ein Handbuch über Schockwellen, das Courant und Friedrichs verfaßten. Als Lektor für dieses Projekt wirkte ein bärtiger, junger Mann mit einem abgeschlossenen Anglistikstudium, dessen Bekanntschaft Courant auf einer Bank im Washington Square Park gemacht hatte.

Auch das Büchlein über das Dirichletsche Prinzip, das Courant schon lange schreiben wollte, war nicht vergessen – doch er hatte so wenig Zeit – das mußte noch warten.

Da entstand unter den an Armeekontrakten arbeitenden Wissenschaftlern plötzlich eine lebhafte Nachfrage nach dem Courant-Hilbert. Aller deutsche Besitz in den Vereinigten Staaten, einschließlich der Verlags- und Urheberrechte, war damals der Beschlagnahmung durch den »Alien Property Custodian«, einen Treuhänder für ausländische Besitztümer, unterworfen, daher konnten die beiden Bände aufgrund einer von dieser Stelle erteilten Lizenz von einem amerikanischen Verlag photomechanisch reproduziert werden. 1943 erschien bei Interscience eine Photo-Offsetausgabe, von der, obwohl sie in deutscher Sprache geschrieben war, 7000 Exemplare verkauft wurden.

Wie Courant später erfuhr, war zur gleichen Zeit in Deutschland die Forderung des Forschungsdirektors der Luftwaffe nach einer Neuauflage des Courant-Hilbert zuerst abgelehnt worden, weil einer der Autoren jüdischer Abstammung war. Zwei Monate vor Kriegsende wurde dieser Beschluß dann revidiert, mit der Auflage, daß lediglich 500 Exemplare für den offiziellen Gebrauch gedruckt werden durften.

Im gleichen Jahr, als in den Vereinigten Staaten der Courant-Hilbert erschien, starb Hilbert in Göttingen, wenige Wochen nach seinem einundachtzigsten Geburtstag. Die Aufgabe, Hilberts Leben und Werk im Namen jener Nationen, die mit Deutschland im Krieg lagen, zu würdigen, fiel an Hermann Weyl.

»Das war auch angemessen«, sagte Friedrichs, »denn mathematisch war Hermann Weyl Hilberts Sohn und Erbe – er verstand Hilbert als Mathematiker viel besser als Courant das je vermocht hatte. Courant verstand sich zwar immer als Sohn Hilberts – und spielte das, was er Klein verdankte herunter – doch in Wirklichkeit war Courant ein Nachkomme Kleins. Er war ein Schüler Hilberts, war stark von ihm beeinflußt, doch alles, was er von ihm übernahm, verwandelte er im Geiste Kleins. In einem gewissen Sinne war es gerade diese Kombination – Hilbert aufgefaßt im Geiste Kleins – die *Courant* ausmachte.«

Als der Druck auf die technologischen Forschungszentren anstieg, numerische Lösungen partieller Differentialgleichungen zu liefern, fand eine Arbeit, die noch aus den Göttinger Tagen stammte, Verwendung.

In Los Alamos, wo Donald Flanders das Rechenzentrum leitete, verwendete man ein scharfsinniges Lochkartensystem, um mit Hilfe des Differenzenverfahrens die hyperbolischen partiellen Differentialgleichungen zu lösen, welche die zeitliche Entwicklung von Flüssigkeitsströmungen beschreiben. Dabei tauchten zu Beginn in den Resultaten unerklärliche Fehler auf. Als die Mathematiker schließlich zu der alten Arbeit von Courant-Friedrichs-Lewy über Differenzengleichungen griffen, fanden sie darin die Antwort auf ihre Schwierigkeiten in einer Bemerkung, die von Lewy stammte. Dabei bediente er sich der Tatsache, die er in Courants Vorlesung gelernt hatte, daß die durch Anfangsstörungen verursachten Störungen der Lösungen hyperbolischer Gleichungen sich mit einer bestimmten endlichen Geschwindigkeit fortpflanzen, und erkannte daraus, daß die Lösung einer solchen Gleichung nicht durch eine Differenzengleichung approximiert werden kann, falls die Ausbreitungsgeschwindigkeit dieser Differenzengleichung geringer als diejenige der Differentialgleichung ist. Er hatte daraus den Schluß gezogen, daß bei der Durchführung eines Verfahrens zur Bestimmung der approximativen Lösung der hyperbolischen partiellen Differentialgleichung mittels der Differenzengleichung, die Wahl der Gitterweite starken Einschränkungen unterworfen werden muß.

»Einmal gesagt, versteht es jeder«, sagte Friedrichs dazu, »doch Lewy war der erste, der es ausgesprochen hat!«

An der New York University wurden die für AMP-Kontrakte notwendigen wissenschaftlichen Berechnungen von Eugene Isaacson organisiert. Isaacson war ein ehemaliger Student, der nach seinem Studienabschluß für das Bundesamt für Maße und Gewichte (Bureau of Standards) gearbeitet hatte. Dort hatte er als Mitarbeiter einer Gruppe Tabellen für die Rüstungsforschung errechnet, und dabei zum ersten Mal die Mathematik als berufliche Möglichkeit in Erwägung gezogen. Er spielte vage mit dem Gedanken, nach dem Krieg seine Studien wieder aufzunehmen und ein Freund riet ihm, einmal mit Courant über eine Anstellung zu sprechen.

»Ich erinnere mich nur zu gut daran«, erzählte Isaacson mit belustigtem Kopfschütteln. »Ich mußte immer wieder – fünf oder zehn Mal – bei Courant erscheinen, er begrüßte mich, murmelte irgend etwas und ich war mir nie sicher, ob ich nun angestellt war oder nicht. Während er mit mir sprach, fingerte er immer an irgendwelchen Papieren herum. Es war seine Art, nie ›ja‹ und nicht einmal ›vielleicht‹ zu sagen, bevor er absolut sicher war, daß er seiner Verpflichtung auch nachkommen konnte. So kam es, daß ich erst ungefähr bei der zehnten Besprechung wußte, daß ich eine Stelle bei ihm hatte.«

Isaacsons Aufgabe bestand darin, ein ähnliches numerisches Rechensystem wie das, mit dem er beim Bureau für Maße und Gewichte gearbeitet hatte zu entwickeln. Heute, im Zeitalter der elektronischen Rechner, klingt das trivial; es erlaubte jedoch einigen wenigen erfahrenen Mitarbeitern mit handbetriebenen Rechnern die Arbeit einer großen Anzahl weniger erfahrener Leute zu überwachen, die den Großteil der Berechnungen mit Papier und Bleistift Schritt für Schritt nach vervielfältigten Instruktionsblättern mit eingebauten Arbeitskontrollen durchführten. Zu Isaacsons Überraschung bot sich Nina Courant an, in seiner Gruppe mitzuarbeiten. Dabei stellte er fest, daß die Tochter Carl Runges »ihren Gegenstand äußerst intelligent anging« und sehr interessiert daran war, etwas über die Theorie zu erfahren, auf der ihre Tätigkeit beruhte.

Während Isaacson das Rechenzentrum leitete, und von »den Wissenschaftlern, mit denen er arbeitete, einiges über den Hintergrund der Probleme lernte«, begann er wieder, Vorlesungen zu besuchen. Das waren die Vorlesungen oder Seminare, die einzelne Mitarbeiter der Gruppe für ihre Kollegen veranstalteten. Sie waren alle Schüler und oft gleichzeitig auch Lehrer.

Abb. 32. David Hilbert, gemaltes Portrait

Für Courant war dieses Festhalten an der Lehre während des Krieges ein wichtiges Prinzip.

»Dafür habe ich *gekämpft*«, erklärte er mir stolz. »Ich widersetzte mich Mr. Bush, dem Direktor des OSRD, der es ablehnte, Zeit und Energie auf die Lehre zu verwenden, wenn statt dessen die Forschungsarbeit für Rüstungszwecke vorangetrieben werden konnte. Meiner Ansicht nach hätten wir uns damit selbst das Wasser abgegraben, und so sorgte ich dafür, daß die Mitarbeiter, die wir für Forschungsarbeiten einstellten auch Seminare besuchten und Vorlesungen veranstalteten. Das war, glaube ich, etwas vom Konstruktivsten, was ich je geleistet habe, daß ich mich gegen die Vorstellung zur Wehr setzte, daß die Aufgabe des Ausschusses für Angewandte Mathematik nur darin bestand, Probleme zu lösen. Vielmehr war ich überzeugt davon, daß die Universität in ihrer Zielsetzung, der Vorlesungsbetrieb, die Seminare, nicht zurückgeschnitten werden sollten. Im Gegenteil – sie aufrechtzuerhalten würde für die weitere Zukunft von größter Bedeutung sein.«

Anfang 1944 lernte Courant E. S. Roberts kennen, den Chef-Ingenieur der Chemical Construction Company, einer Tochtergesellschaft von American Cyanamid. Roberts, der sich für Raketen interessierte, und aufmerksam die Zeitungsberichte über deutsche »Geheimwaffen« verfolgte, spielte während des Krieges eine aktive Rolle bei der Förderung der amerikanischen Düsenantriebsforschung. Er schlug der Gruppe an der New York University vor, die Düsenströmung eines bestimmten Raketentyps zu untersuchen. Daraus entwickelten sich eine Reihe von Studien, die Strömungsprobleme von Raketen und ähnlichen Konstruktionen, sowie, als zufälliges Nebenprodukt, die Entwicklung eines später dann sehr nützlichen Rechnungsverfahrens, zum Inhalt hatten.

Courant war ungeheuer begeistert von Roberts, »ein sehr dynamischer, höchst intelligenter, gut informierter und einfallsreicher Mann ... einer jener Ingenieure, denen nicht am Geld, sondern an Leistung und sozialem Fortschritt liegt«. Friedrichs erinnert sich, wie er zusammen mit Courant und Roberts bis spät in die Nacht hinein in Courants Wohnzimmer in New Rochelle saß, wo sie Pläne für die Zukunft der Gruppe an der New York University und für die Entwicklung der Wissenschaften in Amerika schmiedeten. Dabei ging es ihnen vor allem darum, die Kontinuität eines Systems von Regierungssubventionen für die Wissenschaften auch für die Zeit nach dem Krieg sicherzustellen.

»Was eigentlich zur Diskussion stand«, sagt Friedrichs heute, »war etwas wie eine nationale Wissenschaftsstiftung, eine ›national science foundation‹.«

Die Rüstungsforschung in »Courants Laden« (wie Mina Rees den Betrieb nannte), unterschied sich in ihrem Stil etwas von den übrigen AMP-Institutionen. Courant bestand selbst in den Kriegsjahren darauf, in seinem Forschungsprogramm die Grundlagenforschung nicht zu vernachlässigen. Damit stand er, wie Mina Rees mir erzählte, im Gegensatz zur offiziellen Haltung, die man in Washington einnahm.

»Im Gegensatz zu den Engländern waren wir – die Amerikaner – so ziemlich auf die Vorstellung festgelegt, daß unmittelbar relevanten Problemen der Vorzug vor der Grundlagenforschung gegeben werden sollte. Auf dieser Basis wurden fast alle Kontrakte für angewandte Mathematik vergeben. Courant lehnte diese Betrachtungsweise ungeduldig ab und beharrte darauf, mit seinem Team auch auf dem Gebiet der Grundlagenforschung zu arbeiten. So beschäftigte sich Friedrichs zum Beispiel vor allem mit der ganzen Theorie der Schockwellen und der Flüssigkeitsströmungen.

»Doch die Einsichten, die er aus seiner Beschäftigung mit diesem grundlegenden Material gewann, machten ihn bei der Beantwortung praktischer Fragen unentbehrlich«, berichtete Mina Rees. »Einmal wurden wir zum Beispiel an das California Institute of Technology gerufen, weil den Leuten dort ein Raketenkontrakt Kopfzerbrechen bereitete. Irgendwie wollten die Raketen nicht richtig starten. Friedrichs, der sich bei Strömungsmechanismen genauestens auskannte, konnte wertvolle Hinweise geben . . . Ja«, antwortete sie auf meine Frage, »mit seiner Hilfe brachten sie die Raketen schließlich dazu, richtig zu funktionieren.«

»Ganz so war es natürlich nicht«, lächelte Friedrichs, als ich ihm die Geschichte erzählte. »Die Probleme im eigentlichen Sinn habe ich nie für sie gelöst. Ich wirkte eher wie ein Katalisator. Da ich über die technischen Aspekte weniger gut Bescheid wußte, mußte ich immer wieder Fragen stellen. Und meine Art, diese Fragen als Mathematiker zu formulieren, unterschied sich natürlich stark von dem, was ihnen vertraut war. Dadurch wurden sie gezwungen, ihre Probleme auf eine andere, grundlegendere Weise zu betrachten und das war, wahrscheinlich, eine Hilfe für sie. Letzten Endes mußten sie selbstverständlich ihre Probleme selber lösen.«

Friedrichs Ausführungen erläutern, worin die Unterstützung größtenteils bestand, die die Gruppe für angewandte Mathematik an der New York University den Militärs und »richtigen angewandten Mathematikern« – d. h. den Ingenieuren, leistete. Die Gruppe befaßte sich zwar mit verschiedenen, sehr praktisch klingenden Themen wie Explosionen, Unterwasserschalldetektion, Luftströmung durch Düsenöffnungen, mit dem Entwurf von Staustrahltriebwerken, mit Überschallströmung und Schockwellen. Doch alle diese Gegenstände wurden meist von einem eher theoretischen Standpunkt behandelt.

Es gab Fälle, in denen diese Betrachtungsweise von direkter und praktischer Effizienz war. Meist war es aber so, daß die Ingenieure, die auf ein bestimmtes Problem gestoßen waren, den New York University Report über die entsprechende mathematische Theorie studierten – oft auf den sogenannten »idealen« oder »allgemeinen« Fall bezogen, der keineswegs mit dem spezifischen Fall, um den es sich im einzelnen handelte, übereinstimmte. Die Folge war, daß ihnen die mathematische Situation, mit der sie es zu tun hatten, verständlich wurde und sie, wie Friedrichs sagte, ihre Probleme selber lösen konnten.

Anfang 1944 war an einem Sieg der Alliierten nicht mehr zu zweifeln, trotzdem wurde an allen Fronten weitergekämpft.

»Leider bin ich nicht so optimistisch, mit einem absehbaren Ende zu rechnen«, schrieb Courant im Januar 1944 an Flanders in Los Alamos.

Sechs Monate später, am 6. Juni 1944 landeten die Alliierten in der Normandie, Mitte August war die Westflanke der deutschen Armee zusammengebrochen.

In einem weiteren Brief an Flanders schrieb Courant:

»Es ist Zeit, an Nachkriegspläne zu denken.«

1945 – 1947

Am 23. März 1945 überschritten die amerikanische Neunte Armee und die britische Zweite Armee den Rhein als Teil einer Zangenbewegung, mit der das deutsche Industriegebiet, das eigentliche Herz des Landes, eingekesselt werden sollte. Am 8. April wurde Göttingen von den nach Osten vorstoßenden Amerikanern eingenommen. »Es gab eine etwas unangenehme halbe Stunde, während wir von Artillerie beschossen worden sind«, schrieb Franz Rellich, der damals bei Herglotz wohnte, an Courant. Im Garten des Herglotzschen Hauses explodierte eine Granate, die ein Fenster zerschmetterte und einen Apfelbaum auf einen Balkon des zweiten Stockwerkes beförderte. »Zehn Minuten später waren die amerikanischen Soldaten schon in unserem Haus und baten um Wasser. Das tausendjährige Reich war vorüber.«

Vier Tage später starb Roosevelt. Er war schon Präsident der Vereinigten Staaten gewesen, als 1933 die ersten Flüchtlinge aus Hitler-Deutschland kamen, die so nie einen anderen Präsidenten gekannt hatten.

Im Pazifik wurde noch gekämpft, als man in Washington beschloß, den Ausschuß für Angewandte Mathematik nach dem Krieg aufzulösen. Allerdings war vorgesehen, die wissenschaftliche Forschung auch weiterhin durch Regierungskontrakte zu fördern, die künftig durch das neugegründete »Research Board for National Security«(RBNS) vergeben werden sollten. Courant propagierte auch hier die Ideen, die er schon als Mitglied des Ausschusses für Angewandte Mathematik vertreten hatte. Die neue Gruppe sollte »Arbeiten von *grundlegendem Charakter* weiterführen und erweitern . . . die umsichtigste Politik«, erklärte er, »werde letzten Endes die großzügigste sein.« Überdies dürfe die Ausbildung der Mitarbeiter nicht vernachlässigt werden, da sonst »keine finanzielle Unterstützung, kein Ausschuß und keine Organisation in der Lage sein werde, die gewünschten Resultate zu erbringen«. Äußerste Flexibilität sollte einer der bestimmenden Grundsätzt sein; denn »niemand verfügt über soviel Einsicht und Überblick, daß er entscheiden könnte, . . . welche Gebiete den Einsatz der Wissenschaftler lohnen«.

Nachdem der Krieg in Europa zu Ende war, begann nach und nach das Entsetzliche, das den Verwandten, Freunden und ehemaligen Schülern in

Deutschland widerfahren war, aus Briefen und Berichten Gestalt anzunehmen.

Von Courants Onkeln und Tanten waren bei Kriegsbeginn sechs noch am Leben gewesen. Dreien glückte die Emigration, einer brachte es fertig, während des ganzen Krieges in Berlin zu überleben, zwei kamen in Theresienstadt um, dem »Musterkonzentrationslager« für Prominente. Neunzehn von Courants Cousins hatten Deutschland verlassen und waren nun über fünf Kontinente verstreut. Vier hatten bei ihren Eltern in Berlin überlebt. Zwei hatten Selbstmord begangen. Fünf waren in den Gaskammern ermordet worden.

Unter den etablierten deutschen Mathematikern hatte es mehrere Selbstmorde gegeben, dagegen waren nur ganz wenige direkt von den Nazis umgebracht worden; denn man hatte noch vor dem Krieg fast alle, die gefährdet waren, aus Deutschland evakuieren können.

Zu seiner großen Erleichterung vernahm Courant, daß Rellich, der zur Zeit der furchtbaren Bombenangriffe Professor in Dresden war, die Feuerstürme heil überlebt hatte.

»Lieber Courant«, schrieb Rellich zehn Tage nachdem die Amerikaner Göttingen besetzt hatten, »weil ich im folgenden die ganze Zeit von mir reden werde, möchte ich wenigstens zu Beginn die Hoffnung ausdrücken, daß es Dir und Deiner Familie gut geht, und daß dasselbe auch von jener Familie im Großen gilt, die da besteht aus Friedrichs und Lewy und Neugebauer und Busemann und Feller etc., etc.

Mir ist es während des Krieges so ergangen: Ich war seit dem Sommer 1939 in Dresden . . . und die große Anzahl von Studenten während des ganzen Krieges hat es bewirkt, daß ich nicht eingezogen wurde und auch nicht ganz in »Kriegsmathematik« versunken bin, wie es den meisten gleichaltrigen Kollegen an Universitäten ergangen ist. Seit 41 hatte ich eine regelrechte Wohnung mit vier Zimmern, für einen Junggesellen eine sehr bedeutende und auch viel bestaunte Erwerbung. Beendet wurde die Dresdner Idylle durch die Luftangriffe vom 13./14. Februar 1945. Da ich in der betreffenden Nacht bei einem Kollegen war, ist mir sogar alles vernichtet worden . . . Ich habe nicht ein Blatt Papier gerettet und weiß eigentlich gar nicht mehr, wer ich bin.

Immerhin: ich selbst bin nicht verbrannt und das allein ist schon (für mich) sehr erfreulich. Es kommt aber noch erfreulicher. Ich habe den Auftrag erwirkt, meine »kriegswichtigen« Forschungen zunächst in Göttingen fortzusetzen und hier bin ich in ziemlicher Ruhe ins vierte Reich hinübergelangt . . .

Abb. 33. Franz Rellich

Die vielen Verlagerungen nach Göttingen – ein Drang von dem Osten nach dem Westen ist unverkennbar . . . haben eine Reichhaltigkeit an Mathematikern geschaffen, die geradezu an die früheren Zeiten erinnert, wenigstens was die Quantität betrifft. Das mathematische Institut schläft allerdings einen Dornröschenschlaf und wartet ersichtlich auf den Kuß des Prinzen. Es wäre zu schön, wenn Du Lust hättest, diesen Prinzen zu spielen.«

Es folgten viele Einzelheiten über Kollegen, über Todes- und Krankheitsfälle, über die »Existenz«.

»Von mir selbst«, schloß Rellich seinen Brief, »kann ich im Augenblick ja nicht mehr sagen als: *sum,* und in gewisser Weise ähnelt mein Zustand der Unbeschwertheit, mit der ich anno 1926 das erste Mal nach Göttingen kam.

Nur, ich vermisse Dich diesmal sehr.«

Courant wäre am liebsten sofort nach Göttingen gefahren, um dort nach Möglichkeit Rellich, den übrigen alten Freunden und Ninas Verwandten zu helfen; doch der Übergang vom Krieg zum Frieden, die Auflösung des Ausschusses für Angewandte Mathematik, die Umstrukturierung der Zusammenarbeit zwischen Regierung und Wissenschaften, die Aussicht auf eine Erweiterung seines Mitarbeiterstabes – all das erforderte seine Anwesenheit in Amerika. Aber die Rehabilitierung Deutschlands war ein Problem, das ihn sehr beschäftigte.

Im Juli 1945 erhielt er einen Brief von Harald Bohr, der sich ebenfalls mit diesem Thema befaßte. Es war sein erster Kontakt mit Bohr, seit die Brüder, mütterlicherseits jüdischer Abstammung, 1943 vor den Nazis aus Dänemark nach Schweden fliehen mußten. Von dort war Niels Bohr unmittelbar darauf unter dem Decknamen Mr. Baker in die Vereinigten Staaten gebracht worden, um an dem sogenannten »Manhattan Project« mitzuarbeiten. Harald Bohr hatte es als »eine Art Pflicht« empfunden, in Schweden zu bleiben, obwohl Courant und andere Vorkehrungen getroffen hatten, ihn mit finanzieller Hilfe der Rockefeller-Stiftung ebenfalls nach Amerika zu holen.

»Während meiner Zeit in Schweden«, schrieb Harald Bohr in englischer Sprache an Courant, »habe ich oft daran gedacht, Dir einen richtigen Brief zu schreiben, und ich weiß eigentlich selber nicht, wieso ich es nicht getan habe; doch alles war so sehr aus der Bahn geworfen, so absurd, daß ich Vieles nicht getan habe, was ganz natürlich und selbstverständlich gewesen wäre.«

Auch Bohr machte sich Gedanken über das deutsche Problem.

»Um es kurz zu fassen, ist es meiner Meinung nach sowohl notwendig wie gerecht, sich um eine klare Unterscheidung zwischen den Begriffen des ›Deutschen‹ und des ›Nazis‹ zu bemühen. Oder, anders ausgedrückt: die zum Beispiel in diesem Lande weit verbreitete Überzeugung, daß es sich beim Nationalsozialismus um ein Phänomen handelt, das tief im Wesen von Menschen deutscher Abstammung verwurzelt ist, erscheint mir aus zwei Gründen höchst gefährlich. Einerseits erweist man so der grausamen und unmenschlichen nationalsozialistischen Bewegung eine geradezu absurde Ehre, wenn man annimmt, daß sie für einen beträchtlichen Teil der Menschheit eine ›natürliche‹ Daseinsform sein könnte. Andererseits schafft man die Voraussetzung dafür, eine mögliche Umerziehung des deutschen Volkes zum Vornherein für aussichtslos zu halten.«

Courant stimmte zwar im Prinzip mit Bohr überein, doch der Ton der Briefe, die ihn inzwischen aus Deutschland erreichten, stieß ihn ab. Sie waren kläglich und voller Kritik an den Alliierten. Er vermißte jedes Gefühl einer Verantwortung für das, was den Juden angetan worden war, oder für den Vernichtungskrieg, den Hitler über die Welt gebracht hatte. Briefe, wie derjenige von Rellich, ohne Klagen und voller Zukunftshoffnungen und Pläne, waren selten. »Ich kann Dir gar nicht sagen«, schrieb Courant an seinen ehemaligen Schüler, »wie sehr ich Deine Haltung bewundere.«

Sobald der Krieg in Europa zu Ende war, begannen junge Wissenschaftler an die Wiederaufnahme ihrer abgebrochenen Studien zu denken. Louis Nirenberg, der zusammen mit Courants Schwiegertochter Sara in einem Physiklaboratorium in Montreal arbeitete, bat diese im Sommer 1945, ihm ein paar

Ratschläge von ihrem berühmten Schwiegervater einzuholen, »nur einige Hinweise, wo er in den Vereinigten Staaten Physik studieren solle«. Sie kam mit dem Angebot einer Assistentenstelle an der New York University zurück. Courants Idee war es, den jungen Kanadier ein Jahr oder zwei Mathematik studieren zu lassen, dann sollte er auf diesem Gebiet sein Diplom machen und anschließend in theoretischer Physik promovieren.

Obwohl Nirenberg noch nie von der New York University gehört hatte, nahm er Courants Angebot an. Heute ist er ein ausgesprochen reiner Mathematiker.

»Keine meiner Arbeiten hängt mit Physik zusammen«, erklärte er mir. »Wer von der Physik zur Mathematik wechselt, wird«, meiner Meinung nach, »von der abstrakten Natur der Mathematik angezogen und tendiert daher dazu, diesen Schritt ganz zu tun.«

Wie die meisten seiner aus Deutschland stammenden Kollegen unterschied sich Courant von den amerikanischen Mathematikern seines Alters dadurch, daß er im ersten Weltkrieg die Kämpfe am eigenen Leib erfahren hatte. Diese Tatsache ließ ihn mit den Männern, die immer noch im Pazifik kämpften, mitfühlen und erfüllte ihn gleichzeitig mit Entschlossenheit, begabte junge Wissenschaftler vor einem solchen Schicksal zu bewahren. Als der aus Ungarn stammende Peter Lax 1945 eingezogen wurde, ließ Courant schnell einige Beziehungen spielen und kurz darauf wurde Lax nach Los Alamos abkommandiert.

Für Lax war das Manhattan-Projekt eine faszinierende und für seine weitere Entwicklung entscheidende Erfahrung. Nachdem er 1949 an der New York University promoviert hatte, kehrte er für ein Jahr nach Los Alamos zurück und in späteren Jahren arbeitete er mehrere Sommer als Berater dort.

»Dadurch kam ich eigentlich erst zur angewandten Mathematik«, erzählte mir Lax. »Bestimmt habe ich an der New York University viel gelernt, doch die entscheidende Erfahrung war an einem Projekt mitzuarbeiten, das einige ganz bestimmte technische Ziele hatte. Ich würde aufgrund dieser Erfahrung sagen, daß dies der Weg zur angewandten Mathematik ist. Sie ist keine reine Studierzimmer-Wissenschaft.«

Courant und viele in seiner Gruppe hatten ihre Vermutungen darüber, was in Los Alamos vor sich ging, obwohl niemand etwas Genaues wußte. Stoker berichtete, wie er im Sommer 1945 mit der Eisenbahn nach Westen fuhr und dabei zufällig Robert Oppenheimer begegnete. Da ihn Oppenheimers herablassende Reaktion auf ein Buch, das er gerade las, ärgerte, erwiderte er gereizt: »Was Sie da draußen hinkriegen wollen, werden Sie nie im Leben schaffen!«

Kurz darauf explodierte die erste Atombombe über Hiroshima. Am 14. August 1945 akzeptierten die Japaner die Bedingungen des Potsdamer Abkommens – die bedingungslose Kapitulation aller militärischen Streitkräfte.

Der Krieg war vorbei.

Am 17. September 1945 öffnete Göttingen als erste deutsche Universität wieder ihre Pforten. In einem zweiten Brief an Courant beschrieb Rellich am 26. September dieses Ereignis.

Juristen der alliierten Truppen waren damit beschäftigt, die Bevölkerung einer Befragung zu unterziehen und hatten dafür die meisten Räume des mathematischen Institutes belegt. Wenige Tage zuvor hatten sie entscheidend dazu beigetragen, daß Hasse aus der Fakultät ausgeschlossen worden war.

Dieser Beschluß »ist, wie es scheint, nicht aufgrund des ›Fragebogens‹ der Militärregierung erfolgt, sondern eher aufgrund von Unterhaltungen, die Hasse mit den Amerikanern hatte. Herglotz und Kaluza haben gemeinsam in einem Schreiben an den Rektor auf die großen mathematischen Leistungen von Hasse hingewiesen, das war aber ohne Wirkung.«

Als ich ungefähr dreißig Jahre später mit Hasse über diese Begebenheit sprach, erzählte er mir, daß er selbst nicht wußte, ob seine Entlassung damals durch einige Äußerungen ausgelöst worden war, die er in einem Gespräch mit zwei Amerikanern fallen ließ, die ihn aufgesucht hatten, um ein Manuskript über seine im Krieg entstandenen Untersuchungen ballistischer Probleme abzuholen – oder ob sie aufgrund einiger Bemerkungen in der ersten Fakultätsversammlung erfolgte.

»Meine politische Einstellung war nie nationalsozialistisch gewesen, sondern ›national‹ im Sinne der Deutschnationalen Volkspartei, die die konservative Partei des zweiten Kaiserreiches (unter Wilhelm II.) ersetzt hatte. Ich fühlte mich der deutschen Nation, wie sie 1871 von Bismarck geschaffen worden war, sehr verbunden. Als dieses Deutschland 1919 durch den Versailler Vertrag schwer getroffen worden war, empfand ich tiefe Empörung, und Hitlers Bestreben, das Unrecht, das Deutschland mit diesem Vertrag zugefügt worden war, wieder auszumerzen, war mir aus der Seele gesprochen. Aus dieser echt nationalen Überzeugung reagierte ich dann auch, als die Fakultät mehr oder weniger andeutete, daß ein solcher Standpunkt bei einem Fakultätsmitglied nicht zulässig sei. Vor diesem Hintergrund muß auch meine Äußerung den beiden Amerikanern gegenüber verstanden werden. Sie sprachen von der Notwendigkeit, Deutschland umzuerziehen, und ich widersprach heftig. Es reizte mich, daß alles was gegen Hitler war, erwünscht, und alles was er getan hatte, falsch sein sollte. Ich empfand weiterhin wie ein nationalgesinnter Deutscher und sah mit Empörung, wie fremde Nationen auf Deutschland herumtrampelten.«

Dieses erste Nachkriegs-Semester in Göttingen begann sehr lebhaft. Rellich las an Stelle von Siegel und hatte über dreihundert Studenten in seiner Vorlesung über Differential- und Integralrechnung. Doch für die Zukunft Göttingens würde die Rückkehr Siegels von entscheidender Bedeutung sein, schrieb Rellich an Courant. »Ja mehr, es würde für alle Mathematiker in Deutschland etwas wie eine Hoffnung bedeuten, nämlich eine Hoffnung, es möchte hier doch nicht alles und für immer verloren sein.«

Was zur Zeit vor sich ging, bemerkte Rellich, war nicht viel mehr als »sozusagen die ersten Blumen über einem Grab«.

»Leider ist nicht nur das Denken an die Vergangenheit bedrückend. Es ist für mich schrecklich an das Schicksal vieler Freunde und Bekannten in Dresden und Leipzig zu denken, von denen viele in einem halben Jahr verhungert sein werden.«

In New York sah sich Courant indessen einem neuen Problem gegenüber, das mit der Gruppe zusammenhing, die er im Verlauf des Krieges dort aufgebaut hatte. Es waren zu der Zeit allgemeine Bestrebungen im Gange, den Universitäten die Regierungssubvention für wissenschaftliche Arbeiten zu erhalten. Und die Universitäten,die früher solcher Hilfestellung mit Mißtrauen begegnet waren, waren inzwischen selbst zu der Überzeugung gelangt, daß irgendeine Form von Regierungssubventionen unumgänglich geworden war, damit amerikanische Forschungsinstitutionen mit den staatlich finanzierten Instituten Europas und Rußlands konkurrieren konnten. Die Verabschiedung einer Vorlage über die Schaffung einer »National Science Foundation« – einer nationalen Wissenschaftsstiftung schien sicher, durch die beträchtliche Summen für die wissenschaftliche Forschung bereitgestellt werden sollten. Gleichzeitig waren, in enger Verbindung mit dieser Entwicklung, auch Bestrebungen im Gange, die Weiterführung einer spezifisch auf militärische Bedürfnisse ausgerichteten Forschung sicherzustellen; insbesondere spielte dabei die Marine, die von der wissenschaftlichen Entwicklung abhängiger war als die Landstreitkräfte, eine aktive Rolle. Wie die Dinge standen konnte man also für absehbare Zeit mit Industrie- und Rüstungskontrakten rechnen – womit die Finanzierung der Forschung vorläufig gesichert schien. Doch diese Situation würde nicht von unbeschränkter Dauer sein – und war, nach Courants Ansicht für die weitere Zukunft auch gar nicht wünschenswert.

Die zahlreichen Memoranden, die er zwischen 1940 und 1941 im Hinblick auf »ein nationales Institut« – »ein Institut für Grundlagenforschung« – »ein

Notstandsinstitut« geschrieben hatte, befanden sich immer noch unter Courants Akten. Er war nach wie vor überzeugt davon, daß Amerika eine zentrale wissenschaftliche Institution brauchte, die auf hohem wissenschaftlichem Niveau Forschung und Lehre verband; als Alternative war auch eine Reihe kleinerer, über das ganze Land verteilter Institute denkbar.

Nun, da der Krieg zu Ende war, glaubte er einen anderen Weg zu seinem Ziel zu sehen, auf dem die Probleme sowohl auf persönlicher wie auf nationaler Ebene zu lösen wären. Die Alternative eines regionalen Zentrums ließ sich nämlich sofort verwirklichen – an der New York University, und zwar als »eine natürliche Entwicklung beharrlicher, unauffälliger Aufbauarbeit, die sich über ein Jahrzehnt hingezogen hatte«.

Er bat Warren Weaver um die Namen potentieller Gönner, von denen er die notwendige finanzielle Unterstützung erhoffen konnte, und bemerkte dann etwas abgekämpft: »Nach all den Enttäuschungen mag es töricht erscheinen, daß ich noch nicht aufgegeben habe, und mich nicht auf meine eigene wissenschaftliche Arbeit konzentriere. Doch die Erfahrungen während des Krieges und die Beobachtung der gegenwärtigen Tendenzen haben mich in meinem Verantwortungsgefühl noch bestärkt, in meinen Anstrengungen nicht nachzulassen, selbst wenn das angestrebte Ziel nur ein sehr beschränktes ist.«

Trotz seiner Befürchtungen büßte Courant 1945–46 keinen seiner wichtigen Mitarbeiter ein. Die Arbeit der Gruppe wurde in zunehmendem Maße von Marine-Kontrakten unterstützt.

»Die Arbeit unserer Gruppe ist nun sehr interessant und wenn wir denselben Richtlinien folgen, brauchen wir auch unser wissenschaftliches Gewissen nicht zu kompromittieren«, schrieb Courant an Flanders. »Dessen ungeachtet versuchen wir alle, wieder Mathematik um ihrer selbst willen zu betreiben.«

Schließlich führte das Interesse, das die Marine an der Förderung der Forschung hatte, zur Schaffung des »Office of Naval Research« (Bureau für Marineforschung, ONR). Courant und seine Mitarbeiter wurden durch die Vermittlung ihres Freundes Raymond Seeger an der Arbeit dieser neuen Gruppe beteiligt.

Stoker erklärte, daß, seiner Meinung nach, Courant ein großes Verdienst an der aktiven Wissenschaftspolitik der Regierung, und vor allem des Verteidigungsministeriums nach dem Krieg, gebühre.

»Den Anfang machte das ONR; wir waren, glaube ich, die ersten, die einen solchen Kontrakt auf dem Gebiet der Mathematik hatten. Die Art, wie dieser formuliert war, wirkte richtungsweisend auf alle die anderen, die ihm später folgten.«

Seit Kriegsbeginn hatte Courant kaum etwas über das Schicksal seines alten Freundes, des Verlegers Ferdinand Springer, erfahren. Da traf es sich, daß er auf einer Eisenbahnfahrt im November 1945 ein herumliegendes Exemplar des *New Yorker* durchblätterte und in einem »Bericht aus Berlin« auf die folgende Stelle stieß:

»Kürzlich hatte ich das Glück, mit einem Deutschen ins Gespräch zu kommen, dem die Russen unmittelbar nach dem Fall Berlins zwei Leichen gezeigt hatten, wobei es sich bei dem einen Toten – einigen Deutschen zufolge – möglicherweise um Hitler handelte, während der zweite unzweifelhaft Goebbels war.« Der Mann, von dem hier die Rede war, entpuppte sich als Ferdinand Springer.

Dem Bericht war weiter zu entnehmen, daß Springer, den die Nazis aus seinem Verlag vertrieben hatten, Ende Februar 1945 mit seiner Familie bei Freunden in Pommern Unterschlupf gefunden hatte. Als die Rote Armee bei ihrem Vormarsch auf Berlin diesen Landstrich besetzte, wurde er vom russischen Geheimdienst, dem NKWD, abgeholt. Man befahl ihm, eine Liste aller Zeitschriften und Bücher, die in seinem Verlag erschienen waren, zu erstellen. Diese beschwerliche Aufgabe hatte er kaum in Angriff genommen, da fragte ihn der das Verhör führende Major plötzlich, ob er auch eine Zeitschrift über Genetik publiziert habe. »Ja«, entgegnete Springer, »den *Züchter*«. Der Major, der Professor für Viehzucht an einer sibirischen Universität war, strahlte: »Dann war ich einer ihrer Autoren.« Es war, wie der Korrespondent des *New Yorker* feststellte, das Beispiel einer idealen Beziehung zwischen Verleger und Autor. Von diesem Moment an war Springer ein Freund. Er stand unter dem Schutz des Majors und des NKWD, die direkt hinter der Front nachrückten, und betrat Berlin noch unter dem Feuer der deutschen Maschinengewehre.

Den ersten Brief, den Springer ins Ausland schickte, schrieb er am 11. April 1946 an Courant. Zu diesem Zeitpunkt konnte der fünfundsechzigjährige Verleger bereits einige Fortschritte bei der »Aufbauarbeit« melden. Er beabsichtigte, die Organisation seines Verlages zu dezentralisieren; dies nicht nur in Anbetracht der vier Zonen, in die Deutschland durch die Alliierten aufgeteilt worden war, sondern auch, weil er erwartete, daß das kulturelle Leben selber im Nachkriegsdeutschland dezentralisiert sein werde. Mit den ersten Verlagsunternehmungen wollte er in Heidelberg, in der amerikanischen, und in Göttingen, in der britischen Zone, beginnen. Bei seinen Verlagsprojekten stand die Mathematik an erster Stelle.

Courant konnte zwar nicht sagen, wie weit Springer mit der Unterstützung anderer ehemaliger Autoren, die nach Amerika emigrieren mußten, rechnen konnte; was ihn selbst betraf, so ließ er Springer wissen, daß er bereit war, ihm die Verlagsrechte von *Was ist Mathematik?* zu überlassen.

In seinem eigenen Bereich an der New York University unternahm Courant zur gleichen Zeit große Anstrengungen, den Betrieb »zu stabilisieren«, indem er sich um akademische Stellungen für seine Mitarbeiter bemühte, die auf der Grundlage des Marine-Kontraktes angestellt worden waren. Er versuchte, Flanders, der immer noch in Los Alamos war, für die Fakultät zurückzugewinnen. Anfangs 1946 wurde die Geheimhaltung, der die Entwicklung des elektronischen Computers während des Krieges unterworfen war, aufgehoben, und Courant hoffte, daß Flanders ein fortgeschritteneres Rechenprogramm an der New York University übernehmen würde.

»Sämtliche Fragen, die sich auf die große, neue Mode der Maschinen etc. beziehen, erscheinen nun vom mathematischen Standpunkt viel interessanter und faszinierender als ich ursprünglich angenommen hatte«, schrieb er an Flanders.

Doch Flanders zögerte zurückzukommen.

»Ich komme ungern auf meinen Minderwertigkeitskomplex zurück, doch ich glaube, daß die Verlockung, die der Gedanke, hier zu bleiben, für mich hat, eben darauf beruht. An der Universität bedrückt mich das Gefühl, mich auf etwas eingelassen zu haben, dem ich nicht gewachsen bin; ich zähle die Jahre, bis ich mich zurückziehen kann und hoffe nur, daß es mir wenigstens gelingen wird, meine Kinder zu erziehen, bevor ich oder die Situation zusammenbrechen.«

Courant beeilte sich mit seiner Antwort.

»Selbstverständlich freuen wir uns alle auf den Tag, an dem Sie zu uns zurückkehren werden ... doch Gedanken, daß Sie uns im Stich lassen ... sind nicht angebracht ... Wir sind immer nach dem Grundsatz verfahren und werden das in Zukunft noch ausgeprägter tun, daß die Arbeit nicht einfach demjenigen, der den Anforderungen genügt, aufgebürdet wird, sondern daß Mitarbeiter und Arbeitsteams das entscheidende Element sind, dem die Aufgaben und Projekte angepaßt werden müssen.«

Nach einem Besuch Courants in Albuquerque und einem langen Wochenende allein in Berkeley schrieb Flanders schließlich, daß er sich entschlossen habe, nach New York zurückzukehren.

Courant hatte Kanzler Chase schon früher veranlaßt, ein Komitee einzusetzen, das Courants Vorschlag, an der New York University ein Institut mit einem fortgeschrittenen Ausbildungsprogramm in Mathematik und Mechanik einzurichten, überprüfen sollte. Zum Vorsitzenden war auf Courants Anregung hin E. S. Roberts gewählt worden, dessen weiter wissenschaftlicher und pädagogischer Horizont Courant unverändert tief beeindruckte und – in seinen Augen – mehr als aufwog, daß Roberts nicht über die Beziehungen eines Konteradmirals Strauß verfügte, der für das Amt des Vorsitzenden ebenfalls zur Diskussion gestanden hatte.

Gegen Ende des akademischen Jahres 1945–46 legte dieses beratende Komitee seinen Bericht vor. Obwohl ihm die Situation an der New York University in mancher Hinsicht ungeeignet erschien für den Typus des wissenschaftlichen Forschungsinstitutes, das Courant vorschlug, empfahl das Komitee, den Plan sofort in die Tat umzusetzen:

»Das Programm sieht vor, die Forschung in einem wesentlich größeren Maß in die Lehre miteinzubeziehen, als das sonst an amerikanischen Schulen für Graduierte üblich ist. In dieser Hinsicht, wie auch in dem Gewicht, das der Verbindung von Mathematik und Anwendungen beigemessen wird, sowie in der Betonung der Gruppenarbeit, weicht dieses Programm deutlich von dem ab, was normalerweise an einer Schule für Graduierte geboten wird. Es ist zu hoffen, daß die Entwicklung der New York University-Gruppe anregend wirken und einer vergleichbaren Entwicklung an anderen Schulen förderlich sein wird.«

Trotz dieser hoffnungsvollen Schlußfolgerung unternahm die Universität nichts, um das zur Diskussion stehende Projekt rasch zu realisieren.

In einem so geradlinig erzählten Bericht kann unmöglich ein Eindruck von der Vielseitigkeit der Unternehmungen vermittelt werden, die Courants Tätigkeit in den Jahren nach dem zweiten Weltkrieg kennzeichnete, und für diesen Bericht ist das auch nicht relevant. Trotzdem – wer diese Zeit als Mitglied der Gruppe an der New York University miterlebte, kann selbst die großen Ereignisse jener Zeit nicht ganz unabhängig von Courant sehen. Bei allem, was in irgendeiner Weise mit der Welt der Wissenschaft verknüpft war, schien er seine Hand im Spiel zu haben. Als im Juli 1946 der erste Atomtest der Nachkriegszeit in der Nähe des Bikini-Atolls gezündet wurde, war Courant unter den wissenschaftlichen Beobachtern.

Im Spätsommer des gleichen Jahres war er in wissenschaftlicher Mission für das »Office of Naval Research« unterwegs nach England. Es bestand die Möglichkeit eines Besuches in Deutschland, die sich dann aber wegen des Zeit- und Arbeitsdruckes zerschlug.

Als er nach New York zurückkehrte, fand er, daß sich dort seine Befürchtungen inzwischen teilweise bestätigt hatten. Seine Gruppe zeigte erste Auflösungserscheinungen. Während seiner Abwesenheit hatte De Prima ein Angebot des California Institute of Technology angenommen.

Während ihnen auf diese Weise De Prima verlorenging, gelang es Courant jedoch, Fritz John als reguläres Mitglied der Fakultät an die New York University zu holen. Seit vor fast zehn Jahren Friedrichs und Stoker eingestellt worden waren, bedeutete dies den ersten richtigen Zuwachs, den Courants Unternehmen verbuchen konnte.

Sobald ihr im Krieg geschriebenes Handbuch über Schockwellen zur Veröffentlichung freigegeben war, begannen Courant und Friedrichs eine erweiterte Version zur Publikation vorzubereiten. Im Herbst 1946 stellte Courant Cathleen Morawetz ein, die Tochter des angewandten Mathematikers J. L. Synge. Er übertrug ihr die Verantwortung für die Kollation der verschiedenen Abschnitte, die von mehreren jungen Mathematikern bearbeitet wurden, ebenso wie für die Überprüfung von seinem und Friedrichs Englisch.

Sie erzählte mir, daß sie damals – genau wie Courants Tochter Gertrude – jung verheiratet war.

Ihr Vater und Courant hatten sich bei einer wissenschaftlichen Tagung getroffen und dabei die Tatsache beklagt, daß ihre Töchter nun wohl für ihre wissenschftliche Berufung – die Mathematik und die Biologie – verloren seien.

»Na ja«, sagte Courant, »Sie können ja bei meiner Tochter nichts ändern, aber ich vielleicht bei der Ihren. Schicken Sie sie doch einmal zu mir.«

Inzwischen ist Cathleen Morawetz nicht nur Professorin für angewandte Mathematik am Courant Institute und Mitglied des *Board of Trustees* der Princeton University, sondern auch Mutter von vier erwachsenen Kindern. Als sie ihre Tätigkeit an der New York University aufnahm, hatte sie noch keineswegs die Absicht, ihre Studien weiterzuführen, »schließlich war ich verheiratet«. Doch es war das Jahr, als Friedrichs über Topologie las, und »alle Welt« hinging, um ihn zu hören, und so ging auch sie.

Courant überarbeitete das Handbuch über Schockwellen und gab es dann abschnittsweise, in seiner hingekritzelten, fast unleserlichen Handschrift, oder manchmal getippt an sie weiter. Sie erzählte mir, daß er der einzige Mensch ihres Bekanntenkreises war, dessen getippte Manuskriptseiten charakteristisch waren. Buchstaben waren übereinander getippt, Worte durchgestrichen, wieder eingesetzt und abermals durchgestrichen – vielleicht mit einem Fragezeichen versehen, das Fragezeichen nur ganz schwach, da er die Taste unschlüssig angeschlagen hatte. Verschiedene Ausdrücke, alles Synonyme, standen in einer Reihe, Zwischenräume blieben ausgespart, manchmal war ein Wort eingefügt und dann in Klammern gesetzt – um den vorläufigen Charakter dieser Wahl anzuzeigen. Friedrichs dagegen lieferte immer ein

Abb. 34. Friedrichs und Courant

sehr sauber kopiertes Manuskript ab, obwohl er seine Arbeit immer wieder umschrieb und umformulierte. Mußte etwas durchgestrichen werden, so war es säuberlich ganz mit Tinte übermalt – Friedrichs kannte Courant gut genug um zu wissen, daß dieser sonst nur das Durchgestrichene gelesen hätte.

Ich fragte, wie bei zwei so verschiedenen Charakteren die Zusammenarbeit überhaupt möglich war.

»Das war so«, erzählte sie, »der eine oder andere nahm sich einen Abschnitt des Handbuches vor und schrieb ihn um. Angenommen es war Courant, so ging das Manuskript anschließend an Friedrichs, und Friedrichs las es und brummte, daß alles viel zu ungenau sei. Dann schrieb er alles um, bis es aus lauter *wenn* und *aber* bestand und schickte es an Courant zurück. Dieser ächzte und stöhnte, daß das viel zu kompliziert sei, und arbeitete alles wieder um. Dann war Friedrichs wieder an der Reihe, der behauptete, daß es so nicht genau genug sei. Jeder einzelne Abschnitt ging so viele Male hin und her. Erhielt Friedrichs das Manuskript zurück, so fügte er zwar einiges von dem, was er ursprünglich geschrieben hatte, wieder ein – aber nicht ganz alles. Courant seinerseits strich beim nächsten Mal nicht ganz so viel heraus. Sie hatten beide ziemlich präzise Vorstellungen über das Endprodukt und waren beide bereit, hart zu arbeiten. So gesehen war die Zusammenarbeit großartig – doch ich kann mich an keine einzige Gelegenheit erinnern, bei der sich die beiden mit dem Manuskript an einen Tisch gesetzt und zusammen daran gearbeitet hätten.«

Im Juni 1947 war es ein Jahr her, daß das beratende Komitee empfohlen hatte, an der New York University ein Institut für Mathematik und Mechanik einzurichten. Mit Ausnahme von Fritz John war keiner der jüngeren Mitarbeiter in eine akademische Stellung von irgendwelcher Bedeutung aufgerückt. Überall im Land wurden dringend Leute gebraucht, Angebote von anderen Universitäten – Courant nannte sie »Attacken von außen« – wurden immer häufiger und waren immer schwieriger abzuwehren. Das Problem war nicht das Geld, die Regierungssubventionen für die wissenschaftliche Forschung schienen auf Jahre hinaus gesichert, doch junge Leute wie Max Shiffman und Bernard Friedman, beide um die dreißig, wollten akademische Positionen. Indessen zauderte die Universitätsverwaltung immer noch, sich festzulegen. Was, wenn die Regierung ihre Subventionen plötzlich zurückziehen sollte?

Es war vor allem Stoker, der Courant drängte, von der Universität, die großen Nutzen aus den Regierungskontrakten der Gruppe zog, eine angemessene Unterstützung zu fordern.

»Courant reiste überall herum und beschaffte Geld«, beschrieb Stoker die Situation, »aber er stellte keinerlei Forderungen an die Universität, wenn er nicht schon zum vornherein ziemlich sicher sein konnte, damit auch durchzudringen. Bis zu der Zeit, als ich ihn als Direktor ablöste, kamen fast alle unsere Gehälter – einschließlich Courants, Friedrichs' und meines – höchstens zu einem Viertel von der Universität. Der Rest kam von zahlreichen Kontrakten. Die Universität war uns weder bei der Beschaffung noch bei der Erfüllung dieser Kontrakte in irgend einer Weise behilflich – im Gegenteil, die ganze Zeit führten wir einen erbitterten Kampf um Räumlichkeiten und was wir sonst so brauchten. Das Ganze erschien mir lächerlich, und ich setzte Courant immer wieder zu und versuchte ihm klar zu machen, daß das keine Art war, die Dinge anzugehen, daß es allem widersprach, was anderenorts üblich war, und daß er mit seinem dauernden Nachgeben seine Verhandlungsposition nicht verbesserte. Doch Courant hat es immer vorgezogen, um eine Sache herumzugehen, anstatt sie frontal anzugehen. Ich habe manchmal zu ihm gesagt, daß er, falls man etwas auf zehn verschiedene Arten erledigen könnte, bestimmt die am wenigsten direkte wählen würde.«

Ich fragte mich, woran das wohl liegen mochte.

»Ach, so ist Courant eben, genau das Gegenteil von mir. Irgendwie gefiel ihm dieses Intrigenspiel, es machte ihm Spaß, er genoß es geradezu, während er es immer haßte, Entscheidungen zu fällen. Er schob sie so lange wie möglich vor sich her, und wenn es sich dann gar nicht mehr umgehen ließ, versuchte er, sich zumindest noch einen Rückzugsweg offen zu halten. Und dies selbst in Fällen, in denen er genau wußte, was er wollte. Doch letztlich gab ihm sein Erfolg recht, das muß man zugeben – er wußte, wie man etwas erreichte!«

Im Juni 1947 entschloß sich die Universität endlich, Courants Gruppe größere Räumlichkeiten zur Verfügung zu stellen und mietete zu diesem Zweck das ganze zweite Stockwerk des sogenannten Bibel-Hauses in der Nähe der Astor Place-Untergrundstation. Im ersten Stock befanden sich die Büros der »Bible Society« und im dritten Stock waren Redaktion und Druckerei des kommunistischen Parteiblattes *New Masses* untergebracht. Auch diesmal wechselte mit der Adresse die Bezeichnung der Gruppe. Courant gefiel das Konzept eines *Institutes,* laut Wörterbuch »eine Einheit innerhalb einer Universität, auf wissenschaftliche Lehre und Forschung auf verhältnismäßig hohem Niveau ausgerichtet« – und er sprach immer von *Institut,* nie von *Abteilung* – denn, wie er mir erklärte, »das erlaubte es uns, alle Möglichkeiten offen zu halten«.

Bevor er in jenem Sommer – zum ersten Mal nach dreizehn Jahren – nach Europa reiste, bestellte er wieder einmal neues Briefpapier. Diesmal lautete der Briefkopf:

NEW YORK UNIVERSITY
Institute for Mathematics and Mechanics

1947 — 1949

Courants Deutschlandreise im Sommer 1947 wurde vom »Office of Naval Research« finanziert. Man hatte ihm die Aufgabe übertragen, Universitäten und Technische Hochschulen zu besuchen um abzuklären, was für Fortschritte während des Krieges in Deutschland bei der Entwicklung von Rechenmaschinen erzielt worden waren. Sein neuer Einfluß gestattete es ihm auch, dem ONR gegenüber die Bewilligung eines Assistenten durchzusetzen. Schließlich kam man überein, daß Natascha Artin ihn auf dieser Reise begleiten sollte.

Als Artin im Vorjahr einen Ruf an die Universität von Princeton erhalten hatte, hatte Natascha bei Courant Rat wegen einer Arbeitsmöglichkeit an der Ostküste gesucht. Als Antwort darauf schuf er eine Position für sie am Washington Square, die darin bestand, mathematische Berichte, die von Regierungs- und Armeestellen eintrafen, durchzusehen, und sie an jene Mitarbeiter weiterzuleiten, für die sie von Interesse waren. Sie hatte zwar ihr Mathematikstudium nicht abgeschlossen, aber seinerzeit in Hamburg bei einer ganzen Reihe berühmter Mathematiker studiert, zu denen – neben Artin – Blaschke, Hecke, Jordan, Pauli und Schreier gehörten. Doch dann hatte sie noch vor ihren Schlußexamen geheiratet und fand, daß sie schlecht bei den Kollegen ihres Mannes weiter die Schulbank drücken konnte.

Am 14. Juni 1947 traten Courant und Natascha ihre Reise an, nachdem die Formalitäten durch Alger Hiss, Donald Flanders guten Freund im State Department, vorangetrieben worden waren. Nach einem kurzen Aufenthalt in England, wo sie Hardy zwar krank, aber voller Optimismus über die Zukunft der Wissenschaft in Deutschland antrafen, flogen sie weiter nach Frankfurt.

Am 20. Juni betraten sie dort deutschen Boden. In ihren Reisetagebüchern beschreiben beide, wie sie unwillkürlich nach den vertrauten Wahrzeichen Ausschau hielten, und kaum eines fanden. Doch schmerzlicher noch als die verwüsteten Städte traf sie der Anblick der völlig demoralisierten Bevölkerung. Die großen Massen zerlumpter, hungernder Deutscher, von denen viele bettelten, erschütterten sie tief.

In den nächsten sechs Wochen reisten Courant und Natascha meist mit Jeep und Fahrer quer durch die britische und die amerikanische Zone Deutschlands, im Norden bis Hamburg, im Süden bis München und in Nataschas Fall bis Wien. Sie führten ungezählte Gespräche – mit ehemaligen Kollegen, ehemaligen Schülern, ehemaligen Freunden, die ihrer eigenen, akademischen Welt fern standen, mit Verwandten, Militärpersonen, Geschäftsleuten, jungen Männern und Frauen, Kindern, Fahrern, Büroangestellten, und einer »traurigen, klagenden Platzanweiserin« in einer »Theseus«-Aufführung in Göttingen.

Was Natascha immer wieder faszinierte, war die Leichtigkeit, mit der Courant mit den Menschen ins Gespräch kam.

»Er versteht die Menschen, mit denen er spricht, sehr gut«, erzählte sie mir. »Er hat immer schnell ein Gesprächsthema und weiß die Aufmerksamkeit seiner Gesprächspartner zu gewinnen. Das hängt bestimmt nicht mit seinem Aussehen oder seinem Auftreten zusammen. Aber er hat etwas an sich, was es ist – dahinter müßte ich immer noch ein großes Fragezeichen setzen; denn ich weiß es wirklich nicht, doch es ist zweifellos vorhanden – das kann ich bezeugen!«

Warren Weaver hatte ihnen vor ihrer Abreise aufgetragen, nach jungen deutschen Wissenschaftlern, zwischen zwanzig und fünfundzwanzig Jahren alt, Ausschau zu halten, denen ein Studienaufenthalt in den Vereinigten Staaten Nutzen bringen könnte. An der Universität Darmstadt, die fast vollständig zerstört worden war, fanden sie über 2 000 Studenten, die – eine Vorbedingung ihrer Immatrikulation – alle zwei Wochen einen halben Tag beim Wiederaufbau ihrer Universität mitarbeiteten. Doch der Rektor der Universität, der Physiker Vieweg, der sich 1943 öffentlich geweigert hatte, der nationalsozialistischen Partei beizutreten, berichtete von großen Schwierigkeiten mit den jungen Leuten, da die Vorbildung mangelhaft und ethische Maßstäbe kaum vorhanden waren. Manche waren offenbar immer noch der Überzeugung, daß die Nazis nur einen Fehler gemacht hatten: den Krieg zu verlieren. Courant und Natascha gelangten immer mehr zu der Erkenntnis, daß Warren Weaver nicht umhin kommen werde, die Altersgrenze heraufzusetzen.

In Heidelberg besuchten sie Ferdinand Springer und zu Beginn registrierte Courant einen »leichten Resonanzmangel«. Doch Springer war so optimistisch und energiegeladen wie eh und je – zweiundvierzig Zeitschriften waren im »Erscheinen« begriffen, Courants Differential- und Integralrechnung wurde neu aufgelegt. In Heidelberg suchten sie außerdem den Philosophen Karl Jaspers auf, der ihnen über den großen Mangel an zeitgenössischen Büchern berichtete.

In Marburg gingen sie durch die steilen Gassen der Altstadt zu Kurt Reidemeister. Physisch wirkte er gebrechlicher als alle ihre Gesprächspartner, aber er war voller Aufbaupläne.

Abb. 35. G. H. Hardy

»Reidemeister und seine Gruppe sind Exponenten einer Geisteshaltung, die wir für richtig und angemessen halten«, schrieb Natascha in ihr Tagebuch. »Er befürchtet, daß viele versucht sein könnten, das Land ganz zu verlassen, begrüßt aber halb- oder einjährige Stipendien sehr . . . Doch er meint, daß es kaum junge Leute zwischen 20–25 geben dürfte, die den Kriterien, die Warren Weaver uns gegeben hat, entsprechen würden . . . Dafür kommen seiner Meinung nach eher die Dreißig- bis Fünfunddreißigjährigen in Betracht. In ihrem Fall besteht allerdings die Schwierigkeit, daß die meisten von ihnen »belastet« sind, aber er ist überzeugt davon, daß viele von denen, die »belastet« sind, keine echten Nazis sind, sie mußten der Partei beitreten, um ihre Positionen zu halten . . . Dennoch stellte er fest, daß 90 Prozent der Bevölkerung, einschließlich die Akademiker auf eine gefährliche, wenn auch nicht hoffnungslose Weise, national denken. Die Naturwissenschaftler allerdings im allgemeinen viel weniger.«

Von Marburg ging es zurück nach Frankfurt und von dort weiter nach München. Dort, wie überhaupt in Süddeutschland, wurde der Wiederaufbau ihrer Ansicht nach mit viel geringerer Begeisterung betrieben, als in Mittel- und Norddeutschland. Die vielen Gespräche, die Courant in jenen Tagen führte, faßte er in seinem Tagebuch stichwortartig zusammen:

»Angst vor den Russen. Erbitterung gegenüber den Franzosen. Gerüchte auch über amerikanische Mißwirtschaft. Kaum Verständnis für das, was Amerika wirklich für Deutschland tut. Spärliche Kontakte der Wissenschaftler untereinander, kein Kontakt mit dem Ausland und kaum Verbindungen zu Österreich . . . Kritik an der deutschen Verwaltung. Schmalspur-Politiker ohne Verständnis für kulturelle Fragen. Die Universitäten erhalten von ihnen keine Unterstützung. Klagen auch über den Konkurrenzkampf zwischen den verschiedenen Zonen. Amerikaner und Briten machen sich gegenseitig die Wissenschaftler abspenstig, auferlegen Einschränkungen. Viele Wissenschaftler wagen es nicht, durch die russische Zone zu reisen, weil sie Entführungen fürchten, was unglaublich klingt, aber allgemein als reale Gefahr angesehen wird.«

Nach ihrem Aufenthalt in München trennten sich die beiden, und Natascha fuhr weiter nach Wien, während Courant unter allerlei Befürchtungen per Flugzeug und Wagen nach Göttingen reiste, wo er am 3. Juli 1947 gegen Abend eintraf. In seinem Tagebuch vermerkte er nur: »Ca. 7:30 in etwas wehmütiger Stimmung in Göttingen angekommen.«

Äußerlich wies die Stadt kaum Beschädigungen auf. Laut von Kármán war sie seinerzeit ausdrücklich von den alliierten Luftangriffen ausgenommen worden. Courant fühlte sich bald von allen Seiten bedrängt. An der Universität schienen Tausende immatrikuliert, die Hörsäle oft so überfüllt, daß die Studenten sich den Zutritt erkämpfen mußten.

Die Begegnungen mit vielen alten Freunden und Kollegen waren für Courant sehr deprimierend: »Völlig verbittert, negativ, anklagend, entmutigt, aggressiv. Ihr Hauptargument: die Alliierten haben bloß Hitler durch Stalin ersetzt, von zwei Übeln das Schlimmere. Rußland ist die drohende, unausweichliche Gefahr.«

Im Gegensatz dazu stand ein angenehmer Abend, den er mit Heisenberg verbrachte. »Heisenberg war sehr überlegen, ruhig, und im Grunde positiv. Wissenschaftlich ziemlich aktiv, was natürlich die Grundlage des psychischen Gleichgewichts ist.« Doch bei einer anderen Gelegenheit, als sie über Politik sprachen, äußerte sich auch Heisenberg in »ähnlich aggressiver Weise über die angebliche alliierte ›Aushungerungspolitik‹ [das bezog sich auf die Demontage der deutschen Fabriken] wie weniger abgeklärte und gefühlsbetonte Leute.« Courant schloß, daß der Physiker »noch immer der Umerziehung bedurfte, die ihm hoffentlich bei seinem Besuch bei Niels Bohr im August zuteil werden wird«.

Das Institut für Aerodynamik war zu »einer wahren Festung« ausgebaut worden. Prandl war krank und deprimiert, doch geistig immer noch aktiv. Er hatte sich eingehend mit Analogrechnern befaßt, und zwar vor allem im Hinblick auf metereologische Berechnungen. Die Dimensionen der Maschine, die er konstruierte, waren von der Größe der Kugellager, die er zufällig unter Kriegsüberschußware gefunden hatte, bestimmt worden.

Zur Zeit von Courants Besuch war Rellich Direktor des mathematischen Institutes geworden. Wie Rellich in diesem Amt wirkte, schilderte mir Jürgen Moser, der damals als neunzehnjähriger Student aus der russischen Zone nach Göttingen gekommen war. Er ist heute Professor am Courant Institute in New York.

Moser, der die Zonengrenze unter Maschinengewehrbeschuß überschritten hatte, kam mit einer Empfehlung seines Gymnasiallehrers zu Rellich, der ihn sofort freundlich aufnahm und sich um ihn kümmerte. Er half ihm, in der überfüllten Stadt ein Zimmer zu finden, denn »man konnte sich nur als Student einschreiben, wenn man eine Unterkunft nachweisen konnte, und man konnte keine Unterkunft kriegen, wenn man nicht Student war«. Später, wann immer sie sich begegneten, begrüßte Rellich den jungen Mann auf österreichische Art mit einem freundlichen »Grüß Sie Gott, Herr Moser!«

»Das hat mich jedesmal überrascht«, erzählte er mir. »Ich war schließlich bloß ein Student und ziemlich schüchtern, und von einem Professor so persönlich angesprochen zu werden war irgendwie ungewohnt. Und dann die Sache mit den Lebensmitteln, wir Studenten hungerten wirklich und Rellich hatte CARE-Pakete organisiert und verteilte den Inhalt unter die Studenten.«

»Finden Sie, daß Rellich in einem gewissen Sinn in Courants Fußstapfen folgte?« fragte ich Moser.

»Mir scheint es so, aber das sehe ich natürlich erst nachträglich, denn ich kannte ja Rellich zuerst. Er hat mich immer fasziniert«, wiederholte er. »Ich kann das am besten mit einem zweiten, wissenschaftlich interessanteren Beispiel erklären:

Die meisten Studenten, die damals nach Göttingen kamen, waren natürlich viel älter als ich. Darunter auch Erhard Heinz, der heute Professor in Göttingen ist. Er hatte bei Rellich in Dresden studiert, war dann in die Wehrmacht eingezogen worden und in englische Kriegsgefangenschaft geraten. Kriegsgefangene blieben natürlich auch nach dem Krieg noch eine Weile Kriegsgefangene; doch die ganze Zeit wechselte Rellich Briefe mit Heinz und stellte ihm mathematische Probleme, sonst wird man nämlich sehr schnell abgestumpft. Später kam Heinz dann nach Göttingen und holte den Rückstand rasch auf. Ich erinnere mich noch gut daran, wie er immer in diesen schrecklichen Lagerkleidern herumlief und irgendwo ganz alleine hauste, sehr einsam. Da schickte ihm Rellich zu Ostern drei bemalte Ostereier – jedes mit einem mathematischen Problem, einer Gleichung verziert. Es war eine reizende Geste, irgendwie bezeichnend für Rellich. Ich kann mir nicht vorstellen, daß Heinz ohne Rellich das geworden wäre, was er ist.«

Auf Rellichs Einladung hielt Courant einen Vortrag mit Seifenfilmdemonstration und sprach ein andermal über partielle Differentialgleichungen. Nachher gab es eine Teestunde im mathematischen Institut und einen Spaziergang auf den Hainberg zum Abendessen, ganz wie in alten Tagen.

Courant hatte seit Kriegsende immer wieder versucht, von vertrauten Freunden wie Rellich zu erfahren, was für eine Haltung verschiedene deutsche Mathematiker den Nazis gegenüber eingenommen hatten. In Göttingen und auf allen Stationen seiner Reise, selbst bei Ninas Familie, lag diese Frage unausgesprochen unter der Oberfläche der Gespräche.

»Ich fand nur wenige Menschen in Deutschland, zu denen ein direkter, natürlicher Kontakt möglich war«, schrieb er später an seinen Freund Winthrop Bell, mit dem er einmal den deutschen Wiederaufbau nach dem ersten Weltkrieg diskutiert hatte. »Sie verbergen alle etwas vor sich selber und mehr noch vor einander.« In vielen Fällen hatte er gar nicht das Herz, nach den Aktivitäten und Motiven der Kriegsjahre zu fragen.

Zu seiner Überraschung hörte er immer wieder günstige Berichte über viele, die als belastet galten. Einmal erlebte er es sogar, daß ein Mann, der Vorsitzender eines Volksgerichtshofes gewesen war, von Leuten, die er selber schätzte, wohlwollend beurteilt wurde. »Wo«, fragte er in seinem Tagebuch, »sind eigentlich die *schlechten* Nazis alle geblieben?«

Er hatte keinen Anlaß, Bieberbach zu treffen; doch in Berlin begegnete er Hasse, der in der amerikanischen Zone lebte und an der Berliner Universität in der russischen Zone unterrichtete. Courant bemerkte lediglich, »Hasse getroffen. Gemischte Gefühle«.

In Berlin sah Courant auch seinen Schwager, Wilhelm Runge, der ihm 1916 bei der Einrichtung der Erd-Telegraphie an der Westfront zur Hand gegangen war.

Die primitiven Lebensbedingungen in der verwüsteten Hauptstadt wurden 1945 noch dadurch erschwert, daß Streichhölzer kaum aufzutreiben waren, weil sie nicht meht hergestellt wurden. Sobald das Stromnetz wieder funktionierte, hatten Runge und ein paar Mitarbeiter bei Telefunken damit begonnen, kleine Transformatoren anzufertigen, die mit einem Schalter und einer aus einer Büroklammer gefertigten Wicklung an den Stromkreis angeschlossen werden konnten. Wenn man den Schalter betätigte, dann genügte die glühende Büroklammer, um ein Feuer anzuzünden, auf dem man dann die Kartoffeln kochen konnte. Mit diesem ersten Schritt begannen Runge und seine Mitarbeiter, Telefunken wieder aufzubauen.

Den Optimismus seines Schwagers hielt Courant »eher für eine Frage des Temperaments, als für rational begründet«. Trotzdem verspürte er den Drang, Menschen wie Runge, Rellich, Springer, Reidemeister und anderen, die eine solche »konstruktive Energie« aufbrachten, zu helfen.

Bevor Courant nach Kopenhagen weiterreiste, wo er die Brüder Bohr besuchte, nahm er sich noch die Zeit, alte Göttinger Freunde, wie Kleins Tochter Putti Staiger, aufzusuchen. Sie war aufgrund ihrer loyalen Haltung gegenüber ihren vielen jüdischen Freunden von den Nazis aus ihrer Stellung als Direktorin eines Mädchengymnasiums in Hildesheim entfernt worden.

Er erfuhr auch vom tragischen Schicksal seiner Cousine Edith Stein, die 1922 zum katholischen Glauben konvertiert und später dem Orden der barfüßigen Karmeliterinnen beigetreten war. 1942 war sie zusammen mit ihrer Schwester Rose – einer Laienschwester des Ordens – von der Gestapo aus einem holländischen Kloster verschleppt worden – Teil einer Vergeltungskampagne, mit der die Nazis auf die Kritik der holländischen Kirche am Antisemitismus der Nazis in Holland reagierten. Beide Schwestern kamen in den Gaskammern von Auschwitz um.

(Seit dem Tode Edith Steins [Schwester Theresa Benedikta vom Kreuz] sind Bestrebungen im Gange, die auf ihre Heiligsprechung hinzielen. Obwohl Courant von ihrem Tod tief betroffen war, erheiterte ihn der Gedanke einer katholischen Heiligen unter den Nachfahren Salomon Courants und in späteren Jahren sprach er bei jeder Gelegenheit stolz von »meiner Cousine, der Heiligen«.)

Im August 1947 waren Courant und Natascha wieder in Amerika und begannen, ihre Reiseeindrücke zu ordnen. Wie erwartet, war die deutsche Entwicklung auf dem Gebiet der Rechenmaschine nicht mit dem zu vergleichen, was in Amerika bereits erreicht oder in absehbarer Zeit zu realisieren war. Trotzdem schien ihnen, daß sich deutsches Können und deutsche Arbeitskraft nutzbringend für das amerikanische Projekt einsetzen ließen. Was den menschlichen Standpunkt betraf, so gaben sie Warren Weaver folgendes zu bedenken:

»Trotz vieler Einwände und Bedenken sind wir zu der Überzeugung gelangt, daß es schon im Interesse der Minderheit deutscher Gelehrter, die sich tadellos verhalten haben und ihren wissenschaftlichen und moralischen Maßstäben treu geblieben sind, eine menschliche Pflicht ist, die Wissenschaft in Deutschland vor der totalen Auflösung zu bewahren . . . Darüber hinaus ist das auch unumgänglich, weil es sich die Welt nicht leisten kann, das wissenschaftliche Potential Deutschlands zu vernachlässigen.«

»Es ist heute schwer vorstellbar, wie wichtig es damals war, daß Courant Göttingen besuchte, sobald die Umstände das erlaubten«, sagte Klaus Müller, heute Professor an der Technischen Hochschule in Aachen, Jahre nach Courants Tod. »Ich kann mich noch deutlich an die ungeheuere Wirkung erinnern, die sein erster Besuch hatte.«

Nach seiner Rückkehr aus Deutschland sah sich Courant in Amerika mit denselben Problemen konfrontiert, die ihn bereits in den ersten Nachkriegsjahren beschäftigt hatten. Seine Gruppe verfügte noch immer über keine stabile Stellung innerhalb der Universität, während der finanzielle Spielraum durch die Verträge mit dem »Office of Naval Research« beträchtlich war. Überdies hatte die Rockefeller-Foundation im Rahmen eines Programmes zur Förderung von Zentren für angewandte Mathematik überall im Lande, der New York University und der Brown University für einen Zeitraum von fünf Jahren eine großzügige jährliche Subvention zugesagt. Dieser Betrag, zusammen mit den Kontraktgeldern und den Mitteln, die ihm die Universität zur Verfügung stellte, erlaubten es Courant, eine ganze Reihe begabter junger Leute unter Vertrag zu nehmen, auf die man ihn aufmerksam machte.

Harold N. Shapiro, der bei Artin in Princeton studiert hatte, war einer von ihnen. Nach seiner Promotion hatte er 1947 – einem Jahr in dem der Arbeitsmarkt für Mathematiker sehr gut war – beschlossen, noch ein Jahr in Princeton zu bleiben. Als er sich dann 1948 nach einer Stelle umsah, waren diese plötzlich sehr knapp geworden. Shapiro vermutet, daß Artin, der damals regelmäßig an der New York University unterrichtete, Courant auf ihn hinwies.

»Auf jeden Fall erhielt ich eines Tages einen Anruf von Courant, den ich übrigens nicht persönlich kannte. Eine leise Stimme am anderen Ende des Drahtes sagte, ›hier spricht Courant‹, und dann war Totenstille. Ich kannte natürlich den Namen, sagte aber nichts. Dann, nach einer, wie mir schien, endlosen Pause, sagte er, ›Ich habe gehört, daß Sie eine Stelle suchen. Hätten Sie vielleicht Lust, an die New York University zu kommen?‹ «

Für Shapiro, der später einige Jahre ins Geschäftsleben hinüberwechselte, war das Faszinierende an der Art, wie Courant ihm eine Position anbot, die Einstellung, mit der dieser an die Dinge heranging.

»Courant ging Risiken ein, er verstand die Menschen und das Leben. Er ging immer davon aus, daß er – sollte er einmal jemanden einstellen, der dann seine Erwartungen nicht erfüllte – diesen auch irgendwie wieder los werden könne – meist indem er ihn wegempfahl. Wenn das nicht glückte, verbannte er den Betreffenden einfach in das entlegenste Büro des Gebäudes, damals das sehr weitläufige Bibel-Haus, und hoffte, ihn dadurch irgendwie aus der Welt zu schaffen; so wurde das jedenfalls oft halb im Scherz, halb im Ernst behauptet. Courant gehörte zu 70 Prozent in die Welt außerhalb der akademischen Welt, zu 30 Prozent gehörte er dazu. Von draußen brachte er sein Gefühl für den richtigen Moment mit, seine Risikobereitschaft, seine Flexibilität, und so weiter. Und daraus entstand letzten Endes das Institut.«

Shapiro sieht heute, daß er damals, während seiner ersten Jahre an der New York University gut mit Courant zurechtkam, weil er das Glück hatte, Freunde zu kennen, die weniger glückliche Erfahrungen mit ihm gemacht hatten, aus deren Fehlern er lernen konnte.

Wie er mir erzählte, geschah es häufig, daß sich ein sehr freundschaftliches Verhältnis zwischen Courant und einem jungen Mathematiker entwikkelte. Courant überschüttete den jungen Mann mit Aufmerksamkeit, Lob und Unterstützung.

»Er führte so etwas wie einen Werbefeldzug für seinen Schützling – sein Freundeskreis in der mathematischen Welt war riesengroß – und das war faszinierend. Einmal hatte ich zum Beispiel eine Arbeit publiziert, und er kam zu mir und erzählte mir, daß Siegel am Wochenende bei ihm zu Besuch war, und daß er Siegel meine Arbeit erklärt habe. Siegel wußte also davon? Er interessierte sich dafür? Er hatte meine Arbeit gelesen? Das war geradezu ungeheuerlich!«

Zwischen Courant und seinem Schützling entwickelte sich eine Art Vater-Sohn-Beziehung, wobei der »Sohn« scheinbar nichts falsch machen konnte. Bis zu dem Tag, an dem er nicht mehr auf Courants Uneigennützigkeit vertraute – »auf die man sich übrigens immer verlassen konnte« –, und die Beziehung dazu benützen wollte, etwas für sich selber zu erreichen, oder zuviel forderte. Solche Forderungen lösten bei Courant immer eine negative Reaktion aus. »Er wollte zwar durchaus großzügig sein, doch wenn man selbst um etwas bat, verschloß er sich.«

Die Folge war, daß er oft nicht nur die Bitte abschlug, sondern den betreffenden jungen Mann ganz fallen ließ. Unter Courants Papieren habe ich verschiedene Briefe gesehen, die auf einen solchen Vorfall hindeuten. Da schreibt ein junger Mann verzweifelt: »Seit [und hier folgt ein genaues Datum] hat sich Ihr Verhalten mir gegenüber völlig verändert« und die hilflose Frage, »Was habe ich denn falsch gemacht?«

Oft waren es auch Studentinnen, um deren Studien sich Courant unermüdlich kümmerte, wie zum Beispiel Anneli Leopold, die heute mit Peter Lax verheiratet ist.

»Als ich noch sehr jung war, waren Courant und seine Frau fast so etwas wie Ersatzeltern für mich«, erzählte sie mir. »Sie luden mich ein, bei ihnen zu wohnen, und Courant war immer daran interessiert, wie es mir ging, an meinen Studien, und so weiter, dieses väterliche Interesse spornte mich sehr an.«

Als nach dem Krieg sein finanzieller Spielraum größer war, stellte Courant von Zeit zu Zeit attraktive, junge Frauen ein, die keine klar umrissene Stellung hatten. Letzten Endes verstand er es aber immer, sie nutzbringend einzusetzen. Man nannte sie Courants »Flammen« – derselbe Ausdruck, mit dem man in Göttingen die vielen romantischen Neigungen Hilberts bezeichnet hatte. Die wirklichen »Flammen« waren – wie Natascha Artin – intelligent und attraktiv und hatten, lange nachdem sein intensives Interesse abgeflaut war, in Courant immer einen zuverlässigen, guten Freund. Sie waren immer irgendwie Teil seiner mathematischen Unternehmungen und spielten eine wichtige Rolle in seiner Gruppe. Jerome Berkowitz, der seit 1949 dazugehört und die Geschichte von Courants »Flammen« mehr als zwanzig Jahre verfolgt hat, vermutet, daß Courant auf diese Weise intensiver am Leben teilhatte. Friedrichs, der, wie er selber zugibt, solchen Dingen eher fern steht, sieht Courants »Flammen« als ein weiteres Beispiel seiner »Faszinationsfähigkeit« – »Reichtum faszinierte ihn, begabte junge Mathematiker faszinierten ihn, attraktive und intelligente junge Frauen faszinierten ihn!«

»Hat schon jemand über Courant und die Frauen gesprochen?« fragte mich Louis Nirenberg gegen Ende unseres Gespräches. »Wenn man nicht dabei ist, es nicht miterlebt, so denkt man, dieser alte Mann – und verliebt sich in ein junges Mädchen – wie lächerlich! Doch wenn man sieht, wie es auf ihn wirkt, ist es plötzlich nicht mehr lächerlich. Es verwandelt ihn. Jeder weiß, wie aufregend es ist, verliebt zu sein. Und für ihn ist es auch im Alter noch genau so wie vor dreißig oder vierzig Jahren. Das war immer so. Für ihn hat immer irgend jemand diese Rolle gespielt, in wechselndem Ausmaß – das ist von Person zu Person verschieden. Ich finde das gar nicht lächerlich, und mache mich nicht darüber lustig. Er wirkt dann lebendiger, offener, in einem allgemeinen Sinn. Das Ganze ist irgendwie rührend und schön. Um es wirklich zu verstehen, muß man vielleicht sein Gesicht sehen.«

Auf die vielen Freundinnen ihres Mannes angesprochen, sagte Nina Courant einfach: »Er brauchte sie.« Meist – und darin folgte sie möglicherweise dem Beispiel Käthe Hilberts – übersah Nina sie einfach, wie sie auch das oft unwirsche und schroffe Wesen ihres Mannes im häuslichen Kreis kaum zur Kenntnis nahm. Als er starb, sorgte sie dafür, daß die beiden jungen Frauen, die ihm in seinen letzten Jahren nahegestanden hatten, an der Gedenkfeier, die ihm zu Ehren an der New York University stattfand, teilnehmen konnten.

Ungefähr zur gleichen Zeit wie Shapiro begann auch eine junge Frau, Lucille Gardner, heute Wolff, für Courants Gruppe zu arbeiten. Sie ist die Schwester des Mathematikers Clifford Gardner, der bereits bei Courant arbeitete. Sobald dieser vernahm, daß Gardner eine Schwester hatte, die gut Geige spielte, bestand er darauf, daß der junge Mann sie mit nach New Rochelle brachte.

»So fuhren wir nach New Rochelle und musizierten im Familienkreis – für einen Außenstehenden eine erstaunliche Sache. Mama – so nannten wir Nina Courant – wußte immer, welcher Ton es war, bei welchem Takt wir sein sollten usw., Papa [Courant] dagegen spielte einfach vor sich hin, wirklich schön, aber die meiste Zeit völlig daneben. Für mich als junge Studentin war das alles sehr verwirrend. Ein Familienmitglied – und nicht der Mathematiker – hatte alles auf rationale Weise im Griff. Der Mathematiker dagegen hatte keine Ahnung bei welchem Takt er war – er spielte einfach auf die romantischste Weise, während die Musikerin der Familie zwar genau über Takte Bescheid wußte, aber die ganze Stimmung zerriß, indem sie plötzlich tadelnd unterbrach: ›Papa! B!‹ Dann schreckte er auf und seufzte. Er spielte immer daneben, musizierte gar nicht intellektuell, er hatte einfach keine Ahnung!«

Nachdem er Lucille Gardner kennengelernt hatte, überlegte Courant sofort, wie er sie in seinem Institut beschäftigen könnte. Als erstes versuchte er technisches Zeichnen – und verfiel schließlich – als sich zeigte, daß sie keinen geraden Strich ziehen konnte, darauf, sie die englische Übersetzung des Courant-Hilbert redigieren zu lassen. Es traf sich, daß sie über gute Deutschkenntnisse verfügte. Wie sie mir erzählte, hatte sie das Buch immer bewundert, und sah nun fassungslos, auf welche Weise die Übersetzung dieses Klassikers der mathematischen Physik zustande kam.

»Außer Courant hätte das niemand geschafft – ein Buch zu einem Ganzen zu verschmelzen, das er abschnittweise von zwanzig verschiedenen Leuten hatte überarbeiten lassen. Jeder trug sein Scherflein bei, und dann organisierte Courant das Ganze irgendwie, nur er organisierte nicht wirklich, und doch fiel zum Schluß alles an seinen Platz.«

Dieses Vorgehen entsprach ganz dem, was sie täglich im Bibel-Haus beobachten konnte. »Papa – [Courant] – sammelte Menschen, er sammelte Ideen und er sammelte Gegenstände – und irgendwie brachte er immer alles unter einen Hut. Er führte seine Gruppe auf eine Weise, von der man schon als Kind gelernt hatte, daß es so nicht gehen kann. Das Erstaunliche war, daß es doch ging. Doch es ging nur, weil er im Mittelpunkt stand und keinen der Fäden ganz aus der Hand ließ. Ich hätte so etwas vorher nie für möglich gehalten und auch nachträglich ist es schwer zu glauben!«

Lucille Gardner arbeitete für Courants Gruppe bis zu ihrer Heirat mit einem wesentlich älteren Mann, für den sie sich, noch vor ihrer Begegnung mit Courant entschieden hatte. In dieser Zeit schrieb sie Texte um und redigierte sie, sie kämpfte mit Courants unzähligen Memoranden über das »Begabungsreservoir«, das »dort draußen« nur darauf wartete, »angezapft« zu werden; sie half Natascha, eine neugegründete Hauszeitschrift herauszugeben; und sie vernichtete Geheimdokumente.

»So war ich letzten Endes doch kein Hemmschuh, doch selbst wenn – entlassen hätte man mich bestimmt nicht.«

Wie schon nach dem Ersten Weltkrieg befaßte sich Courant auch nach dem Zweiten intensiv mit dem wissenschaftlichen Verlagswesen. Er arbeitete weiter mit Interscience zusammen, und in mancher Beziehung entstand zwischen Courant und Proskauer in Amerika ein ähnliches Verhältnis, wie es zwischen Courant und Ferdinand Springer in Deutschland bestanden hatte. Doch obwohl sie auf ihre Weise »gute« Freunde waren, das Verhältnis war nicht dasselbe – das bewirkte der Generationsunterschied.

»In seiner liebenswürdigen Weise war Courant immer ein sehr harter Geschäftspartner; er wachte immer eifersüchtig über Springers Rechte, nichts entging ihm, was sich im Geringsten zum Nachteil Springers auswirken konnte«, erzählte Proskauer. »Nach dem Krieg machte er sich große Sorgen um die Zukunft des Springer-Verlages, versuchte sogar, Springer nach Amerika zu holen, um von hier einen neuen Verlag aufzubauen. Er war überzeugt, daß der Niedergang Springers ein großer Verlust für die Wissenschaft wäre. Und überdies«, hier lächelte Proskauer nachsichtig, »hatte Courant immer den Ehrgeiz, ein großer Macher im Geschäftsleben zu sein.«

Nach dem Krieg beschloß Courant, die Arbeitsberichte, die seine Mitarbeiter in regelmäßigen Abständen für das ONR verfaßten, in einer eigenen Zeitschrift zu publizieren, anstatt sie in hektographierter Form in einem beschränkten Kreis zirkulieren zu lassen. Dadurch wurden die Arbeiten der ganzen wissenschaftlichen Welt zugänglich gemacht; überdies ergab sich so eine interessante Aufgabe für Natascha Artin, die die Zeitschrift als Herausgeberin betreuen sollte; und schließlich bedeutete es einen Prestigegewinn für die New York University, eine eigene mathematische Zeitschrift zu besitzen. Das ganze Unternehmen ließ sich völlig legitim mit ONR-Mitteln finanzieren. Und so erschien im Januar 1948, mit 200 fest zugesagten Regierungssubskriptionen im Hintergrund, das erste Heft der *Communications on Applied Mathematics.* Die Zeitschrift war ursprünglich als ein reines Haus-Blatt geplant, begann aber kurze Zeit später auch Beiträge von außerhalb anzunehmen. Mit dem fünften Heft wurde auch der Name weitergefaßt, und von nun an erschien die Zeitschrift als *Communications on Pure and Applied Mathematics.*

Im gleichen Jahr begann auch Interscience mit der Veröffentlichung einer Monographien-Reihe, den *Monographs in Pure and Applied Mathematics* – dem amerikanischen Gegenstück zu der berühmten gelben Reihe, die allerdings nicht gelb, sondern immer rot und grau gebunden erscheint. Als erster Band der Reihe kam *Supersonic Flow and Shock Waves* von Courant-Friedrichs heraus. Letzten Endes absorbierte diese Reihe auch die ebenfalls bei Interscience erscheinenden *Tracts in Pure and Applied Mathematics,* die Lipman Bers damals gerade an der New York University entwickelte.

Im Sommer 1948 besuchte Courant zum zweiten Mal seit dem Krieg Deutschland.

Inzwischen hatte der heftige, wirtschaftliche, politische, militärische und ideologische Konflikt zwischen Ost und West – der Kalte Krieg – einen erheblichen Gesinnungswandel gegenüber Westdeutschland bewirkt, das nun eher wie ein Alliierter, als wie ein besiegter Feind behandelt wurde.

Nach seinen Reisen von 1947 und 1948 fuhr Courant bis zu seinem Tod fast jeden Sommer nach Deutschland. Er unterstützte Rellich wo er konnte beim Aufbau des mathematischen Institutes, er trat der Göttinger Akademie der Wissenschaften wieder bei und amtierte wieder als einer der Herausgeber der *Mathematischen Annalen.* Er stand Springer als wissenschaftlicher Berater zur Seite, nahm aktiv am wissenschaftlichen und pädagogischen Wiederaufbau teil und lud eine ganze Reihe von deutschen Mathematikern an die New York University ein.

Er selbst zog eine Rückkehr nach Deutschland nie in Betracht, wie das einige seiner Freunde taten. Siegel kehrte auf seinen Lehrstuhl nach Göttingen zurück, Artin wurde wieder Professor in Hamburg und nahm die alte Freundschaft mit Hasse wieder auf. Max Born verbrachte seine letzten Jahre, nachdem er sich von seinem Lehrstuhl in Edinburgh zurückgezogen hatte, in Bad Pyrmont, nicht weit von Göttingen. Andererseits weigerten sich viele, die von den Nazis vertrieben worden waren, auch nach dem Krieg beharrlich,

Abb. 36. Karl Ludwig Siegel

je wieder deutschen Boden zu betreten; Einstein ist das prominenteste Beispiel einer so totalen Ablehnung.

»Es ist gar keine Frage, daß Courant sich auch nach dem Krieg Amerika und seinem Institut an der New York University verbunden fühlte – hier war er zu Hause«, erklärte mir Friedrichs, »doch der Versuchung, so schnell wie möglich wieder nach Deutschland zu gehen, konnte er nicht widerstehen. Trotz allem, was ihm widerfahren war, wollte er helfen. Er wurde deswegen von verschiedenen Seiten heftig kritisiert. Doch so war nun einmal seine Art.«

1949 / 1952

Der Friede war friedlos. Die Siegermächte spalteten sich in zwei feindliche Lager, und das viergeteilte Berlin, von allen Seiten von der russisch kontrollierten Ostzone umgeben, wurde zum Symbol dieses Kräftemessens zwischen Ost und West. Es war die Zeit der Truman-Doktrin, des Marshall Plans, der Berliner Luftbrücke und des Nordatlantikpaktes; in China tobte der Bürgerkrieg, die Nationalchinesen zogen sich nach Formosa zurück; und in der UdSSR wurde die unvermeidliche erste Atombombe gezündet.

Als Folge des Krieges und des darauf folgenden »kalten Krieges« waren in Amerika ein halbes Dutzend Zentren für angewandte Mathematik entstanden. Das Gebiet hatte einen plötzlichen Aufschwung erfahren. Andere Universitäten begannen, Interesse an Courants Gruppe zu bekunden. 1949 kamen Angebote, den ganzen Betrieb von der New York University abzutrennen und ihn als unabhängiges Institut für höhere Forschung und Lehre der mathematischen Wissenschaften auf einem neuem Campus anzusiedeln. Für Courant war diese ganze Entwicklung nicht nur schmeichelhaft, sie deckte sich auch mit seinen Vorstellungen von verschiedenen, regionalen, wissenschaftlichen Forschungszentren. Besonders erfreulich war ein Angebot der University of Maryland, da ihm schon lange ein solches Projekt in der Hauptstadt selber oder in der näheren Umgebung vorgeschwebt hatte. Und trotzdem ... »... nach reiflicher Überlegung muß ich sagen, daß uns zur Zeit der Vorschlag, unser Institut in seiner jetzigen Form von der New York University abzutrennen und es an die University of Maryland zu verlegen, nicht der beste Weg zu sein scheint, ihren allgemeinen Plan in die Tat umzusetzen«, schrieb er an Dr. H. C. Byrd, den Präsidenten der Universität von Maryland. » Das liegt nicht nur an der naturgebundenen Trägheit, sonders mehr noch an einem Gefühl der Loyalität, die wir gegenüber unserer Aufgabe hier in New York und der Geschichte unseres Institutes empfinden, und die uns zaudern läßt, Ihr großzügiges Angebot einfach anzunehmen.«

Doch auch nach fünfzehn Jahren war das Problem, die Gruppe an der New York University irgendwie zu »stabilisieren«, ungelöst. Das Wort tauchte immer häufiger in Courants Briefen und Memoranden auf, obwohl seine Sekretärinnen ihr Bestes taten, ihm mit dem Rotstift zu Leibe zu rükken. Überdies mehrten sich auch die gravierenden Übergriffe von außen. Max Shiffman, dessen vielversprechende Karriere später durch eine lange, schwere Krankheit im Keim erstickt wurde, nahm einen Ruf nach Stanford an. Flanders beschloß, ganz aus dem akademischen Leben auszuscheiden und wechselte als wissenschaftlicher Mitarbeiter an die Argonne Laboratorien über. Mehrere Mitarbeiter wanderten in die Industrie ab, wo die Gehälter oft doppelt so hoch waren wie an der New York University.

Das »Graduate Center of Mathematics« war immer noch ungenügend ausgestattet, die Räumlichkeiten reichten nicht aus, es gab bloß drei Lehrstühle, deren Inhaber überdies hauptsächlich in der Abteilung für Graduierte beschäftigt waren. Die Grundgehälter dieser und anderer Mitarbeiter wurden nur zum Teil von der New York University bezahlt. Courant mußte sogar die akademische Grundausstattung, Stipendien, Bücher, Zeitschriften, Mobiliar und andere Ausrüstungsgegenstände zu einem beträchtlichen Teil aus außeruniversitären Mitteln finanzieren, oder er war gezwungen mit Kontrakt-Geldern zu jonglieren, die im Prinzip gar nicht für Universitätszwecke verwendet werden durften.

Die Mathematiker begannen sich immer mehr wie Aschenbrödel zu fühlen, das die ganze Arbeit tun und jeden Abend seinen Lohn abliefern mußte. Das Angebot der University of Maryland war noch innerhalb weniger Wochen abgelehnt worden. Als jedoch im Herbst 1949 ein vergleichbares Angebot aus Berkeley kam, war das nicht mehr so ohne weiteres von der Hand zu weisen.

Während Courant an der New York University gewirkt hatte, hatte Griffith Evans in Berkeley eine der besten Mathematik-Abteilungen des Landes aufgebaut. Er war einer der wenigen hervorragenden amerikanischen Mathematiker, der über partielle Differentialgleichungen arbeitete, und überdies einer der wenigen, der Courants Bestrebungen an der New York University immer in freundschaftlicher Weise unterstützt hatte. Evans war kurz vorher in den Ruhestand getreten, und sein Nachfolger war Charles Morrey, ein Mathematiker, den die Gruppe an der New York University ebenfalls sehr schätzte.

Friedrichs erinnert sich noch lebhaft an seine erste Begegnung mit Morrey.

»Es war auf einer in New York stattfindenden Tagung der ›American Mathematical Society‹, ungefähr 1938, als ein unauffälliger junger Mann auf mich zukam und bescheiden sagte, daß er über partielle Differentialgleichungen gearbeitet, und ein bestimmtes Problem gelöst habe. ›Prächtig‹, sagte ich und ging weiter – bis es klickte, ich drehte mich um, ging zu ihm zurück und sagte, ›Würden Sie mir noch einmal genau sagen, welches Problem Sie da gelöst haben?‹ Ich konnte es kaum fassen, es war eines jener Probleme, an denen viele schon seit Jahren arbeiteten – es war einfach kaum zu glauben. Ja, Morrey ist gut.«

Als dann Courant im August 1949 mit Morrey und Hans Lewy in den Hügeln von Berkeley wanderte und Morrey plötzlich laut vor sich hin fragte, ob die New York University Gruppe nicht nach Berkeley kommen wolle, erschien die Idee allen New Yorkern sehr verlockend.

Nun ging plötzlich alles sehr schnell. Morrey erzählte mir, daß er ursprünglich vor allem an Courant, Friedrichs und Stoker gedacht habe, doch sein Vorschlag wuchs sich rasch zu einem Plan aus, nach dem neun Fakultätsmitglieder, zwanzig Studenten, Assistenten und Rechner, eine Sekretärin und drei Schreibkräfte von New York nach Berkeley verlegt werden sollten.

Auch als Courant schon wieder den festen Boden seines Bibel-Hauses unter den Füßen hatte, konnte er die Berkeley-Pläne nicht so schnell ad acta legen, wie seinerzeit das Angebot aus Maryland. Die Verlockung, »allgemein und persönlich«, die von Berkeley ausging, war, wie er Morrey gegenüber erklärte, einfach zu stark. Er sah (wie er später zugab, vielleicht »ein wenig naiv«) eine Möglichkeit, daß die Finanzierung in Berkeley direkt durch den Bundesstaat Kalifornien übernommen werden könnte, so daß seine Gruppe nicht mehr mit den anderen Fakultäten konkurrieren, oder wohlhabende Mitbürger oder private Stiftungen um Unterstützung bitten müßte. Was ihm vorschwebte, schrieb er an Morrey, war »ein Institut für höhere Studien – an Institute for Advanced Study«, in der gleichen Art wie er es an der New York University aufzubauen suchte, sowohl an der West- wie an der Ostküste einzurichten.

Den ganzen Herbst und Winter über erwog er diesen Wechsel, er ging mit sich selbst, mit Friedrichs und Stoker zu Rate. Er holte sich die Meinung von Freunden im *Board of Trustees* ein, wandte sich an Warren Weaver und die Rockefeller-Foundation, an Admirale und wichtige Regierungsbeamte in Washington. Er streifte ratlos durch das Bibel-Haus und bat jeden, selbst die erst kürzlich eingestellte Bürokraft, um eine Stellungnahme.

»Es wäre wünschenswert«, erklärte er Morrey, »einen Weg zu finden, der es uns erlaubt, diesen scheinbaren Konflikt so zu lösen, daß wir beim Aufbau des Institutes in Berkeley mitarbeiten können, ohne das in New York Erreichte zu zerstören.«

Ende November bestand der ursprüngliche Vorschlag, die ganze Gruppe an die Westküste zu verlegen, immer noch, doch Morrey schlug als Alternativlösung vor, je eine Gruppe an der West- und an der Ostküste arbeiten zu lassen, wobei zwei der Hauptinitianten die Zusammenarbeit von New York aus leiten würden, während der dritte zusammen mit Hans Lewy in Berkeley stationiert sein sollte.

»Die Idee hätte von Courant stammen können, und gefiel ihm natürlich«, erzählte mir Friedrichs. »Doch Stoker und ich, wir waren dagegen.«

Courant hatte zwar Morrey gegenüber erklärt, daß das Angebot aus Berkeley nicht als Druckmittel der New York University gegenüber verwendet werden sollte, doch er selber hatte bereits die Gelegenheit benützt und Kanzler Chase eine Liste von vierzehn präzisen Verbesserungsvorschlägen – die Lage seiner Gruppe betreffend – unterbreitet. Darunter befand sich auch eine persönliche Forderung Courants, der damals kurz vor seinem zweiundsechzigsten Geburtstag stand:

»Mündlich ist mir zwar zugesagt worden, daß man mich nicht bei Erreichen der offiziellen Altersgrenze mit fünfundsechzig Jahren in den Ruhestand versetzen wolle. In Anbetracht der Tatsache, daß diese Altersgrenze an den verschiedenen Stellen, von denen ich in letzter Zeit Angebote erhalten habe, nicht existiert, würde ich es jedoch sehr begrüßen, wenn Sie mir diesbezüglich eine schriftliche Zusicherung geben könnten.«

»Courant konnte sich nie mit einer einfachen Situation zufrieden geben«, erklärte mir Bromberg. »Er zog eine möglichst undurchsichtige Entwicklung vor. In einem Zustand der Verwirrung, bei dem allen anderen äußerst unbehaglich zumute war, entwickelte er besondere Antennen für die entscheidenden Aspekte der jeweiligen Situation; ein solcher Zustand war seiner Ansicht nach viel fruchtbarer.«

Sein instinktives Gefühl für den richtigen Moment war »phantastisch«, berichtete Bromberg, und oft ließ er es selbst in einfachen Situationen spielen, um die anderen aus dem Gleichgewicht zu bringen. In diesem Zusammenhang erinnerte sich Bromberg an die folgende Episode: Courant saß in seinem Büro und unterhielt sich mit jemandem, »meist einem jüngeren Mitarbeiter, der wahrscheinlich ohnehin keine Ahnung hatte, was Courant von ihm wollte«. Da ging jemand vorbei, streckte den Kopf zur Tür herein, die fast immer offen stand, sah, daß Courant beschäftigt war und wollte sich mit einer Entschuldigung zurückziehen. »Herein, herein!« rief Courant, und dann zu seinem Gesprächspartner, »Wir haben doch keine Geheimnisse, oder nicht?« Und dann, wenn der Dritte sich anschickte, einzutreten, mit einem Blick über seinen Schreibtisch, »Aber vielleicht wäre es Ihnen lieber?« und wenn der Neuankömmling zum zweiten Mal Anstalten machte, sich zurückzuziehen, »Nein, nein, bleiben Sie doch!« und wenn er abermals im Begriff war einzutreten, zu seinem Gegenüber gewandt, »Außer Sie ziehen es vor . . . ?«

Besonders deutlich wird dieses instinktive Gefühl für den richtigen Augenblick in dem Briefwechsel, den Courant im Verlauf des akademischen Jahres 1949–50 über die Berkeley-Pläne führte, die verschiedenen Alternativen wurden immer wieder durchdiskutiert, und die Gruppe im Bibel-Haus geriet immer mehr in einen Wirbel schizoider Erregung.

Noch im März 1950 wurden in New York Sekretärinnen nur unter der Bedingung eingestellt, daß sie bereit waren, im September nach Kalifornien umzuziehen. Inzwischen war allerdings in Berkeley eine neue Situation entstanden: die heraufziehende Kontroverse über den vom *Board of Trustees* der Universität verlangten Treueeid wurde immer mehr zu einer Zerreißprobe für die Fakultät. Im Mai schließlich gerieten die Verhandlungen mit Courants Gruppe ins Stocken und schon davor – berichtete Friedrichs – »hatten wir uns endgültig dafür entschieden, in New York zu bleiben«.

Für alle Betroffenen ist es auch heute noch eine offene Frage, wie weit Courant diesen Wechsel nach Berkeley für seine Gruppe überhaupt je ernsthaft in Betracht zog.

Manche glauben, daß es ihm Spaß machte, mit der Möglichkeit zu spielen, die Situation aufzuheizen und Berkeley gegen New York auszuspielen, um seine Stellung in New York zu verbessern.

Dagegen ist Morrey überzeugt davon, daß er wirklich an eine Verlegung seiner Gruppe – als Ganzes oder teilweise – gedacht hatte.

De Prima, der damals am California Institute of Technology war, und daher von der Sache persönlich nicht betroffen wurde, ist überzeugt, daß Courant wirklich hin und her gerissen war: »Er rief mich mehrmals an und bat mich, nach New York zu kommen, er brauchte jemanden, mit dem er über die Berkeley-Pläne sprechen, – das Für und Wider abwägen konnte.

Stoker, der einen Wechsel nach Berkeley voller Enthusiasmus unterstützt hatte, erzählte mir, daß er damals zum ersten und einzigen Mal ernsthaft daran gedacht habe, aus Courants Gruppe auszuscheiden.

»Ich war über die kleinliche Administration an der New York University so verärgert«, gestand er, »daß ich allen Ernstes nach Berkeley gehen wollte. Allerdings bin ich inzwischen selbst nicht mehr so sicher, ob das wirklich die beste Lösung gewesen wäre. Hier in New York war Courant sein eigener Herr und Meister, er verhandelte immer direkt mit den Spitzen der Universität – wie ich übrigens auch, als ich ihn als Direktor ablöste. In Berkeley wäre so etwas nie möglich gewesen. Und ich glaube, daß Courant nie wirklich weggehen wollte, irgendwie war ihm der Gedanke, ganz aus New York wegzugehen, unangenehm, hier fühlte er sich am richtigen Platz.«

»In Wirklichkeit wollte Courant beides, dazu neigte er immer«, erklärte mir Friedrichs. »Sogar wenn man mit ihm im Auto unterwegs war, war dieser Drang spürbar. An einer Weggabelung war er immer versucht, *beide* Wege einzuschlagen, man konnte das förmlich spüren.«

Einer der Anziehungspunkte, die Berkeley für Courant hatte, war möglicherweise die Machtstellung, die diese Universität in den fünfziger Jahren in der Physik innehatte.

»Wir haben es immer bedauert, daß die Physikabteilung an der New York University schlecht war«, sagte Joe Keller, der nach dem Krieg zu der Gruppe stieß und heute Direktor der Abteilung für Wellenausbreitung und Angewandte Mathematik am Courant Institute ist – die an die Stelle der von Morris Kline nach dem Krieg entwickelten Abteilung für Elektromagnetische Forschung getreten ist.

In diesem Zusammenhang erinnerte sich Keller an seine erste Europa-Reise mit Courant, ungefähr 1950, in deren Verlauf Courant auch dafür sorgte, daß er Skilaufen lernte, indem er ihn mit Skiern ausrüstete, mit knappsten Anweisungen versah und einen Hang hinunterschickte. Die Reise war zwar zur Hauptsache eine Informationsreise, um den Stand der europäischen Forschung auf dem Gebiet der Explosivstoffe kennenzulernen; gleichzeitig war sie aber auch eine Talentsuche. In Göttingen lernte Courant Bruno Zumino kennen, einen jungen Italiener, der Schüler Heisenbergs war. Ein oder zwei Jahre später holte er diesen an die New York University, wo er schließlich der Physikabteilung als Direktor vorstand und wesentlich zu ihrem Aufbau beitrug.

Keller ist der Meinung, daß Courants Gruppe einen größeren Einfluß auf die amerikanische Mathematik gehabt hätte, wenn sie damals, wie vorgeschlagen, nach Berkeley gegangen wäre.

»Was ich sagen will ist das folgende: Unser Institut war auf seinen Spezialgebieten, der Analysis und der Angewandten Mathematik, ungeheuer erfolgreich und ist zweifellos weltweit führend in diesen beiden Disziplinen, ohne jedoch je einen entsprechenden Einfluß auf die mathematische Entwicklung in den Staaten gehabt zu haben. Überall in Amerika wurde mit der angewandten Mathematik kurzer Prozeß gemacht. Was in der Analysis betont wird, grenzt eher an die reine Mathematik – was wir »weiche Analysis« nennen – im Gegensatz zur »harten Analysis«, die den Anwendungen näher steht. Wären wir dagegen 1950 nach Berkeley gegangen, wären wir damit sofort Teil des führenden mathematischen Establishments im Lande geworden und hätten damit einen Vorsprung von ungefähr zehn bis fünfzehn Jahren auf das, was wir hier zustande gebracht haben, gewonnen«.

Im Sommer 1950 gehörte der ganze Wirbel um die Berkeley-Pläne endgültig der Vergangenheit an.

Courant war endlich dabei, sein Buch über *Dirichlet's Principle, Conformal Mapping, and Minimal Surfaces* (»Das Dirichletsche Prinzip, konforme Abbildung, und Minimalflächen«) abzuschließen. Fast sein ganzes mathematisches Werk hatte sich mit dem Dirichletschen Prinzip in der einen oder anderen Form befaßt; trotzdem war er überzeugt, daß noch viele faszinierende Fragen unbeantwortet waren und verstand sein Buch als Anregung zu weiteren Untersuchungen auf diesem Gebiet.

Laut Friedrichs ist dieses Buch von seinem Inhalt her reinster Courant, während es ihm in Stil und Behandlungsweise am wenigsten entspricht.

»Es ist sehr nüchtern, mathematisch präzise und enthält viele technische Details, heikle Punkte, reizvolle geometrische Situationen und Überlegungen. Mathematisch ist es wahrscheinlich sein bestes Buch, und trotzdem hatte es, von allen seinen Büchern, die geringste Wirkung.«

»Es ist schwer zu sagen, wieso es keinen größeren Anklang fand«, sagte Courant selber ungefähr zehn Jahre nach dem Erscheinen des Buches. »Möglicherweise war es nicht gut geschrieben, oder nicht effektvoll genug. Je älter man wird, desto mehr geraten die Dinge, die einem am Herzen liegen, aus der Mode. Wenigstens vorübergehend.«

Im gleichen Sommer (1950), in dem Courant sein Buch über das Dirichletsche Prinzip abschloß, fand in Cambridge, Mass., der erste Mathematiker-Weltkongreß seit 1936 statt. Ursprünglich für den Sommer 1940 geplant, war er ein Lieblingsprojekt Birkhoffs gewesen, der mit dem ersten offiziellen Kongreß auf amerikanischem Boden die amerikanische Präsenz auf der internationalen Bühne signalisieren wollte. Nachdem 1939 der Krieg ausgebrochen war, mußte der Kongreß auf einen Zeitpunkt verschoben werden, zu dem wieder alle Mathematiker aus der ganzen Welt daran teilnehmen konnten. Diesen Tag erlebte Birkhoff, der 1944 gestorben ist, nicht mehr.

Auch 1950 war es noch sehr schwierig, die internationale mathematische Welt wieder zu versammeln. Im Juni dieses Jahres unterstützten die Vereinigten Staaten Korea mit Luft- und Marinestreitkräften. Die UdSSR weigerte sich, auch nur einem ihrer Mathematiker die Reise in die Vereinigten Staaten zu gestatten. Andererseits reagierte das amerikanische Außenministerium seinerseits mißtrauisch auf einige Mathematiker, die ihre Teilnahme zugesagt hatten. Unter den amerikanischen Mathematikern herrschten starke Vorbehalte, ob und in welchem Ausmaß sie überhaupt zu Mathematikern in Verbindung treten wollten, deren Vergangenheit, was ihre Beziehungen zu den Nazis betraf, nicht über jeden Zweifel erhaben war.

Aufgrund des Angebotes aus Berkeley hatte Courant von der New York University die finanziellen Mittel erhalten, um verschiedene ausländische Mathematiker im Anschluß an den Mathematiker-Kongreß zu Vorträgen einzuladen. Einer davon war Heisenberg, der einige Vorträge hielt. Ein zweiter war Rellich, der ein ganzes Semester an der New York University lehrte.

Rellich war der erste einer ganzen Reihe deutscher Wissenschaftler, die Courant in den folgenden Jahren an die New York University brachte. Einer der späteren Besucher war Martin Kneser, der Sohn Hellmuth Knesers und Schwiegersohn Hasses, der in späteren Jahren das mathematische Institut in Göttingen leitete.

Innerhalb der Fakultät lösten diese Einladungen an deutsche Wissenschaftler immer beträchtliches Unbehagen aus. Einige Fakultätsmitglieder waren absolut dagegen, Wissenschaftler, die es seinerzeit vorgezogen hatten, in Hitler-Deutschland zu bleiben, an die New York University einzuladen. Andere ließen graduelle Unterschiede zu. Courant selber fiel es in dem halben Jahrzehnt seit Kriegsende zunehmend schwer, eine scharfe Grenze zwischen »guten« und »schlechten« Deutschen zu ziehen.

»Courant ist Charakterfehlern gegenüber erstaunlich tolerant – auf eine Weise die mir selber nicht möglich wäre«, erklärte mir Anneli Lax. »Er scheint das Helle und das Dunkle und die Grauzonen einer Persönlichkeit mit seinen eigenen Wertmaßstäben zu messen. Er kann Dinge entschuldigen, über die die meisten von uns nicht hinwegblicken könnten. Gleichzeitig empfindet Courant aber größten Respekt für jemanden wie Flanders, der in charakterlicher Hinsicht über jeden Tadel erhaben war.«

»Ich persönlich habe nicht die Charakterstärke [wie zum Beispiel Einstein] einem ganzen Volk oder einem Land mit einem so absoluten Haß zu begegnen, daß dieser meine ganze Existenz prägt«, sagte Courant in seinem letzten Lebensjahr einmal zu mir. »Selbstverständlich kann man all die Leiden nicht vergessen, aber ich war immer dafür, Deutschland gegenüber eine positive Haltung einzunehmen, die Kontakte wieder anzuknüpfen. Gegen Bieberbach empfand ich einmal ziemliche Abneigung, doch inzwischen – das ist alles so lange her, so viel Zeit ist vergangen – und ich muß all diesen Menschen mildernde Umstände zugestehen. Ich hatte nie mehr mit Bieberbach zu tun, aber wenn ich ihm heute hier begegnen würde, würde ich ihm freundlich begegnen.«

Anschließend an den Mathematiker-Kongreß von 1950 hielt Laurent Schwartz eine Reihe von Vorträgen an der New York University. Seine Distributionstheorie galt als besonders augenfälliges Beispiel einer Tendenz zur Verallgemeinerung und zur Abstraktion in der Mathematik, gegen die sich Courant während seiner ganzen mathematischen Laufbahn zur Wehr gesetzt hatte, und vor der er seine Studenten immer »abzuschirmen« suchte.

»Unsere Gruppe an der New York University hatte etwas Provinzielles, das ein wenig an Göttingen erinnerte«, erzählte mir Peter Lax. »Friedrichs hat Ihnen wahrscheinlich gesagt, daß von Neumann mit seiner Theorie der linearen Operatoren dort ein wenig als Schaumschläger galt. Alles viel zu abstrakt und so. Und wir dachten dasselbe über die Theorie der Distributionen von Schwartz. Das ist so eine Theorie ohne Tiefe – aber ungeheuer nützlich, und ganz anders als die Hilbert-Raum-Theorie, in der Friedrichs wegweisend war; und so wehrten wir uns ein wenig dagegen.«

Schwartz wurde trotz dieses Widerstandes an die New York University eingeladen. Ein paar Jahre später fand Lax unter Verwendung der Theorie von Schwartz einen Weg, um einiges über Lösungen von Differentialgleichungen zu beweisen und das, sagte er, »wirkte sich natürlich auf meine Einstellung aus und veranlaßte, glaube ich, auch Friedrichs und Courant, ihre Meinung etwas zu revidieren. Vor allem aber – und hier greife ich etwas vor – lag Courants letzte große wissenschaftliche Anstrengung auf diesem Gebiet, er verfaßte nämlich einen Anhang über Distributionen für die englische Ausgabe des Courant-Hilbert.«

Courant wandte sich oft in starken Worten gegen die Tendenz zu Purismus, Verallgemeinerung und Abstraktion in der Mathematik. Als ich einmal in einer seiner Reden auf eine Formulierung über den »ketzerischen Unsinn ›einer Mathematik um ihrer selbst willen‹« stieß, fragte ich ihn, ob er in diesem Punkte nichr beträchtlich von Hilbert abweiche, der bei Gelegenheit bewundernd Jacobis Tadel an Fourier zitierte, daß »ein Philosoph wie Fourier wissen sollte, daß das einzige Ziel der Wissenschaft Ruhm und Glanz des menschlichen Geistes ist«.

»Zu Hilbert besteht kein wirklicher Gegensatz«, widersprach Courant prompt, »denn Hilbert hat ja diese Überbetonung der Abstraktion, die Selbstbeweihräucherung und Selbstverherrlichung dieser Abstrakten nicht mehr erlebt«.

»An der New York University haben wir die Leistungen der führenden ›Bourbakisten‹ mit einiger Verspätung anerkannt«, erklärte Friedrichs in diesem Zusammenhang. »Doch in Wirklichkeit wehrten wir uns lediglich gegen die Trivialitäten jener Leute, die Stoker ›les petits Bourbakis‹ zu nennen pflegt.«

Lax war einer der letzten Studenten, die bei Courant promovierten. Er fand ihn »sehr originell«, seine Ausdrucksweise entsprach seinem Denkstil.

»Kein Mensch formulierte so wie er. Er haßte es, wenn ein Theorem so abgespult wurde; sei M eine Mannigfaltigkeit, X eine differenzierbare Struktur, V ein Vektorfeld, und so weiter. Was ihm zusagte, war zuerst einmal eine Beschreibung des Problems, dann eine Erläuterung, wie es am besten anzugehen war. Tatsächlich neigte Courant eher zum anderen Extrem und vernachlässigte vielleicht die Theoreme etwas. Doch – wie er zu sagen pflegte – ›Die meisten haben zuviele!‹ Er war schon ziemlich alt, als ich anfing mit ihm zusammenzuarbeiten. Doch die bei weitem interessanteste Arbeit machten wir, als er schon achtundsechzig Jahre alt war, wir verallgemeinerten Huygens Prinzip.«

Ich fragte Lax, wie die Zusammenarbeit zwischen ihm und Courant funktioniert hatte.

»Das ging folgendermaßen vor sich: Im Courant-Hilbert war die Fortpflanzung von Unstetigkeiten nur für hyperbolische Gleichungen zweiter Ordnung ausgearbeitet worden. Courant war nun der Meinung, daß das auch für den allgemeinen Fall gezeigt werden müsse. Das schien mir nicht weiter schwierig, und ich führte es dann auch aus, das Vorgehen war dasselbe wie im Fall zweiter Ordnung. Ungefähr zur gleichen Zeit hatte Courant zusammen mit Anneli eine Arbeit über die Lösung des Anfangswertproblems geschrieben. Es war etwas, das nur bei Gleichungen mit konstanten Koeffizienten funktionierte, aber ich stellte fest, daß – wenn man unsere Resultate über die Fortpflanzung von Unstetigkeiten mit der Technik, die Courant und Anneli in ihrer Arbeit entwickelt hatten, kombinierte –, man zwar keine exakte Formel für die Lösung von allgemeinen hyperbolischen Gleichungen mit variablen Koeffizienten erhielt, aber immerhin eine Formel, die die Fortpflanzung von Singularitäten richtig wiedergibt, und das ging ganz einfach.«

»Das klingt aber, als ob Sie die meiste Arbeit getan hätten.«

»Dem ist keineswegs so. Denn erstens ging die Anregung, die Fortpflanzung von Unstetigkeiten für allgemeine Gleichungen zu untersuchen, von Courant aus, und zweitens war er es, der zusammen mit Anneli die Formel für die Lösung des Anfangswertproblems ausgearbeitet hatte, die dann miteinander kombiniert werden konnten.«

»Sie glauben also nicht, daß Courant hier sozusagen von seinem ›Droit du Seigneur‹ Gebrauch machte?«

»Nein, ganz bestimmt nicht«, lachte Lax. »Ich fuhr jeweils nach New Rochelle hinaus, um das Problem mit ihm zu besprechen, in der Tat habe ich gerade zu diesem Problem mehrere Briefe von Courant aufbewahrt, in seiner hingekritzelten Handschrift. Nein, es war eine sehr leichte und natürliche Zusammenarbeit.«

»Courant war in der Art, in der er seine Ideen anderen zur Verfügung stellte, immer von einer ungeheuren Großzügigkeit«, sagte Jerome Berkowitz, der etwas später als Lax mit seinen Studien begann. »Er kannte – ganz in Gegensatz zu den meisten Mathematikern – keinerlei Zurückhaltung, wenn es darum ging, einem anderen, selbst wenn dieser nicht nur ein Student war, Ratschläge und Hinweise zu geben. Dafür waren natürlich junge Leute besonders empfänglich. Und er hatte wirklich gute Ideen; er spürte, was einen Versuch lohnen könnte, – auch wo ihre Begabungen lagen und verwies sie so oft auf Gebiete, auf die sie sich aus eigenem Antrieb kaum eingelassen hätten.

In seinen Vorlesungen vermittelte er immer einen allgemeinen Eindruck von seinem Gegenstand. Er hatte einen guten Instinkt für das Machbare, dafür, wie man von einem Punkt zum nächsten kommt. Doch wenn es dann um die konkrete Ausführung ging, schrieb er immer unleserlicher an die Wandtafel, die Symbole begannen sich anzugleichen und immer mehr wie derselbe griechische Buchstabe auszusehen, manches wurde weggewischt, bis er dann sagte: ›Und hier sind wir!‹ Doch der Eindruck, den er vermittelt hatte, war klar, man wußte, was man tun mußte, um es auszuführen, und konnte es dann auch.«

Im September 1950, zur Zeit als Rellich und Laurent Schwartz die New York University besuchten, waren die Studentenzahlen an den amerikanischen Universitäten und Colleges stark gesunken. Das lag teilweise daran, daß die jungen Männer eingezogen wurden, hing aber auch damit zusammen, daß die Achtzehnjährigen dieses Jahres 1932 – also im schlimmsten Jahr der Depression – geboren sind und daher – im Vergleich – weniger zahlreich waren. Allein an der New York University verursachte der Rückgang der Einschreibungen einen Verlust von 1 600 000 $ an Studiengebühren. Doch ungeachtet dieses finanziellen Engpasses hatte sich die Situation der Gruppe für angewandte Mathematik gebessert – eine Folge des drohenden Wechsels nach Berkeley, den Courants Gruppe als Ganzes oder teilweise erwog.

»Unter dem Druck verschiedener Stellen«, so Courant, »war die Universität nun aktiver um das materielle Wohlergehen unserer Gruppe besorgt.« Das Budget war beträchtlich erhöht worden, die Universität hatte einen größeren Teil der Grundgehälter übernommen. Doch – wie Courant in einem der letzten Briefe seiner Korrespondenz mit Morrey bemerkte, das Problem, die Gruppe zu »stabilisieren«, war noch immer nicht wirklich gelöst und »möglicherweise innerhalb der Struktur der New York University nicht wirklich lösbar«.

Im Herbst 1950 holte Courant seinen Vorschlag eines nationalen Wissenschaftsinstitutes wieder einmal aus der Schublade. Inzwischen schien eine solche Institution noch dringlicher als vor dem Krieg. Die europäischen Universitäten waren nicht mehr, was sie gewesen waren, daher kam den amerikanischen Hochschulen eine »beträchtliche Verantwortung als Hüterinnen der intellektuellen Werte der westlichen Zivilisation« zu. Die Prinzipien, auf denen Flexner sein »Institute for Advanced Study« gegründet hatte, sollten ihre Gültigkeit behalten, doch an die Stelle eines einzigen, exklusiven, wissenschaftlichen Refugiums, das sich nur an eine kleine Gruppe von Studenten wenden konnte, sollten an »vielen Orten Einrichtungen für die Weiterbildung fortgeschrittener Studenten geschaffen werden, unbelastet von der Vielzahl der Lehrveranstaltungen, die in einer demokratischen Gesellschaft allgemein zugänglich sein müssen«.

Während des Korea-Krieges verfaßte er eine Reihe längerer Memoranden, einige Paragraphen waren Wort für Wort aus dem ursprünglich im Winter 1939–40 entstandenen Entwurf übernommen. Der fünfundachtzig Jahre alte Flexner, in beratender Stellung immer noch lose mit der Carnegie-Foundation verknüpft, war immer noch interessiert, und Courant bemühte sich sehr, Robert Oppenheimer, den neuen Direktor des »Institute for Advanced Study«, für seine Ideen zu gewinnen.

»Meiner Meinung nach würde es von großem Nutzen für die höhere Bildung sein, wenn das ›Institute for Advanced Study‹ bei einem solchen Versuch eine führende Rolle spielen könnte«, schrieb er an Oppenheimer.

Doch Oppenheimer antwortete nicht.

Mitte Dezember 1950 rief Präsident Truman den nationalen Notstand aus, und umriß Pläne, um das Land wieder auf einen Kriegszustand vorzubereiten.

Courant hastete zwischen New York und Washington hin und her. Er achtete darauf, daß immer einige von »seinen Leuten« für das ONR arbeiteten. Er hielt die Augen offen für Verbindungen zwischen seinen Studenten an der New York University und berühmten Namen, die in den Schlagzeilen der Tagespresse auftauchten. Er pflegte und vermehrte nach Möglichkeit die bereits stattliche Zahl seiner Kontakte zu Regierungs-, Armee- und Wirtschaftskreisen. Friedrichs und Stoker übernahmen immer mehr Pflichten und Verantwortungen für die Gruppe. Stokers Frau Nancy arbeitete als Courants administrative Assistentin und erledigte manche der vielseitigen Probleme des wachsenden Unternehmens mit Geschick. Doch, wie viele seiner Mitarbeiter immer wieder feststellten, selbst wenn Courant einmal nicht persönlich anwesend war – irgendwie schien er immer da zu sein.

Ausgerechnet an diesem Punkt begannen sich seine Bemühungen um eine Förderung der angewandten Mathematik in den Vereinigten Staaten gegen ihn selber zu richten. Das »Graduate Center« für Mathematik hatte seit einigen Jahren von der Rockefeller-Foundation einen jährlichen Subventionsbetrag erhalten. Als Ende 1950 ein Fünfjahres-Stipendium von 12 000 $ pro Jahr abgelaufen war, wandten sich Courant, Friedrichs und Stoker gemeinsam an Weaver und baten um Erneuerung und wenn möglich um eine Erhöhung des Betrags.

Weaver antwortete bedauernd abschlägig.

»Vor zehn Jahren war die Lage der angewandten Mathematik in diesem Land eine ganz andere als sie es heute ist.« 1940 gab es im ganzen Land nur zwei qualifizierte Universitäten, New York University und Brown University, denen die Rockefeller-Foundation ein Stipendium zur Förderung der angewandten Mathematik zusprechen konnte, und man war daher vom üblichen Stiftungsprogramm abgewichen und hatte den beiden Institutionen eine bescheidene Unterstützung zukommen lassen. Seither hatte sich die allgemeine Einstellung zur angewandten Mathematik in Amerika gewandelt. Es gab mehr Ausbildungszentren auf diesem Gebiet. »Sie und Ihre Kollegen können das mit besonderem Stolz zur Kenntnis nehmen, denn ganz fraglos haben Sie Wesentliches zu dieser Entwicklung beigetragen.« Doch damit war die Zeit der bahnbrechenden Entwicklungsarbeit vorbei – und damit auch eine Abweichung vom Programm der Rockefeller Stiftung nicht mehr gerechtfertigt.

Zur gleichen Zeit als diese wichtige Finanzquelle versiegte, wurde auch die finanzielle Lage der New York University immer prekärer. Der Korea-Krieg drückte weiterhin die Studentenzahlen. Chase war als Kanzler zurückgetreten, ein Nachfolger noch nicht gewählt. Die Empfehlungen des Roberts-Komitees über die Schaffung eines Mathematik-Institutes an der New York University waren im Sand verlaufen. Doch – gab Courant sich selbst zu bedenken – war ihm, trotz dieser vielen Enttäuschungen die »moralische Unterstützung« einer ganzen Reihe wichtiger Persönlichkeiten geblieben, darunter auch Augustus B. Kinzel, der Präsident von Union Carbide. 1951 kam Courant, unterstützt von Kinzel und anderen, zu dem Schluß, daß das, was er jahrelang an der New York University zu verwirklichen versucht hatte, nämlich ein mathematisches Institut für Forschung und Lehre, im Rahmen dieser Universität ganz einfach nicht zu realisieren war. Dessen ungeachtet versuchte er es im Frühjahr 1951 noch einmal, auf seine Idee von einem nationalen Institut aufmerksam zu machen.

Doch es gelang ihm nicht, die Leute, die er dafür im Auge hatte, zu überzeugen.

»Wenn man Ihren Vorschlag konkret, zum Beispiel im Hinblick auf die New York University und Columbia betrachtet, so muß man sich fragen, inwiefern denn eine solche kombinierte Institution etwas bieten würde, das sich nicht auch im natürlichen Rahmen der beiden getrennten Institutionen verwirklichen ließe«, wollte Warren Weaver wissen. Es war bestimmt zutreffend, daß Courants Vorstellungen »in ihrer idealen Form« an der New York University nicht zu verwirklichen waren. »Doch wäre es nicht denkbar, daß manche das eher als einen Anlaß zur Kritik an der New York University sehen, und nicht als Veranlassung etwas Neues aufzubauen?«

Dem, so schien es, war nichts entgegenzusetzen.

1952 – 1955

Als Henry Heald 1952 Kanzler der New York University wurde, griff Courant – ein unverbesserlicher Optimist, wie er selber zugab, – seine Idee wieder auf; vielleicht ließ sich doch noch ein wissenschaftliches Institut im Rahmen der New York University verwirklichen. Ein Memorandum vom 15. April erwähnt »ein ermutigendes Gespräch mit Dr. Heald«, und hält fest, daß es »an der Zeit« zu sein scheint, gewisse erste Schritte der Entwicklung und Verwirklichung in die Wege zu leiten.

Gerade zu dieser Zeit, erfuhr Courant eine wichtige Neuigkeit. Die »Atomic Energy Commission» (AEC) plante, verstärkt die neuentwickelten, schnellen elektronischen Rechner einzusetzen und beabsichtigte, in jedem ihrer Laboratorien eine solche Maschine zu installieren. Der einzelne Rechner, der schon früher angeschafft worden war, der UNIVAC 4, sollte dann in einer wissenschaftlichen Institution irgendwo an der Ostküste untergebracht werden, wo die Wissenschaftler, unbelastet von der Hektik des Laboratoriums, wirksame Methoden zur Lösung numerischer Probleme, wie sie in der Arbeit der AEC eine Rolle spielten, entwickeln konnten.

In den letzten Jahren hatte Courant einige Male Peter Lax in Los Alamos besucht, wo der junge Mann jeweils im Sommer als Berater tätig war. Dabei hatten ihn die großen Maschinen fasziniert, obwohl er den Enthusiasmus, mit dem viele Mathematiker die Möglichkeiten der Computer beurteilten, nicht teilte. Manchmal nannte er sie trocken »des Kaisers neue Kleider«.

»Das mag daran gelegen haben, daß die Argumente, die damals für die Rechner ins Feld geführt wurden, häufig schlecht und unbefriedigend waren«, erklärte Peter Lax. »In manchen Fällen wurde behauptet, daß etwas auf dem Computer gemacht worden war, das sonst nicht möglich gewesen wäre, bis sich dann zeigte – ich kann mich an ein solches Beispiel erinnern –, daß – wie in diesem Falle Isaacson demonstriert hatte – es mit ein bißchen Theorie und einigen Tischrechnern auch ging. Doch die Konsequenz daraus ist, daß das Argument schlecht war – es gibt auch andere, bessere.

Computer können wirklich Erstaunliches leisten! Die theoretische Seite der Naturwissenschaften verdankt ihnen einen ganz neuen Gehalt, sie haben die angewandte Mathematik völlig umgestaltet. Mathematiker haben die Dinge gerne *allgemein* und die Elektronenrechner geben uns nun zum ersten Mal die Möglichkeit auch auf dem Gebiet der Anwendungen *allgemein* zu arbeiten.«

Angesichts der Neuigkeit, daß ein mit großzügigen finanziellen Mitteln ausgestattetes Computerprojekt zu vergeben war, verflogen sämtliche Bedenken, die Courant den großen Maschinen gegenüber noch gehabt hatte. Doch bevor er irgend etwas unternahm, um den UNIVAC 4 für seine Gruppe zu gewinnen, konsultierte er Friedrichs und Stoker.

»Courant hätte niemals etwas angefangen, wenn Friedrichs und Stoker seine Auffassung über den Wert des Unternehmens nicht geteilt hätten«, erzählte mir Isaacson, der auch nach dem Krieg die »Rechen-Abteilung« geleitet hatte. »In einem solchen Fall versuchte er, sie in der ihm eigenen, unnachahmlichen Weise zur Einsicht zu bringen, damit sie sich doch noch seiner Auffassung anschließen konnten. Doch er widersetzte sich einem Standpunkt, den die beiden einmal eingenommen hatten, nie direkt. In diesem besonderen Fall war keine ›Überzeugungskunst‹ notwendig, die beiden erkannten den Wert des Projektes sofort.«

Damit begann »die Schlacht um den Computer«, wie Isaacson und andere dieses epische Ringen immer noch nennen, der Wendepunkt in der Geschichte des schließlich daraus hervorgegangenen »Institute of Mathematical Sciences« an der New York University.

Neben seinem offensichtlichen Wert als Werkzeug für die angewandte Mathematik gab es einen weiteren, wichtigen Grund für den Versuch, den UNIVAC 4 für die New York University zu gewinnen. Aufgrund der hohen Anfangsinvestitionen, die die Maschine und ihre Installation erfordern, bedeutete das Programm notwendigerweise eine dauerhafte Arbeits- und Finanzierungsquelle, die möglicherweise die lange angestrebte Stabilisierung der Gruppe für angewandte Mathematik zur Folge haben würde. Dennoch – sagte Isaacson – war der Weitblick von Courant, Friedrichs und Stoker in dieser Situation irgendwie überraschend, denn das Projekt war von der AEC ursprünglich lediglich als eine Dienstleistungsaufgabe geplant, betreut von einem begrenzten Mitarbeiterstab, der die notwendigen Programme entwickeln und die Maschine warten würde.

Im Sommer 1952 berief die Atomic Energy Commission eine Sitzung ein, an der ein Vertreter der AEC den verschiedenen interessierten Institutionen, die die erforderlichen Qualifikationen für die Übernahme des Rechners erfüllten, die Einzelheiten und Bedingungen des Projektes unterbreitete. Courant war zu der Zeit in Europa. Stoker, der damals gerade in Stanford unterrichtete, flog nach New York zurück und vertrat zusammen mit Isaacson und einem Mitglied der Universitätsadministration die New York University an der Sitzung im Empire State Building.

Die Vertreter der verschiedenen Institutionen saßen um einen länglichen Tisch. Der Vorsitzende saß oben am Tisch, das Kontingent der New York University saß ihm zur Linken. Nachdem der Repräsentant der AEC die Einzelheiten des Projektes dargelegt hatte, bat der Vorsitzende jede der anwesenden Delegationen um eine Stellungnahme, wobei er einem nach dem anderen im Gegenuhrzeigersinn das Wort erteilte. Zur Verblüffung von Stoker und Isaacson waren die Reaktionen ausnahmslos negativ.

»Sie erklärten, daß eine Bewerbung von ihrer Seite ausgeschlossen sei, wenn die Maschine nicht mindestens fünfzig Prozent der Zeit zu ihrer eigenen Verfügung stehe – auf Kosten der AEC natürlich.«

Als die Sitzung zum Mittagessen vertagt wurde, waren lediglich die Vertreter der New York University noch nicht zu Wort gekommen. Beim Mittagessen erklärten Stoker und Isaacson offen, daß ihnen die Reaktion ihrer Kollegen lächerlich schien. Denn obwohl das unmittelbare Projektziel die Führung eines Rechenzentrums ausschließlich für die Zwecke der AEC Laboratorien war, so würde es letzten Endes doch dabei nicht bleiben. Als sich dann die Vertreter der New York University nach dem Mittagessen endlich äußern konnten, gab Stoker seiner Überzeugung Ausdruck, daß der Rechner für alle an angewandter Mathematik Interessierten großartige Möglichkeiten biete.

»Darauf ging jeder seiner Wege«, erinnerte sich Isaacson, »und siehe da, ungeachtet der Tatsache, daß alle Anwesenden die Projektbedingungen abgelehnt hatten, unterbreitete jede der bei dieser Sitzung vertretenen Institutionen ein Angebot, das im wesentlichen den Vorstellungen der AEC entsprach.«

Da das Budget für das Projekt im wesentlichen auf dem winzigen Mitarbeiterstab, den Remington Rand selbst vorgeschlagen hatte, basierte, waren sich die Angebote der verschiedenen Institutionen ungefähr gleich. An der New York University war man zuversichtlich, das Projekt, aufgrund der reichen Erfahrung auf dem Gebiet der angewandten Mathematik, zu erhalten. Ungefähr einen Monat später, nachdem Courant aus Europa zurückgekommen war, erfuhren sie jedoch, daß die AEC den Rechner bei einer anderen Institution zu installieren gedachte, die eigenartigerweise bei der Sitzung im Empire State Building gar nicht vertreten gewesen war.

Alle waren voll zorniger Enttäuschung, doch was konnten sie schon tun?

Doch Stoker war nicht bereit, klein beizugeben.

»Stoker gebührt da, glaube ich, ein großes Verdienst«, sagte Friedrichs zu mir. »Ich erinnere mich, wie er damals zu Courant sagte, ›Das dürfen wir doch nicht einfach hinnehmen!‹ Er brachte es fertig, daß Courant den Kampf gegen den AEC-Entscheid aufnahm, denn der Kontrakt war – wie wir gehört hatten – noch nicht offiziell vergeben worden.«

»Courant war ein ungeheurer Kämpfer«, erklärte Isaacson. »Er veranlaßte sämtliche Wissenschaftler und die Experten in Washington, die über unsere Arbeit Bescheid wußten, mit der Atomic Energy Commission Verbindung aufzunehmen – als Wissenschaftler in wissenschaftlichen Stellungen, die als Regierungsbeamte auf gleicher Ebene mit anderen Regierungsbeamten verkehren konnten. Und dann all die anderen Leute, die er für seine Sache einsetzte. Er war unermüdlich. Er war zwar dreißig Jahre älter als ich, aber ich war nach einer Stunde bei ihm völlig erschöpft, doch er arbeitete unverdrossen weiter, setzte Briefe auf, telephonierte, plante die nächsten Schritte, die notwendig sein würden, um die Entscheidung rückgängig zu machen, die noch immer nicht offiziell war.«

Isaacson ist sich nicht sicher, was letzten Endes den Ausschlag gab: »Offenbar überzeugte die geballte Kraft aller Bemühungen schließlich die AEC, und der Kontrakt wurde uns zugesprochen.«

Die AEC verlangte, daß der UNIVAC in einem feuersicheren Gebäude aufgestellt werden mußte. Dieser Anforderung entsprach das Bibel-Haus nicht, doch Kanzler Heald hatte Courant ein geeignetes Gebäude zugesagt, falls er den Kontrakt erhalten sollte.

Damit war nach fast zwanzigjährigen, unermüdlichen Bemühungen, nach Briefen und Memoranden, Plänen und Vorschlägen, Hoffnungen und Befürchtungen, Enttäuschungen und kleinen Erfolgen, der Traum eines »Institutes für die mathematischen Wissenschaften« an der New York University, in dem wie in den alten Göttinger Tagen all die vielfältigen Aktivitäten unter einem Dach vereint werden sollten, plötzlich in greifbare Nähe gerückt.

Courant verschickte wieder Memoranden, diesmal an Kanzler Heald, doch nun waren sie kurz und präzise gefaßt:

»1. Das gegenwärtige Institut für Mathematik und Mechanik (ungefähr 55 Mitarbeiter) 2. Professor Klines elektromagnetische Forschungsgruppe (ungefähr 28 Personen) 3. die AEC Rechenanlage (anfänglich ca. 25 Mitarbeiter) und 4. in naher Zukunft möglicherweise eine Gruppe für Statistik und Wahrscheinlichkeit sollten alle in einen gemeinsamen Rahmen einbezogen werden, und unter der gemeinsamen Bezeichnung ›Institute of Mathematical Sciences‹ bekannt sein.«

Am Morgen des 18. Januar 1953, zehn Tage nach Courants fünfundsechzigstem Geburtstag, lautete die Schlagzeile der *New York Times* NYU WILL

EXPAND MATHEMATICS UNIT (New York University vergrößert Mathematik-Abteilung).

Der Zeitungsartikel erwähnte zwar eine »Division of Computing Sciences«, schwieg sich aber über den UNIVAC der Atomic Energy Commission völlig aus. Das hatte seinen Grund.

Aufgrund der Zusicherungen Healds hatte Courant ohne Bedenken zugesagt, daß die New York University in der Lage sein werde, ein den Vorschriften entsprechendes Gebäude für den Rechner zur Verfügung zu stellen, und in diesem Sinne war auch der Vertrag formuliert worden, erzählte mir Isaacson.

»Dann – ausgerechnet ein oder zwei Tage bevor – oder nachdem – ein Vertreter der AEC zu Heald kam, um uns offiziell mitzuteilen, daß wir den Rechner bekommen würden, ging der Handel mit dem Haus schief. Der Besitzer hatte im letzten Moment seinen Anwalt konsultiert und festgestellt, daß ein Verkauf ihm große Steuerprobleme schaffen würde.

Heald handelte rasch. In kürzester Zeit unterzeichnete er den Vertrag für ein anderes, größeres Haus, Nr. 25 Waverly Place. Am 25. Januar 1953 hieß es in der *New York Times* NYU BUYS BUILDING.

Das neue Gebäude hatte eine Reihe inzwischen bankrotter Hutfabriken beherbergt. Die oberen Stockwerke waren zum Teil noch vermietet, doch das Erdgeschoß, der erste und der zweite Stock waren bezugsbereit. Man begann sofort mit den notwendigen Vorbereitungen, um den UNIVAC zu installieren.

Remington Rand hatte eine Schablone der Zementplattform geschickt, die für die Maschine konstruiert werden mußte. Darauf waren Öffnungen für die verschiedenen elektrischen Leitungen und die Lüftungsschächte der Klimaanlage eingezeichnet. Der Architekt der Universität machte danach die Pläne. Die Plattform wurde mit den vorgegebenen Öffnungen gegossen. Dann wurde der Rahmen für die Maschine geliefert, und es zeigte sich, daß der Architekt die Schablone verkehrt herum verwendet hatte – sein Plan war ein Spiegelbild der richtigen Öffnungspositionen.

Hastig wurde eine Sondersitzung einberufen. Die Ingenieure von Remington Rand eilten von Philadelphia nach New York. Zur allgemeinen Erleichterung kamen sie nach einer Lagebesprechung zu dem Schluß, daß die vorhandene Plattform mit einigen wenigen Modifikationen verwendbar war.

»Doch das war noch nicht alles«, berichtete Isaacson. »Zu der Zeit war die Maschine der einzige Rechner, der für alle AEC Laboratorien zur Verfügung stand, und er mußte daher um jeden Preis in Betrieb gehalten werden. Vier Monate lang mußten wir daher den Rechner in der Fabrik in Pennsylvania betreiben, wo er damals noch stand. Ich pendelte regelmäßig hin und her, um die Fortschritte unserer Ingenieure und Techniker und die Art, wie die Probleme angegangen wurden, zu überwachen. Die Maschine lief vierundzwanzig Stunden am Tag, sieben Tage pro Woche. Die Verzögerung mit dem Boden hätte katastrophale Folgen haben können, wenn die Reparaturen länger gedauert hätten. So konnten wir ohne Unterbrechung durcharbeiten. Es war eine *sehr* aufregende Zeit«, schloß er etwas wehmütig.

Bromberg, der nach dem Krieg in die Industrie abgewandert war, wurde gebeten, die Leitung der neuen Einrichtung zu übernehmen. Er hatte bei Stoker promoviert und gleichzeitig für die Reeves Instrument Company gearbeitet, ein Unternehmen, das Rechenmaschinen herstellte; seine eigene Forschungsarbeit lag auf dem Gebiet der numerischen Methoden. Überdies besaß er Verwaltungserfahrung und war an administrativen Problemen interessiert. Ihm war, »wie wenn die Familie ihn heimholte«, und so nahm er das Angebot an.

Ursprünglich war der Rechner ein scharf bewachtes Geheimprojekt, zu dem nur ein kleiner, vom FBI überwachter Personenkreis Zutritt hatte. Von den älteren Fakultätsmitgliedern war Stoker der erste, der die Maschine benützte. Fast sofort begann er, sich zusammen mit Isaacson mit Fragen der Wasserwellen und meteorologischen Problemen zu beschäftigen, die schließlich zu seiner Arbeit über Flutkontrolle führten.

Auf diese Arbeit Stokers war Courant immer besonders stolz, er sah sie als »eine sehr fruchtbare Verbindung von ganz konkreten und rein mathematischen Komponenten«, die, unter anderem, seine Überzeugung perfekt illustrierte, daß man die Wissenschaft zwar nicht *lenken,* ihr aber *Chancen* geben kann. Einige Mitarbeiter seiner Gruppe hatten sich seit ein paar Jahren mit der Theorie der hyperbolischen partiellen Differentialgleichungen beschäftigt, die Phänomene der Wellenausbreitung beschreiben. Andere hatten sich mit numerischen Methoden befaßt, die auf Differenzenverfahren beruhen. Bis zu einem gewissen Grad waren diese beiden Untersuchungen natürliche Entwicklungen der Arbeit von Courant, Friedrichs und Lewy in Göttingen. Als dann das »U.S. Corps of Engineers« Stoker in den fünfziger Jahren beauftragte, Methoden für die Flut-Prognose zu entwickeln, hatte er diesen ganzen theoretischen Apparat, sowie eine elektronische Rechenanlage zur Hand.

Von 1953–56 registrierte Stoker die Daten einer der größten Überschwemmungen des Ohio River, um nachzuprüfen, ob sich die Überschwemmungen des Flusses auf theoretischem Wege bis auf die gewünschte Genauigkeit berechnen ließen. Er kam zu dem Schluß, daß eine solche Berechnung für die 375 Meilen von Wheeling bis Cincinnati über einen Zeitraum von drei Wochen möglich war. Diese Berechnungen forderten den UNIVAC 4 bis an die Grenze seiner Möglichkeiten, benötigten aber lediglich sechs Stunden Computerzeit. Die Resultate bewiesen, daß die theoretische Methode nicht nur praktikabel war, sondern auch wesentlich wirtschaftlicher, als die praktische Alternative, die darin bestand, für jeden Fluß und jedes Reservoir, die untersucht werden sollten, ein großangelegtes Modell zu konstruieren (das jedes Mal so viel wie ein UNIVAC 4 kostete).

Trotzdem bedauerte Stoker, wie er mir erklärte, in einem gewissen Sinn den Erwerb der Maschine.

»Ich wußte, daß man die Chance unmöglich versäumen durfte, denn die Maschine bedeutet eine solche Hilfe für die angewandte Mathematik; doch ich wußte auch, daß damit eine ungeheure Expansion unvermeidlich geworden war, die das Ende unserer Gruppe – wie sie mir lieb geworden war – bedeuten würde. Von dem Moment an ging der Zusammenhang verloren. Friedrichs und ich arbeiteten praktisch nie an einem längeren Projekt zusammen, weil die älteren Fakultätsmitglieder alle mit Verantwortung überladen waren – wie übrigens viele andere auch. Aber da ich einsah, daß diese Entwicklung unvermeidlich war, stemmte ich mich nicht dagegen, sondern versuchte, sie zu unterstützen.«

Als Stoker 1958 Courants Nachfolge als Direktor antrat, hatte die AEC den UNIVAC 4 durch einen anderen Rechner ersetzt, eine IBM 704, und die Computer-Abteilung belegte nun zusätzlich vier Stockwerke eines benachbarten Gebäudes, Nr. 4 Washington Place. Wie Stoker und Isaacson vorhergesagt hatten, hatte das Institut freien Zugang zu der Maschine.

Die New York University gehörte zwar inzwischen zu den fünf Institutionen, die den Großteil der AEC-Forschungs-Projekte ausführten, trotzdem war sie – was die Rolle der Studenten und die nicht nur formale Mitbestimmung der Fakultät angeht – ein Einzelfall. Überdies waren an der New York University mehr Mathematiker mit den theoretischen Aspekten des »Project Sherwood« beschäftigt (den fortgesetzten Bemühungen der AEC, die Kernenergie für friedliche Zwecke zu nutzen), als an den vier übrigen Institutionen zusammen. Diese waren im allgemeinen mit kurzfristigen Projekten der technischen Planung und Entwicklung betraut, während die Hauptaufgabe der Gruppe an der New York University darin bestand, der AEC die grundsätzlichen Probleme zu erklären, soweit das mit den Mitteln der Mathematik möglich war.

Weder Courant noch Friedrichs arbeiteten je mit dem Rechner, dagegen gewannen die Ideen der Arbeit von Courant-Friedrichs-Lewy über die numerischen Lösungen von Differentialgleichungen mit der zunehmenden Verbreitung der Elektronenrechner grundlegende Bedeutung. Im Jahre 1967, ungefähr zwanzig Jahre nach der Entwicklung der Elektronenrechner während des Krieges, und fast vierzig Jahre nachdem die Arbeit der drei Autoren zum ersten Mal erschienen war, widmete IBM ein ganzes Heft ihrer Zeitschrift dem Einfluß, den diese Arbeit auf die modernen Untersuchungen in der numerischen Analysis partieller Differentialgleichungen gehabt hatte, und nannte sie unter anderem »ein glänzendes Beispiel einer in rein theoretischer Absicht durchgeführten Forschungsarbeit, die letztlich von ungeheurer praktischer Bedeutung war«.

1953 war der erste Elektronenrechner an der New York University installiert. Danach ging die mathematische Entwicklung in einem für Courant geradezu »überwältigenden« Tempo vor sich. Bevor er im Juni 1953 zu den Tausendjahr-Feiern der Stadt Göttingen nach Europa reiste, schrieb er an Harry Woodburn Chase:

»Ich werde Ihnen das Verständnis, das Sie mir seit meiner ersten Zeit an dieser Universität entgegengebracht haben, bestimmt nie vergessen. Ohne Ihre Hilfe und Tatkraft in kritischen Situationen hätte das Institut seinen gegenwärtigen Entwicklungsstand nie erreichen können.«

Courants Göttinger Besuch von 1953 war für ihn fast so wichtig, wie sein erster nach dem Krieg. Anläßlich der Tausendjahr-Feierlichkeiten sollte er, zusammen mit Born und Franck, zum Ehrenbürger der Stadt ernannt werden. Der Entschluß, diese Ehrungen zu akzeptieren, war keinem der Drei leicht gefallen. 1933 hatte jeder auf seine Weise auf die nationalsozialistische Bedrohung seiner Existenz reagiert. Zwanzig Jahre später kamen sie nun alle zum gleichen Entschluß. Bei einer Feier im historischen Rathaus, das auf einer seiner Grundmauern noch immer den alten Göttinger Wappenspruch führt, »Extra Göttingen non vita est«, nahmen sie ihre imposanten Schriftrollen entgegen, mit denen ihnen die Ehrenbürgerwürde der Stadt Göttingen verliehen wurde.

Als Courant im Herbst des gleichen Jahres an die New York University zurückkehrte, waren die Umzugsvorbereitungen bereits in vollem Gange. Shirley Twersky, die als Sekretärin am Institut gearbeitet hatte, erzählte mir, daß sie es damals für einen günstigen Moment hielt zu kündigen, und ihrem Mann, einem ehemaligen Mitarbeiter der Courant-Gruppe, an die Westküste zu folgen, wo er eine neue Stellung angetreten hatte.

»Ich sollte noch ungefähr einen Monat bleiben, um meine Nachfolgerin einzuarbeiten, da der Umgang mit Courant einiges Training erforderte.«

Abb. 37. Frank und Born zurück in Göttingen

Ich fragte sie, was sie damit meinte.

»Nun ja, er spielte gerne kleine Spielchen, er inszenierte eine Situation, um die Reaktion zu testen. Als ich ihn zum Beispiel endlich davon überzeugt hatte, daß ich kündigen wollte, kam er eines Morgens wie zufällig in mein Büro und sagte: ›Es ist eigentlich schade, daß Sie ausgerechnet jetzt gehen wollen, wo sie hier nicht mehr so unbeliebt sind.‹ Natascha, die eben im Zimmer war, erklärte voller Empörung, daß sie mich immer leiden mochte. Doch ich lachte bloß. Er war nicht wirklich boshaft – aber es machte ihm Spaß, die Menschen und ihre Reaktionen zu beobachten.«

Dem stimmten manche, mit denen ich sprach, allerdings nicht zu, sie waren der Meinung, daß Courant mit seinen Menschen-Experimenten manchmal wirklich boshaft war, daß er zum Beispiel, wenn er zwei Menschen sah, die sich nahe standen, häufig versuchte, Zwietracht zwischen den beiden zu säen. Er selber zuckte über so etwas bloß die Schultern und sagte wegwerfend, daß eine Beziehung, die durch einen Dritten zerstört werden könne, ohnehin für die Betroffenen nicht viel wert sei.

Jene, die Courant am nächsten standen, bestreiten seine Fehler keineswegs.

»Man ist sich, in seinem Fall, durchaus bewußt, daß er nicht vollkommen ist«, sagte Anneli Lax zu mir.

»Er tut manches, was wirklich ziemlich abstoßend wirkt – und trotzdem schätzt man ihn. Das mag daran liegen, daß das wofür er steht, ungeachtet seiner oft etwas krummen Wege, im Grunde genommen in Ordnung ist. Es sind dieselben Ziele, die man selber auch ansteuern würde, nur daß man es eher geradlinig täte. Ich bin absolut nicht der Ansicht, daß der Zweck die Mittel heiligt. Doch ihm gesteht man das irgendwie zu.«

». . . Courants Freundeskreis verband eine durch nichts zu erschütternde Loyalität«, sagte Neugebauer nach einem halben Jahrhundert freundschaftlicher Verbundenheit. »Man vertraute seinem steten Bestreben, unter den vorgegebenen Umständen das Richtige und das Vernünftige zu tun. Seine Fähigkeit, unter seinen engsten Freunden ein gegenseitiges Vertrauensverhältnis zu schaffen, ist wohl das Geheimnis seines Erfolges und seines Einflusses.«

Mit dem Umzug in eine ehemalige Hutfabrik im Herbst 1953 war für Courant der Höhepunkt seiner fast zwanzigjährigen Bemühungen erreicht, seine Göttinger Erfahrungen nutzbringend auf die Lage der Wissenschaften in Amerika anzuwenden. Er hatte zwar schon den Betrieb im Bibel-Haus und zuvor die paar Räume im Judson-Studentinnenwohnheim ein »Institut« genannt, doch nun entstand an der New York University zum ersten Mal ein Institut, im Sinne des verlorenen Göttinger Institutes. Das war auch vom Standpunkt der amerikanischen Mathematik eine wichtige Entwicklung. Als 1958 in der Zeitschrift *Fortune* zwei ausführliche Berichte über Mathematik in Amerika erschienen, wurde Courant Seite an Seite mit Oswald Veblen vom »Institute for Advanced Study« abgebildet – »die Gründer zweier bedeutender mathematischer Zentren«. In diesem Zusammenhang wurde das »Institute of Mathematical Sciences« als das »nationale Zentrum der angewandten mathematischen Analysis« bezeichnet.

Seltsamerweise empfanden Courants Mitarbeiter das neue »Institut« als gar keine »so große Sache«. Man zog nach und nach in ein größeres Gebäude um, schlußendlich würden dort alle mathematischen Aktivitäten unter einem Dach versammelt sein, dazu kamen größere finanzielle Mittel und ein neuer Name. Für Courant dagegen stand der Umzug – das wird aus seiner Korrespondenz und seinen Memoranden deutlich – in einer Linie mit dem viele

Jahre zurückliegenden Umzug in das neue Gebäude an der Bunsenstraße. Er verschob die Eröffnungszeremonie über ein Jahr lang, damit Niels Bohr das Hauptreferat halten konnte.

Seit Harald Bohrs Tod im Jahre 1951 hatte sich Niels Bohr dem alten Freund seines Bruders »ein bißchen mehr angeschlossen«, wie Courant das formulierte. Für Courant war Niels Bohr zweifellos nicht nur der hervorragendste Wissenschaftler, sondern auch der bedeutendste Mensch, dem er je begegnet war.

»Mit Bohr kann meiner Meinung nach niemand verglichen werden«, erklärte er mir. »Hilbert war ungemein originell und Bohr selber verehrte ihn hoch, doch als Persönlichkeit war Hilbert ganz anders. Für mich kommt nicht einmal Einstein an Bohr heran. Und in Göttingen habe ich im Lauf der Zeit die Bekanntschaft einer ganzen Reihe bedeutender Persönlichkeiten aus allen Sparten der Wissenschaft gemacht, Poincaré zum Beispiel – doch Bohr war einzig. Er stand auf einer ganz anderen Stufe. Das lag nicht nur an seiner Weite und Vielseitigkeit. Sondern an seiner durchdringenden Einsicht, seinem Erfassen der Natur. Er erfaßte das Wesen physikalischer Phänomene, verstand sie so wie Vögel andere Vögel verstehen.«

Auf jeden Fall war Bohr als Redner für die Eröffnungsfeierlichkeiten die optimale Wahl. Er hatte Courants amerikanische Unternehmungen immer mit seinem großen internationalen Prestige unterstützt, überdies war der Vorschlag, für den Bau eines mathematischen Instituts in Göttingen die Hilfe der Rockefeller-Stiftung in Anspruch zu nehmen, seinerzeit von ihm und seinem Bruder ausgegangen.

Das »Institute of Mathematical Sciences« an der New York University war noch kein Jahr alt, da wurde die wissenschaftliche Welt Amerikas durch einen Skandal aufgeschreckt und in zwei Lager gespalten, der später als der Fall Oppenheimer in die Geschichte eingehen sollte.

Als im April 1954 Schlagzeilen die Nachricht brachten, daß Oppenheimer nach einer Sicherheitsüberprüfung von der »Atomic Energy Commission« die »Security Clearance« entzogen worden war, schrieb Courant sofort an den Physiker und anerbot sich, sich »den Reihen Ihrer Freunde anzuschließen, die sich zu Ihrer Verteidigung sammeln«. Andererseits bewog ihn das keineswegs, seine Freundschaft mit Admiral Lewis L. Strauß, dem Präsidenten der »Atomic Energy Commission« zu beenden, wie viele Anhänger Oppenheimers erwartet hatten. Er schrieb darüber an Niels Bohr: »Der Fall Robert O. hat so viele Seiten, daß ich persönlich die vorherrschende, simplifizierende Version und Haltung nicht teilen kann.«

»Man kann allgemein sagen, daß Vielseitigkeit ein wesentlicher Zug von Courants Weltanschauung war«, sagte Friedrichs zu mir. »Er haßte einseitige Aussagen, mißtraute ihnen, überhaupt mißtraute er allem, was scharf und endgültig formuliert war.«

Nachdem der Entscheid der »Atomic Energy Commission« auch vom Berufungsausschuß bestätigt worden war, bedauerte Courant immer wieder die Bitterkeit, die dadurch unter den Wissenschaftlern erzeugt wurde. Er stimmte mit Strauß darin überein, daß der Wissenschaftler nicht mehr Anrecht auf öffentlichen Einfluß haben kann, als jeder Durchschnittsbürger. Andererseits war er aber auch der Überzeugung, daß die Regierung es sich nicht leisten konnte, »die notwendigen psychologischen Voraussetzungen des wissenschaftlichen Wesens« zu mißachten. Es mußte etwas unternommen werden, um die Wissenschaftler davon zu überzeugen, daß die Regierung gewillt war, Sicherheitsprobleme fair und vernünftig zu regeln. In einem langen Brief an Strauß unterbreitete er verschiedene Vorschläge, was die AEC ihrerseits zum Abbau der Spannungen beitragen könne. Er war aber auch der Ansicht, die er in einem Brief an Niels Bohr zum Ausdruck brachte, daß Oppenheimer seine Haltung in dieser Angelegenheit modifizieren sollte. »Es wäre viel gesünder, wenn er einsehen könnte, daß das formale Vorgehen gegen ihn zwar praktisch einmütig verurteilt wird, er aber dessen ungeachtet in mancher Beziehung angegriffen und kritisiert wird. Durch versöhnliches Einlenken könnte er sich wirkliche Größe erwerben und einen wichtigen Beitrag leisten.«

Ein »Sicherheitsproblem« bestand auch im engeren Umkreis.

Donald Flanders, der seine Professur an der New York University aufgegeben hatte und nun für die Argonne Laboratorien arbeitete, wurde aufgrund seiner Freundschaft mit Alger Hiss überprüft, um festzustellen, ob er ein Sicherheitsrisiko war. Als Flanders Courant fragte, ob er bereit sei, für seine Loyalität zu bürgen, sagte Courant sofort zu. Kurz darauf suchte ein FBI-Agent Courant auf, um ihn über Flanders zu befragen, der darauf beharrte, Hiss auch im Gefängnis zu besuchen. Hinter seinen Brillengläsern fixierte Courant den Agenten, der ihm gegenüber auf einem Stuhl saß, mit einem gefährlichen Funkeln in den Augen.

»Ach ja, Alger Hiss«, murmelte Courant. »Auf dem Stuhl da«, murmelte er nicht ganz unhörbar weiter, »auf diesem Stuhl, auf dem Sie da sitzen, hat auch Alger Hiss gesessen, wenn er mich hier besucht hat.«

Der Agent sprang hastig auf und führte – wie Courant die Geschichte später erzählte – das Gespräch stehend weiter.

Als Flanders' Bruder Ralph, Senator von Vermont, im Senat einen Tadelsantrag gegen Joseph R. McCarthy einbrachte, wurde Donald Flanders abermals überprüft. Einen Monat vor den Einweihungsfeierlichkeiten für das neue Institut erklärte Walter Winchell, der Moderator einer jeden Sonntagabend ausgestrahlten Radiosendung, daß »erst am vergangenen Donnerstag« Senator Flanders' Bruder Donald erklärt habe, daß er keineswegs die Absicht habe, seine Freundschaft mit Alger Hiss zu verraten. »Wie interessant, meine Damen und Herren! Alger Hiss, der im Gefängnis sitzt, weil er über seine Verbindungen zu den Roten gelogen hat, wird in ungefähr sechs Wochen ein freier Mann sein und kann dann auf einen guten Freund zählen, der an Amerikas geheimster Waffe, der Atombombe, arbeitet.«

Flanders schied ein paar Jahre später freiwillig aus dem Leben, doch die Einweihung des »Institute of Mathematical Sciences« an der New York University erlebte er noch, das Institut, zu dem er in einem gewissen Sinn den Eckstein gelegt hatte, als er sich vor vielen Jahren an Oswald Veblen gewandt und ihn um Rat gebeten hatte, wie die Lage der Mathematik an der New York University zu verbessern sei.

Die Einweihungszeremonie für das neue Institut fand am 29. November 1954 im Hörsaal der Vanderbilt Hall statt – auf den Tag ein Vierteljahrhundert nach der Einweihung des Göttinger Institutes. Nachdem die offiziellen Vertreter der Universität ein paar Worte gesagt hatten, spielte das Moyse Trio. Dann sprach der Direktor des neuen Institutes. Ausnahmsweise sagte er nichts über den Bildungsauftrag, den Klein aus dem Konzept der École Polytechnique und dem weitgespannten, universalen Werk von Gauß, Dirichlet und Riemann herausdestilliert hatte, und dessen lebendige Verkörperung Hilbert war. Er beschränkte sich auf ein paar Bemerkungen über seine langjährige Verbindung zu den Gebrüdern Bohr und über die Rolle Abraham Flexners, der es verstanden hatte, »die Hoffnung zu wecken und aufrecht zu erhalten, daß, zumindest auf dem Gebiet der mathematischen Wissenschaften, etwas dem Göttinger Institut Vergleichbares in New York geschaffen werden könne«.

Dann ergriff Niels Bohr das Wort, noch unhörbarer als der Direktor des neuen Institutes – etwas was sonst niemand fertigbrachte. Er nannte Courant seinen »zweiten Bruder«, pries ihn als den Mann, der »den Physikern die Mathematik zugänglich gemacht hatte, und umriß das Thema seines Vortrages: Er wollte »aufzeigen, wie uns die mathematischen Wissenschaften im Lauf der Zeit geholfen haben, uns in der Natur, deren Teil wir sind, zurechtzufinden, und wollte vor allem die fundamentale Rolle der mathematischen Abstraktion und der Rechenkunst für die Entwicklung der physikalischen Wissenschaften betonen«.

Unter den Anwesenden saßen nur einige wenige, die sich an den ebenso kalten, aber sonnigen Wintertag erinnern konnten, als das Göttinger Institut eingeweiht worden war – die Feierlichkeiten, die damals ganz vom Geiste Kleins beherrscht gewesen waren –, der gebrechliche Hilbert, der in seinem ausgeprägten Königsberger Akzent begeistert erklärte: »Es wird kein zweites Institut wie dieses geben. Denn dazu braucht man einen zweiten Courant – und einen zweiten Courant gibt es nicht!«

Während sein Traum von einem mathematischen Institut in New York auf diese Weise Wirklichkeit wurde, zerschlugen sich die Hoffnungen, daß Göttingen, unter Franz Rellichs Führung, wieder auf seinen angestammten Platz als bedeutendes mathematisches Zentrum zurückkehren könnte. Ein Jahr nach den Einweihungsfeierlichkeiten für das neue Institut starb Rellich, neunundvierzig Jahre alt, an einem Hirntumor.

»Überall in der Welt, wo die Erinnerung an das alte mathematische Göttingen noch lebendig ist, hat Rellichs Tod Bestürzung und Sorgen ausgelöst«, schrieb Courant damals tief betroffen. »Zentren der Wissenschaft sind zarte Gebilde, empfindlich gegen den Verlust der treibenden und verbindenden Persönlichkeiten. Wenn das Glück einen Mann wie Rellich an den richtigen Platz bringt, dann können solche Zentren in kurzer Zeit aufblühen, wie wir das mit Bewunderung in Göttingen . . . gesehen haben. Überall in der mathematischen Welt hofft man, daß die Göttinger Tradition trotz Rellichs Tod lebendig bleiben wird.«

1955
1972

Courant war von 1953–1958 Direktor des »Institute of Mathematical Sciences« an der New York University – dieselbe Zeitspanne, die ihm schon als Direktor des damals neu errichteten mathematischen Institutes in Göttingen vergönnt gewesen war.

Zu seinem siebzigsten Geburtstag am 8. Januar 1958 richteten seine Freunde einen Fonds ein, der für einen jedes zweite Jahr geplanten Zyklus von Courant-Vorlesungen bestimmt war. Friedrichs wurde dazu ausersehen, dieses Geschenk zu übergeben.

»Sicher denken viele, daß eine der Rollen, die die Mathematik in den übrigen Wissenschaften spielt, darin besteht, für Gesetz und Ordnung, für rationale Organisation und logische Konsistenz besorgt zu sein. Das entspricht allerdings Courants Vorstellungen ganz und gar nicht«, erklärte Friedrichs bei dieser Gelegenheit. »Vielmehr hat Courant immer gegen die Überbetonung des Rationalen, Logischen, Legalistischen in der Mathematik gekämpft und dem Erfinderischen, Konstruktiven, Ästhetischen einerseits, und dem Realitätsbezogenen andererseits besondere Bedeutung beigemessen. Wie sich die Mathematik diese Eigenschaften bewahren kann, wenn sie auf andere Wissenschaften übergreift, ist eine interessante und etwas verwirrende Frage. Wir hoffen, daß unser Geschenk hierzu einen Beitrag leisten kann.«

Im gleichen Jahr wurden Courant verschiedene andere Ehrungen zuteil. Die New York University verlieh ihm einen Ehrendoktor, die Marine ihren »Distinguished Public Service Award« (eine Auszeichnung für »hervorragende öffentliche Verdienste«). Die Bundesrepublik Deutschland dekorierte ihn mit dem Bundesverdienstkreuz und dem Stern des Pour le mérite – eine Auszeichnung, die sogar das Eiserne Kreuz, Erster Klasse, übertraf.

Im Herbst 1958 ging das Amt des Direktors in einem natürlich ablaufenden Wechsel von Courant auf Stoker über, der sofort damit begann, seine eigenen, schon lange vertretenen Vorstellungen zu verwirklichen, vor allem was die finanzielle und administrative Stellung des Institutes der Universität gegenüber betraf.

Rational war Courant absolut der Meinung, daß ein Rücktritt ein vollständiges Beiseitetreten sein sollte. Seit langem hatte ihn Rembrandts Bild des jungen David fasziniert, der die Harfe spielt, während ihm der alte Saul –

Angst und Haß im Gesicht – zuhört. Er hatte eine Reproduktion des Bildes in seinem Arbeitszimmer hängen und verschenkte oft Kopien an seine Kollegen, um sie daran zu erinnern, daß eine neue Generation nachdrängte. Emotional dagegen erfüllte ihn der Gedanke an seinen Rücktritt mit tiefer Angst, und als der Augenblick gekommen war, verfiel er in eine Depression, deren Ausmaß nur seiner unmittelbaren Familie offenbar wurde.

»Er war, glaube ich, irgendwo wirklich überzeugt davon, unbegrenzt weitermachen zu können«, erklärte sein Schwiegersohn, Jerome Berkowitz. »Er war tief betroffen, daß es am Institut ganz allgemein als Selbstverständlichkeit hingenommen wurde, daß er sich mit siebzig zurückziehen werde. Er fühlte sich vermutlich ein wenig verraten, weil keine Delegation zu ihm kam, und ihn darum bat, im Amt zu bleiben.«

Für Courant war es ganz einfach unmöglich, das, was er geschaffen hatte, ganz aus der Hand zu geben. Überdies besorgte ihn, wie er mir sagte, daß Stoker »durch die emotionale, aggressive Art, die er manchmal hat, vieles verderben könnte«.

Um überhaupt in die Verantwortung für das Institut hineinwachsen zu können, mußte Stoker Courant von allem fernhalten, bis er selber als Direktor fest im Sattel saß. Und das war nicht leicht.

Die beiden hatten ganz verschiedene Vorstellungen von Organisation und Finanzierung ihres gemeinsamen Unternehmens, überdies wirkten manche Aspekte von Courants Persönlichkeit sehr abstoßend auf Stoker, der – wie einige seiner Freunde zugeben – die Offenheit auf die Spitze treibt.

»Courant hatte gewisse Charakterzüge, die ich verabscheute«, gestand Stoker ohne Umschweife. »Wirklich fürchterlich und ich kann gut verstehen, daß er Feinde hatte, die ihn nicht – so wie ich – auch in positivem Licht sehen konnten. Er war so berechnend. Das war das Schlimmste. Und dann seine Kriecherei vor Leuten, die Geld hatten – selbst wenn sie todlangweilig waren, und er kaum ein Wort mit ihnen gewechselt hätte – wenn sie kein Geld gehabt hätten.«

»Doch andererseits«, sagte er plötzlich voller Wärme und Bewunderung, »waren seine Vorzüge so unübersehbar. Während ich alle diese abfälligen Dinge über ihn sage, schäme ich mich irgendwie, denn schließlich war er es, der diesen ganzen Betrieb hier auf die Beine gestellt hat – unter den allergrößten Schwierigkeiten. Und er hat so vielen geholfen – mir auch – er war immer bereit, sich für andere einzusetzen, auch wenn sie nicht reich waren, einfach weil er spürte, daß der Einsatz sich lohnte. Und solche Fälle gibt es viele.

Es gibt, glaube ich, nirgends auf der Welt einen besseren Platz als diesen hier, keine so vielseitige Gruppe mit einem solchen Zusammenhalt. Daran hat sich auch nichts geändert. Die Zusammenarbeit ist gut, es gibt kaum innere Streitigkeiten oder Eifersüchtelei, und das ist bemerkenswert. Den schlimmsten Ärger gab es zwischen Courant und mir. Wir stießen wirklich hart aufeinander, weil ich, glaube ich, der einzige war, der bereit war, ihm zu widersprechen. Rückblickend – und das muß ich wohl sagen – sehe ich Courant als einen großen Mann, einen absolut großartigen Mann, was seine Leistung betrifft.«

Zur Zeit, als Stoker Direktor wurde, existierte an der New York University bereits ein Kern hervorragender Mathematiker, darunter neun zukünftige Mitglieder der »National Academy of Sciences«, die trotz verlockender Angebote anderer Institutionen dem Institut bis heute treu geblieben sind. Was Courant immer besonders heftige Angriffe eintrug, war, daß man ihm vorwarf, sich an die Leute, die er ausgebildet hatte, zu klammern und dadurch die Entwicklung der angewandten Mathematik im Lande als Ganzes zu hindern; ich hatte diesen Vorwurf von Saunders MacLane von der University of Chicago gehört.

Stoker schnaubte nur verächtlich dazu.

»MacLane und alle die anderen hätten uns gerne jeden, den Courant ausgebildet hatte, weggeschnappt, und wo hätten wir den Ersatz hernehmen sollen? Außer uns bildete ja niemand Leute aus!«

Dessen ungeachtet hatte man schon, als Stoker Courants Nachfolge antrat, den Entschluß gefaßt, mehr Mitarbeiter von außen heranzuziehen. So kamen in den späten fünfziger und frühen sechziger Jahren unter anderen Jacob Schwartz, Paul Garabedian und Monroe Donsker dazu.

Nachdem ich MacLanes Kritik gehört hatte, fragte ich einige Vertreter der zweiten Generation am Courant Institute, wieso sie, trotz mancher finanziell verlockender Angebote anderer Institutionen geblieben waren. Die verschiedenen Antworten lassen sich in der Erklärung zusammenfassen, daß es ihnen da, wo sie waren, gefiel.

»Natürlich wurden wir hier, die meisten meiner Generation, von Courant sehr gut behandelt, gesellschaftlich, wissenschaftlich und so weiter«, erzählter mir Joe Keller. »Das heißt aber keineswegs, daß unsere Gehälter übertrieben waren – eher das Gegenteil war der Fall. Doch Courant war darauf bedacht, uns das Leben so angenehm wie nur möglich zu machen – und in einem gewissen Sinn wog das die Gehälter auf. Dann schätzten wir alle, daß es bei uns kaum Zank und Streit gab, wie das an manchen anderen Mathematik-Abteilungen so auffällt. Eine Begleiterscheinung dieser Tatsache, die natürlich damit zusammenhängt – es wird sehr viel gemeinsam gearbeitet –, was ebenfalls an vielen Mathematik-Abteilungen keineswegs die Regel ist.

Hier ist es möglich, einen Kollegen um Hilfe zu bitten und die Ratschläge zu nutzen, ohne den Betreffenden gleich zum Koautor machen zu müssen.«

»Es gibt in diesem Lande wenige Institutionen, die dieses Spektrum von reiner und angewandter Mathematik bieten und wo die Leute doch noch miteinander reden können«, fügte Harold Grad hinzu. »Ich habe dazu eine Theorie. Unter den hier genannten Vertretern meiner Generation bin ich vermutlich der Angewandteste, Louis Nirenberg dagegen – er ist ein reiner Mathematiker und beschäftigt sich nicht mit angewandter Mathematik. Doch vielleicht weil wir beide zusammen studiert haben, und ich weiß, daß er mich respektiert und ich ihn respektiere, gehen wir immer davon aus, daß, wenn der eine etwas tut, was man nicht so genau versteht, es trotzdem in Ordnung sein muß. An anderen Orten – ich war zwar außer als Besucher noch nie an einem anderen Ort – hat man, scheint mir immer, nur Ablehnung und Verachtung für jemanden übrig, der etwas anderes macht. Es wird uns oft als Fehler angelastet, daß wir so viele von denen, die hier ausgebildet wurden, gehalten haben, doch möglicherweise ist das der Grund dafür, daß wir alle miteinander reden können.«

Da ich verschiedentlich gehört hatte, daß Neulinge – und manchmal auch die nicht so Neuen – sich am Courant Institute von einer »in group«, einem inneren Kreis, ausgeschlossen fühlten, fragte ich Grad, ob auch jene, denen diese gemeinsame Ausbildung nicht zuteil wurde, mitreden könnten.

»Mitreden – ohne Frage ja! Es gibt ein paar sehr subtile Unterschiede, um sie überhaupt zu spüren muß man – in einen gewissen Sinne – hier geboren sein. Es *gibt* eine Hierarchie – ein wenig wie im alten China oder Japan, wo jeder ganz genau wußte, wo er hingehörte und was vor sich ging. Für einen Außenstehenden fast unmöglich. Doch läßt man diese subtilen Abgrenzungen – die wirklich existieren – beiseite, so ist es sehr leicht, Kontakte herzustellen – eben weil wir gelernt haben, mit anderen zu reden.«

Während Stokers Amtszeit als Direktor machte das Forschungs- und Ausbildungsprogramm für Graduierte eine spektakuläre Entwicklung durch. 1961 stiftete die Alfred P. Sloan Foundation einen Betrag von 2 750 000 $, der durch einen Betrag in gleicher Höhe von der Ford Foundation und der National Science Foundation verdoppelt wurde. Von der Gesamtsumme wurden 4 000 000 $ für den Bau eines neuen Gebäudes für das »Institute of Mathematical Sciences« auf einem der Universität bereits gehörenden Grundstück verwendet. Die restlichen 1 500 000 $ gingen an bereits bestehende Stipendien und neue Programme in Statistik und mathematischer Physik, überdies wurde ein besonderer Forschungsfonds von 300 000 $ geschaffen.

Abb. 38. Courant im Gespräch mit Warren Weaver

Sloan war sehr daran gelegen, Warren Weaver zu ehren, der von der Rockefeller-Foundation zur Sloan-Foundation gegangen war. Daß Sloan sich für die Gruppe an der New York University entschied, um Weaver für seine Verdienste um die angewandte Mathematik in Amerika Tribut zu zollen, war nur natürlich. Nach dem Krieg planten verschiedene bedeutende Institutionen einige Jahre lang substantielle Entwicklungen und Programme in angewandter Mathematik, doch, wie Weaver später selber in seiner Autobiographie schrieb – »es ist betrüblich festzustellen, daß diese mutigen Anfänge größtenteils im Sande verliefen. Seit dem Krieg war nur eine »wirklich bedeutende Entwicklung« zu verzeichnen – das Institut an der New York University.

Stoker und die übrigen Mathematiker an der New York University hatten nichts dagegen einzuwenden, ihr neues Gebäude »Warren Weaver Hall« zu nennen, wie Sloan vorgeschlagen hatte, fanden jedoch, daß es außerdem auch Courants Namen tragen sollte, schließlich war es immer »Courants Institut«

gewesen. Obwohl Courant sich diesem Vorschlag hätte widersetzen können – wie Friedrichs mir erklärte – unternahm er nichts dagegen.

»Die ganze Angelegenheit war ihm aber trotzdem etwas peinlich«, sagte Jane Richtmyer, die bei der Planung des neuen Gebäudes als administrative Assistentin die Verbindung zwischen Fakultät und Architekten aufrechterhielt. »Der Gedanke an seine mathematische Burg sagte ihm durchaus zu – er sah aber auch, daß manches, was ihm teuer war, daran zerbrechen oder verloren gehen könnte. Auf jeden Fall stand er dem Ganzen ziemlich ambivalent gegenüber.«

Jane Richtmyer, die mit Robert Richtmyer, nach 1954 wissenschaftlicher Leiter des Rechenzentrums, verheiratet ist, war ebenfalls eine von Courants »Flammen«.

»Er hatte viel für die Damen übrig, das kann man wohl sagen«, lachte sie, als ich sie in Boulder, Colorado, wo sie heute mit ihrem Mann lebt, besuchte. »Ich habe oft gedacht, daß er eigentlich ein sehr ›menschlicher‹ Mensch gewesen ist – der überall ein wenig über das normale Maß hinausragte. Doch im Grunde war er ausgeglichen, vernünftig, mit einer in manchem etwas exzessiven Art.«

»Ich will Ihnen von der Zeit erzählen, als Courant spürte, daß Jane sich von ihm abwandte«, sagte Lucille Wolff plötzlich während unseres Gesprächs. »Ich ging damals mit ihm in New Rochelle spazieren, ganz langsam, Schritt für Schritt, er war zu der Zeit schon ziemlich alt. Er klagte, wie reserviert sie plötzlich sei, usw. ›Aber Richard‹, sagte ich, ›das ist doch nicht Deine erste Enttäuschung‹. ›Ja, schon‹, entgegnete er, ›aber es ist vielleicht die letzte.‹

Er fürchtete diesen Gedanken – er liebte den Zustand des Verliebtseins – es war ein so schön schmerzliches Gefühl. Wenn er wirklich verliebt war, war er eine Plage, man konnte kaum einen Schritt ohne ihn tun. Er war ein bemerkenswerter Mensch – so angesehen, allgemein respektiert, und doch so gerne bereit, sich selber zu demütigen. Es gab ihm das Gefühl, lebendig, wirklich zu sein. Es ist schwer zu beschreiben. Er war zugleich voller Ehrgeiz und bescheiden. Je mehr er groß sein wollte, desto bescheidener wurde er. Und diese Verbindung war irgendwie sehr gewinnend.«

Bei der Planung des neuen Gebäudes arbeitete Jane Richtmyer mit einem Komitee von Fakultätsmitgliedern zusammen, von denen jeder seine festen Vorstellungen über die besonderen Bedürfnisse der Mathematiker mitbrachte. Friedrichs, zum Beispiel, war an »Gemütlichkeit« gelegen; er wollte ein

»Diskussionszimmer«, aber auch ein »Schweigezimmer« in der Bibliothek, mit bequemen Stühlen und mit Bildern an den Wänden. Neben dem Auditorium und den Hörsälen im Erdgeschoß brauchte man seiner Ansicht nach eine Art »temporäres Arbeitszimmer«, in dem man sich vor dem Vortrag vorbereiten oder entspannen konnte.

Jane Richtmyer sah es als ihre Aufgabe, den Architekten solche und ähnliche Vorstellungen nahe zu bringen, »ihnen ihren Wert verständlich zu machen und sie gleichzeitig in eine praktikable Form umzusetzen«.

Am 20. November 1962 wurde der erste Spatenstich für das neue Gebäude getan. Courant und Weaver hielten abwechselnd die Schaufel für die Reporter. Zwei Jahre später war das vierzehnstöckige Gebäude fertig. 1965 bezogen die ersten Mathematiker ihre neuen Arbeitsräume.

Ich begegnete Courant kurz nach diesem Umzug in die Warren Weaver Hall zum ersten Mal. Ich war kurz zuvor aus Deutschland zurückgekommen, wo ich das alte Institut an der Bunsenstraße besucht hatte und kam nicht umhin festzustellen, daß er – seit Göttingen – einen langen Weg hinter sich hatte.

Besucher aus Europa, die das Gebäude auf Photos gesehen haben, bitten ihren New Yorker Taxifahrer meist zuversichtlich (wenn auch erfolglos), sie zum Courant Institute zu bringen. Es ist ein eleganter, kleiner Wolkenkratzer aus bronzefarbenen Backsteinen und Glas. Kraftvolle, vertikale Säulen steigen dreizehn Stockwerke hoch zu einer imponierenden Backsteinfassade an. Ein Kranz großer Erkerfenster im zwölften Stock betont die Horizontale und liefert einen notwendigen Kontrast. Im Inneren sind neun Stockwerke mit Büros und Hörsälen sorgfältig nach Courants Prinzip, daß »alles durcheinander gemischt sein sollte«, angeordnet. Im dreizehnten Stock zum Beispiel, befinden sich neben Courants Arbeitszimmer ein großes Büro für einen zweiten Professor, zwei Hörsäle, eine Reihe kleinerer Büros für Besucher und Stipendiaten, sowie ein großzügiger Aufenthaltsraum mit bequemen Sofas und Lehnstühlen, in dem sich die Fakultät und die Studenten zu regelmäßigen Zeiten bei Kaffee oder Tee treffen können. Die Professoren der »zweiten Generation« erzählen manchmal von den alten Tagen im »Judson« oder im »Bibel-Haus«, und wenn sie in die Gesichter ihrer jungen Zuhörer blicken, sehen sie plötzlich sich selbst, wie sie damals als Studenten Courants Göttinger Geschichten zuhörten.

Als ich Courant kennenlernte, war der Siebenundsiebzigjährige noch immer sehr aktiv. Er hatte erst kurz zuvor das Skilaufen aufgegeben. Er war Direktor-Emeritus des Courant-Institutes und Mitglied des *Board of Trustees,* überdies war er wissenschaftlicher Berater einer ganzen Reihe großer Industrie-Konzerne, darunter vor allem IBM. Zwei Jahre zuvor war er an der Spitze einer Delegation der »National Academy« nach Rußland gereist, wo sie die russische »Wissenschaftler-Stadt« in der Nähe von Novosibirsk besucht hatten. Während ich mein Tonbandgerät auspackte, blickte er – wie das Weiße Kaninchen in *Alice im Wunderland* – dauernd auf die Uhr, und murmelte, daß er am Nachmittag unbedingt in Washington sein müsse. Ich begann, ihn über seine Erinnerungen an Hilbert zu befragen, und beglückwünschte ihn als erstes zu dem eleganten, neuen Gebäude, das seinen Namen trug.

»Ja, ja«, murmelte er, schob den Stoß von Papieren auf seinem Schreibtisch hin und her und blickte an mir vorbei, »es ist schön«, stimmte er zu, »aber es garantiert noch keine Leistung.«

Im gleichen Jahr wurde Courant in einem Interview gefragt, welche Aspekte der Mathematik seiner Ansicht nach die größten Aussichten hätten, für den Wissenschaftler produktiv zu sein.

»Ich habe nicht die Absicht, aufgrund meines persönlichen Geschmackes künftige mathematische Entwicklungen besonders zu gewichten oder zu vertreten«, antwortete er. »Es ist wie in der Musik. Ich habe immer noch Mühe, Bartók oder noch neuere Musik wirklich aufzunehmen. Meine Enkel dagegen sitzen am Klavier und spielen das alles mit größter Selbstverständlichkeit. Sie kennen da keinen Unterschied – und so wird es sich auch mit der Einstellung der jüngeren Generation gegenüber wissenschaftlichen Entwicklungen wie den Elektronenrechnern, oder entlegenen Gebieten der Topologie oder der Logik verhalten. Es ist durchaus denkbar, daß ältere Leute nicht mehr in der Lage sind, neues Material vollständig zu absorbieren, deshalb will ich mich auf keine Prophezeihungen einlassen. Ich bin überzeugt davon, daß – solange die Wissenschaft ehrlich und ohne Rücksicht auf kommerzielle Überlegungen betrieben wird – und solange die Wissenschaftler ihrer Sache ehrlich dienen – auch etwas Rechtes dabei herauskommen wird.«

Er hatte sich sein lebhaftes Interesse für wissenschaftliche Publikationen bewahrt. Als ich ihn 1965 kennenlernte, veröffentlichte er gerade mit Fritz John zusammen eine »Amerikanisierung« des ersten Bandes seiner Differential- und Integralrechnung.

Er hatte immer die Absicht gehabt, dem Courant-Hilbert einen dritten Band hinzuzufügen. Eines der Themen, das darin behandelt werden sollte, war die Anwendung der in den vorhergehenden Bänden entwickelten theoretischen Methoden auf praktische, numerische Probleme. Außerdem wollte er sich mit der Existenz der Lösungen elliptischer partieller Differentialgleichungen befassen. Bereits in der englischen Ausgabe des zweiten Bandes

Abb. 39. Grundsteinlegung für die Warren-Weaver-Halle

(1962) hatte er das siebente Kapitel über dieses Thema, das er 1937 zusammen mit Friedrichs nach so langem, tapferem Ringen geschrieben hatte, gestrichen. Nun plante er, im dritten Band dieses Kapitel umzuschreiben und den ganzen Gegenstand neu abzuhandeln.

Im Verlauf der Jahre wurden immer neue, junge Besucher zur Mitarbeit an dem Projekt herangezogen. Einer der ersten war De Prima, der jedoch bedauernd feststellen mußte, daß er Courant nicht helfen konnte.

»Das Material zum dritten Band stammte aus dem alten Courant-Hilbert, hatte sich jedoch im Lauf der Zeit verändert und entwickelt«, erklärte mir De Prima. »Courant hatte mit den neuen Ergebnissen nicht Schritt halten können – außer vielleicht in einem ganz allgemeinen Sinn. Es war also notwendig, ihn erst einmal weiterzubilden, damit er dann die Entwicklung in sein eigenes Bezugssystem stellen konnte. Das hatte seine Schwierigkeit, da Courant möglicherweise den Punkt, wo er überhaupt noch verstehen *konnte,* bereits überschritten hatte. Seine Fragen waren oft naiv, er wiederholte sich immer wieder. Wir wissen alle, daß gerade naive Fragen in der Mathematik manchmal die durchdringendsten sind – und wir, die wir uns bemühten, ihm zur Hand zu gehen, ich selbst mit eingeschlossen, haben das vielleicht nicht genügend in Betracht gezogen.

Sehen Sie – ob es sich nun um abstrakte oder um konkrete Mathematik handelt, man kommt oft durch sukzessive Abstraktion und Verallgemeinerung vorwärts. Vielleicht versuchte Courant uns klar zu machen, daß ein bedeutender Fortschritt nur erzielt wird, wenn man sich mit neuer Einsicht wieder den Anfängen zuwendet. Früher hatte Courant offenbar eine besondere Begabung dafür besessen, einfache und natürliche Fragen zu stellen, die dann oft dazu beitrugen, scheinbar abstruse und technisch komplizierte Probleme auf ihr ›Wie‹ und ›Warum‹ durchsichtig zu machen. Doch inzwischen waren die Fragen, die Courant stellte, nicht mehr von *dieser* Art. Vielleicht lag hier die Schwierigkeit, vielleicht war es ihm nicht mehr möglich, sie in dem vorliegenden Kontext zu formulieren, vielleicht war er in diesen letzten Jahren auch zu wenig konzentriert.«

1966 trat Stoker nach einer achtjährigen Amtszeit als Direktor zurück. In diesen Jahren war es ihm mit der Hilfe von Bromberg, seinem Freund und ehemaligen Schüler gelungen, endlich die lange gewünschte Anerkennung der Mathematik-Gruppe als integralen Teil der Universität durchzusetzen. Nach Stokers Rücktritt war Friedrichs ein Jahr lang Direktor. Anschließend kam man überein, das Amt in Zukunft der Reihe nach von verschiedenen Fakultätsmitgliedern verwalten zu lassen. Nach diesem Plan trat Jürgen Moser Friedrichs Nachfolge an, ein reiner Mathematiker, dessen Arbeiten jedoch für das Verständnis der Asteroiden-Bahnen von großer Bedeutung sind.

Moser, der mit Courants Tochter Gertrude verheiratet ist, wurde als Sohn eines Neurologen in Königsberg geboren. Er besuchte das gleiche Gymnasium wie Hilbert und studierte in Göttingen bei Rellich, dann bei Siegel. Auch der zweite Schwiegersohn Courants, Jerome Berkowitz, der mit Lori verheiratet ist, ist Mathematiker und steht der Abteilung für Graduierte am Courant Institute vor. Er war ganz der Typus des Studenten, der zur Zeit, als Courant nach Amerika kam, das Bild an der New York University bestimmte. Er ist Jude, in New York geboren, der einzige Sohn einer Witwe, die ihm nach dem frühen Tod des Vaters durch harte Arbeit sein Studium ermöglichte. In der Familie, aus der er stammte, überstieg, wie er selber sagte, »eine Karriere in der Mathematik oder überhaupt an einer Hochschule die Vorstellungskraft«. Bromberg, für den er nach dem Diplom bei der Reeves Instrument Company arbeitete, ermunterte ihn, mit Courant über eine weitere Ausbil-

Abb. 40. Courant vor dem Courant-Institute of Math. Sciences 1965

dung zu sprechen. Darauf bot Courant ihm ein Stipendium an. Seine Mutter war zwar etwas verärgert, daß er eine Anstellung mit dreihundert Dollar im Monat für eine, die nur hundert brachte, aufgab, doch Berkowitz spürte, daß er auf dem richtigen Weg war. Heute sagt er dazu: »Ich glaube, daß ich einen großen Teil meiner Erziehung hier erfahren habe, und vermutlich geht es vielen so, wir wurden nicht nur mathematisch ausgebildet – sondern auch politisch, gesellschaftlich, musikalisch, usw.«

Ausgleich und Kontrast, den die beiden Schwiegersöhne Courants verkörpern, kommt auch in seinen Töchtern, sowie in seinen Söhnen und Schwiegertöchtern zum Ausdruck. Courants Töchter verzichteten auch nach ihrer Heirat nicht auf ihre berufliche Entwicklung. Gertrude ist Biologin, Lori Berufsmusikerin. Es ist nicht weiter erstaunlich, daß Courants Söhne sich für die Physik und nicht für die Mathematik entschieden. Ernst ist mit Sara Paul verheiratet, deren Großvater Rabbiner war, Hans heiratete Maggie Spaulding, deren »Abstammung 100 Prozent amerikanisch« ist, wie Courant zu sagen pflegte.

Ende 1968 hatte ich abermals mit Courant zu tun, als er mein *Hilbert*-Manuskript durchlas. Damals war er achtzig Jahre alt, bemühte sich aber ernsthaft darum, die Entfremdung der jungen Weißen und den Zorn der jungen Schwarzen zu verstehen. Da ich von der Westküste kam, befragte er mich eingehend über die »Black Panthers«. Ich gab ihm *Soul on Ice* von Eldridge Cleaver zu lesen, und er legte es nicht mehr aus der Hand, bis er damit fertig war. Trotzdem traf es ihn furchtbar unvorbereitet und erschütterte ihn tief, als während der Kambodscha-Krise im Januar 1970 die Warren Weaver Hall von Studenten besetzt wurde, die ein Lösegeld von 150 000 $ für den AEC Computer forderten, die Wände mit Obszönitäten und Slogans beschmierten und verlangten, »die Regierung aus den Universitäten hinauszuschmeißen«.

Während der ganzen Zeit, in der Moser Direktor war, war Courant immer wieder versucht, sich in die Angelegenheiten des Institutes einzumischen. Er machte den jungen Monroe Donsker, der noch verhältnismäßig neu in der Fakultät war, zu seinem Vertrauten. Beim Mittagessen im »Village« – wo er immer darauf bestand, mit dem Rücken zur Wand zu sitzen, um dem Dolchstoß in den Rücken zu entgehen – ließ er Donsker gegenüber seinen Befürchtungen freien Lauf – über die Zukunft des Institutes, über die Schwäche seiner potentiellen Nachfolger unter der jungen Generation. Was ihn am tiefsten besorgte war, daß das Institut immer weiter von seinem ursprünglichen Auftrag abrückte. Als Achtzigjähriger unterbreitete er seinen Kollegen 1968 »einige Bemerkungen über Wesen und Kontinuität unseres Institutes«.

Die Funktion des Institutes als ein Zentrum der angewandten Mathematik darf nicht mißachtet, sondern sollte überzeugt bejaht werden. »Denn eben darin liegt, realistisch gesehen, unsere Hoffnung und Rechtfertigung, wenn wir . . . die Unterstützung der Gesellschaft erwarten, wie ja auch unsere historische Entwicklung deutlich zeigt, und dieser Herausforderung müssen wir uns auch stellen.« Dann folgt eine deutliche Warnung: »Wir sind Zeugen eines Prozesses, in dem immer mehr mathematische Elemente auf immer mehr wissenschaftliche, technische und andere Gebiete übergreifen, ohne daß diese Entwicklung an unserem Institut mit der gebotenen Aufmerksamkeit verfolgt wird . . . die Gefahr, den Kontakt mit der lebendigen Entwicklung zu verlieren ist eine sehr reale geworden.«

Während Courants letzten Jahren machte das Institut in der Tat eine Verschiebung in die Richtung der reinen Mathematik durch. Louis Nirenberg, der »reinste« Mathematiker der zweiten Generation war nach Moser Direktor geworden. Allgemein herrschte die Meinung, daß das Angebot erweitert, ein breiteres Spektrum geboten werden sollte. Die besten Studenten schienen sich eher von den reinen Aspekten der Mathematik angezogen zu fühlen.

Indessen ging das Ringen um den dritten Band des Courant-Hilbert weiter. Die letzten, die davon betroffen wurden, waren Stefan Hildebrand, ein Besucher aus Deutschland, und Don Ludwig, einer der letzten Doktoranden Courants. Peter Lax machte einmal den Vorschlag, das Buch in zwei kleineren Teilen herauszubringen, den einen zusammen mit Hildebrand, den anderen mit Ludwig.

»Ich erklärte Courant, daß er es sonst nicht schaffen werde, und so war es denn auch«, erklärte mir Lax. »Ich weiß nicht, was ihn davon abhielt, vielleicht fürchtete er, seine Mitarbeiter auszunützen – das wäre aber bestimmt nicht der Fall gewesen. Meiner Meinung nach wäre es eine Chance für die beiden gewesen, und es wäre etwas Gutes dabei herausgekommen.«

Eigenartigerweise wirkte der Optimismus, mit dem Courant mathematische Probleme anging, auch noch im hohen Alter, als er mit Hildebrandt zu arbeiten begann, so ansteckend, wie seinerzeit in Göttingen.

»Er fürchtete technische Schwierigkeiten nie, selbst wenn er wirklich keine Ahnung hatte«, erinnerte sich Hildebrandt. »Er gab einem die Überzeugung, daß jede mathematische Aufgabe lösbar ist, wenn sie nur auf einer soliden und tragkräftigen Idee beruht. Nachdem ich mit ihm ein Problem durchgesprochen hatte, war ich immer irgendwie zuversichtlich, daß die Lösung in greifbarer Nähe sein mußte.«

Im Mai 1971, in einem der letzten, längeren Gespräche, die ich mit ihm hatte, kamen wir noch einmal auf das Institut zurück, das er an der New York University aufgebaut hatte. Für ihn bedeutete es, eine »natürliche und intensive« Entwicklung in psychologischer wie professioneller Hinsicht.

»Mir war so sehr daran gelegen, etwas zum Nutzen dieses Landes zu tun, und das Beste, was ich mir von meinen Möglichkeiten her vorstellen konnte, war, meine Göttinger Erfahrung, die Kenntnisse und Fähigkeiten, die ich mir dort erworben hatte, auf die hiesige Situation anzuwenden – und daraus entstand letzten Endes dieses Institut. Darüber hinaus wollte ich auch etwas für die Einheit der Wissenschaft, einschließlich der mathematischen Wissenschaften in diesem Lande tun. Doch es ist uns nicht wirklich gelungen, die Allgemeinheit zu gewinnen, die Kontinuität der Hilbert-Tradition und der allgemeinen deutschen Tradition, die mir so sehr am Herzen lag, wenigstens in einem gewissen Maße sicherzustellen.«

1971 war er während des ganzen Jahres deprimiert. Die jüngere Generation am Institut informierte ihn auch weiterhin über die Ereignisse und Entwicklungen und zog seine Ansichten und Wünsche in Betracht, doch wer den ungeheuren Optimismus und die Energie, die früher von ihm ausgegangen waren, gekannt hatte, fürchtete sich davor, ihn aufsuchen zu müssen.

Er hatte aufgehört Klavier zu spielen und manchmal schien es fast, als ob die zufriedene Geschäftigkeit der anderen ihm unerträglich sei. Nina lebte nach wie vor ganz in ihrer Musik und veranstaltete regelmäßig ihre Quartettabende, an denen sich Courant verdrießlich in sein Arbeitszimmer zurückzog.

Er begann, sich übertriebene Sorgen um seine finanzielle Situation zu machen. Dabei war sein jährliches Einkommen selbst in seinen letzten Jahren mehr als reichlich, wenn man die Einnahmen aus seiner Beratertätigkeit, den Honoraren seiner Büchern, einer Rente der deutschen Regierung und seiner Pension von der New York University zusammenrechnet.

»Aber Courant – ich weiß es doch ganz genau – du *mußt* doch Millionär sein!« sagte Stoker einmal zu ihm, als er sich wieder um sein Geld sorgte.

»Aber das ist doch alles so unsicher, Jim, es ist alles so ungewiß«, stöhnte Courant.

1971 gingen an der New York University und anderswo die fetten Jahre zu Ende, die durch das Sputnik-Fieber und die dadurch verursachte Konzentration auf die Naturwissenschaften ausgelöst worden waren. Die letzten der Nachkriegs-Babies, die in den sechziger Jahren die Colleges und Universitäten überfüllt hatten, erhielten ihre Diplome. Deutlicher als die meisten Institutionen fühlte die New York University diesen Druck, der schließlich den Verkauf des gesamten University Heights Campus notwendig machte. Die zum Schlagwort erhobene Forderung nach »Relevanz« stellte den Anspruch der Mathematik als fundamentale akademische Disziplin auf eine Weise in Frage, die einen Rückfall in die wissenschaftliche Situation der zwanziger und dreißiger Jahre mit sich brachte.

Der dreiundachtzigjährige Courant war voller Sorge um die Zukunft seines Institutes und der Mathematik im allgemeinen.

»Ich sollte es noch einmal in Washington versuchen«, sagte er müde. »Der neue Forschungsdirektor der ›National Science Foundation‹ ist ein guter Freund von mir. Doch was soll ich bei ihm – denn sehen Sie, um das, was mir notwendig scheint auch wirklich durchzusetzen, müssen alle überzeugt sein davon und in die gleiche Richtung ziehen. Doch das ist nicht mehr so wie früher. Es ist immer schwieriger geworden, die Leute von der Notwendigkeit gewisser Dinge zu überzeugen. Die Welt hat sich geändert, und es ist nicht mehr so klar ersichtlich, was getan werden sollte – in der Mathematik auf jeden Fall – wie zu der Zeit als ich angefangen habe. Deshalb ist alles so schwierig geworden. Und dann begegnet man uns oft ablehnend und reserviert. Ich habe einen langen Kampf hinter mir.«

»Sie meinen hier – in den ersten Jahren?«

»Nein«, antwortete er, »das war immer so.«

Das letzte Mal, daß ich Courant sah, war im Courant Institute – einen Tag, bevor er den Schlaganfall erlitt, der ein paar Monate später, im Januar 1972 zu seinem Tode führte.

Nach etwas mehr als drei Jahren war ich wieder im Courant Institute. Fritz John, der letzte nicht-arische Mathematiker, der noch 1933 in Göttingen promovieren konnte, hatte Courants ehemaliges Arbeitszimmer übernommen. Peter Lax war nun anstelle von Luis Nirenberg Direktor. Als Courant Lax im Jahre 1962 für die »National Academy« nominiert hatte, beschrieb er ihn als einen Mathematiker, der »wie wenige die Einheit der abstrakten mathematischen Analysis mit der allerkonkretesten Kraft bei der Lösung individueller Probleme und mit einer ausgeglichenen wissenschaftlichen Philosophie zu verbinden weiß«. Am Institut hoffte man, wie mir von verschiedenen Seiten versichert wurde, daß, nach einer Reihe von Direktoren wider Willen, die das Amt nur aus Pflichtgefühl übernommen hatten, man nun in Peter Lax den Richtigen gefunden hatte.

Lax ist überzeugt davon, daß die Mathematik heute am Courant Institute wächst und gedeiht. Gewiß – die Schwierigkeiten, mit denen man zu kämpfen hat, sind die gleichen, die auch die Mathematik-Abteilungen anderer Universitäten beschäftigen – knappe finanzielle Mittel, weniger Studenten –, und daß die finanzielle Lage der New York University besonders prekär ist, ist kein Geheimnis. Daneben gibt es auch eine Reihe institutsinterner Probleme. Die hervorragende Fakultät, die Generation, die ihre Ausbildung während und kurz nach dem Krieg erhalten hat, ist älter geworden, und eine dritte

Generation ist bis jetzt nicht nachgewachsen. Andererseits darf aber auch nicht übersehen werden, daß sich die gegenwärtige wirtschaftliche Situation, die Ernüchterung gegenüber wissenschaftlichen Ausbildungen, die auf dem Stellenmarkt nichts bringen, zum Vorteil einer Einstellung auswirken muß, in der die Anwendungen so konsequent betont werden wie von der Mathematikergruppe an der New York University.

Lax ist überzeugt davon, daß das Institut diesem seinem Auftrag weiterhin nachkommt und »die Mathematik mit den Anwendungen – neuen Anwendungen – in Berührung bringt und die Verbindung zwischen ihr und der technischen Wissenschaft offen hält«.

»Das heißt nicht, daß wir immer auf dem gleichen Weg bleiben«, erklärte er mir. »Wir haben unser Programm bis zu einem gewissen Grad modifiziert und werden das auch in Zukunft so halten. Heute ist das Institut so ›angewandt‹ wie schon lange nicht mehr.«

Er griff zu einem der Kataloge für das Jahr 1974/75, auf dessen Titelblatt eine Schlierenphotographie einer schockfreien Tragfläche von Paul Garabedian abgebildet war, deren Prinzip seither von einem seiner eigenen Schüler auf die Konstruktion von Kompressorenblättern und Turbinen für Düsenmotoren angewendet worden ist. Der Katalog gibt, praktisch unverändert, die Philosophie wieder, die Courant so viele Jahre in ungezählten Memoranden vertreten hatte.

Peter Lax blätterte die Seiten durch, »ich werde das Ganze einmal mit nach Hause nehmen und ein wenig umschreiben«, sagte er.

Als ich später sein Büro verließ, und in einem vollgepackten Aufzug nach unten fuhr, in dem Professoren und Studenten eine angeregte Diskussion, die sie im Aufenthaltsraum begonnen hatten, weiterführten, fiel mir plötzlich der Tag ein, an dem ich Courant zum letzten Mal gesehen hatte, der Tag, an dem er zum letzten Mal in dem Gebäude war, das seinen Namen trägt.

Daß die Zeit, mit ihm seine Remineszenzen aufzuarbeiten vorbei war, hatte ich schon lange erkannt, und ich versuchte auch nicht mehr, spezifische Erinnerungen an Menschen, die er gekannt und Ereignisse, die er erlebt hatte, aus ihm herauszupressen. Ich hatte den Tag damit verbracht, Briefe und anderes Material in seinen Akten durchzusehen. Mir war gar nicht bewußt gewesen, daß er sich im Gebäude befand, und ich hätte ihn fast übersehen, als ich auf dem Weg zum Aufzug an ihm vorbeiging. Er stand nicht weit von seinem Büro in eine kleine Nische gedrängt, um von den vorbeieilenden Studenten, die größtenteils gar nicht mehr wußten, wen sie vor sich hatten, nicht umgerannt zu werden. Er trug einen schweren Mantel mit einem Pelzkragen und eine pelzbesetzte Kosakenmütze, die er einmal in Moskau gekauft hatte. So stand er, fast bewegungslos, ein kleiner, alter Mann mit einem unglücklichen Trollsgesicht.

Ich blieb stehen, um ihn zu begrüßen, erschüttert, wie sehr er seit unserer letzten Begegnung gealtert war.

»Ich bin etwas müde und nicht gerade unternehmungslustig«, murmelte er entschuldigend, weil er meinen Bericht über mein Tageswerk kaum zur Kenntnis nahm.

Ich suchte nach Worten, um ihn aufzumuntern und sagte, daß ich jedes Mal, wenn ich das Institut betrete, von der menschlichen und wissenschaftlichen Atmosphäre beeindruckt sei.

Er hatte fast blicklos vor sich hingestarrt, doch nun kam etwas Leben in seine Augen.

»Ja, ja«, nickte er, »es ist wie in Göttingen. Göttingen ist hier.«

Ich möchte meinen Dank Natascha Brunswick und Nina Courant aussprechen, die mir beide eine Anzahl von Bildern zur Verfügung gestellt haben. Ebenso danke ich den Folgenden für einzelne Fotografien: Archiv für Kunst und Geschichte, Prof. Garrett Birkhoff, Elizabeth Schoenberg Brody, Nellie Friedrichs, Prof. Konrad Jacobs, Prof. Fritz John, Michael Lewy, Life Magazin (für das Copyright der Fotografie von Warren Weaver auf S. 231), Elisabeth Franck Lisco, den M.I.T. Historical Collections (für das Bild von Norbert Wiener und Max Born), Prof. Jürgen Moser, Prof. George Pólya, Margaret Pryce-Born, Brigitte Rellich, Rockefeller University, Städt. Museum Göttingen, Prof. Peter Swinnerton-Dyer und der Trinity College Library, Caroline Underwood und der School of Mathematics am Institut für Advanced Study, Warren Weaver, F. Joachim Weyl und Eva Toeplitz Wohl.

Register